医疗建筑配电

YILIAO JIANZHU PEIDIAN

杭元凤　主　编

东南大学出版社
SOUTHEAST UNIVERSITY PRESS

图书在版编目(CIP)数据

医疗建筑配电 / 杭元凤主编. — 南京 :东南大学出版社,2017.2

ISBN 978-7-5641-6594-9

Ⅰ. ①医… Ⅱ. ①杭… Ⅲ. ①医院-建筑-配电系统 Ⅳ. ①TU852

中国版本图书馆 CIP 数据核字(2016)第 142608 号

医疗建筑配电

出版发行 东南大学出版社
出 版 人 江建中
社 址 南京市四牌楼 2 号(邮编:210096)
网 址 http://www.seupress.com
责编邮箱 med@seupress.com
责编电话 025—83793681
经 销 新华书店
印 刷 兴化印刷有限责任公司
开 本 787 mm×1092 mm 1/16
印 张 17
字 数 440 千字
版 印 次 2017 年 2 月第 1 版第 1 次印刷
书 号 978-7-5641-6594-9
定 价 68.00 元

---

* 本社图书若有印装质量问题,请直接与营销部联系,电话:(025)83791830。

《医疗建筑配电》编者名单

学术顾问 潘兆岳

主　　编 杭元凤

副 主 编 徐　阳　施　超　雷贤忠　杭　涛

编　　委 马锡坤　朱敏生　张　牧　熊守龙　吉凤俭　杭　勇

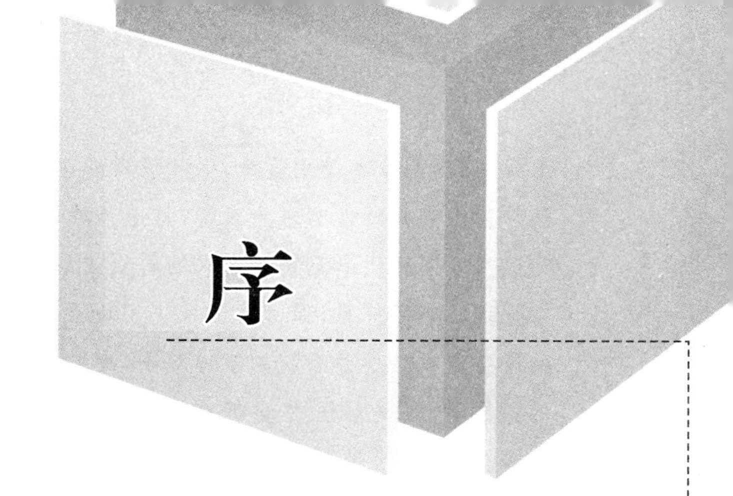

序

杭元凤先生长期致力于医疗建筑专业内领域规划的研究，心系医疗建筑的绿色节能，初次接触时，他以管理者的专业素养，与我们交流医疗建筑规划中绿色建设的重要性，这正好与天溯长期致力于“医疗建筑中的能源与设备节能管理解决方案”的目标相契合了。天溯开拓医疗行业的绿色节能工作已有13年，这些年来，我们始终秉承“创业创新、聚焦专注、开放合作”的企业文化精神，聚合业内优秀合作伙伴，吸引大批国内顶尖人才的加盟，致力于拓展整体的医疗业务，构建“安全、高效、绿色”医院建筑能源与设备管理解决方案，打造以客户需求为核心的战略架构，不断累积行业案例和经验，完成从单系统向平台系统解决方案供应商的提升，而医疗建筑配电也正是我们需要深入了解的一个方面。我们和他相识时间不长，但在专业上似乎已产生了天然的联系。当他邀请我们参与他正在编写的《医疗建筑配电》一书的编辑工作，并请我为本书作序时我欣然应邀！

随着参与本书的编辑工作的深入，我们感到，这本书其实不只是单纯再现了医疗建筑配电知识体系，更重要的是一个从事医疗建筑管理者对多年的医疗建筑配电认知的总结。他以规范为主线，但更注重的是细节；他归纳了医疗建筑配电的一般要求，更注重医院建筑配电的特殊性要求；他关注医疗建筑中特殊场所的安全性，更提醒人们关注医疗建筑电气节能技术，防雷、接地与消防、安防、网络、监控等系统，引导从事医疗建筑规划的人们的重视；他着力于一般技术的介绍，更站在技术前沿，引入了对互联网＋医疗等智能化新技术前景的思考。

阅读本书，让我们更加明确医院管理者在机电设备管理上的重要需求，更坚定了我们为医疗行业打造“数字机电，智慧运维”解决方案的步伐。这些年来，天溯应用物联网和云计算技术，搭建面向医院后勤管理信息化综合平台，实现分类分项能耗数据的采集统计，对不同医疗功能的建筑、重点区域及重要用能设备的能耗和运行情况进行监控。平台可以完全集成医疗机电管理相关的电力监控、楼宇自动化等系统及其他相关专用设备管理系统，实现医院后勤的统一运行、维护管理，并通过全生命周期管理，提高能源使用效率，延长设备使用寿命，保障设备安全运行，降低整体运维成本。我们更着力以满足医疗行业客户特性需求为目标，打造开放性行业生态圈平台，整合行业内各类优质资源，为医疗客户提供满足特性需求的解决方案，最终实现客户价值最大化。并以天溯独创的智慧运维服务体系，通过平台系统实现医院管理的本地化和运维服务的云端化，将分散的设备数据转换为系统的管理数据，变被动式运维为主动式运维，在云端策略及经验库的指导下，实现对医疗建筑机电设备的统一管理和优化控制，打造智慧、绿色的医疗建筑。

《医疗建筑配电》的编著，取材广泛，结构严谨，有的放矢，内容丰富，对于天溯在开发“数字机电，智慧运维”解决方案上无疑是一种促进。但其所呈现的知识体系及实践感悟，远远超出编者设想的初衷，我坚信无论是医院管理者、规划设计人员以及相关企业都会从中得到启迪。

在本书出版之际，我写了上面这些话，是为序。

南京天溯自动化控制系统有限公司总裁　王伟江

2016 年 3 月

前言

我为什么要编这本书

自1997年起的近二十年间，我的大部分时间都是从事大型综合性医院建设与管理的领导或顾问工作。直接主持了原南京军区总医院的病房大楼与高干楼的建设，参与了南京同仁医院、昆明同仁医院、焦作同仁医院、宿迁洋河人民医院以及句容、内蒙古等地的六所股份制大型综合性医院的规划或前期筹备。并应江苏医院协会及相关医院的邀请，在江苏境内参与多所三级医院的前期建设的咨询。在参与这些建设筹划与咨询服务的过程中，我发现：在医院规划中无论是政府或医院作为业主单位时，对于建筑空间形态、床位规模、专业设置、空间布局、流程管理、信息规划、投资控制，都较为重视，而对于节能管理特别是配电管理过问较少。基本都是由设计院根据相关规范进行参数设计，医院确认为主。很少有业主能作为主导，进行深入的研究并提出确定的配置要求。因此，在实践中，往往会出现一些配电标准过高或使用短缺等问题，造成投资浪费及后续施工的困难。

是什么原因造成这种现象呢？大半原因是负责医院建设管理的领导者对“医学”知识是行家里手，对“电学”知识了解一般，在规划配电设计任务时，只能提出基本要求，无法进行精准控制。其他原因是受投资的限制，配电设施的投入经费比重在总投入中占比较小，配电设计标准提高，投入就需增加，影响整体规划。有些医院尽管加强了对配电设施的配置的监控管理，但真正从配电设计开始就在配电负荷标准设置、供配电电源的设置方式、低压配电设施的选择、谐波抑制方法的了解、照明灯具的节能设计、建筑防雷设计、电气节能管理等方面重视的并不多。这就造成有些医院要随着规模的发展，不断对供电设施进行调整，造成了更大的浪费，极少数医院甚至出现供电安全事故。我在这些年来的管理工作中也遇到过类似问题，也很早就萌生了在自我加强学习的同时，编出一本如何让医院管理者看得懂、使医疗建筑配电更合理的书。

当真正动手时，遇到的困难较大。我自己年轻时做过几年电工，但都是一些基本操作。现在如何站在医院管理者角度，成体系地将医院建筑配电编成一本书来让医院领导看得懂，让医疗建筑管理者或初入医疗设计的技术人员可以用，既需把医院建筑过程中出现的问题说清楚，又必须在“电学”知识上不能出错，以我个人力量来完成，难度实在很大。因此，在本书编著过程中我着力解决了三方面的问题：

一是广泛搜集资料。用近两年的时间，以《医疗建筑电气设计规范》(JGJ312—2013)为主线，通过各种途径，搜集整理有关医用建筑配电的文章及资料，完成了资料的积累。对规范中的一些概念，用“电学”中的知识点进行深化，使读者能在阅读中了解相关知识；对于配电设计中的具体问题，在每一章的开头语中点明，希望医院领导在组织医疗建筑配电设计时引起重视。对于配电设计中的一些数据要求，则通过具体案例进行归纳推理，提出建议。

二是集合业内诸多专家与有实践经验的专业人士参与编辑。特别邀请了亦师亦友的原南京军区总医院医学工程部副主任、高级工程师潘兆岳教授做本书的学术顾问，他在百忙中认真审阅了本书稿件，提出了调整和修改建议。南京军区总医院信息部副主任马锡坤，南京天溯自动化控制系统有限公司首席技术官雷贤忠，南京天溯自动化控制系统有限公司医疗行业线总监、信息系统项目管理师、高级项目经理施超，南京天溯自动化控制系统有限公司设计二组组长、电气工程师徐阳，东南大学附属中大医院基建处处长朱敏生，东南大学附属中大医院基建处工程师熊守龙，南京同仁医院后勤保修部工程师张牧，北京中元设计顾问有限公司高级工程师吉凤俭，江苏海事技术学院教师杭勇博士等都参与了本书的审稿工作。他们对全书的电学知识点，进行逐一审定，并对如何做好配电管理提出了专业建议，对部分章节重新进行了编写。特别是徐阳同志为本书的调整修改贡献尤多。南京军区南京总医院心内科医生杭涛参与了全书的校对，并对DSA相关内容提出了独到见解，为本书的出版付出了努力。

三是尽量把这些年来在配电管理中遇到或看到的一些问题说清楚，按照规范所提供的逻辑思路，广泛阅读有关作者的研究成果，听取各方面的建议，在具体的技术要点上，进行适度点评，这既是对过往工作进行总结，也可给后来人一种提示。重点探索了以下一些问题：

①医疗建筑配电的负荷分级标准是什么？不同等级的医院负荷分级有何区别？因此，本书的第一章用五个小节，重点就医疗建筑规模与医院等级分类进行阐述；解答了根据等级规模，医疗建筑用电负荷分为一、二、三级的标准是如何界定的；依据医疗场所对患者安全的重要性，分为0类、1类、2类三个级别，各个级别是如何分类的；不同级别的医院不同医疗场所恢复供电时间的要求；以及人防医疗工程用电又是如何分级的等一系列问题。

②医疗建筑供配电系统如何规划？单方负荷如何确定标准是合理的？因此，在本书第二章中用较大的篇幅重点就医疗建筑供配电负荷标准，医疗建筑供配电所的建设，供配电电源的配置方式，应急电源配置种类及如何设置是合理的，柴油发电机房如何建设，变配电所的计算机监控，医疗场所中为确保安全如何做好电磁干扰的防护，以及洁净手术部的配电及人防配电应注意的问题等，从系统需求出发，以规范要求为路径，结合实践经验进行了分类描述，并以案例说明系统建设应当注意的问题。

③医疗建筑的低压配电系统如何确保优质安全？本书的第三章中，着重就变压器如何选型是最好的、导体的选择怎样才是合适的进行了阐述。在本书编辑讨论中，有编委

提出，导体选择既要遵循规范要求，也要从工程的具体要求出发，选择能确保安全又适合工程需要的才是最好的建议。低压电器的选择，不能仅从节省经费考虑，更多地要考虑配电系统的长期安全运行去选择合适的产品，以确保医疗建筑系统的整体质量。另外，特别对在设计中低压配电线路的谐波抑制、医疗场所中局部 IT 系统的配置问题都进行了详细的论述。

④医疗建筑中，对于常用诊疗设备的配电怎样做才是最安全的？这个问题是大多数医院院长所关心的。因此，在本书第四章中，我们用较大的篇幅对诊疗设备的分类与用电特征、大型诊疗设备供电应注意的问题均进行了详细的描述。为方便工程技术人员的参考，我们对各类大型设备配电的具体要求也分设备类别进行了详细的梳理，并对在这些设备的管理中如何做好电磁兼容保护进行了专节交待。

⑤医疗建筑中的照明系统如何规划是最合理的？实际工程的所有区域完全按规范要求的照度去规划设计，会造成很大的浪费。一方面要选好照明电气产品，另一方面要科学合理规划。因此，第五章中，分别就照明设计的一般规定，一般环境的照明设计、特殊环境的照明设计，应急照明及景观设计，光源选择以及照明控制等，从节能、环保诸方面进行了系统的论述。

⑥医疗建筑中防雷接地的安全性如何把握？对于这一问题通常都由设计单位按规范做，医院领导是很少去过问的。这些年来，有些医院因雷击所造成的损失也常见于报端。为此，本书第六章，重点就雷电的分类与危害、雷电防护分区一般知识、防雷设计基本要素与分类、建筑物的防雷分类与防雷措施、防雷设计的风险评估、医疗建筑中的接地与安全防护要求，都一一作了简述。

⑦医疗建筑的智能化建设、变配电及照明设备的管理、医疗建筑中的电气节能等问题，是医疗建筑中的一个系统性规划的大事。本书第七章、第八章、第九章用较大篇幅进行了介绍，并尽量提供最新的技术参照。

同时，对于医疗建筑中成功的案例，我们在第十章中分别以复合型医疗建筑、专科型医疗建筑、综合型医疗建筑配电进行了全景再现。

为便于读者查阅资料，我们将配电工程相关的规范作为附录，收录于本书后，供读者参考。

在本书即将出版之际，我十分感谢为此做出了努力的朋友们！特别感谢南京天溯自动化控制系统有限公司的董事长王伟江先生对本书出版所给予的支持，并在百忙之中以他特有的专业精神作序。这本书的出版，能否为相关读者真正提供一些参考，这在我是很没有把握的。如有错误，全由我个人承担。现在还是“大胆”地把它交付读者去批评与指正吧！

杭元凤

2016 年 3 月于南京同仁医院

目录

第一章 医疗建筑用电负荷分级

医疗建筑是专业性、综合性较强的公共建筑，一般包括综合医院、疗养院等类型，向人们提供诊断、治疗、疗养等系列服务。负荷分级是医疗建筑配电的安全保障要求，也是医疗建筑系统运作的关键。全院的负荷分级，既可为配电设计提供依据，也是全院确定供配电投资的依据，必须十分慎重。本文中的医疗建筑主要包括两大类，一是医院建筑，包括三级医院、二级医院、一级医院；二是其他医疗机构建筑，包括专科疾病防治院（所、站）、妇幼保健院（所、站）、卫生院（其中含乡镇卫生院）、社区卫生服务中心（站）、诊所（医务室）、村卫生室等。因医院规模不同、设备不同、保障的对象有所区别，因此，在医疗建筑中的用电负荷分级与要求相应也有所区别。

第一节　医疗建筑概述

根据我国综合医院建设标准，综合医院的建设规模，按病床数量可分为200床、300床、400床、500床、600床、700床、800床、900床、1 000床九种。综合医院建设项目，应由急诊部、门诊部、住院部、医技科室、保障系统、行政管理和院内生活用房等七项设施构成。承担医学科研和教学任务的综合医院，还应包括相应的科研和教学设施。

依据医院的综合水平，我国的医院可分为三级十等，即：一、二级医院分别分为甲、乙、丙三等；三级医院分为特、甲、乙、丙四等（表1-1）。

表1-1　医院等级表

级　别	等级	性　质	功　能
一级医院	甲等 乙等 丙等	（病床数在100张以内，包括100张）直接为社区提供医疗、预防、康复、保健综合服务的基层医院，是初级卫生保健机构	直接对人群提供一级预防，在社区管理多发病、常见病、现症病人，并对疑难重症做好正确转诊，协助高层次医院搞好中间或院后服务，合理分流病人
二级医院	甲等 乙等 丙等	（病床数在101～500张之间）跨几个社区提供医疗卫生服务的地区性医院，是地区性医疗预防的技术中心	参与指导对高危人群的监测，接受一级转诊，对一级医院进行业务技术指导，并能进行一定程度的教学和科研
三级医院	特等 甲等 乙等 丙等	（病床数在501张以上）跨地区、省、市以及向全国范围提供医疗卫生服务的医院，是具有全面医疗、教学、科研能力的医疗预防技术中心	提供专科（包括特殊专科）的医疗服务，解决危重疑难病症，接受二级转诊，对下级医院进行业务技术指导和培训人才；完成培养各种高级医疗专业人才的教学和承担以上科研项目的任务；参与并指导一、二级预防工作

第二节　医疗场所分类

医疗场所是用以对患者进行诊断、治疗(包括整容)、监测和护理的场所。从确保患者用电环境的可靠性以及患者的用电安全出发，以医疗电气设备或部件是否接触患者人身及接触患者人体何种部位来区分，并按照电气设备及配件对患者的宏电击及微电击接触的部位对患者生命所产生的影响及其应采取的措施，医疗场所可分为0类、1类、2类三个级别。

0类医疗场所：指不使用医疗电气设备的接触部件接触患者的医疗场所。电气设备无需与患者身体接触的电气装置工作场所。

1类医疗场所：指医疗电气设备的接触部件接触患者躯体外部及除2类场所规定外的接触部件侵入躯体内的任何部分；也指医疗电气设备的接触部件需与患者体表、体内(除了2类医疗场所所述环境以外)接触的电气装置工作的场所。

2类医疗场所：指将医疗电气设备的接触部件用于诸如心内诊疗术、手术室，以及断电将危及生命的重要治疗场所如ICU病房等。主要指医疗电气设备的接触部件需要与患者体内(主要指心脏或接近心脏部位)接触，以及电源中断会危及患者生命的电气装置工作的场所。

第三节　医疗场所恢复供电时间

由于医疗技术及医疗装备的不断发展，新的科学技术对医疗场所的空间要求也在不断地改变，分类及恢复供电时间不仅要参照规范，同时应从本单位的实际情况出发，精准设计。具体要求如下：

1. 门诊部　门诊部的一般诊室通常情况下除观片灯及电脑外不配置其他电器设备，故规定为0类场所，断电不会对患者产生影响，对恢复供电时间无具体要求；门诊治疗室可能有电气设备或部件接触患者，所以为1类场所，但断电不会对患者生命安全产生影响，因此，对恢复供电时间没有具体要求。当然，在门诊中也有特例，有些医院为方便病人，在门诊区设置相关检查设备，为确保安全，在进行区域设计时，应预作考虑，确保门诊区域的安全。特别是皮肤科、神经内科及妇科等门诊区域，在进行配电规划时，更应当重视。

2. 急诊部　急诊部的配电要分成三个区域考虑，即：急诊诊室、急诊抢救室、急诊观察室等。急诊诊室一般没有电器设备，只有医生用的计算机、观片灯等，设置为0类场所，但断电对治疗产生影响，因此对恢复供电有具体要求；急诊抢救室配置有大量的医疗电气设备或部件，部分设备需要接触患者体内(主要指心脏或接近心脏部位)，停电将危害患者生命安全，因此应将急诊抢救室设为2类场所，要求恢复供电时间最短；在急诊观察室、治疗室内，有大量医疗电气设备或部件接触患者，由于随时有可能出现急诊救治患者的情况，要求恢复供电时间相对较短，因此，应设置为1类场所。

二级以上综合性医院的急诊室内，设置有功能检查室、检验设备、心电设备，配电设计时，应考虑这部分空间配电要求，按相应的规定配置用电，通常设置为1类场所。

3. 住院部　住院部建筑是个复杂的综合系统，当医院规模较大时，住院部要分为外科住院部、内科住院部以及专科住院部。但无论住院部的属性如何，其医疗场所的供电分类必须谨慎、严格地区分，以确保安全。一般情况下分类如下：

(1) 病房：根据专科的性质，在护理单元中，必须设置监护病房，病房中可能有医疗电气设备或部件接触患者，设置为 1 类场所。有些住院患者的活动能力差，需要进行护理，断电对该类患者可产生一定影响：如婴儿室是不可随意停电的，对恢复供电有一个基本要求，而 NICU(新生儿重症监护中心)要求恢复供电时间更短。

(2) 血液病房的净化室、产房、早产儿室、烧伤病房、血液透析室：此类病房中有大量电气设备或部件接触患者，应设置为 1 类场所，断电对患者救治产生较大影响，恢复供电时间宜短。

(3) 重症监护室：重症监护室中有大量电气设备接触患者甚至是危重患者，应设置为 2 类场所，断电对患者的救治产生较大影响，恢复供电时间宜短。

在外科病房中，特别是骨科病房，有时需要床边 X 光机进入病房，在规划设计阶段就要考虑这一需求，防止配电难以满足要求，引起断电事故。

4. 手术部

(1) 手术室：大量医疗电气设备及部件接触患者，且可能接触到患者体内(主要指心脏或接近心脏部位)，恢复供电时间应最短。

(2) 术前准备室、术后苏醒室、麻醉室：大量医疗电气设备及部件接触患者，为 1 类场所，但停电对患者安全有一定影响，有条件的医疗机构可将这些区域按 2 类场所考虑，恢复供电时间与手术室相同。

(3) 手术部护理站、麻醉师办公室、石膏室、冰冻切片室、敷料制作室、消毒敷料：这些区域为非患者环境，设置为 0 类场所，但停电对手术室运行影响较大，恢复供电时间要求比较短。

5. 功能检查室　包括：肺功能检查室、电生理检查室、超声检查室、内窥镜检查室的非手术内窥镜检查室、泌尿外科的体外碎石机、高压氧舱等场所。室内电气设备及部件接触患者，故设置为 1 类场所，对恢复供电时间要求比较短。

6. 影像科　DR 诊断室、CR 诊断室、CT 诊断室、MRI 扫描室、导管介入室，放射后装治疗、钴-60 治疗机、直线加速器、γ 刀、深部 X 线治疗室，ECT 扫描间、PET 扫描间、γ 照相机、服药室、注射室等，这些检查、治疗场所一般均有电气设备及部件接触患者，为 1 类场所，场所内的照明和配电恢复供电时间要求较短。

在影像科的设备中，《民用建筑电气设计规范》(以下简称《民规》)附录 A 第 23 条，将磁共振设备(MRI)定为一级负荷。从实际情况看，磁共振设备在瞬时停电时并不会受到损坏；用于进行医疗检查的磁共振设备因断电中止工作，也不会对正在检查的病人有任何身体上的伤害。真正需要重视的是液氦冷却系统，意外的停电可能会导致其不工作，停电时间较长时会使得线圈过热而失效或损坏，因此在配电设计中，应对液氦冷却系统电源的可靠性加以关注，应由柴油发电机等 15 s 级的应急电源为其供电，如果发电机容量有冗余，也可以为整个磁共振设备供电，保证市政电源发生故障后，其检查工作可以继续进行。大型设备的供配电，应根据供应商提供的场地建设指南中的配电要求设计。一般情况下，计算机工作处理站由设备厂商提供不间断电源用于在停电时保存数据，设计中可以不考虑再为其单独设置 UPS。磁共振设备采用磁场强度“特斯拉”(T)为设备标示单位，以某型号 1.5 T 的磁共振设备为例，其最大瞬时功率为 74 kVA，持续时间为 40 ms；连续功率为 57 kVA，待机功率为14 kVA；系统的功率因素为 0.9。机房空调为 50 kVA，液氦用水冷机组需 30 kVA。

心血管造影检查室：有大量电气设备及部件接触患者的心脏附近，为 2 类场所，场所的照明和配电恢复供电的时间比较短，设备及设备配套的制冷系统的恢复供电时间可以在 15 s 以上。

7. 其他医疗设备运行中，由于电源中断，对医院的正常运行可能产生影响，这类医疗场所均为 0 类场所，但是对于恢复供电的时间有不同的要求：

(1) 检验科。大型生化仪器对供电的要求较高，中断供电时间小于 0.5 s，一般仪器小于 15 s。

(2) 核医学科。其内部空间分为试剂培制、储源室、分装室、功能测试室、实验室、计量室、危险源环境等，照明、配电尤其是相关的风机对恢复供电时间要求较高。

(3) 输血科。贮血设备对恢复供电时间要求较高。

(4) 病理科。取材、制片、镜检，恢复供电时间要求较高。

(5) 理疗科。有可能有电气设备及部件接触患者，为 1 类场所，但场所的照明和配电恢复供电时间可以相对长一些。

8. 保障系统　根据停电对系统的不同影响，确定了不同的恢复供电时间。这一系统包括的内容主要是后勤保障系统、教学管理系统、计算机管理中心。这些区域，应根据其对医院运行的安全性与稳定性，设计恢复供电时间。特别是计算机管理中心，应严格按照相关的规范设计。

以上要求仅为提示性分类，医疗设备诊疗手段发展迅速，医院在设计之初，要与设计人员密切配合，对于新的设备、新的诊疗手段、新的医疗场所，应按上述分类的原则，进行划分，并予以确认，确保安全(表 1-2、表 1-3)。

表 1-2　医院电气设备工作场所分类及自动恢复供电时间

名称	医疗场所及设施	场所类别			要求自动恢复供电时间 t(s)		
		0	1	2	$t<0.5$	$0.5<t\leqslant 15$	$t>15$
门诊部	门诊诊室	✓	—	—	—	—	—
	门诊治疗	—	✓	—	—	—	—
急诊部	急诊诊室	✓	—	—	—	✓	—
	急诊抢救室	—	—	✓	✓(a)	✓	—
	急诊观察室、处置室	—	✓	—	✓	—	
手术部	手术室	—	—	✓	✓(a)	✓	—
	术前准备室、术后复苏室、麻醉室	—	✓	—	✓(a)	—	—
	护士站、麻醉师办公室、石膏室、冰冻切片室、敷料制作室、消毒敷料	✓	—	—	—	✓	—

续表

名称	医疗场所及设施	场所类别			要求自动恢复供电时间 t(s)		
		0	1	2	$t<0.5$	$0.5<t\leqslant15$	$t>15$
住院部	病房	—	√	—	—	—	√
	血液病房的净化室、产房、早产儿室、烧伤病房	—	√	—	√(a)	√	—
	婴儿室	—	√	—	—	√	—
	重症监控室、早产儿室	—	—	√	√(a)	√	—
	血液透析室	—	√	—	√(a)	√	—
功能检查	肺功能检查室、电生理检查室、超声检查室	—	√	—	—	√	—
内镜	内镜检查室	—	√(b)	—	—	√(b)	—
泌尿科	诊疗室	—	√(b)	—	—	√(b)	—
影像科	DR 检查室、CR 检查室、CT 诊断室	—	√	—	—	√	—
	导管介入室	—	√	—	—	√	—
	心血管照影检查室	—	—	√	√(a)	√	—
	MRI 扫描室	—	√	—	—	√	—
放射治疗	后装、钴－60、直线加速器、γ刀、深部 X 线治疗	—	√	—	—	√	—
理疗科	物理治疗室	—	√	—	—	—	√
	水疗室	—	√	—	—	—	√
检验科	大型生化仪器	√		—	√	—	—
	一般仪器	√		—	—	√	—
核医学	ECT 扫描室、PET 扫描室、γ照相机、服药、注射	—	√	—	—	√(a)	—
	试剂培制、储源室、分装室、功能测试室、实验室、计量室	√	—	—	—	√	—
高压氧	高压氧舱	—	√	—	—	√	—
输血科	贮血	√	—	—	—	√	—
	配血、发血	√	—	—	—	—	√
病理科	取材室、制片室、镜检室	√	—	—	—	√	—
	病理解剖	√	—	—	—	—	√
药剂科	贵重药品冷库	√	—	—	—	—	√
保障系统	医用气体供应系统	√	—	—	—	√	—
	中心(消毒)供应室、空气净化机组	√	—	—	—	—	√
	太平柜、焚烧炉、锅炉房	√	—	—	—	—	√

注：1. (a)指的是涉及生命安全的电气设备及照明；
2. (b)指的是不作为手术室时；
3. 要求恢复供电时间小于或等于 0.5 s时，自备备用电源供电维持时间不应小于 3 h，其他备用电源供电维持时间不宜小于 24 h。

表 1-3　医院场所必需的安全设施的分级

级别	要求
0 级(不间断)	不间断供电的电源自动切换
0.15 级(很短时间的间断)	在 0.15 s 内的电源自动切换
0.5 级(短时间的间断)	在 0.5 s 内的电源自动切换
15 级(不长时间的间断)	在 15 s 内的电源自动切换
>15 级(长时间的间断)	超过 15 s 的电源自动切换

注:通常不必为医疗电气设备提供不间断电源,但某些受微机处理机控制的医用电气设备可能需要用这类电源供电。别的有安全设施的医疗场所,宜按满足供电可靠性要求最高的场所考虑。

第四节　医疗建筑用电负荷分级

我国《民规》按照用电负荷的供电可靠性及中断供电可能造成的损失或影响的程度,将用电负荷区分为一级负荷、二级负荷及三级负荷。

一、用电负荷分级

1. 一级负荷　通常指"中断供电将造成人员伤亡者;中断供电将造成重大影响和重大损失;中断供电将破坏有重大影响的用电单位的正常工作,或造成公共场所秩序严重混乱。在一级负荷中,当中断供电将发生中毒、爆炸和火灾等情况的负荷,以及特别重要的场所的不允许中断供电的负荷,应为特别重要负荷"。医疗建筑的配电设计首先应当执行一级负荷的规定,同时还应根据各种不同的场所与设备供电保障的重要性程度,区分出特别重要的负荷,这是在配电设计中辅助电源功率配置的基本依据。一所医院所需特别重要负荷到底应多少,应当慎重评估,避免由设计师按总比例配置的方法进行发电机设计,易造成设备的闲置与投资的浪费。

2. 二级负荷　指"中断供电将在政治、经济上造成较大损失者;中断供电将影响重要用电单位的正常工作者"。虽然在《民规》中明确了医疗配电应为双电源配置,但当医院规模较小,特别是乡镇一级医院、卫生所,当床位数量不多,大型设备相对较少时,供配电的设计不强调双电源供电,但必须按相应的规定设置备用电源,如柴油发电机等,以备紧急情况下的供电之需,以确保医院的运行安全。

3. 三级负荷　"不属于一级负荷和二级负荷者。"如医院的生活区的配电,可列为三级负荷,可以减少医院总体供配电的资金投入。在总体规划时,医院应精细安排。

医疗建筑按辖区划分可分为:省级医院建筑、市地级医院建筑、县级医院建筑、乡镇医院建筑,国家卫生行政部门对各级所管辖的医院规模与设备配置都有相应的要求,当地卫生行政管理部门对医疗规划的整体布局一般都有前置性安排。表 1-1 依据医院的综合水平,主要针对综合医院等级进行了划分,专科医院其规模和等级与综合医院有所类似,其配电既应考虑床位规模,也应按照其设备要求进行设计。但在实施过程中,有些县属的二级医院的规模都超过了 501 张以上,且科室齐全,设备配置齐全,故按照医院等级规模配电的要求已不适用,而应根据对应医院规模及其配置的大型设备进行配电设计。

一般医院建筑配电设计应实行双回路供电，由市政供电部门提供两路电源供电，确保当一路电源发生故障时，另一路电源不应同时受到损坏。但双回路供配电设计，既应从医疗建筑区域功能及设备的负荷性质考虑，确保必需、安全；也应从投资的合理性考虑，系统规划、合理配置。配电设计时通过建设单位与设计部门密切协作，可细化一级负荷与特别重要负荷场所的设备用电量。要对医疗区域重要设备配置及其功率有一个基本分类，且要对一级负荷中特别重要的负荷加以量化，以此来明确一级负荷的区域范围与负载。可详细分析区域中的设备功率总量与运行频率的基本需求，以此数据为依据规划第三电源或应急电源的配置。总体来说，医疗建筑中的配电设计既不能笼统要求将所有区域均设置为一级负荷，也不能对特别重要负荷简单估算，避免造成投资浪费或留下不安全因素。通常情况下，二级以上医院医疗建筑中的消防设备、医用客梯、氧气供应系统设备、真空吸引设备、消毒供应中心的蒸汽、净化空调设备用电、走道照明用电及生活泵用电等，消防设备用电、重症监护室、急救室、手术室等与生活安全相关的设备及照明用电，为一级负荷中的特别重要的负荷。一般空调用电、客梯用电、扶梯用电、电子显微镜等用电为二级负荷。医疗建筑用电负荷分级方法见表 1－4。

表 1－4　医疗建筑用电负荷分级

<table>
<tr><th>医疗建筑名称</th><th>用电负荷名称</th><th>负荷等级</th></tr>
<tr><td rowspan="3">二级、三级医院，相当于二级医院的社区卫生服务中心</td><td>急症抢救室、血液病房的净化室、产房、烧伤病房、重症监护室、早产儿室、血液透析室、手术室、术前准备室、术后复苏室、麻醉室、心血管造影检查室等场所中涉及患者生命安全的设备及其照明用电；大型生化仪器、重症呼吸道感染区的通风系统</td><td>特别重要的负荷</td></tr>
<tr><td>急症抢救室、血液病房的净化室、产房、烧伤病房、重症监护室、早产儿室、血液透析室、手术室、术前准备室、术后复苏室、麻醉室、心血管造影检查室等场所中除一级负荷中特别重要负荷的其他用电设备；下列场所的诊疗设备及照明用电：急诊诊室、急诊观察室及处置室、婴儿室、内窥镜检查室、摄影室、放射治疗室、核医学室等；高压氧仓、血库、培养室、恒温室；病理科的取材室、制片室、镜检室的用电设备；计算机网络系统用电；门诊部、医技部及住院部 30%的走道照明；配电室照明用电。百级洁净手术室空调系统用电、重症呼吸道感染区的通风系统；电子信息系统中心机房用电</td><td>一级负荷</td></tr>
<tr><td>除上栏所述之外的其他手术室空调系统用电、电子显微镜、影像科诊断用电设备、病房走道照明、高级病房、高肢体伤残康复病房照明、中心(消毒)供应室、空气净化机组；重要药品冷库、太平柜；采暖锅炉及换热站等用电负荷</td><td rowspan="2">二级负荷</td></tr>
<tr><td>一级医院</td><td>急诊室</td></tr>
<tr><td>一级、二级、三级医院</td><td>一二级负荷以外的其他负荷</td><td>三级负荷</td></tr>
</table>

注：1. 本表未含消防负荷，消防负荷非消防负荷分级详见其他规范。
2. 用电负荷自动恢复供电时间表，详见表 1－2。
3. 涉及患者生命安全的设备：如无影灯、呼吸机、心电监护仪等。重要手术室主要指做危及生命安全手术的手术室。
4. 医用气体中心供应系统的气站，其照明、真空、压缩、制氧等设备的负荷及其控制与报警系统负荷应为二级。医学实验动物屏蔽环境、动物房间屏蔽环境，其生产区的照明及其净化空调系统负荷不应低于二级。呼吸传染病房隔离区的通风及控制系统供电电源为一级负荷中的特别重要的负荷。

最新《综合医院建筑设计规范》条文说明第8.5.1条指出“关于安全电源是采用第二路市电或自备发电，规范中没有明确的规定，设计者根据项目的具体情况确定。我国由于地区差别较大，各医院的规模、标准相差较大。本规范是基本要求，有条件的医院应在两路市电的基础上设置自备发电”。但依据之前规范要求，医院供电宜采用两路电源，如受条件限制，部分用房应有自备电源供电，如急诊部的所有用房；监护病房、产房、婴儿室、血液病房的净化室、血液透析室(要明确透析设备的台数)；手术部、CT扫描室、加速机房和治疗室、配血室，以及培养箱、冰箱、恒温箱和其他必须持续供电的精密医疗设备，以保证在市供电源断电或发生配电故障时供电的不间断。同时要求：各区域的消防与疏散设施，放射科的医疗装备电源应从变电所单独进线；放射科、核医学科、功能检查室等部门的医疗装备电源应分别设置切断电源的总闸。

另外，2004年卫生部已发出通知，要求各二级以上综合医院要建立感染性疾病科，将发热门诊、肠道门诊、呼吸道门诊和传染病科统一整合为感染性疾病科。同时还强调，感染性疾病科的设置要相对独立，内部结构做到布局合理，分区清楚，便于患者就诊，并符合医院感染预防与控制要求。由于发热门诊的感染防护要求较高，为确保患者安全及医护人员的健康，在感染性疾病科门诊区，对发热门诊涉及影像、检验及检查室、留观室的配电均需双电源，必要时其配电应与发电机房相连接，以确保在中断供电时感染性疾病门诊的供电畅通。在新建设医院时，无论感染性疾病门诊是与住院部连成一体的还是独立设置的，在配电时均需与医院自备电源连接，确保安全。

二、一级负荷的供配电设计安全性与经济性

医疗场所允许中断供电时间的要求不同。与患者有关的一级负荷允许中断供电后恢复供电的时间为$0.5\ \mathrm{s}<t\leqslant 15\ \mathrm{s}$。但是并不是所有与病人有关的负荷都是一级负荷，在配电设计中应区别对待。必须坚持在安全可靠的前提下，根据经济合理的原则确定一级电源设置的规模与配置。医院因规模与等级不同，致使其承担的医疗任务、配置的医疗装备有所区别，规模小、级别低的医院，1类医疗场所相应比较少，供电负荷级别相应较低。如二级及以下的(不含二级)的医院，社区卫生服务中心、站、点，一般为非一级负荷单位，除消防负荷按相应规范分级外，一般无一级负荷设备。而三级医院，因其规模大、承担的医疗救治任务重，一般为一级负荷用户。但并不是所有场所都应设置为一级负荷，而应区别情况，根据场所不同、功能不同、装备不同，对用电负荷级别和重要程度进行区分设计。如在二级及以上级别的医院的急诊部、急诊诊室、抢救室和观察处置室，分别为0类、2类和1类场所，三者虽都是一级负荷，其中只有抢救室为特别重要的负荷。在住院部、重症监护室、产房、血液层流病房等，与一般病房有区别，前者为一级负荷中特别重要的负荷，后者为二级或三级负荷。

相同的医疗设备，用途不同，用电负荷级别不同。如：CT、DR、DSA介入治疗用电与检查诊断用电应区别对待。前者为一级负荷，后者不一定为一级负荷。此外，照明、空调用电负荷，其级别应与场所及场所中医疗设备的负荷类别同级。消防用电，对三级医院，无论建筑是多层还是高层，消防用电都应为一级负荷。其中，应急照明应为一级负荷中的特别重要的负荷。

如以允许中断供电时间来判据进行负荷分级，则《民规》中，有的负荷如何定级，确有

商榷的必要。如走道照明用电，是否全部为一级？门诊部、医技部、护理单元、走道照明，是患者与医务人员的交通空间，特别是门诊部与医技部，人员流动比较密集，若全部中断供电，会引起混乱和恐慌。但全部定为一级，浪费较大。因走道中无医疗设施，且有应急照明，故一般照明中一级负荷可按50%计较为合适。

治疗室均定为一级，也不合理。医院中，不同科室的治疗室，具有不同的功能，多数治疗室不涉及生命的危险和重大健康问题，其用电负荷无须定为一级。电梯用电，宜将一般客梯与医用梯区别开。医用梯宜设置为一级负荷，客梯结合消防要求考虑宜为二级或一级负荷。医院中，电梯的配置相对较多，将电梯功能加以区别，也可适当减少柴油发电机容量。

第五节　人防医疗工程用电负荷分级

人防地下室是国防的重要组成部分，是为了保障战时人员、物资掩蔽、人防指挥、医疗救护等需要建造的防护建筑，医疗救护工程是战时对伤员独立进行早期救治工作的人防工程，按照医疗分级和任务的不同，人防医疗救护工程可分为中心医院、急救站、救护站三类。中心医院，主要承担的早期对伤员救治分类及专科治疗，如在人防工程中设置中心医院，其设计应为4～6个护理单元，相互间能连通，以便实施保障；急救站，其任务是能够承担早期伤员救治与后送，一般2～3个护理单元即可；救护站，其任务是承担伤员的紧急救治与后送，一个护理单元即可。

由于人防医疗工程涉及的医疗电器设备多，医务人员、管理人员、伤员密集，且流动性比较大，为了保障战时人员救护、物资储备、人防指挥、医疗救治等各项工作的开展，在防护工程设计中，除应关照医疗救护机构的规模与等级外，还要按照人防密闭区的划分，区分设备负荷等级，做好设计工作。

人防医院工程处于地下，在功能上要达到多种防护要求，如：防常规武器、核电磁脉冲、防毒气及生化武器。在医疗分区上既要保证安全，又要有完善的空间功能与流程安排，一般情况下分为两个密闭区。一区，位于战时人员的主要出入口的第一防毒通道与第二防毒通道之间，由分类厅、急救室、诊查室、污物间、处置室、卫生间等组成；二区，位于第一区之后，通过第二防毒通道和洗消间与第一密闭区相连接，主要分为五项功能：手术区、医技部、护理单元、公区设施及生活、设备用房等。在这样的划分情况下，内部的配电要考虑长远的安排。

防空地下室战时电力负荷等级分为一、二、三级。常用设备及负荷分级如下：第一密闭区域中的分类区、急救区、抗休克室、诊查室等为一级负荷，主要考虑紧急救治时的设备与照明所需用电；第二密闭区域中的手术室、消毒室、血库、总机房、三防值班室、配电室、护理单元等为一级负荷；医护值班室、污水泵房、中心供应室、敷料器械室、设备机房、暗室、医护值班室、药房、检验室、进排风机房设备均为二级负荷；在地下空间内，凡不属一、二级负荷的区域，均为三级负荷。因手术室空调为一级负荷，应设置手术室专用空调，其余空调可为二级或三级负荷，以保证发电机机组容量设置的合理性。

人防地下室应尽量利用城市的电力系统电源，在战时，城市供电设施是敌方破坏的主要目标，这类电源对防空地下室的用电没有保证；防空地下室的电源应尽量利用附近人防战时区域电站引来的应急电源，此两类电源，可称之为外电源。为了满足战时一二级负荷的供电要求，有时在防空地下室内还需设置内电源，内电源包括柴油发电机站、蓄电池组与封闭式 EPS(EPS 宜分散设置)等。尤其是人防急救医院、中心医院，其内部应设置固定柴油电站，供电容量必须满足战时一级、二级电力负荷的需要，还可作为区域电站，以满足在低压供电范围内的邻近人防工程的战时一级、二级负荷用电；柴油发电机组台数不少于两台，单台容量应满足战时一级负荷需要。救护站宜设置移动柴油电站。机组容量必须满足战时一级、二级负荷的需要。机组台数宜设置 1 台，机组容量不宜超过 120 kW。机组的富余容量宜作为区域电源，供给邻近人防工程的战时一级、二级负荷用电。战时不允许停电的特殊医疗设备应配置 UPS 应急电源装置。UPS 的蓄电池组应为密封式蓄电池组，其应急供电时间不应小于 10 min。

人防医疗工程的电气设计应做到安全、可靠、适用、合理，且应安装、操作、维护、管理方便。电力负荷分级的主要依据是按照平时和战时用电负荷的重要性、供电连续性及中断供电后可能造成的损失或影响程度分为一级负荷、二级负荷和三级负荷。平时电力负荷分级应符合国家现行标准的有关规定，人防医疗工程战时电力负荷分级以及供电要求见表 1－5。

表 1－5　人防医疗工程战时电力负荷分级与供电要求

工程类别	设备类型	负荷等级与供电要求
中心医院、急救医院、救护站	基本通信设备、应急通信设备 通信电源配电箱 防化设备、防化电源配电插座箱 柴油发电站配套的附属设备 三种通风方式信号装置系统 主要医疗救护房间(手术室、放射科)内的设备和照明 手术室空调设备 应急照明	一级：应采取双电源、双回路末端负荷侧自动切换
	重要的风机、水泵 辅助医疗救护房间内的设备和照明 洗消及医疗用的电加热淋浴器 中心医院 医疗救护房间(除手术室外)的空调、电热设备 电动密闭阀门 正常照明 一般医疗救护、设备房间插座	二级：宜采取双电源、电源侧切换，专用回路供电
	不属于一级和二级负荷的其他负荷	三级：应采取电源供电；当由柴油电站供电时，应能自动或手动切换

依据表 1－5 战时用电负荷的分级以及供电要求，供电系统设计应符合下列规定：电力系统电源和柴油发电机组应分列运行；医疗设备应按负荷等级各有独立的配电系统；放射科、检验科、功能检查室等部门的医疗设备电源，应分别设置切断电源的开关电器；通信、防灾报警、照明、动力等应各有独立的配电系统；不同等级的电力负荷应各有独立的配电回路；柴油发电机组控制屏至用电设备之间的配电级数不宜超过三级。多台单相用电设备、两相医用设备、电源应接于不同相序上，三相负荷宜平衡。对第一密闭区范围内的动力、照明负荷除在第一密闭区内设置控制箱外，还应在第二密闭区值班室内设置集中监控装置。

第二章 医疗建筑供配电系统规划

医疗建筑供配电系统的合理规划是保障医院安全、绿色、高效运行的基础性工程。但现实中，往往存在差距。医院在向设计单位提供设计任务书时，对于供配电系统设计通常只有概略性描述，并要求设计单位依照规范实施。这种方法的结果容易导致设计师在经验不足的情况下，完全照抄规范，与医院实际情况脱离，当设计完成后，如医院再进行调整，会造成设计费用的增加与投资的浪费；如不进行调整，则在投入运行后，将会长期增加不必要的运行费用。因此，在实际规划设计中，院方应全程跟踪，主导设计，明确医疗配电共性要求，而且应该结合医院建筑的特点，把医院的规模发展、空间发展与配电发展结合起来研究考虑，用系统的观念，规划配电系统规模，并充分考虑大型医疗设备对配电供应的质量要求，以及设备运行过程对供配电系统可能产生的干扰，合理规划各类场所供电级别。参照已有医疗建筑配电负荷的配电规律，确定新建或改造项目中的负荷容量与设备配置方式；细化医疗场所供配电分类，提出电子技术对配电环境管理的影响，将配电安全防护措施纳入医疗建筑的系统整体规划中。通过这样整体的配电规划，既能使管理方与专业设计方有效地配合，达成共识，对当前的建筑配电投资取得效益，又有利于医院的长远建设。

第一节 医疗建筑供配电负荷标准

医疗建筑供配电负荷的配置标准，是一个相对、动态的概念。每平方米配电负荷要多少才能满足需求？无论是规范还是实践都无法给出绝对值。但经验证明，医院规模、大型设备配置的数量，以及空调形式是决定供电负荷配置量的相关因素。同时，配电负荷的配置标准也受制于医院所处的自然地理环境和能源保障方式。在《全国民用建筑工程设计技术措施》的电气部分中，对医院用电负荷设定了一个指标范围：按建筑面积 40～70 W/m^2；《建筑照明设计标准》中也明确规定照明功率密度值约为 12 W/m^2。在国家卫生行政部门发布的各类医疗建筑设计指南中，也根据建筑空间规划要求，对相应区域的设备供电照明等，提出了一些标准。这些标准一定程度上是按县（区）级及以上医院的基本要求去考虑的，用电负荷相关的指标相对较低，并不能完全适应现今医疗建筑的配电负荷需求。如按照各类标准的硬性要求，还有可能造成不必要的浪费，所以在医院建筑配电设计上，应将相关标准作为一个参照，配电负荷应按各医院的实际情况确定。

医院的规模标准不同，能源（如空调的能源）不同，电负荷相差较大。目前北京市规定，医疗建筑规划用电指标为 80 VA/m²①，这个标准比较客观，适合一般性的医院工程。但依据最新的《综合医院建筑设计规范》，备用电源容量（医院后勤保障系统用电）增加较大，用电指标应相应提高。根据综合医院工程建设的实践及多所医院配电设计及运行情况的平衡分析，一般情况下，建议用电负荷指标按下述标准配置较为合理：

无中央空调时：40～60 W/m²；

有中央空调时：①电制冷方式 70～90 W/m²；②直燃机方式 50～70 W/m²。

即使按照上述数据进行配置，仍然有很大的不确定因素。建设单位须按照当地能源供应形式、空调配置方式进行整体容量的规划，以保证医院的安全运行。我们通过北方和南方地区的医院配电规划，来具体分析医院配电规划需求。

北方地区的医院部分工程案例配电系统规划信息如下：

(1) 藁城市人民医院住院楼：建筑面积 17 000 m²，变压器的装机容量为 2×800 kVA，总容量为 1 600 kVA；变压器单方容量 94.11 VA/m²。

(2) 承德医学院病房楼：建筑面积 44 000 m²，变压器装机容量为 2×1 000 kVA+1 250 kVA，总容量为 3 250 kVA；变压器单方容量 73.86 VA/m²。

(3) 沧州市人民医院病房楼：建筑面积 32 000 m²，变压器装机容量为：2×1 000 kVA，总容量为 2 000 kVA；变压器单方容量 62.50 VA/m²。

(4) 邢台市人民医院病房楼：建筑面积 44 000 m²，变压器装机容量为 2×1 000 kVA+1 250 kVA，总容量为 3 250 kVA；变压器单方容量 73.86 VA/m²。

(5) 北京协和医院门诊、医技、部分病房综合楼：建筑面积 226 000 m²，变压器容量 19 360 kVA；变压器单方容量 85.66 VA/m²。

(6) 北京大学第一医院第二住院部医疗综合楼（一、二期）：建筑面积 91 000 m²，变压器容量 5 700 kVA；变压器单方容量 62.23 VA/m²。

(7) 北京医院北楼重建，北楼为门诊、医技、病房综合楼：建筑面积 26 000 m²，变压器容量 19 360 kVA；变压器单方容量 85.66 VA/m²。

(8) 北京安贞医院外科病房楼建设，含住院及住院配套的部分医技及全院的营养食堂：建筑面积 34 000 m²，变压器容量 3 200 kVA；变压器单方容量 84.64 VA/m²。

(9) 北医三院外科楼　主要包括住院及住院配套的部分医技：建筑面积 38 000 m²，变压器总容量 2 500 kVA；变压器单方容量 65.78 VA/m²。

(10) 解放军总院外科大楼　主要包括住院及住院配套的部分医技，包括区域制冷站：建筑面积 118 000 m²，变压器总容量 11 200 kVA；变压器单方容量 94.91 VA/m²。

(11) 解放军总院 9501 工程　主要为门诊、医技、部分病房综合楼：建筑面积 81 750 m²，变压器总容量 5 600 kVA；变压器单方容量 68.50 VA/m²。

(12) 河北职工医学院附属医院　门诊、医技、部分病房综合楼：建筑面积 46 000 m²，变压器总容量 3 200 kVA；变压器单方容量 69.56 VA/m²。

(13) 天津市第二儿童医院门诊、医技、部分病房综合楼：总建筑面积为 149 987m²，变压器总容量 7 800 kVA；变压器单方容量 52.00 VA/m²。

---

① 注：在配电量的计算中，1 kVA=1 kW，物理的功率 $P=U\times I$。P 的单位是 W，U 的单位是 V，I 的单位是 A，所以 1 W=1 V×1 A。在设备铭牌标示上，kVA 表示视在功率即设备的容量，kW 表示有功功率。

上述 13 个案例，均为单体建筑，没有整体新建医院的容量参照。当医院成整体规模时，要结合设备考虑配置容量。特别是随着新的空调能源方式的采用，配电的容量指标也相应发生变化。如采用地源热泵、水源热泵时，配电指标可以相应减少。

南方医院在整体规划建设的配电设计的信息举例如下：

(1) 湖南湘雅第二医院住院大楼主要包括住院及住院配套的部分医技，总面积 96 350 m^2，变压器总容量 6 400 kVA；变压器单方容量 66.42 VA/m^2。

(2) 南京同仁医院为新建医院，包括住院部、医技部、门(急)诊部及后勤保障楼等医院建筑。医院空调用能夏季为电空调，冬季为蒸汽空调。首期投入运行的建筑面积约 121 000 m^2，变压器总容量 8 400 kVA；变压器单方容量为 69.42 VA/m^2。

上述案例仍有不确定性，我们认为，当医院建筑为单体建筑时，出现单位面积配电量较高的情况，不能排除建筑单位从全院需求考虑的整体增容的考量。即便在这样的情况下，配电增容始终应从医院整体规模与发展的规划考虑，南北方医院由于气候条件及设备配置的不同，应从实际出发，合理确定增容量与配电方式，保证投资的效率与效益。

当前我国医院的用电负荷比例仍是以空调、照明为主体，医疗设备用电负荷相对较小，这与我国目前的医疗设备配置水平相关。根据日本有关资料，20 世纪 80 年代医院变压器安装容量为 250～300 VA/m^2。当然日本等国的用电负荷计算与变压器安装容量与我国差别很大，但总体变压器容量较我国大很多，但这其中医疗设备用电占 50%；而我们目前医疗设备用电总体占不到 20%。医院设计的用电负荷总体上仍然是以空调照明为主要负荷，其中空调制冷用电为 40%～50%，照明用电占 30%，动力用电包括医疗用电占 20%～30%。笔者曾参与南京同仁医院的筹划，该院首期总建筑面积 121 000 m^2，总配电量为 8 400 kVA。到 2013 年底，实际投入的使用面积约 69 000 m^2，实际使用的总变压器容量为 4 500 kVA。其中，空调部分使用量为 2 500 kVA，照明与设备部分约为 2 000 kVA。

上述诸多医疗建筑配电数据说明，医院虽然为功能性民用建筑，用电设备较多，但其整体照明的标准要比商业楼、写字楼要低，从用电负荷计算的角度而言并不高。上文已提到北京的用电规划为 80 VA/m^2，一般医院均可满足要求；但就一些高等级医院，设备较多，门诊量较大，80 VA/m^2 是难以满足要求的。配电设计应随着医疗建筑标准的提高，大型医疗设备的增多，空调动力系统方式的改变，相应也要提高配电容量标准。配电规划不仅要面对当前建筑的规模，还要兼顾未来的发展，配电设计从空间与容量上都应留有充分余地。

第二节　医疗建筑变配电所建设

变配电所是医疗建筑动力系统的中枢神经，变配电所位置的选择，必须遵循科学、安全、便捷的原则。变配电所距离影像科室距离要适当，保证大型设备优质用电，减少线损与谐波干扰，减少环境干扰与配电损耗。配电功率应合理确定，配电方式应科学，空间要留有余地。整体设计应结合医疗建筑能源消耗量大、空间洁污分流严格的特点，以及大型医疗设备配电质量要求较高，设备运行中电流、电磁干扰大的实际情况，科学进行配电设计与各设备空间的电磁防护设计等，确保医疗建筑的安全运行。

医疗建筑变配电所的选址，一般有配电站独立选址、在各主楼建筑设置变配电站、在地下室设置配电站三种形式。不同的选址方式，对于变配电所周边条件则有不同要求：

一、独立选址建设配电站

大型综合性医院，特别是历史较为悠久的医院，配电站通常单体独立配置。由于历史条件的限制，医技系统水平相对较低，在配电消耗要求不高的情况下，医院配电站一般在远离医疗区的边缘独立设置。但随着医院规模的不断扩大，配电规范的逐步健全，医疗设备对配电敏感性的增强，按照变配电站深入负荷中心的原则，配电站应靠近重要负荷建设。独立设置配电站应从实际情况出发，但必须将配电所配置于方便高压进线和低压出线，并接近电源侧。配电所还应接近大容量设备处，如冷冻机房、水泵房或大型医技设备集中处，不宜设在门诊区域或病房区域。变配电所的出入口，要有一定的空间，方便设备的运输、装卸与搬运，不应设在低洼与可能积水的场所，不宜与有防电磁干扰要求的设备及机房贴邻，或位于其正上方或正下方(如 MRI)。如果变配电站远离负荷中心，相关投资可能会相对增加。

二、在各主楼建筑设置变配电站

变配电站在各主楼设置时必须靠近负荷中心，并采取相应的防火措施、降噪措施，还应根据医院特点，在特殊装备区域采取屏蔽等措施。变配电所的周边，不得有剧烈震动或高温场所，不得设置于厕所、浴室或其他经常积水场所的下方，且不与上述场所贴邻。不得设在有爆炸危险的环境的正上方或正下方，且不宜设在有火灾危险环境的正上方或正下方，当与有爆炸或火灾危险的建筑物毗邻时，应满足现行国家标准《爆炸和火灾环境电力装置设置规范》的相关规定。可设置在一层或地下层，但当供电负荷较大，供电半径较长时，也可分设在某些楼层、屋顶层、避难层、机房层等处，同时应充分考虑变配电所的相应电气设备，如变压器、开关柜等的水平、垂直运输通道以及对楼面荷载的要求。在各主楼设置变配电所不应装设带有可燃性油的电气设备，并不应使用裸露导体配线。

三、在地下室设置配电站

近些年来，一些规模较大的新建的综合医院在进行整体设计时，其变配电站通常会选择设置于地下室。但在某些地区，对于配电站设置于地下室有一定限制条件。当设置于地下室时，必须保证配变电所的位置接近负荷中心，并应选择通风、散热、防潮条件较好的场所，且可加设机械通风及去湿设备。一般不宜设在地下室的最底层，当设置在最底层时，应采取适当抬高该地区地面等防水措施，并应避免洪水、消防用水或积水从其他渠道淹浸变配电所的可能性。

第三节　供配电电源配置方式

医院变配电站的电源配置方式的选择，是根据医疗建筑的面积与用电一般规律确定用电量，并根据用电量的大小，合理选择配电方式：当用电设备的总容量在 250 kW 及以上用电单位时，宜选用 10 kV 及以上电压供电；当低于 250 kW 时，可选用 0.4 kV 低压供电。医疗建筑供配电系统在通常情况下的配置为 220/380 V 的低压供电。当医院大型设备量多、功率要求高时，220/380 V 的低压配电系统已不能完全涵盖所有医院供电标准需求。有的医院由于其设备多、规模大，必须采用 10 kV 高压直接供电。有些超大型的综合性医院，在两路 10 kV 电源容量仍不能满足要求的情况下，已向采用三路 10 kV 电源或采用两路 35 kV 的高压供电发展。随着医院规模的扩大，设备的增多，虽然采用的两路电源供电，但在一级负荷中特别重要的负荷也相应增多，不仅需要增设相应的应急电源，同时为确保供电安全，严禁将其他负荷接入应急供电系统。具体变配电电源配置方式应区分情况进行选择。

一、高压主接线

当电源配置选择为 10 kV 高压系统供电时，变配电所高压侧可采用单母线或单母线分段接线方式。根据工程实践，常用方式有下列几种。

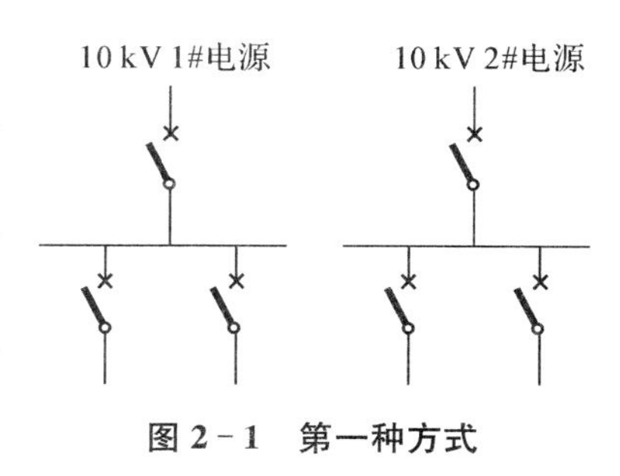

图 2-1　第一种方式

第一种方式：设两路电源同时供电，单母线分段不设联络（如图 2-1 所示）。这种接线方式最为简单，当一路电源长时间失去时，50%负荷失去电源，只能靠两台变压器低压侧互为备用投入。这要求变压器的负荷率不能太高，否则会影响医院的正常运行。

第二种方式：当电源配置选择两路电源，一路供电，一路备用，母线不分段（如图2-2 所示）。此种接线方式的可靠性较差，当电源正常切换时或工作电源因事故失去时，100%负荷短暂失去电源，停电面是 100%。

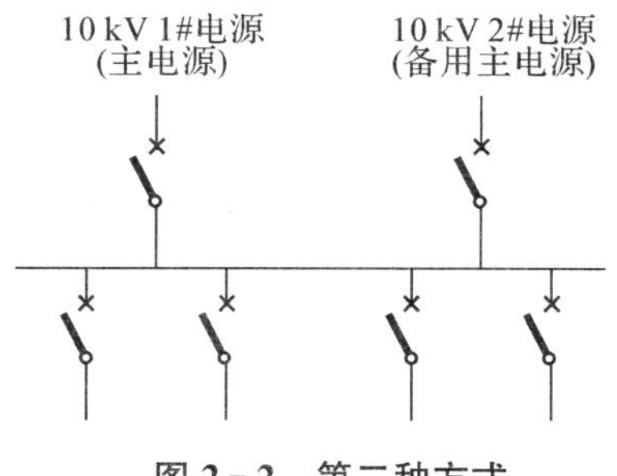

图 2-2　第二种方式

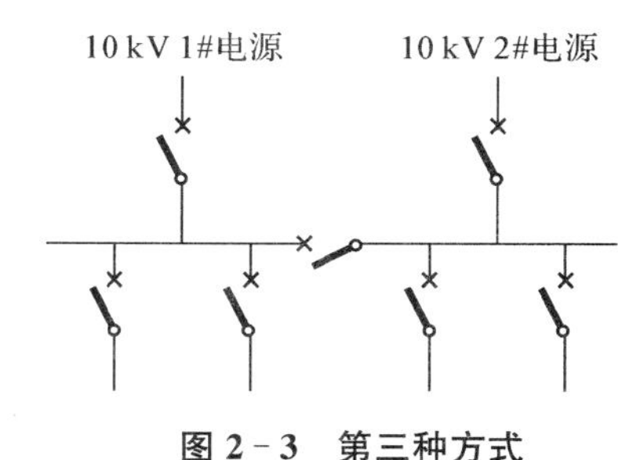

图 2-3　第三种方式

第三种方式：当电源配置选择两路电源同时供电，单母线分段，互为备用（如图 2-3 所示）。此种接线方式可靠性较高，当一路电源失去时，只有 50%的负荷短暂失去电源，停电面是 50%。

第四种方式：当电源配置选择三路电源两路同时供电，一路备用，母线分段（如图 2-4 所示）。此种接线方式的可靠性高，每路工作电源只供 50%负荷，备用电源为空置。备用电源如按第一种方式（图 2-1）选择时为负荷的 50%，如按第二种方式（图 2-2）选择时为负荷的 100%。工程实例中供电部门往往按第一种方式（图 2-1）提供。

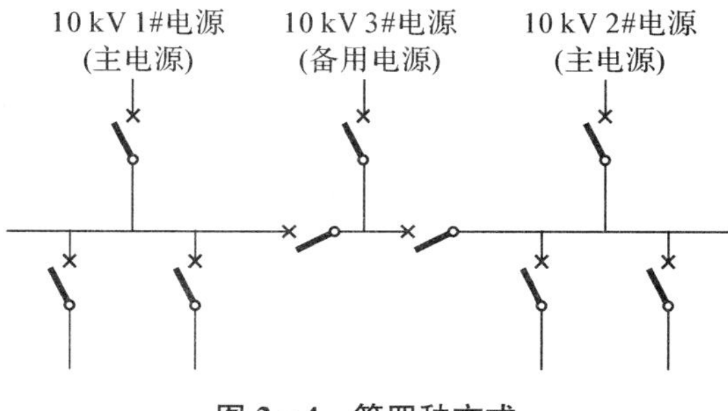

图 2-4　第四种方式

第五种方式：当电源配置选择三路电源同时供电，母线分段，互为备用（如图 2－5 所示）。此种接线方式可靠性较高，每路工作电源只供 33.3％负荷。由于电源互为备用，因此每路电源的容量如按电源第一种方式（图 2－1）选择时为负荷的 67％，如按第二种方式（图 2－2）选择时为负荷的 100％。工程实践中供电部门往往按电源第一种方式（图 2－1）提供。此接线不足是三电源之间的闭锁线太复杂，要求运行人员有较高的技术水平。

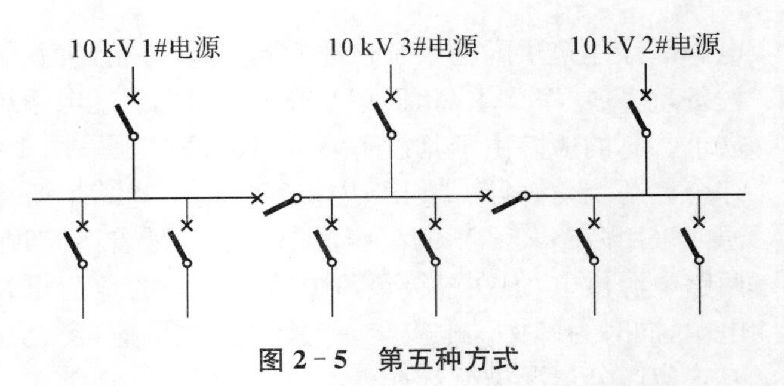

图 2－5　第五种方式

通过上述五种方式的分析与对比，我们认为，在配电工程设计时应优先采用第三种接线方式。这种接线方式在安装操作中有一定难度。因此，院方与设计人员应积极与当地供电部门充分沟通，求得理解与支持，以确保医院的供电需求与运行安全。当采用第三种方式时，应采用高压放射性接线，即电能在高压母线汇集后向各高压配电线路输送，每个高压配电回路直接向一个用户供电，沿线不分接其他负荷。这种接线方式的特点是，各配电线路相对是独立的，有较高的可靠性，一般用于可靠性要求较高的场所或容量较大的设备。在医院各类医疗设备较多，供电可靠性要求较高时，采用放射性接线方式无疑是一种较好的选择。这样即使某一线路发生故障或检修时，也不会影响其他配电线路的供电。但是这种接线方式从低压配电柜中引出干线较多，开关设备及有色金属消耗较多，在设计中要与供电部门充分沟通。

由地区电网供电的变配电所，应装设计量专用的电压、电流互感器。当变压器与 10 kV配电所不在同一配电所时，变压器的高压进线处应设有隔离开关或者负荷开关。变压器容量在 315 kVA 及以下时采用隔离开关，大于 315 kVA 时采用负荷开关。当该开关装在开关柜内并安装在变压器附近时，应设有带电显示。

二、低压主接线

当医院选择 0.4 kV 的低压主接线给 220/380 V 的一二级负荷供电时，电力系统不可避免地存在电压波动、闪变、瞬间断电的现象，即使系统电压波动、闪变、瞬间断电的时间很短，有时也会引起用户配电系统 0.4 kV 低压侧主断路器（以下简称“开关”）失压跳闸，导致用户配电系统的 0.4 kV 母线供电中断。为了避免上述情况的发生，低压系统主接线应采用变压器两两互为备用的接线方式，即两台变压器低压母线间设有联络开关，当一路电源失去时，母联开关自动或手动投入，由另一台变压器供电。

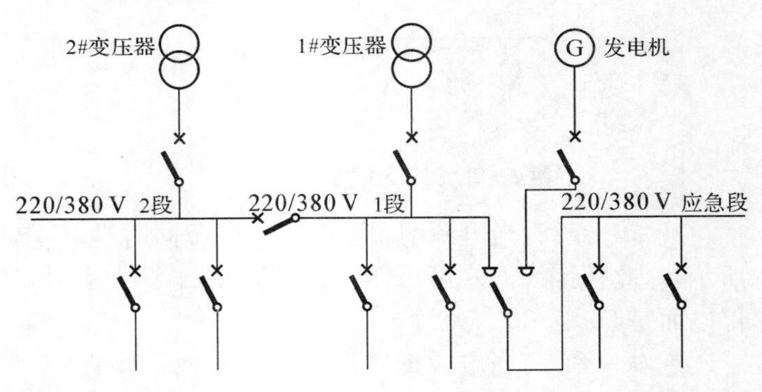

图 2－6　低压系统主接线图

母联断路器以自动投入方式设计时应有下列控制功能：应设有自投自复、自投不自复、自投手复三种功能的选择。低压母联断路器自动投入时应设有一定的延时，当然10 kV侧母联断路器自动投入时也有一定的延时，当10 kV侧母联断路器也采用自动投入方式时，应以高压优先，两者动作时限应有配合。当变压器低压侧总开关因过负荷或短路而分闸时，不允许母联断路器关合。低压侧主进断路器与母联断路器应设有电气联锁。常用的低压系统主接线图如图 2－6 所示。在 220/380 V 的 1 段母线的末端宜设一应急母线段给重要一级负荷供电，此应急段与正常母线段之间设有自动转换开关。此应急段平时由 1 段供电，当 1 段失电时，2 段母线自动投入，由 2 段供电；当两段均失电时，由应急发电机供电。市电与应急发电机电源间的切换设自动联锁控制。在低压侧应设无功功率集中补偿装置，要求补偿后的功率因素不低于 0.9。

在配电线路中使用母联断路器，虽然有其好处，但也要注意克服其存在的不足。应当说，由单母线发展出的分段母线，是直接将母线从中间分开的，在分开处装设可跳闸的母联断路器，来满足供电可靠性的要求。在这种接线方式中，母联断路器是两条母线电气联系的纽带。一般情况下母联断路器是合闸状态，即母线并列运行；当母联断路器处于分闸状态时，母线分列运行。并列运行时，如果一段母线上发生故障，瞬时切除该段母线的所有元件，满足电力系统继电保护“速动性”的要求。考虑不将故障波及另一条母线上，要求继电保护能够快速跳开母联断路器。并列运行的两段母线解列运行，满足电力系统继电保护“选择性”的要求。

母联断路器的使用，使得继电保护的动作有了选择，提高了供电可靠性，但也存在负面影响：保护发出动作跳闸指令后，如果母联断路器因操作机构发生拒动、二次控制回路解环等原因造成断路器不能正常跳开，必须通过母联失灵保护（一般带 200 ms 以上延时）切除另外一条与之相连的母线上元件，切除时间较慢，会对系统绝缘带来一定的冲击。当母联断路器需要配置隔离刀闸时，并列分列运行操作复杂，且易发生刀闸接地等操作故障。母联合闸运行时，两条母线通过母联交换功率，当母联电流互感器二次回路断线时，鉴于母联上功率方向的不确定性，继电保护的动作一定会失去选择性。上述优点与负面的问题，在设计中应周密考量，确保万全。

医院建筑中低压系统的配置时，应根据医院的实际情况及大型设备的多少，进行系统的分类。一般情况下采取以下四种分类法：第一类是将电流波动大的空调及动力负荷归类为一种低压系统，最好把空调设定为专用变压器供电；第二类是将供电波动小的照明系统及一般医疗用电、插座负荷归类为一种低压系统；第三类是将对电压要求高且自身压降大的医用大型医疗影像成像系统设备归类为一类，这类系统设备可单独采用一台变压器；第四类是对于电网电压变化要求较小的系统，建议采用有载调压变压器。由于调压变压器本身存在不足，医院用电负荷一般在 10 kV 高压系统，可不配置调压变压器。

第四节　应急电源系统配置

应急电源是医院建筑配电与设备配电系统中的重要组成部分，也是安全运行的重要保证。应急电源配置的基本要求是：须保证医疗系统中一级及以上负荷安全运行，确保3～24小时不间断。对于一级医院及类似等级医疗建筑，应急电源供电容量应充分计算，在保证安全的前提下，可相应减少，但必须保证其急诊、救护功能在市停电时能正常运转，一般情况下应急供电时间不少于3小时。1类和2类医疗场所，如果任一负荷电压下降超过标准电压的10%时，应急电源应自动启动。

一、应急电源的基本概念

应急电源通常是指市电以外的第二或第三电源，如柴油发电机组、EPS电源，以及UPS不间断电源。EPS电源起源于电网突发故障时的需要，目的为确保电力保障和消防联动在发生停电故障时，提供逃生照明和消防应急，保护用户生命或身体免受伤害。其产品技术受公安部消防认证监督，并接受安装现场消防验收。UPS电源主要用于保护设备运行中，防止因停电故障导致数据丢失造成经济损失或设备损害，其产品技术受信息产业部认证。两者适用的安全规范不同，因而各有不同的价值。

UPS电源和EPS电源均能提供两路选择输出供电。UPS电源为保证优质供电，选择的是逆变优先。其供电对象是计算机及网络设备，负载性质（输入功率因素）差别不大，所以国标规定UPS的输出功率因素为0.8。

而EPS电源是为保证节能，供电对象是电力保障及消防安全，负载性质为感性、容性及整流式非线性负载兼而有之，其负载性质不能简单设定，国标有明确的要求。而且有些负载是市电停止后才投入工作的，因而EPS能提供很大的冲击电源，电源输出的动态性要更好，抗过载能力要更强。EPS是选择市电优先，与UPS比较两者在整流器与充电器和逆变器的设计指标上不同。

UPS电源即不间断电源，是将蓄电池（多为铅酸免维护蓄电池）与主机相连接，通过主机逆变器等模块电路将直流电转成市电的系统设备。主要用于计算机及相关电子设备及大型医疗设备相关系统提供稳定、不间断的供电。当市电中断或事故停电时，UPS立即将电池的直流电能逆变零切换的转换的方式向负载继续提供220 V交流电，使负载维持正常工作，并保护负载软硬件不受损害。出现故障时能及时报警，并有市电作保障，运行中及时掌握故障的部位及原因并及时排除，不会造成大的损失。而EPS电源是离线式使用，是设备供电的最后一道屏障，因而其设计的可靠性要求较高，不能简单地理解为后备式UPS。它要求在市电不能保障时，通过EPS的电池供电。如果这时不能通过蓄电池供电，则EPS就没有作用，后果是很严重的。

二、应急电源配置的基本原则

1. 医院应急电源配置应符合患者安全及技术经济合理的要求。应急电源的配置，应从配电系统整体规划入手，分析动力系统的来源，进行经济技术指标的比较，特别是要对取得市电电源是否符合技术经济要求及配置柴油发电机组与取得二路电源的性价比进行分析，通过性价比与经济技术安全性比较确定应急电源的形式与投入的方式。在符合下列情况之一时，应在配电系统中自备柴油发电机组：①一级负荷中特别重要负荷，如不采用柴油发电机组可能造成人员的生命或设备的危害与重大损失；②一级负荷，仅从市电取得一个电源或从市电取得第二路电源技术经济不合理。

2. 双电源供电方式应符合确保安全、适度冗余的要求。根据《医疗建筑配电设计规范》，为保障配电系统中1类医疗场所用电负荷的有效供应与安全运行，除设置双路电源供电外，还应根据增设第二路电源供电的投资效益比较，选择柴油发电机组。如双路电源有保障的前提下，应按照1类场所供电负荷的容量及适度冗余的原则，配置风冷柴油发电机组。应急电源自备发电机机组的选择应有一定的冗余度。总容量应大于医院内特别重要负荷中的医疗保障负荷的总容量。发电机组的单台容量（功率）应满足其供电的最大电动机启动的需要。发电机组的容量（功率）为被启动电动机的最小倍数，在设计阶段，备用发电机的容量按电力变压器总容量的10%～20%计算。

3. 应急电源与正常电源之间并列运行时应采取可靠的安全保障措施，以保证应急电源的专用性，防止正常电源系统故障时应急电源系统向正常系统负荷送电而失去作用。例如应急电源原动机的启动命令必须由正常电源主开关的辅助接点发出，而不是由继电器的接点发出，因为继电器有可能误动作而造成正常电源误并网。有的用户在应急电源向正常电源转换时，为了减少电源转换对应急设备的影响，将应急电源与正常电源短暂并列运行，并列完成后立即将应急开关断开。当需要并列操作时，应符合下列条件：①应征得供电部门的同意，在确有安全保证的基础上采用；②应急电源需设置频率、相位和电压的自动同步系统；③正常电源应设置逆功率保护；④并列及不并列运行时故障情况的短路保护、电击保护应得到保证。

4. 具有应急电源蓄电池组的静止不间断电源装置，其正常电源是经整流环节变为直流才能与蓄电池组并列运行的，在对蓄电池组进行浮充储能的同时经逆变环节提供交流电源，当正常电源系统故障时，利用蓄电池组直流储能放电而自动经逆变环节不间断地提供交流电源，但由于整流环节存在因而蓄电池组不会向正常电源进线侧反馈，也就保证了应急电源的专用性。

5. 应急电源系统配置应注意要科学设计可靠的双回路末端自动切换保证系统的安全。自备电源作为应急供电方案，其所担负的任务通常为一级负荷中特别重要的负荷。在日常供电管理中，对一级负荷常用线路存在的隐患一般可及时维护消除，但对于平常供电的备用回路及大部分消防设备（指的仅是在事故时用的部分）的供电双回路线路的故障则易于忽视。因而，考虑这些存在的隐患，必须在具体工程设计中，考虑一级负荷（尤其对一些特别重要负荷）的供电。**注意**：除了可靠的供电电源外，还须通过科学处理柴油发电机和市电切换的接线方式，实施双回供电线路末端自动切换来保证其安全。GB 5002—2009《供配电设计规范》第3.0.2条规定："一级负荷应由双重电源供电，当一路电源发生故障时，另一电源不应同时受到损坏。"第3.0.3条规定："一级负荷中特别重要的负荷，应符合下列要求：除应由双电源供电外，尚应增设应急电源，并严禁将其他负荷接入应急电源系统；设备的供电电源的切换时间，应满足设备允许中断供电的要求。"参照规范3.0.5条文说明中系统接线示意图，一般将供配电系统主接线方案设计如图2-7所示。

其工作原理为：供给消防及其他一级负荷的常用、备用回路分别接自1L母线和2L母线，正常运行时1QL、2QL合闸，3QL、4QL分闸。当市电一路故障或停电时，可通过1QL、2QL任一只分闸（并在其母线下的普通负荷失压脱扣停止供电），4QL合闸，自启动柴油发电机组通过ATS切换供电至2IL应急母线，保证一级负荷的供电。从线路安排上看，此方案比较简单，也满足了规范的要求，但存在2IL1、2IL2回路困线故障的可能，会造成自备供电时一级负荷断电。《民用建筑电气设计规范》规定，对于一级负荷，低压配电级数不宜多于三级；但在医院建筑中一级负荷分布比较分散，要求所有一级负荷用

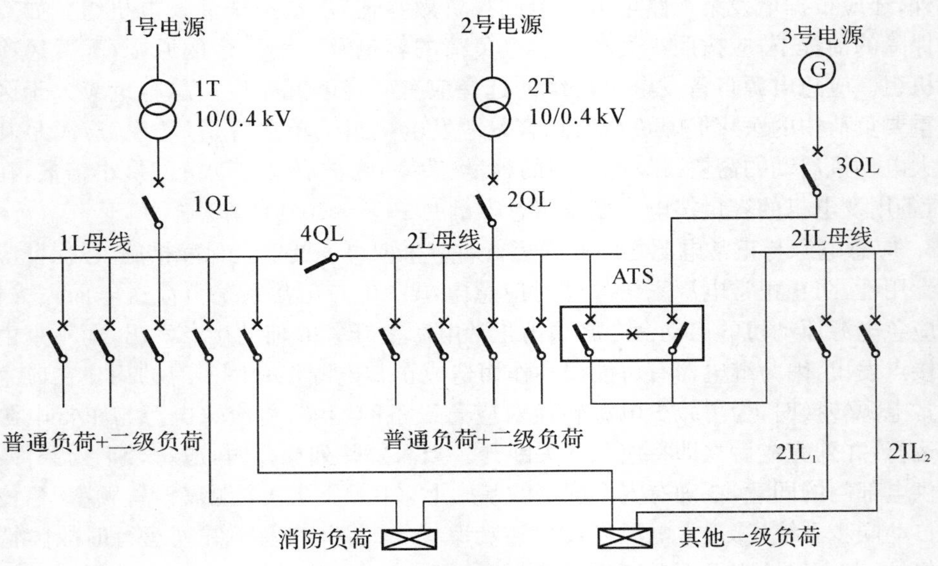

图 2-7　供配电系统主接线图

电设备的配电满足此项规范有一定的困难，个别一级负荷配电级数会达到四级，从而，使低压配电线路的故障问题也偶有发生的可能。

为了排除上述方案的弊端，有的设计院在实际工程中，根据存在的问题，对上述线路进行了局部改进，增加一套自动切换装置(ATS)，如图 2-8 所示。其工作原理为：二路市电分别和自备柴油发电机组成应急母线，然后由二段母线分别供给一级负荷用电。当两路市电均断电时，自启动自备发电机组通过 1ATS、2ATS 自动切换向 1IL、2IL 二段应急电源母线供电，实现了向消防及其他一级负荷双路供电，并实现双电源末端自动切换的要求，避免了回路中在自备发电时单通道的弊端。

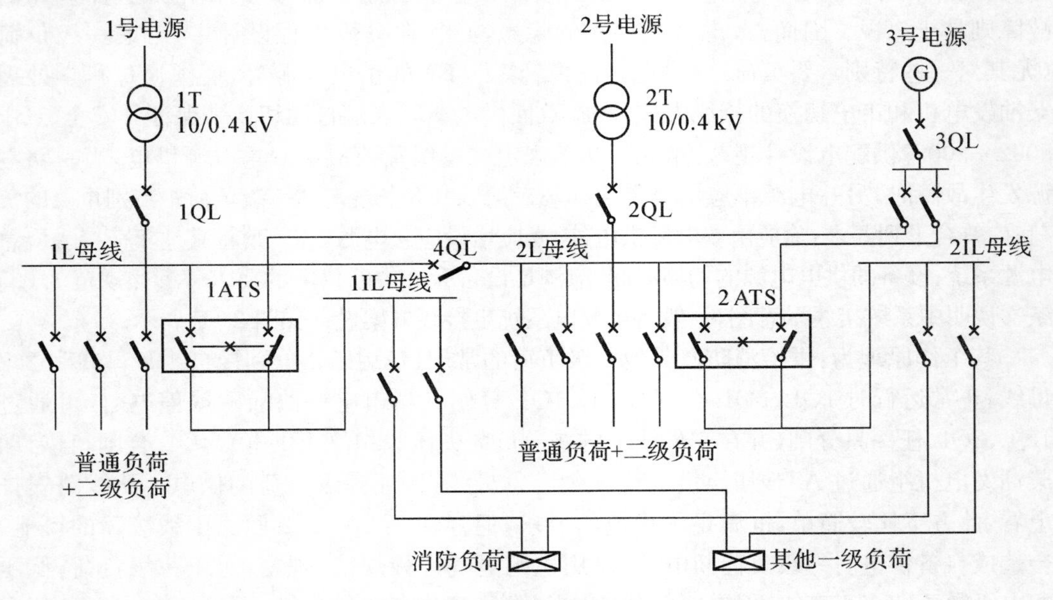

图 2-8　供配电系统主接线(增加一套 ATS)

三、EPS应急电源装置在医院中的应用

医院内一级负荷场所比较多，且要求允许间断供电的时间有所不同。当一级负荷中特别重要的场所采用柴油发电机组作为应急电源，还不能完全满足其供电要求时，需要增设其他应急电源装置。有些设备厂家会随机配套提供其他应急电源，有些场所如手术室、重症监护室需要设计人员来确定。一般情况下，消防系统采用带蓄电池组的EPS应急电源装置，手术部、重症监护室采用UPS不间断电源装置。进行建筑设计时，规模较小的医院应与手术室、重症医学科同层设计，在此情况下，其供电可以共用一个末端配电装置来解决，应急电源加于其中，其设计方案如图2-9所示。

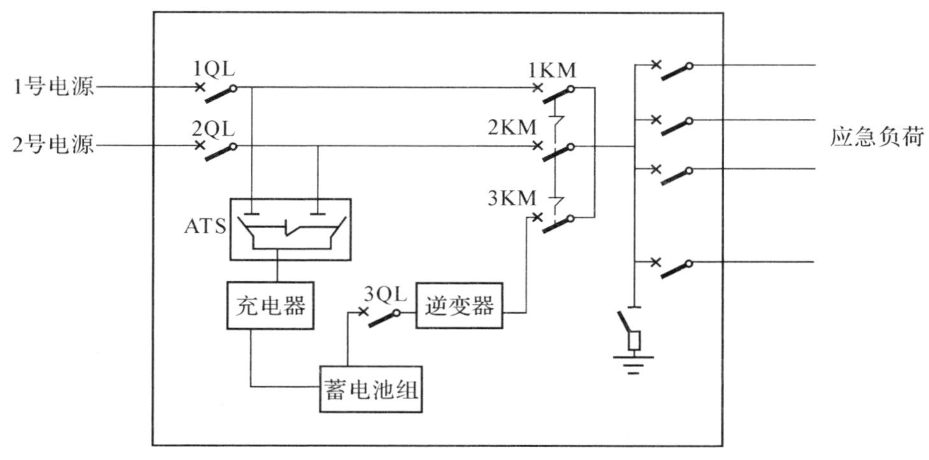

图2-9　EPS应急电源装置

图2-9方案的工作原理：①充电器同时接于1号、2号电源；②KM1、KM2、KM3机械电气互锁；③当1号、2号电源同时无电时，EPS投入运行。

当医疗建筑中的手术部和重症医学科建筑面积较大时，特别是手术室有20间以上时，对于这样规模的工程，其供配电需要多个末端配电装置，如图2-9一样的分散设计的应急供电方案，造成工程投资的极大浪费，集中设计一套应急电源较为合理。为满足一级负荷供电双路电源末端自动切换的要求，将应急电源方案设计如图2-10所示。

图2-10方案与图2-9方案有如下不同点：①增加一套ATS切换装置，EPS应急电源和二路电源进线分别组成母线；②当1号、2号电源同时无电时，EPS投入运行，通过两条线路供电至负荷末端配电装置；③相对于分散布置，集中设置总容量可减少，节约投资，同时也可节省占用空间面积。

医院建筑耗资巨大，且配电安全性要求极高。设计人员对于手术部、重症监护单元的配电设计，应根据其允许间断的供电时间的特殊性，配置相应的应急电源装置，并做到在最末一级配电装置自动切换，保证核心区域的供电可靠性。

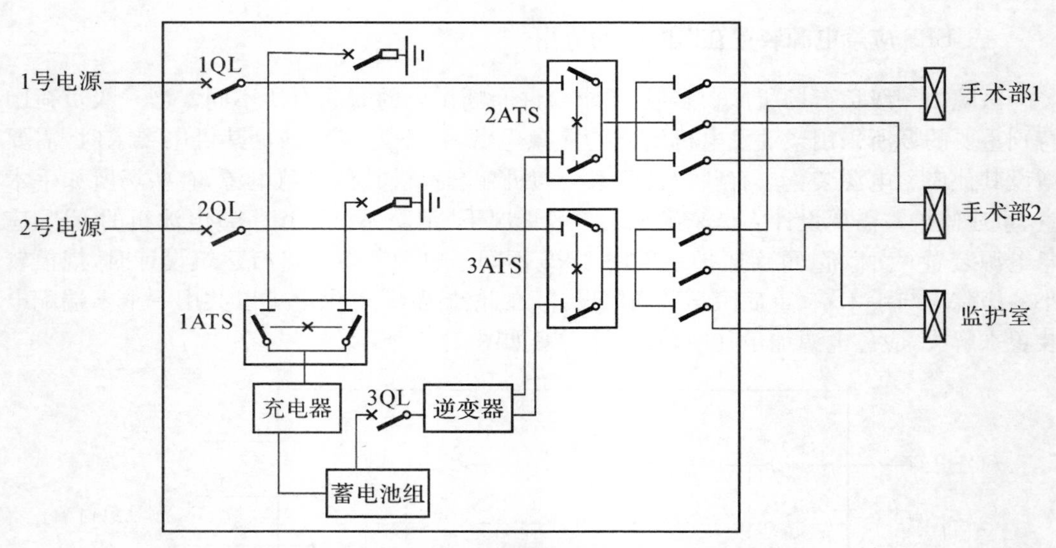

图 2-10　EPS 应急电源装置(增加一套 ATS)

四、UPS 应急电源装置在医院中的应用

应急电源 UPS,是用于与患者生命直接关联的重要的医疗场所中特别重要的设备,确保在医院供电出现故障后能迅速对各系统实施保障的重要设施。医疗设备在符合下列情况时,供电系统应设不间断电源(UPS),且为在线式:①手术室、重症监护等照明及医用设备不允许中断供电;②允许中断供电时间为毫秒级的照明及电子信息系统负荷。

UPS 装置的额定输出功率应大于医用设备最大计算负荷的 1.5～2 倍,应大于电子信息设备计算负荷的 1.2 倍;设置了柴油发电机组,并可应急启动,UPS 装置应急供电时间不应小于 10 min。特别重要的负荷的不间断电源装置(UPS)宜采用多机组成 N+1 或多模块组成 N+1 的安全模式,同时系统故障时可以实现在线维修维护。系统故障时可以实现在线维修维护是为了实现零断电或者不必将系统转到维护旁路模式下进行的维护。UPS 的输出功率因素应≥0.8,谐波电压畸变率和谐波电流畸变率应符合表 2-1 中的Ⅰ级标准。

表 2-1　不间断电源(UPS)的谐波限值

级别	Ⅰ级	Ⅱ级	Ⅲ级
谐波电压畸变率(%)	3～5	5～8	8～10
输入谐波电流畸变率(规定 3～39 次 THDi)(%)	<5	<15	<25

UPS 电源侧应按下列要求做重复接地:①根据《建筑电气工程施工质量验收规范》要求,当 UPS 供电源是 TN-S 时,若 UPS 旁路未加隔离变压器,UPS 出线端 N 线,PE 线不能连接。若 UPS 旁路加隔离变压器,UPS 出线端做重复接地。②UPS 供电电源是 TN-S 时,若 UPS 旁路未加隔离变压器,但在 UPS 输出端配电柜(PDU)中加装隔离变压器,在 PDU 柜出线处将 N 线、PE 线连接,做重复接地。

五、应急电源 EPS 与 UPS 的应用比较

1. 应用领域不同　在国内，EPS 电源主要用于消防行业用电设备，强调能够持续供电这一功能。而 UPS 电源一般用于精密仪器负载（如电脑、服务器等 IT 行业设备），要求供电质量较高，强调逆变切换时间、输出电压、频率稳定性、输出波形的纯正性等要求。

2. 功能不同　EPS 电源与 UPS 电源两者都具有市电旁路及逆变电路，在功能上的区别是：EPS 电源具有持续供电功能，一般对逆变切换时间要求不高，特殊场合的应用具有一定要求，有多路输出且对各路输出及单个蓄电池具有监控检测功能。日常着重旁路供电，市电停电时才转为逆变供电，电能利用率高。UPS 电源如在线式仅有一路总输出，一般强调其三大功能：①稳压稳频；②对切换时间要求极高的不间断供电；③可净化市电。日常着重整流/逆变的双变换电路供电，逆变器故障或超载时才转为旁路供电，电能利用率不高（一般为 80%～90%）。不过在国外如欧美国家电网及供电较完善的国家，为了节能，部分使用 UPS 的场所已被逆变切换时间极短（小于 10 ms）的 EPS 取代。

3. 结构不同　EPS 电源逆变器冗余量大，进线柜和出线柜都在 EPS 内部，电机负荷有变频启动。机壳和导线有阻燃措施，有多路互投功能，可与消防联动。UPS 电源的逆变器冗余相对来说较小，与消防无关，无须阻燃，无互投功能。EPS 电源负载一般是感性和阻性的，能够带电机、照明、风机、水泵等设备，为应急消防产品，是集中应急供电的专用应急消防照明电源。UPS 电源负载属于容性负载，主带设备一般是计算机，主要用于大型机房，确保不间断供电和稳压的。

第五节　柴油发电机机房建设

柴油发电机房的建设是医院配电保障的重要区域，机房建设应从医院长远运行需求考虑，合理确定位置，应便于通风，便于人员进出，便于维护保养，位置不应与门诊部、医技部贴邻；如确实需要贴邻时，应严格采取机组消声及机房隔声综合治理措施，治理后的环境噪声不应超过城市区域环境噪声 0 类标准的规定（白天 50 dB，夜间 40 dB），且机组排烟不应对医疗区域产生影响。

一、柴油发电机房布置

整体设置应符合机组工艺流程要求，力求紧凑、经济合理、运行安全和便于维护。发电机室与配电室或控制室毗邻时，宜将发电机的出线端及电缆沟布置在配电室或控制室侧；机组之间、发电机外轮廓距墙的净距离应满足设备运输、就地操作、维护检修的需要，具体尺寸不小于表 2－2。

表 2-2　机组外轮廓距墙的距离(m)

项目 \ 容量(kW)	<64	75～150	200～400	500～1 000
机组操作面 A	1.60	1.70	1.80	2.20
机组背面 B	1.50	1.60	1.70	2.00
柴油机端 C	1.00	1.00	1.20	1.50
机组间距 D	1.70	2.00	2.30	2.60
发电机端 E	1.60	1.80	2.00	2.40
机房净高 H	3.50	3.50	4.00～4.30	4.30～5.00

当控制屏和配电屏布置在发电机室时,应布置在发电机端或发电机侧,其操作通道不小于下列数值:屏前距发电机端为 2 m;屏前距发电机侧为 1.5 m。机房设置在地下室时应至少有一侧靠外墙。柴油发电机的排烟应满足环保要求,排热风机和排烟管管道应伸出室外,并宜高于管道所在位置的屋面或设置竖井导出。排风管与柴油机散热器的连接应采用软连接,且出风口面积不小于散热器面积的 1.25～1.5 倍。进风口位置宜靠近发电机,进风面积不小于柴油发电机散热器面积的 1.5～1.8 倍。当排风烟管采用高空直排有困难时,宜采用消烟设施。根据环保要求并配合厂家采用消烟措施。日用油箱的大小宜按 3～8 h 燃油量考虑,当油量大于 500 L 时,应设有储油间,大于 1 000 L 时不应放置在主体建筑内。400 kW 及以上发电机室宜设有两个门,其中一个应满足设备搬运的需求,并宜设有防火隔音措施。柴油发电机机房的冬季最低温度应保证发电机启动要求。柴油发电机布置尽量位于建筑地下承重层(图 2-11),并不得与各医疗设备机房毗邻,否则要重点处理好机组的振动问题。

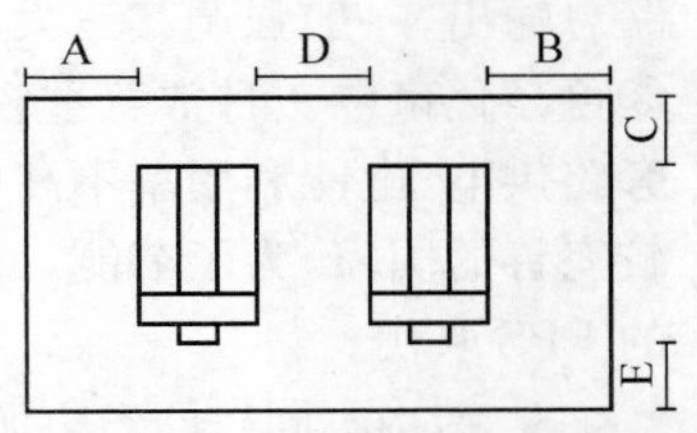

图 2-11　柴油发电机房布置

二、机房建设应注意的问题

土建施工阶段,要与暖通专业配合解决好进出风及排烟通道。在进出风通道难于解决时,可将排风、散热管与机组主体分开,单独安装在室外,用水管将散热管与主机相连。

风冷式柴油发电机组,以工程外部空气作为冷源,对柴油发电机进行冷却。这种方法不受冷却水源和水温的限制,只需少量补给水;医院应当在确定风冷机组功率与型号后,与设计单位、供应厂商密切协调,对机房建设进行认真规划,系统内要安装专用冷却排风管道,用引风机或排风扇排出热风。热风出口处,也要安装防止小动物进入的百叶窗或防护网。冷式柴油发电机的排气管,也可以从地下排出,但要注意下述问题:

(1) 对于风冷机组,只有新鲜空气才能供给柴油机冷却和燃烧之用,设计时应注意不能吸入热风和废气。

(2) 所有风道要避免过多转弯,要以最短通风管路将热风和废气排出,不要让热风和废气在机房内形成短路，将废气吸入柴油机，影响机组运行。

(3) 风冷柴油发电机组冷却的热风和排出的废气，会形成机房气流的反射作用，应充分利用这个特点，以改善机房的通风散热。

(4) 排气管后接管道的截面只能比排气管的界面大，不能缩小；排气管道应缠绕石棉绳，再用玻璃纤维布包裹住。

(5) 石棉绳应选用石棉纺织绳，不要用石棉扭绳。用玻璃纤维布包裹后，再用镀锌铁丝网或铝板网包裹。

三、柴油发电机组的选择

柴油发电机组作为应急电源，当需要的容量小于 1 500 kVA 时，宜选用单台机组。当需要容量为 1 500～2 000 kVA 时，宜选用两台机组。但需要容量更大时，宜分散设置发电机房，使其深入负荷中心。当选用两台机组时，应考虑其并车运行。

1. 柴油发电机冷却方式的选择　柴油发电机是选择风冷机组或水冷机组，应从配电系统中整体运行安全性与稳定性需求整体考量确定，采用的相对合适的冷却形式。水冷机组与风冷机组各有优缺点。

(1) 水冷发电机组：对环境的要求比较高，结构复杂，制造难度相对较大，在高原使用时水的沸点降低，高寒的地方在停机时容易冻结，要通过加入一定比例的添加剂来改善沸点和冰点；相同的技术参数的电机，水冷的体积小，重量轻，能量密度大，传热性能比较好；功率较大的一般都为水冷的机组，知名品牌也较多。被广泛用于工农业生产，但受水冷却环境要求的限制，在医院配电系统中以不使用为宜。

(2) 风冷柴油发电机组：结构简单、利于维护、故障率低、启动性能好，不必考虑加水、沸点、冻结等方面的问题；机房内部通风系统简单，运行操作及维修方便；缺点是由于进、排风量大，设备和土建的工程量也相应提高。一般用于地质勘察、石油开采等特殊行业。由于风冷柴油发电机组的冷却系统的功用是从各受热机件传走部分热量，使机件保持正常的工作温度。不仅噪音大，且需要在敞开式机房内，因此，对机械系统的耐热、耐磨、膨胀系数要求严格，制造用材比水冷柴油机要求高；制造技术工艺比水冷机组要复杂，生产成本相应就比较高。

除上述的风冷与水冷柴油发电机组外，还有燃气发电机组等。由于其燃料供应受外部因素影响较大，故不宜作为防灾使用的应急电源。但从医院配电整体考虑，风冷柴油机组仍是最佳的选择。发电机组应选用柴油发电机组，严禁选用汽油发电机组。

2. 柴油发电机组总容量的配置　当柴油发电机组集中设置时，机组总容量应满足医用特别重要的负荷、应急照明及最大单体消防设施分区供电需求量的总和。在方案设计阶段，备用发电机组的容量按电力变压器总容量的 10%～20% 确定。柴油发电机组单台应急备用容量不宜大于 2 250 kW。自备发电机组的单台容量(功率)应满足由其供电的最大的电动机启动的需要。发电机机组的容量(功率)为被启动电动机的最小倍数(表 2－3)。

表 2－3　发电机组功率为被启动电动机的最小倍数

电动机启动方式		全压启动	Y—Δ启动	自耦变压器启动	
				0.65U_e	0.8U_e
母线允许电压降	20%	5.5	1.9	2.4	3.6
	15%	7	2.3	3.0	4.5
	10%	7.8	2.6	3.3	5.0

注：U_e 为电动机额定电压。

3. 柴油发电机组应配有电压自动调整装置、快速自动装置及电源自动切换装置。当市电中断供电时，单台机组应能自动启动，并在 15 s 内向负载供电。当市电恢复后，应自动切换并延时停机。

4. 二级及以上医院以及类似等级医院的建筑，柴油发电机储存供油时间宜大于 24 h，其他医院应大于 3 h。机房内储油量不应超过 8 h。

5. 柴油发电机组宜与主体工程分布布置，采用通道连接，发电机宜靠近负荷中心，远离安静的房间。电站容量大于 120 kW 时，宜设计固定电站，一般有发电机室、控制室、储水间、储油间、进排风机、排烟、排水与冷却系统和防毒通道组成。电站容量小于 120 kW 时，宜设置移动电站，一般由发电机房和通风、排烟和冷却，排水等设施组成。

四、柴油发电站的布局

柴油发电站，要坚持平战结合的原则，一般采用分室布置方法，即控制室与发电机室分室布置。此时，发电机室及其附属房间均属于染毒区，它们和控制室之间应设密闭隔墙，为了便于控制室与发电机室之间的联系，还须设置防毒通道和密闭观察窗。机房和控制室之间应设置电话和灯光设备。当发电机室与控制室合室布置时，柴油发电机与主体的连通口应设防毒通道。战时发电机可暂不安装设备，但应按设计完成土建设施，预留管孔及各种预埋件，临战时安装。柴油发电机站应考虑战时设置进出的通道，当不能直接通过出入口搬运时，应预留吊装孔并考虑发电机组在安装检修时的吊装措施。

第六节　变配电所计算机监控系统

建立变配电所计算机智能化电网管理系统，是对医院电网进行有效监控，保证供配电系统正常运行和有效管理负载，预置各种应急预案、保证系统处于最佳运行状态的重要措施。二级以上医院，变配电所宜设置计算机监控系统。监控系统宜具备连续采集和处理变配电系统正常运行及故障情况下各种运行参数、运行状态的能力，具有高、低压系统的计量、管理、事件的记录与告警、故障分析、各类报表及设备维护信息等功能。具体功能要求如下：

1. 遥测功能　可以监测下列内容：①高压进线的电流、电压、有功功率、无功功率、功率因素、频率及电能计量；出线的电流、电压、功率因素等；②变压器的温度；③低压进线的电流、电压、有功功率、频率、电压谐波畸变率(THDu)、电流谐波畸变率(THDi)及电能计量;④低压主要配出回路单相电流或三相电流、有功电度计量;⑤低压主要诊疗设备配出回路单相电流或三相电流、THDu、THDi 及有功电度计量;⑥柴油发电机的工作状态、日用油箱油位;⑦UPS 工作状态、蓄电池的输入、输出电压,机柜温度;⑧变压器低压出线处 0.4 kV 中性线电流、谐波电流、功率因素补偿电流等。

2. 遥信功能　可以具备以下功能:①高压出线开关、联络开关的事件记录、装置故障告警与跳闸告警;②变压器超温报警;③低压进出线开关故障记录、故障告警与跳闸告警;④柴油发电机故障报警,日用油箱油位超高、超低报警;⑤UPS 故障报警。

3. 遥控功能　变配电所设备和线路,应装设短路故障和设备运行异常的继电保护装置。计算机监控系统在对现场设备回送的数据信息进行采集、分类和存储等工作的同时,宜具有转达上位机对现场设备的各种控制命令的能力。条件不具备的变配电所,高低压配电装置的控制采用开关柜上就地操作。

4. 遥调功能　可以实现低压基本保护的设定。

5. 变配电计算机监控系统,应由变电所直接供电,并宜自备不间断电源(UPS),不间断电源的供电时间不低于 0.5 h。变配电所计算机监控系统,如果需要遥控,建议按医疗建筑一级负荷中特别重要负荷供电。另外变配电计算机监控系统的选型应符合以下规定:计算机、通信设备、测控单元基本平台结构简洁、技术先进、具有良好人机界面、通用的通信协议和可扩展性。整体系统的硬件、系统软件、应用软件等应配套齐全。

第七节　医疗场所中电磁干扰防护

所谓电源干扰是指电气或电子装置在运作期间,因其电磁波产生的电磁会干扰其本身和其他装置的正常运作,影响它们的性能,甚至会对人类的健康产生影响或造成危害,我们称这些装置具有电磁干扰性(EMI)。医疗场所中无论是大型诊疗设备还是小型的电子设备,都存在电磁干扰与电源干扰,这些干扰是影响设备安全运行的危险性因素。现代医疗中使用了各种高频、射频发射机高敏感性电气、电子元件和部件以及使用射频能量作为诊断或治疗的设备或系统(MAI),工作时可能作为 EMI 干扰源通过不同的耦合途径向周围传播出不同频率范围和电磁场强度的有用或无用的电磁波,并且与其他无线电广播通讯业务和周围其他设备在共同的电磁环境中工作,这些设备或系统本身还可能受到周围电力、电子设备,以及医疗设备干扰。所以许多医用设备既是干扰源又是敏感设备,也就是说它存在干扰和被干扰两重性。干扰致使仪器设备不能正常工作,损害系统的正常运行,当电场强度超过2.4G时,可能损坏集成电路;如果磁场强度达到 0.03G 时,可使无屏蔽的仪器设备误动作。为确保安全,在医院配电设计中应加以规范。

一、干扰的类型与危害

1. 干扰的类型　一般分为电磁干扰与电源干扰。

(1) 电磁干扰:通常分为传导传输干扰与辐射传输干扰。传导传输干扰在干扰源和敏感器之间有完整的电路连接,干扰信号沿着连接电路传递到敏感器,发生干扰现象。传输电路可包括导线、设备的导电构件、供电电源、公共阻抗、接地平板、电阻、电感、电容和互感元件等。辐射传输干扰是通过介质以电磁波的形式传播，干扰能量按电磁场的规律向周围空间发射。常见的辐射耦合有三种情况：甲天线发射的电磁波被乙天线意外接收，称为天线对天线耦合；空间电磁场经导线感应而耦合，称为场对线的耦合；两根平行导线之间的高频信号感应，称为线对线的感应耦合。在实际工程中，两个设备之间发生干扰通常包含着许多种途径的耦合。正因为多种途径耦合同时存在，反复交叉耦合，共同产生干扰才使电磁干扰变得难以控制。电磁干扰，也直接影响到患者的人身安全。在医疗设备小型、高灵敏度和智能化的实现的情况下，使其更易受电磁干扰的影响，特别是那些抗干扰能力差的设备，因干扰而使数据失真、波形及图像扭曲，错误的信息使得医生不能做出正确诊断，影响有效的治疗。植入心脏起搏器的患者，可能因救护人员使用双向无线通讯设备而导致起搏失效；设备的 CAT 显示器受过度干扰，医务人员难以判断心率，致使患者无法复苏。移动电话对婴儿暖箱、输液泵、人工透析器、心脏起搏器、心脏除颤装置产生的干扰，危害患者的生命安全。

(2) 电源干扰：通常分为差模干扰、共模干扰和串模干扰。①差模干扰：又叫常模干扰、横模干扰或对称干扰，它是指叠加在线路电压正弦波上的干扰，是载流导体之间的干扰，如电网的过欠压、瞬态突变、尖峰等。②共模干扰：又叫不对称干扰和接地干扰，它是指产生于电网与零线之间的干扰，是载流导体与大地之间的干扰，是由辐射或干扰耦合到电路中来的，如尖峰干扰、射频干扰、零线与地线间的稳态电压等。③串模干扰：是指外界磁场电场引起的干扰，如变压器漏磁、偏转电场引起的干扰等。电源干扰的后果与形态包括电压降落（如重载接通造成电网电压下降）、失电（如雷电、变压器故障或其他因素造成的短时停电）、频率偏移（如区域性电网故障或发电机不稳定等）、电气噪声（如开关电源或大功率逆变设备等产生的电磁干扰、无线电信号、电厂或工业电弧等）、浪涌（如突然减轻负载、变压器抽头不当等）、谐波失真（如整流、变频调速和开关电源的工作）和瞬变（如雷击、大功率开关的切换、对电感性负载的切换）等。

2. 干扰的危害　无论是电磁干扰或电源干扰，对医疗仪器设备的影响是巨大的。心脑电图机、监护仪、超声诊断仪、针灸电疗仪或银针直接接触人体的仪器设备等，特别是检测人体生物电信号的仪器设备，如果信号受到干扰，就会在检测结果如波形、图形、图像上叠加一种类似于某些病变的畸变造成误诊，同时还会引起微电击，严重时还有生命危险。如果是带有计算机系统的医学仪器设备，当共模干扰中的尖峰干扰幅度达到 2～50 V，时间持续数微秒时，可引起计算机逻辑错误、信息丢失等。强磁场会使显像管、X 线影像增强管显示图像变形失真；加速器射线偏移；计算机磁盘、磁卡记录数据破坏；呼吸机工作失效；心脏起搏器工作失效等。

二、干扰的防护措施

在复杂的电磁环境下，医疗设备如何达到既不受或尽量减少受其他各种电磁干扰的影响，又能尽量减少对其他设备或人体的电磁干扰，从而达到相对平衡，电磁兼容（EMC）就是这样的一个概念。所谓电磁兼容性（EMC），即指设备或系统在其电磁环境中符合要求运行并不对其环境中的任何设备产生无法忍受的电磁干扰的能力。电磁兼容性包括两个方面：①指设备在正常运行过程中对所在环境产生的电磁干扰不能超过一定的限值；②设备对所在环境中存在的电磁干扰具有一定程度的抗扰度，即电磁敏感性。解决电磁兼容问题需从三个方面着手，即控制干扰源的电磁辐射，抑制电磁干扰的传播途径，以及增加敏感设备的抗干扰能力。

1. 严格规范，控制干扰源的电磁辐射　任何有源的医疗电子设备都会向外辐射电磁场，只不过辐射磁场强弱大小、频率不同，场强愈强对外干扰愈强。发射值与抗扰度限值的间隔愈大，则电磁兼容度就愈大，设备的电磁兼容性愈强。所以限制医疗设备的对外发射电平，提高其对电磁环境的抗扰度能力，两者兼顾，才能达到设备与环境的互相协调。近年来，国际上许多国家从法规上采取了措施对医疗设备产品的电磁兼容性进行控制，我国医疗器械行业标准 YY 0505—2012《医用电气设备第 1—2 部分：安全通用要求并列标准：电磁兼容要求和试验》(代替 YY 0505—2005)自 2014 年 1 月 1 日起已经实施，我们在医疗仪器设备的配置与配电过程中，要认真贯彻这一最新的行业标准，提高医疗设备的电磁兼容性，提升设备的抗干扰能力，将潜在的电磁干扰风险降到最低。

2. 建立规则，抑制电磁干扰的传播途径　对于医用设备和系统而言，既要求它具有不影响无线电广播、电视、无线电通讯等业务或不影响其他设备和系统的基本性能，又要求对电磁干扰有一定的抗扰度，它的基本性能不受电磁干扰的影响。所谓抗扰度是指装置设备或系统面临电磁骚扰不降低运行性能的能力，这是表明设备或系统面对电磁干扰不降低性能的一种能力，抗扰度越高，表明它越能承受外界的电磁干扰。所谓规则，就是要对设备或系统的抗干扰能力作出规定，即设备的抗干扰度水平不能太低，将发射电平和抗扰度电平限制在规定的发射限值和规定的抗扰度限值内，设备就达到了电磁兼容的目的。提高敏感设备的抗扰度是实现电磁兼容的有效手段，医疗设备的抗扰度分为七类：①静电放电；②射频辐射；③快速瞬变脉冲群；④浪涌；⑤射频场感应的传导；⑥工频磁场；⑦电压暂降短时中断和电压变化抗扰度。敏感医疗设备其本身既是干扰源的受害者，同时也是干扰源的一部分，所以应从以上七个方面提高敏感设备的抗干扰度。

3. 加强防护，增加敏感设备抗干扰的能力　既要充分考虑系统间的电磁兼容性的问题，也应通过屏蔽、接地和滤波等技术实现，提高敏感设备的抗干扰的能力。

(1) 屏蔽技术：所谓的屏蔽的原意是指遮蔽、阻挡、隔离，如：屏蔽服、屏蔽保护膜等。其作用是防止静电和其他辐射。

系统间的屏蔽是对两个空间区域进行金属隔离，以控制电场、磁场和电磁波由一个区域对另一区域感应和辐射，其目的是隔断电磁场的耦合途径。它有两种方法：一种方法是将敏感设备或系统用屏蔽体包围起来，防止受外界磁场的干扰。屏蔽体对来自外部或内部的电磁波场有着吸收能量(涡流损耗)，反射能量(电磁波在屏蔽体上的反射)和抵消能量(电磁感应在屏蔽层上产生反向电磁场，抵消部分干扰电磁波)的作用，达到减弱干扰的功能。当电磁场频率较低时，吸收损耗较小，屏蔽作用以反射损耗为主，采用高导磁材料做屏蔽层，使磁力线限制在屏蔽体内，防止向外扩散。当干扰电磁场频率较高时，吸收损耗随频率上升而增加，反射损耗随频率上升而下降宜采用导电良好的金属材料做屏蔽层，利用高频干扰电磁场，在屏蔽金属内产生的涡流，形成对外来电磁波的抵消作用。另一种方法是将干扰源屏蔽起来，防止干扰磁场向外扩散，影响其他的无线设备或人体。对干扰源和敏感电器进行屏蔽，是利用屏蔽体阻止高频电磁场在空间传播的原理，减少系统间电磁感应的影响，有效提高电磁兼容性能。

屏蔽体较厚或相对磁导率较大，则屏蔽效能较强，但屏蔽体也不可能无限加厚，为了增强屏蔽效果，可采用双层屏蔽法。影响屏蔽效果的主要因素为缝隙通风空洞、电源线、信号线等，为达到良好的屏蔽效果，要求每条缝隙都应该是电磁密封的，实践上我们采用增加缝隙深度，减小缝隙长度，在缝隙中填入导电衬垫或涂上导电涂料等都是十分有效的方法。通风洞孔也是屏蔽效果好坏的关键点，为提高通风孔洞的屏蔽效能，我们在机械结构上采取措施，比如采用圆形孔洞、减小孔洞面积，孔洞上覆盖金属丝网，采用屏蔽电缆做信号线和电源线，或在输入输出端口上增加滤波器等方式，达到提高屏蔽效果目的。

(2) 接地技术：电路和用电设备的接地按功能分为安全接地或信号接地两方面。

安全接地：就是采用低阻抗的导体将用电设备的外壳连接到大地上，使操作使用人员不致因设备外壳漏电或故障放电而发生触电危险，另一种安全接地方式为防雷接地。

信号接地：是在系统和设备中采用低阻抗的导线或地平面为各种电路提供具有共同参考电位的信号返回通路，使流经该地线的各电路信号电流互不影响，信号接地的主要目的是为了抑制电磁干扰，是以电磁兼容性为目标的接地方式，包括：①屏蔽接地：为了防止电路由于寄生电容存在产生干扰、电路辐射电场或对外界电场敏感，必须进行必要的隔离和屏蔽，这些屏蔽的金属必须接地。②滤波器接地：滤波器中一般包含信号线和电源线接地的旁路电容，当滤波器不接地时，这些电容就处于悬浮状态，起不到旁路作用。③噪声干扰抑制：对内部噪声和外部干扰的控制需要设备或系统上许多点与地相连，从而为干扰信号提供"最低阻抗"通道。④电位参考地：电路之间信号要正确传输须有一个公共电位参考点，这个公共电位参考点就是地，所以互相连接的电路必须接地。信号接地方式有四类，它们是将所有电路按信号特性分类分别接地，形成四个独立接地系统，每个"地"子系统采用不同接地方式。

——敏感信号和小信号地线系统，这些电路工作电平低，信号幅度弱，容易受干扰失效或降级，其地线应避免混杂于其他电路中。

——不敏感信号和大信号地线系统，这些电路中工作电流大，地线系统电流也大，须与小信号电路的地线分开，否则将通过地线的耦合作用对小信号电路造成干扰。

——干扰源设备的地系统，这类设备工作时产生火花或冲击电流等，往往对电子电路产生严重干扰，除要采用屏蔽隔离技术外，地线须与电子电路分开设置。

——金属构件为防止发生人身触电事故，外界电磁场的干扰及摩擦产生静电等须将机壳接地。

此外，同类电路中，根据接地点连接方式不同，又分为单点接地：适用于低频(1 MHz)和公共接地面尺寸小的情况，可有限避免点之间的地阻干扰；多点接地：适用于高频(>10 MHz)和公共接地面尺寸大的情况；单点和多点混合接地：适用于频率在(1～10 MHz)悬浮接地，可以防止机箱上的干扰电流直接耦合到信号电路，但是容易出现静电累积，当电荷达到一定程度后，会产生静电放电，变压器和光电耦合器就是典型的浮地。

在工程设计阶段不知道电子设备的规模和具体位置的情况下，若预估将来会有需要防雷击电磁脉冲的电气和电子系统，应在设计时将建筑物的金属支撑物、金属框架或钢筋混凝土的钢筋等自然构件、金属管道、配电的保护接地系统等与防雷装置组成一个接地系统，并应在需要之处预埋等电位连接板。

(3) 滤波技术：滤波就是利用感性和容性器件的频率响应原理，使工作频率信号通过，同时对其他频率的非工作信号起衰减作用，提高信噪比，采用滤波网络，无论是抑制干扰源和消除干扰耦合，或是增强接收设备的抗干扰能力，都是得力方式，滤波可分低通滤波，高通滤波，带道滤波和带阻滤波等种类，在电磁干扰抑制中，常用低通滤波。

总之，医院作为医疗设备的主要使用方，在配电系统的规划中，应分析配电特点，采取防护措施，同时应重视对操作的医护人员、采购、维修人员进行必要的电磁兼容(EMC)知识的学习培训，按照现场电磁环境选购符合 EMC 要求的产品并正确地按设备使用说明书或技术说明书安装，确保医院各类设备安全正常运行。

第八节　洁净手术部供配电

手术部是医疗建筑中重要的医疗功能区域，具有医技科室与临床科室的双重特点，手术部的安全运行与患者的生命安全有直接的关联性。洁净手术部的规划与设计有两个安全重点：一是供配电安全，任何微小的疏漏，都会造成生命的危害；二是环境空气质量安全，通过净化设计，能有效地阻止室外的污染物侵入。而上述两个方面都涉及配电安全。因此，洁净手术部的供配电设计应严格遵循规范，合理区分一级负荷中的重要负荷的比例，以做好应急电源配置；同时，要对手术部净化空调系统的自动控制实施有效的管理，以确保洁净手术部运行的可靠与安全。

手术部供配电规划应执行：《医院洁净手术部建筑技术规范》GB 50333—2013、《供配电系统设计规范》GB 50052—2009、《低压配电设计规范》GB 50054—2011、《民用建筑电器设计规范》JGJ/T 16—2008、《建筑防火设计规范》GB 50016—2014、《建筑防雷设计规范》GB 50057—2010、《建筑照明设计标准》GB 50034—2013、《建筑电气制图标准》GB/T 50786—2012 等规范要求。

一、洁净手术部低压供配电

1. 双路电源切换　手术部供配电为一级负荷区域，必须从所在的建筑物配电中心(站)设置独立线路直接向手术部供电，不得与其他用电部位共用同一线路。供配电中心(站)必须具备两路或两路以上电网供电，且这两路或两路以上的供电网必须有相互自动切换功能。当供电网出现故障或需要检修时，可以瞬间切换(切换时间小于 0.5 s)到另一电网，保证立即恢复正常供电。如当地不具备两路供电网，应采用其他方式保证手术部正常供电，如备用发电机及 EPS 等不间断电源。发电机应与配电中心联动，当市电发生故障时能自动切换到启动发电机上，使发电机及时投入运行，以维持手术部正常运行。如果发电机在 1 min 内不能正常供电，则必须在 1 s 之内自动切换到备用的 UPS(或 EPS)应急电源来保证手术室正常供电。在备用发电机进行供电后，再由 UPS(或 EPS)应急电源切换到备用发电机供电。如采用 EPS 或其他电池做应急备用电源的，必须有通风措施和防火安全措施。图 2－12为双路应急备用电源切换示意图。

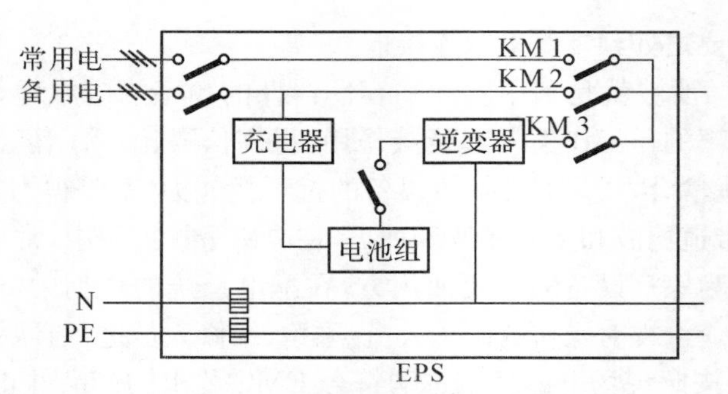

图 2－12　双路应急备用电源切换示意图

中心配电站到洁净手术部的输电线应尽量采用矿物绝缘电缆，以提高耐火级别。手术部内用电属一级负荷，对手术室内仪器、无影灯、应急照明用电必须重点保障；供给手术部的母线与供洁净手术部的净化空调机组用电应分开。

2. 手术室低压供配电　洁净手术部的照明、插座系统设置楼层照明总配电箱。为了减少外来的尘埃、细菌对手术室的交叉感染，要求总配电箱设置于楼层弱电间/弱电井等非净化区域。洁净手术室内用电应与辅助用房用电分开，每个手术室的干线必须单独敷设。每个洁净手术室应设有一个独立专用配电箱，配电箱应设在该手术室的外廊侧墙内。洁净辅房的配电箱根据供应区域的大小合理设置。洁净手术室的配电负荷应按设计要求计算，并不应小于 8 kVA。如果某一手术室电器增多，负荷因此加大，应重新计算用电负荷量。

3. 净化空调机组低压供配电　洁净手术部通常设有设备层，专门放置净化空调机组，根据手术室的洁净等级不同，空调机组可采用"1 拖 1"、"1 拖 2"、"1 拖 3"等形式。每台空调机组单独配置 1 套空调配电分箱，根据配电分箱的数量及负荷情况，在设备层设置合理数量的空调总配电箱。净化空调系统是整个洁净手术部运行的"心脏"，必须保证供电的可靠性，同样采用双电源进线，主电源从建筑物低压配电室专线供给。

二、洁净手术部照明插座配电

1. 照度要求　据国外文献介绍，手术室一般照度多在 500 lx 以上，高者达 1 500 lx，也有提出 750～1 500 lx 的。《医院洁净手术部建筑技术规范》结合我国国情明确规定，手术室平均最低照度值不能低于 350 lx，洁净走道、污物走道、洁净辅房等区域的平均最低照度值不能低于 150 lx。

2. 光源及灯具设置　洁净手术室一般照明用光源可选用色温为 4 000～5 000 K 的洁净荧光灯管(通常选用 T5 型)，其色温与无影灯光源的色温相适应，其显色性应接近自然光，要求显色指数(Ra)＞90。洁净手术室内照明灯具应为嵌入式密封灯带，在手术台四周连续布置，必须布置在层流送风罩之外。只有全室单向流的洁净室允许在过滤器边框下设单管灯带，灯具必须有流线型灯罩。为防止眩光效应，灯具面板应采用乳白板。手术室内应无强烈反光，大型以上(含大型)手术室的照度均匀度(最低照度值/平均照度值)不宜低于 0.7。同时为克服荧光灯的频闪效应，荧光灯采用高功率因素补偿的电子镇流器。目前，为了节能，越来越多的医院已经开始选用节能型 LED 灯管。

无影灯应根据手术室尺寸和手术要求进行配置，宜采用多头型；调平板的位置应在送风面之上，距离送风面不应小于 5 cm。手术无影灯选择与设计涉及照明和医学等多方面知识，一般由照明设计人员与专业医务人员研究确定，以达到满意效果。

手术室内应设置观片灯，观片灯联数可按手术室大小、洁净等级配置（3联/小型万级手术室、4联/中型千级手术室、6联/大型百级手术室），观片灯应设置在术者对面墙上，应嵌入墙内，不突出墙面，安装高度可定为中心距地1.5 m。观片灯电源开关采用就地控制的方式，设置在观片灯的不锈钢边框上方便操作的位置。

在手术室大门外侧上方设置"手术中"灯，其电源开关与无影灯连锁控制。当无影灯打开时，"手术中"灯亮起，表示手术开始，防止无关人员进入手术室，打扰医生手术。

洁净手术室采用了先进的空气净化技术（卫生型净化空调机组＋末端H13高效过滤器）对室内细菌、尘埃粒子进行过滤，故不需在手术室内设置紫外线灯。且世界卫生组织已经明确说明紫外线照射的方式对手术室杀菌消毒不适用。

3. 手术室插座配电　洁净手术室现代化的医疗仪器、设备纵多。须在洁净手术室内设医疗设备专用电源插座箱，在四面墙上各安装一个，每个插座箱上宜设4个多功能五孔单相插座面板。且其中一个插座箱体上应设一个三相插座面板。每个插座箱上应设2个接地端子，其接地电阻不应大于1 Ω。一般每间手术室在中心手术台的边上安装一只地面安装插座盒给手术台供电，此插座盒应有防水措施。图2-13为洁净手术部配电系统图。

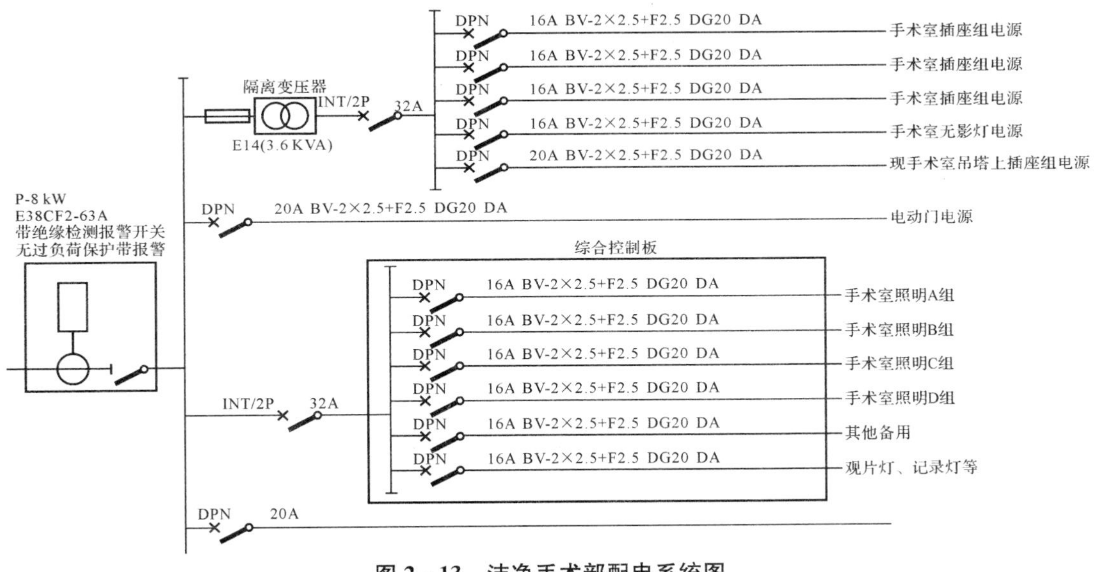

图2-13　洁净手术部配电系统图

三、供电安全及接地系统

随着现代医疗技术的不断发展，手术室内医疗设备、仪器越来越多，其供电安全问题显得尤为重要。这些设备不仅与人体表面接触，有的也与人的内脏（包括心脏）接触，其难免有绝缘损坏、电流泄漏的现象，这就很有可能导致医疗电击事故的发生。为此，我们应该进行合理的供电安全设计。

1. 漏电断路器的应用　当流过人体电流小于30 mA时，人体就不会发生心室纤颤而电击致死，因此国际上规定低压移动设备和插座等末端回路剩余漏电动作保护器（简称RCD）的额定动作电流为30 mA。据IEC标准规定，在TN-S系统中对于由医护人员操作、不直接接触患者身体的正常医疗设备电源插座回路，选择动作电流不大于 30 mA 的 RCD 作附加保护，故手术室的每个电源插座箱回路均须设动作电流不大于 30 mA 的 RCD。

2. 局部等电位连接　各个手术室的用电从总配电柜单独敷设线路，不与其他手术室和辅助用房共用线路，以保证线路安全相互不干扰，当某一电路出现故障时不会影响其他手术室正常工作。配电采用带槽盖密闭金属线槽从走廊吊顶走线，并分别用镀锌钢管引下到各手术室。线槽的连接应避开墙壁、楼板。电缆(线)不允许用 PVC 等非金属管线穿线敷设，必须穿金属管或从桥架走线。无论是用金属管还是从桥架走线都必须按要求做好接地。接地线应使线槽、线管在首尾两端有效接地。每个手术室必须独立设一个配电盘(箱)为本手术室进行供电。配电盘(箱)设在外廊邻近本手术室的墙上，一般为暗装嵌入墙内；如不能暗装也可采用明装，但不能影响交通；若手术区设计外通道，配电盘(箱)也可安装在外走廊邻近本手术室的墙上，但必须暗装嵌入墙内，箱内与手术室应该隔离做密封处理。

配电盘(箱)内电路设计按使用要求各路分开，各用电支路应设空气开关。Ⅰ级手术室和心外手术室必须设隔离变压器，每个手术室里的如照明灯带、观片灯、电动门各用电支路可以不通过隔离变压器，主要是仪器用电插座、无影灯各用电支路必须经过隔离变压器；隔离变压器设计容量可依据用电负荷计算来确定，一般可按四路输出来安排：无影灯一路，墙面仪器插座按两路考虑，多功能吊塔上一路。其他级别的手术室配电也可装隔离变压器，如受投资限制，不装隔离变压器，但必须装带绝缘漏电检测报警系统装置。手术室里如果建设方有特殊要求可安装一个 380 V 插座；如果手术台是电动型，需要在手术台腿部邻近手术台边的合适位置安装一个防水型插座。

手术室仪器用电插座一般装于平行手术台两侧的墙上和头部一侧的墙面上。电源插座不许设单个，必须安装插座箱，每个插座箱一般有一个两孔单相和 1～2 个三孔单相插座及一组接地端子。插座箱必须嵌入式安装，不得突出墙面，允许凹进 3～5 mm，插座箱必须做密封处理，防止出现呼吸现象污染手术室。插座箱必须用金属体，其壳体必须做安全接地端子。

在手术部配电的设计中，为确保配电安全，宜采用两级配电。在总配电箱后分别设手术室分配电箱与辅助区分配电箱来实现电能分配；空调配电箱设于设备层空调机房区。每间洁净手术室墙面设三组电源插座面板，每组电源插座面板含三个单相插座(220 V、10 A)，两个接地端子；每间手术室设一个 380 V、15 A 电源插座，并在手术床头部位地面附近设(220 V、10 A)五孔防水地板插座一组。每个洁净辅助用房均至少五孔插座 2 组。走廊每 16 m 设置一个地面插座，以方便清洁机械的使用。电线从线管末端引至插座、灯盘等，要求使用金属软管保护，要求接应牢固可靠，保证整体良好的电气连接。

配电箱与开关的安装高度要严格执行规范，确保安全(表 2－4)。

表 2－4　配电箱与开关的安装高度要求

名称	安装高度	名称	安装高度
配电分箱	底离地 1.4 m	插座(除标注外)	底离地 0.3 m
开关	底离地 1.3 m	灯盘	吊顶高度
配电总箱	落地安装	空调控制器	落地安装

为了有效防范手术室的医疗设备发生泄漏电流而产生严重后果，减少手术室内的电位差，我国《医院洁净手术部建筑技术规范》明确规定：所有洁净手术室均应设置安全保护接地系统和等电位接地系统。每间洁净手术室应设一个局部等电位连接端子箱，位于污物走廊侧的墙上。手术室内的气密性灯带、无影灯、吊塔、层流罩、不锈钢器械柜、观片灯、插座箱、情报面板、麻醉机、手术床、电动门、手推门、回风口、各种医用气体管道、金属管道、地板下的金属网格等，均应作等电位连接，敷设一根 BVR 4 mm^2 的金属裸导线到手术室局部等电位端子箱，具体做法可参见国标图集 02D501－2《等电位连接安装》。等电位接地要求如下：

（1）地线：应符合我国《民用建筑电气设计规范》，其接地电阻小于 4 Ω。

（2）等电位接地点：等电位母线与接地回路的连接点，等电位系统内的金属结构，在金属结构上的金属设备，包括水管、煤气管等，与等电位连接之间的电阻不大于 0.01 Ω。系统外的接地螺栓，接地插座和裸露的金属与等电位连接点之间的电阻不大于 0.1 Ω。

（3）等电位母线：它将电气设备、插座、等电位螺栓连接在一起，然后与等电位连接点相连接的绝缘接地导体。

（4）等电位螺栓：安装在等电位母线上，为了有效地防范手术过程中因医疗设备漏电流而产生电击事故，切实有效地防止微电击的发生，等电位连接是一项有效的措施。方法是在手术床外延伸到 2.5 m 的范围内的所有金属部件进行等电位连接，即同等电位连接点相连，使金属部件同保护之间的电位差小于 100 mV。要求在手术室的建设过程中，把室内所有在正常状态下不流过电流的金属物连成一体，即便发生电气故障，金属之间也不会产生电位差。

3. 设置 IT 隔离系统　《医院洁净手术部建筑技术规范》明确规定：心脏外科手术室的配电盘必须安装 IT 隔离系统，此配电盘内的吊塔、插座回路须经过 IT 隔离变压器后供电。IT 隔离系统通常含以下部件：IT 隔离变压器、电流互感器、绝缘监视仪、外接显示器、专用电源。手术室选用的 IT 隔离系统一般有 6.3 kVA、8.0 kVA 两种规格。IT 隔离变压器是此系统的核心部件，它是一台 1∶1 专用隔离变压器，其二次侧不接地，箱内设一套漏电检测报警装置（绝缘监视装置）以防止产生接地故障电流。当发生第一次单相接地故障，一般当系统绝缘水平低于 50 kΩ 时，并不自动切断电源，而由绝缘监视装置发出故障报警。这时故障电流仅为医疗场所内的一小段线路的微量对地电容电流，引起该场所内的不同部分的电位差很小（不大于 50 μV）。这时医生可根据病人病情的严重程度，可在确保病人安全的前提下，决定是否切断电源，或继续进行手术。当发生第一次接地故障，在手术后，应立即排除，防止第二次异相接地故障而引起相间短路。

隔离供电是采用隔离变压器供电，电源经隔离变压器后，手术部配电中 TN－S 系统中的地已不再是参考电位了。隔离变压器任何一根输出线都不能与地构成回路，只能在两根输出线之间构成回路，这就提高了供电的安全性。当供电线路出现了一个故障点，线路与地出现了低阻抗，就发生报警。报警发生后，医护人员可以根据手术情况决定是否继续进行手术，医护人员可以利用第二故障点尚未发生时采取必要的预防措施。同隔离变压器配套使用的隔离电源漏电报警器，它测量电源线的对地电阻，两根电源线中任何一根对地存在着末绝缘通道，就出现了一个故障点，存在漏电的可能，立即予以报警，这是潜在危险报警。只有在一根线接地，一根触及人体，或者两根同时触及人体的情况下，即出现两个故障点时，才有遭电击的可能，这比普通电网供电要安全。

隔离变压器的配置以百级手术室配置为宜，其他手术室可配置漏电监测保护系统。近年来，有些单位在手术部的设计中，将每间手术室都配置了隔离变压器，在经济条件允许的单位也无可厚非，当经济条件不允许时，除百级手术室外，在其他手术室各设一套漏电监测保护系统，并能在护士站集中显示和报警。

4. 在手术室宜采用漏电保护插座，应把漏电保护和插座组合后置于插座箱内。当某一设备漏电，其使用插座断电，不影响其他回路供电。这种插座，特别适合手术室移动设备使用。漏电保护开关也称作漏电电流动作保护器（剩余电流动作保护器，简称 RCD），可对低压电网中的直接触电和间接触电进行有效的防护。它在反应触电和漏电方面具有独特的优点，即高灵敏性和快速性，这是其他保护电器，如自动开关和熔断器等所不能比拟的。

5. 无线干扰、防雷　《医院洁净手术部建筑技术规范》明确规定：为防止无线电通讯设备对医疗电气设备仪器产生干扰，洁净手术室内禁止设置无线通讯设备。同时为防止雷击过电流，保护医疗电子设备仪器，手术室配电箱须安装涌保护器。

四、手术部弱电系统

随着洁净手术部硬件配置的升级，对洁净手术部的管理要求也随之提高。为了更方便医护人员对整个手术部的管理与控制，洁净手术部内须设计通讯系统、摄像监视、教学系统、自动控制与自动调节系统等。其中医护对讲系统、监控系统、广播系统、空调自控系统的主机都设在护士站，方便管理操作。除医护对讲系统外，其余系统应预留与整个建筑 BAS 系统联网的接口，以便于远方整体管理。在洁净手术部弱电系统设计时，要区分与弱电施工的界面，设备购置的标准与要求，以保证工程的顺利实施。

1. 通信系统

（1）免提式对讲系统及其设备：手术室内的电话不能直接对外部，为内部专用电话，只能供手术室与手术室之间、手术室与护士站之间使用，手术部对外（医院内部）联系只能通过门卫值班室或护士站统一对外联络。护士站、办公室、休息室的电话为普通电话。这些应纳入全院的统一设计，并由弱电总承包商负责线缆的铺设。

（2）洁净手术室内不许使用无线通讯设备，防止无线电波干扰电子器件而造成医疗事故。

（3）广播系统与播放音乐合用，既可播放各种音乐，同时也可播放通知寻人。

（4）洁净手术室必须设置信息网络系统，以下部位必须设信息点：各手术室（1 级手术室应设两个点）、麻醉准备间、麻醉师和护士办公室、护士站、苏醒室、药品库、血站、理化间等。

2. 摄像监视、教学系统　教学观摩通过摄像系统将手术过程各种状态记录下来并传到观摩室（视教室、会议室）供学生或专家们见习、研究、交流，控制非直接进行手术人员进手术室，减少交叉感染因素。手术部监视系统，包括摄像系统与远程教学系统。每间手术室内均设全景监视系统。对于手术示教摄像系统，安装于哪些手术间，在任务书中应当明确，以便执行。其中包括数据线的铺设，设备的购买，终端与控制系统的位置均应当明确。随着信息化、数字化技术的发展，将会越来越倾向于通过互联网系统将信号传输到院外进行远程会诊。必要时记录手术过程作为研究资料和评判医疗纠纷的依据，向患者家属播放手术过程情况。

3. 自动控制、自动调节系统　实现对净化空调系统智能化跟踪调节。手术部的空调控制系统设计主要应做好四个方面的监控设计。

(1) 新风系统的监控设计：要通过 DDC 监控，对手术区温度、湿度、风量及过滤器堵塞程度和手术部内各洁净室的静压差的显示与调节。能进行状态监控检测、温湿度调节、空气洁净度控制、风机控制与连锁控制。净化空调的新风系统的监控系统如图 2－14 所示。

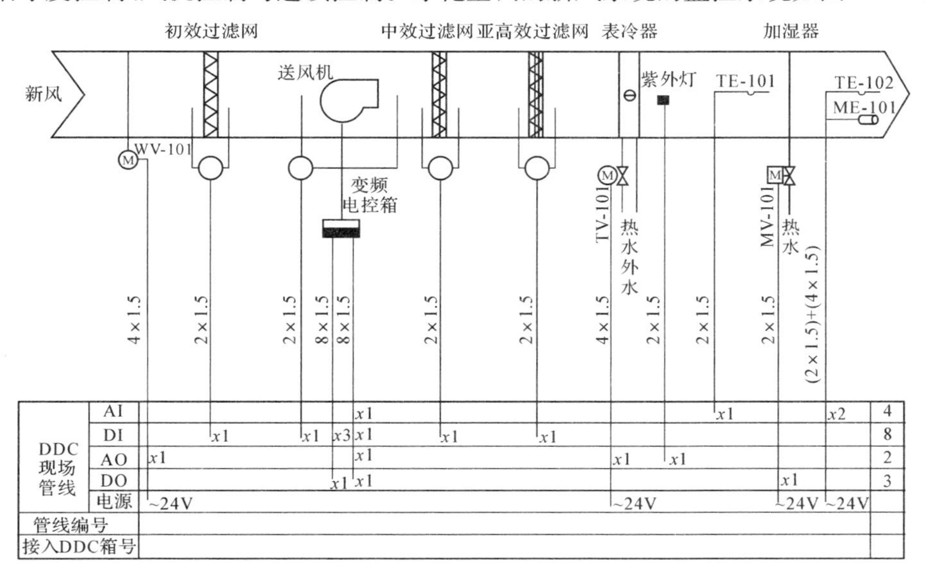

图 2－14　新风监控系统图

(2) 空调循环机组的监控设计：要通过 DDC 对空调循环机组监控，对机组的初、中、高效过滤器、风机压差开关状态、故障报警、过滤器堵塞报警。对温度、湿度进行调节，送风温度自动控制，自动调节冷水阀开度，保证回风温度为设定值。进行回(送)风湿度自动控制，自动进行加湿与加热，使湿度满足手术部运行要求。进行压差的调节，维持手术室压力稳定，新风机组及空调机组风机根据系统阻力，变频调节，使风量达到设定值。进行空气洁净度的控制，通过手动或自动，按程序自控风机的停启。实施新风风门与风机停启连锁，当送风机启动或关闭时，冷水阀、新风风门、调节冷水阀(热水阀)都能自动启动或停止。

(3) 排风机的监控设计：排风系统可设置手动风量调节阀及止回阀，手术室的排风口，应带 F8 中效过滤器，其他洁净区排风口应带 F5 中效过滤器。主要监控要求是：风机监控，由护士站或监控中心通过自动控制系统远程控制或按预设程序自动控制风机停启。实施连锁保护控制，将洁净手术室、洁净走廊、污物走廊、手术室排风机与房间门及空调机组联动，室内排风机与自动门连锁，设有延时装置。达到瞬间开门，排风立即停止，关门后在建立正压以后，才可启动排风机。进行过滤器堵塞报警。

(4) 风冷热泵冷水机组的监控设计：很多医院为解决过渡季节空调保障问题，在空调系统之外设置热泵机组的情况在南方医院相对要多些。热泵机组的监控通常会有两种方式，一种是通过 RS232 或 RS485/422 串口通信的方式或通过标准通讯网关与冷水机组实现完全开放式数据通信，在净化自控系统中央站自由读取冷水机组内部数据，了解其运行状态、油温、油压、供回水温度、负荷状态等，以提高冷冻系统群控性能，降低机组故障率，提高机组使用寿命。另一种是通过干接点的方式，在冷水机组的控制箱内提供干接点信号直接同现场控制器 DDC 的 I/O 点连接。后一种方式可以对以下八个方面进行控制与调整：①冷负荷需求计算；②冷水机组台数控制；③机组连锁控制；④空调水压差控制；⑤水泵保护控制；⑥机组定时启停控制；⑦机组过载参数，及时打印及故障报警；⑧水箱补水控制。风冷热泵机组监控原理图如图 2－15 所示。

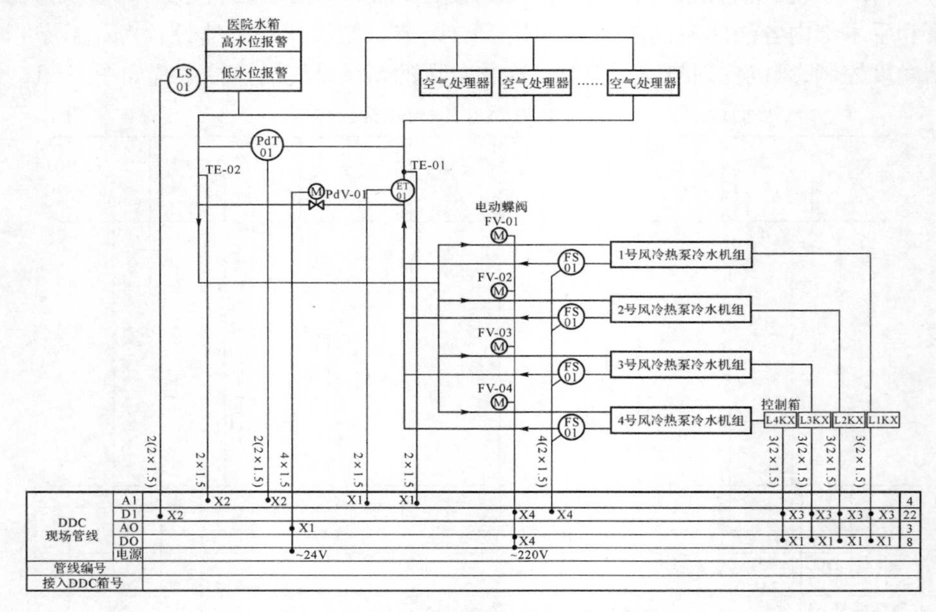

图 2－15　风冷热泵机组监控原理图

各洁净手术室里自动控制的设备必须可靠、稳定、寿命长，尤其是传感元件必须灵敏、准确、反应快；电路要求稳定性好、抗干扰能力强的数字电路。同时应具有开放性与灵活性、经济性。控制方式可以集散式控制，也可分布式现场总线控制系统（FCS），一般情况下，以集散式控制为宜。集散式控制是智能化管理的一种方式，由中央管理站、各种 DDC 控制器及各类传感器、阀门、执行机构组成的，能够完成多种控制及管理功能的网络系统。并具有集中操作、管理和分散控制的功能，可以实现设备管理自动化、智能化、安全化、节能化。手术部净化空调自动化控制系统如图 2－16 所示。

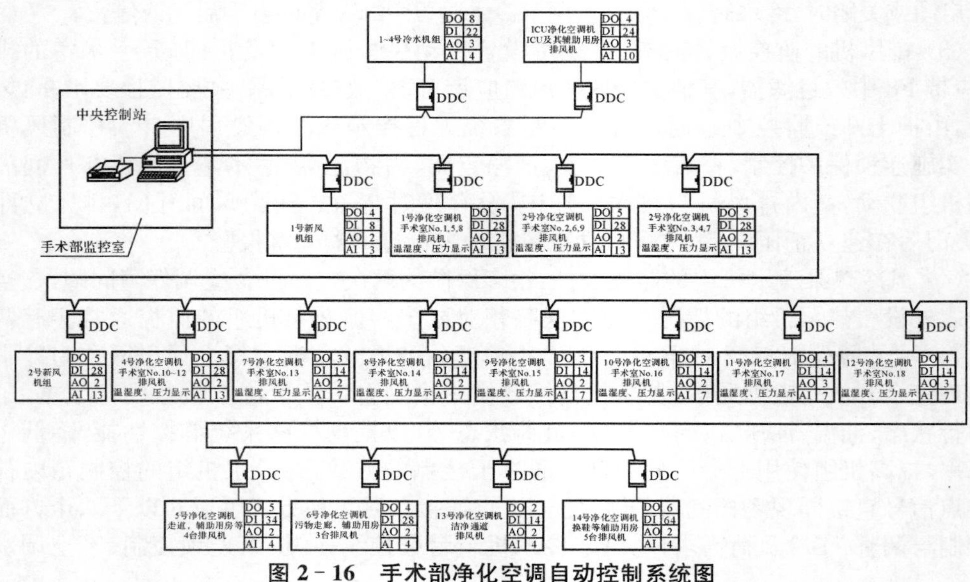

图 2－16　手术部净化空调自动控制系统图

第九节 人防医疗工程供配电

一、人防医疗工程配电系统设置

1. 中心医院、急救医院的电力系统电源应引入柴油电站控制室内，并进行内外电源转换。宜在柴油电站控制室内分别对平时、战时的各级负荷配电。救护站应在清洁区（第二密闭区）设置配电间，配电间应贴邻移动柴油电站机房。在配电间内设置内、外电源的配电总柜（箱），分别对平时、战时的各级负荷配电。

2. 对第一密闭区范围内的动力、照明负荷除在第一密闭区内设置控制箱外，还应在第二密闭区值班室内设置集中监控装置。人防医疗救护工程内的各种动力配电箱、照明箱、控制箱，不得在外墙、临空墙、防护密闭隔墙、密闭隔墙上嵌墙暗装。若必须设置时，应采取挂墙式明装。

3. 中心医院、急救医院的固定柴油电站平时应全部安装到位。可兼作平时应急电源。救护站移动柴油电站中的柴油发电机组、贮水箱、贮油桶、柴油机排风集气罩、排烟管、人员洗消贮水箱等平时均可不安装，但应在30天转换时限内完成安装和调试。

二、人防医疗工程信号装置设置

1. 人防医疗工程内设置三种通风方式信号装置系统，并应符合下列规定：

（1）三种通风方式的声光信号控制箱应设置在防化通信值班室内。声光和音响装置应采用集中控制或自动控制。

（2）战时进风机室、排风机室、防化通信值班室、值班室、柴油发电机房、电站控制室、配电室、人员出入口（包括连通口）最里一道密闭门内侧和其他需要设置的地方，应设置显示三种通风方式的声光信号箱。红色灯光表示隔绝式，黄色灯光表示滤毒式，绿色灯光表示清洁式，并应加注文字标志。

2. 应在下列位置设置有防护能力的音响信号按钮：

（1）应在第一密闭区战时人员主要出入口第一防毒通道的防护密闭门外侧，设置有防护能力的音响信号按钮，音响信号应设置在第一密闭区防毒通道密闭门内侧的门框墙上部。

（2）由第一密闭区（分类厅）进入到第二密闭区，应在第二防毒通道的第一道密闭门外侧设置音响信号按钮，音响信号应设置在第二密闭区的防化通信值班室内。

（3）应在第二密闭区战时人员主要出入口防毒通道的防护密闭门外侧，设置有防护能力的音响信号按钮，音响信号应设置在第二密闭区的防化通信值班室内。

3. 病房区宜设置护理呼叫信号系统，护理呼叫信号系统应按护理分区及医护责任体系划分成若干信号管理单元，各管理单元的呼叫主机应设在医护办公室内。中心医院、急救医院的护理呼叫信号系统功能应符合下列要求：应随时接受患者呼叫，准确显示呼叫患者床位号或房间号；当患者呼叫时，医护办公室应有明显的声光提示，病房门口应有灯光提示，走廊宜设置提示显示屏；护理呼叫信号系统应允许多路同时呼叫，对呼叫者逐一记忆、显示，检索可查；护理呼叫信号系统应有特别患者优先呼叫权；病房卫生间或公共卫生间的呼叫，应在主机处有紧急呼叫提示；对医务人员未作临床处置的患者呼叫，其提示信号应持续保留；重症隔离病房或重症监护病房宜具备现场图像显示功能，并可在医护办公室对分机呼叫复位、清除；护理呼叫信号系统宜具有护理信息自动记录的功能。救护站病房的护理呼叫信号系统功能也应符合上述要求。

三、人防医疗工程线路敷设

进、出人防医疗工程的动力、照明线路，应采用电缆或护套。人防医疗工程的电源线路应采用铜材质线缆。穿过外墙、临空墙、防护密闭隔墙和密闭隔墙各类线缆的保护管和预埋备用管等，应选用管壁厚度不小于 2.5 mm 的热镀锌钢管。热镀锌钢管的敷设应符合防护密闭要求。穿过临空墙、防护密闭隔墙、密闭隔墙的各类线缆，除平时有要求外，可不做密闭处理，临战时应采取防护密闭或密闭封堵措施，并应在 30 天转换时限内完成。各人员出入口和连通口的防护密闭门门框墙、密闭门门框墙上均应预埋供强电、弱电使用的备用管。备用管每处不应少于 6 根，管径为 50～80 mm。备用管的敷设应符合防护密闭要求。室外埋地直接进出人防医疗工程内的强电和弱电线路，应分别设置强电和弱电防爆波电缆井。防爆波电缆井进出线缆处应预埋 4～6 根备用管。

四、人防医疗工程照明设计

人防医疗工程宜按医疗功能分区设置照明配电箱。其中第一密闭区、第二密闭区应分别设置照明配电箱。人防医疗工程平时和战时的照明均应设置正常照明，下列场所还应设置应急照明：

1. 手术室、麻醉药械室、无菌器械敷料室、柴油电站控制室等房间应设安全照明。安全照明的照度不应低于正常照明的照度值。

2. 分类厅、急救观察室、诊疗室、放射科、检验科、功能检查室、药房、血库、中心供应室、重症监护室、重症隔离室、医护办公室、计算机房、防化通信值班室、电话总机室、柴油电站等房间应设备用照明。备用照明的照度不应低于一般照明照度值的 15%。

3. 分类厅、公共通道、防毒通道、密闭通道、人员出入口通道（含楼梯间）等应设疏散照明。疏散照明的地面最低照度值不低于 5 lx。人防医疗工程战时照明的照度标准值，可按表 2－5 确定。

表 2－5　人防医疗工程战时照明的照度标准值

类　别	参考平面及高度	照度(lx)	眩光值(UGR)	显色指数(Ra)
手术室、放射科操作诊断室	0.75 m 水平面	500	19	90
功能检查室、检验科、治疗室、急救观察室、医护办公室、计算机机房		300	19	80
分类厅、放射科 X 线机室、麻醉药械室、诊疗室、无菌器械敷料室、药房、血库		200	22	80
重症监护室、重症隔离室		200	19	80
内科病房、外科病房、烧伤病房、中心供应室、生活服务用房	地面	100	19	80

4. 人防医疗工程防化通信值班室内应设置一个专供防化设备使用的防化电源配电插座箱，内设 AC380 V 16 A 三相四孔插座、断路器各 1 个和 AC220 V 10 A 单相三孔插座 7 个。医疗救护、办公、病房、设备房间内，宜设置一定数量的 AC220 V 10 A 单相二孔带三孔插座；防化器材储藏室应设置 AC220 V 10 A 单相二孔带三孔插座 1 个。

5. 在人员集中的场所（如分类厅、观察室）以及重要的医疗设备房间（如手术室、医护值班室）战时应设置手提式应急照明灯具。从防护区内引到非防护区的照明电源，当共用一个电源回路时，应在防护密闭门内侧、临战封堵处内侧设置短路保护装置，或对非防护区的灯具设置单独回路供电。战时各主要出入口防护密闭门外直至地面的通道（含救护车道）照明电源，不得只使用电力系统电源，应由防护单元内人防电源柜（箱）供电。

五、人防医疗工程接地方式

人防医疗工程应采用 TN－S 系统接地形式。除对接地有特殊要求的医疗设备外，人防医疗工程宜采用一个共用接地系统，其接地电阻值应按其中最小值确定。人防医疗工程内的下列导电部分应做等电位连接：①保护接地干线；②电气装置人工接地极的接地干线或总接地端子；③室内的金属管道，如通风管、给水管、排水管、电线管；④室内医疗救护设备、电气设备、电子设备仪器的金属外壳；⑤建筑物结构中的金属构件、防护密闭门、密闭门、防爆波活门的金属门框等；⑥电缆金属外护层。

接地装置应利用工程结构钢筋和桩基内钢筋作自然接地体。当接地电阻值不能满足要求时，宜在室外增设人工接地体装置。安装高度低于 2.4 m 或Ⅰ类照明灯具应增设 PE 专用保护线。人防医疗工程医疗场所的安全防护应符合国家现行标准的有关规定。

六、人防医疗工程通信系统设置

人防医疗工程应设置与所在地人防指挥机关相互联络的直线或专线电话，并应设置基本通信设备、应急通信设备。电话可设置在医疗总值班室或防化通信值班室内。人防医疗工程内应设置电话交换总机，并应在办公、医疗、病房防化通信值班室、配电间、电站、通风机室等各房间内设置电话分机。人防医疗工程的通信电源宜设置在防化通信值班室内，并设置一个专供战时基本通信设备、应急通信设备使用的电源配电箱，箱内设有 1 个 AC380 V 20 A 断路器、3 个 AC220 V 16 A 断路器、3 个 AC220 V 10 A 单相二孔带三孔插座。人防医疗工程中通信设备电源最小容量应符合表 2－6 中的要求。

表 2－6　人防医疗工程中通信设备的电源最小容量

序号	工程类别	电源容量(kW)
1	中心医院、急救医院	5
2	救护站	3

中心医院、急救医院工程应设置火灾自动报警系统。中心医院、急救医院内宜设置公共广播系统，日常广播与应急广播宜合用一套系统。

第十节　建筑工程消防申报流程

1. 凡在消防局建审科申报消防审核的工程项目，应在建审科收文室领取《建筑防火设计申报审批表》(以下简称《申报表》)，并按规定内容如实填写盖章。

2. 新建、扩建、改建工程报审分为：方案、扩初、施工图、装修图四个阶段报审。各阶段报审的全套(结构图一般不报审)图纸必须加盖设计单位的出图专用章和防火设计自审小组专用章方能有效。

3. 由于一般项目报审消防晚，而消防规范变化快，常常会给医院建设带来不必要的麻烦等问题。主要因业主不知道如何进行消防申报，以及不熟悉消防申报流程等问题。下面为消防申报的一些流程：

(1) 申请单位(建设单位)拿到合格设计院出的蓝图后应向当地消防局递交图纸及相关资料，需要及时进行消防建审申报。

(2) 图纸建审通过后，一般 8 个工作日内即可拿到《建设工程消防设计审核意见书》。

(3) 同时取得《建设工程施工现场消防安全备案凭证》装饰施工开始。

(4) 施工中施工材料送检并取得检测报告，所需时间需月 7～10 个工作日。

(5) 施工基本完毕时做消电检，3～5 个工作日取得消电检报告。

(6) 申请消防竣工验收：

①递交材料检测报告、消电检报告；

②工程竣工验收报告；

③其他依法需要提供的材料。

(7) 消防验收(相关资料验收后递交)：

①如现场验收合格，递交现场消防系统测试数据并加盖单位印章。

②如验收时现场需要整改的地方，需及时整改并把整改后资料(需拍照片整改前及整改后)加盖单位公章。

③其他相关资料。

(8) 连申请日期算起到取得《建设工程消防验收意见书》共需要 17 个工作日。

(9) 取得《建设工程消防验收意见书》后进行开业前消防安全检查申请。

①需递交相关资料：项目的营业执照副本复印件并加盖公章；

②项目营业执照法人身份复印件并加盖公章。

(10) 申请开业前消防安全检查日期至取得“消防安全检查合格证”时需用 8 个工作日。

第三章 低压配电系统的配置

医疗建筑低压配电系统的配置，包括变压器的选型、局部 IT 系统的配置、导体的选择、低压电器的选择，以及低压配电线路的保护等，它是整个医疗建筑电气设计系统中的一个关键部分。配电管理的基本要求是应从医院的长远建设考虑，在施工管理、设备的选型、导体配置、电气产品的选择上严格要求。由于医疗建筑中空调配电系统要求高，安装的大型设备多，电压负荷量比较大，供配电有较高的质量要求，低压配电系统设计施工不当极易引起安全问题。低压系统配电管理的过程就是一个监控与选择的过程，需要密切关注确保系统的实用性与安全性。

第一节　变压器选型

变压器是利用电磁感应原理，从一个电路向另一个电路传递电能或传输信号的一种电器，是电能传递或作为信号传输的重要元件。它是一个静止的电磁装置，可将一种电压的交流电能变换为同频率的另一种电压的交流电能，主要部件是一个铁芯和套在铁芯上的两个绕组。与电源相连的线圈，接收交流电能，称为一次绕组。与负载相连的线圈，送出交流电能，称为二次绕组。变压器的运行寿命一般在 20～25 年，设计选型是否经济合理将直接影响运行寿命的长短。选型正确，不但能节省一次投资，而且会大大降低运行费用；选型不合理，就会带来资金的浪费甚至引起安全事故。

一、变压器分类

变压器一般分为干式变压器与油浸式变压器。

1. 油浸式变压器　又称油浸式试验变压器。其工作原理是将绕组浸在变压器油中，通过油的流动增强了其散热效果。油浸式变压器的器身(绕组及铁芯)都装在充满变压器油的油箱中，油箱用钢板焊成。中、小型变压器的油箱由箱壳和箱盖组成，变压器的器身放在箱壳内，将箱盖打开就可吊出器身进行检修。1 000 kVA 及以上油浸式变压器，须装设户外式信号温度计，并可接远方信号。800 kVA 及以上油浸式变压器应装气体继电器和压力保护装置，800 kVA 以下油浸式变压器根据使用要求，与制造厂协商，也可装设气体继电器。

(1) 非封闭型油浸式变压器：主要有 S8、S9、S10 等系列产品，在工矿企业、农业和民用建筑中广泛使用。封闭型油浸式变压器：主要有 S9、S9 - M、S10 - M 等系列产品，多用于石油、化工行业中多油污、多化学物质的场所。

(2) 密封型油浸式变压器：主要有 BS9、S9、S10、S11 - MR、SH、SH12 - M 等系列产

品，可做工矿企业、农业、民用建筑等各种场所配电之用。

油浸式变压器的绕组是浸在变压器油中的，绝缘介质就是油，冷却方式有自冷、风冷和强迫油循环冷却，其优点是冷却效果好，可以满足大容量，整体造价也会相对较低。选用油浸式变压器得经常巡视，关注油位的变化，一旦漏油容易造成污染。而且缺油或事故状态下，易造成火灾。本身该变压器结构也较复杂，占地面积大，不容易判断故障，需要定期维护。油浸式变压器由于防火的需要，一般安装在单独的变压器室内或室外。

2. 干式变压器　20 世纪下半叶以来，干式变压器在世界范围内得到迅速发展。随着我国现代化建设的发展，这些年来，干式变压器的应用每年都以 20%的增长率增加。目前我国已成为世界上干式变压器销量最大国家之一。干式变压器的冷却方式为空气自冷或强迫风冷，其散热方式为气道散热。其特点为：性能稳定、安装方便、操作简便、低噪音、低损耗、安全、难燃、防火、无污染，可直接安装在负荷中心，可免维护，综合运行成本低。防潮性能好，可在 100%湿度下正常运行，停运后不经预干燥即可投入运行。由于干式变压器不用油，没有火灾、爆炸、污染等问题，故电气规范、规程等均不要求干式变压器置于单独房间内。损耗和噪音降到了新的水平，更为变压器与低压屏置于同一配电室内创造了条件。目前，中国树脂绝缘干式变压器年产量已成为世界上产销量最大的国家之一。干式变压器现已被广泛用于电站、工厂、医院等几乎所有电气上。随着低噪(2 500 kVA以下配电变压器噪音已控制在 50 dB 以内)、节能(空载损耗降低达 25%)的 SC(B)9 系列的推广应用，使我国干式变压器的性能指标及其制造技术已达到世界先进水平。也为医院配电系统变压器的选用提供了选择空间。

二、变压器选型

变压器选型应根据负载的性质、大小、特性来选择，其基本要求是要保证安全和经济运行。然而，在医疗建筑的配电设计中，由于建筑单位事先对电源配置的分级把关不严，设计院也只按规范设计，保证能通过审核就行。这种情况下往往会存在安全系数预留过大等问题，造成大多数的变压器运行中负荷率很低，出现与实际供电负荷极不匹配的情况，造成大量电能特别是无功的浪费。

医疗建筑配电应从容量总需求出发，进行配电设置，并考虑各类耗损。变压器的额定容量须满足全部用电负荷的需要，不能使变压器长期处于过负荷状态运行。当然选用的变压器容量不宜过大或过小。对于具有两台及以上变压器的变配电所，应考虑其中任何一台变压器故障时，其余变压器的容量应能满足一、二类用电负荷的需要。选用的变压器容量种类应尽量少，达到运行灵活、维修方便又能减少备用变压器台数的目的。除了上述几点基本要求之外，还要考虑到变压器的运行效率，使变压器运行时有功功率损失和无功功率消耗最低。供配电变压器设计选型，既要考虑到当前国家的能源政策、产品序列标准，又要结合医疗建筑实际需要。

当然，变压器的设计选型不仅是选择容量等级，更重要的是选型式。随着变压器的制造技术的不断发展变化，新型节能变压器的不断涌现，为设计选型提供了更大的空间，也提出了新的要求。我国变压器制造业发展大致经历了四代产品。多数医院中目前应用的多为第三代变压器，但其中 S7 型也已被列入淘汰产品。第四代产品是 20 世纪 90 年代才出现的非晶态变压器(即非晶合金变压器)。非晶合金材料是一种新型软磁材料，用它代替硅钢作为变压器铁芯可大幅度降低变压器空载损耗和负载损耗。非晶态变压器空损较 S7 系列下降 75%～80%，负载损耗下降 25%～40%，空载电流下降 50%以上。这一代的变压器生产和应用单位已逐步增多。

目前，第一代和第二代变压器多数开始淘汰更新，设计选型中不会再被选用。第三代和第四代变压器在实际使用中如何选用，需要进行技术经济的比较，由于第四代产品价格较高，应根据使用条件论证回收期。在计算回收期时既要考虑一次投资又要考虑由于新型节能变压器有功和无功损耗的降低带来的运行费用的节约。

综上所述，在医疗建筑中供配电变压器的选型一般应注意以下几个问题：

(1) 对新型变压器的选型不要“一刀切”地全部选择技术特性最好的、效率最高的产品，以免造成一次投资延长回收年限。一般长期稳定运行、大负荷的变压器选择技术特性最优的产品，对短期运行、负载小而波动大的变压器选择技术特性良好的即可。

(2) 对变压器容量的选用一定要经过经济运行方式的演算，不要留有太大余量，以免造成运行费用的增大，同样回收年限也要加长。特别要注意避免借上工程投资去储备供电设备容量的错误做法。

(3) 适当选用节能型变压器新品，逐步提高医疗建筑供电设备的先进程度和技术等级。由于科学技术的进步，市场上节能新型变压器品种较多，但由于管理的滞后，规范性不够，有些是未纳入国家标准就报上专利的产品，因此，医院在选择变压器时，对于新型而未定型的产品应慎重选用，以确保安全并维护投资效益。

(4) 开展变压器设计选型中的节能审计工作。特别是对某些大型综合性医院，一定要对选用的电气产品是否合格，是否符合国家能源政策进行评估确认。

总之，供配电变压器的设计选型问题是个技术性较强的重要工作，既要保证变压器投入运行后的安全可靠、不出事故，又要达到一次性投资省，运行费用低的经济性要求。

三、医技部门变压器的选型

医技部门是非临床科室的泛称。是指运用专门的诊疗技术和设备，协同临床科诊断和治疗疾病的医疗技术科室。一般情况下不设病床，不收患者，也称为非临床科室。从系统的观点来看，医技科室是医疗系统中的技术支持系统，大型医疗设备均集中于医技科室，如检验科、病理科、功能检查科、影像科等。这些科室中，既有大型设备，也有小型设备；既有一类环境要求的设备，也有二类及三类医疗环境的设备。配电系统要求极为复杂。为确保安全，对医技部的配电变压器应选用专用变压器进行保障。

医技部配置的变压器容量，其负载率不宜高于 70%，其他建筑配电变压器的负载不宜超过 75%，且应保证全部一二级负荷用电容量，在不考虑谐波处理技术措施时，应考虑降容系数。所谓降容系数，是指变压器将所需功率传送给它所连接的不同电压等级的负荷。非线性负荷产生的谐波电流流经变压器时，产生附加的谐波损耗，造成变压器油温或绕组温度上升，致使系统内非线性负荷比例还在不断增加，危及变压器的使用寿命和安全运行。由于系统内非线性负荷还在不断增加，为了保证变压器安全运行，必须采取降容措施。通常情况下，一般是利用变压器的谐波损耗 K 因子和涡流谐波损耗 FHL 因子对变压器进行特殊设计或降容运行。

$$降容系数=1.15/(1+1.05K)$$

其中，K 系数变压器适用于向高次谐波含量较高（THDi>5%）的负荷供电（谐波电流总畸变率=谐波电流总有效值/基波电流有效值)，它必须依照这些负载进行专门设计。ANSIC 57.110—2008“非正弦负载电流供电变压器容量的确定的推荐做法”中，提供了当高谐波电流出现时，变压器内热效应的计算方法。此方法算出一个数值，被称为“K 系数”，该系数与变压器铁芯中涡流损耗有倍数关系，而涡流又与引起变压器发热的谐波有关。变压器制造商通过这个数据设计变压器铁芯绕组及绝缘系统，以使其比标准设计更能耐受更高的内部热负荷。简单地说，一个 K 系数变压器可以比同类标准的变压器耐受接近 K 倍的内部热负荷。如 K4 变压器与一个同类 ANSI 标准非谐波额定变压器相比，在不缩短机械寿命的前提下，K4 变压器可承受四倍与该标准变压器的热负荷。K 系数仅仅说明变压器承受内部热负荷的能力，采用 K 系数变压器并不代表配电系统或其负荷的谐波有所改善。

变压器二次侧至用电设备之间的低压配电级数不宜超过三级。照明、电力、医疗设备应分成不同的配电系统。对负荷容量大或重要用电设备，宜从配电室以放射式配电；各层不同类型的负荷，宜采用树干式或放射与树干相结合的混合式配电。医疗设备主机房与辅助用房的用电应分开。谐波严重的大容量设备如 X 光机、CT 机、MRI 等，宜相对集中统一供电，并应采用专线供电，以利于谐波治理，也可减少对其他设备的影射。放射科、核医学科、功能检查室、检验科等部门的医疗设备电源，应分区设置切断所有相关电源的总开关。

四、变压器的连接组别选择

在绕组连接中常用大写字母 A、B、C 表示高压绕组首端，用 X、Y、Z 表示其末端；用小写字母 a、b、c 表示低压绕组首端，x、y、z 表示其末端，用 o 表示中性点。新标准对星形、三角形和曲折形连接，对高压绕组分别用符号 Y、D、Z 表示；对中压和低压绕组分别用 y、d、z 表示，有中性点引出时分别用 YN、ZN 和 yn、zn 表示。自耦变压器有公共部分的两绕组中额定电压低的一个用符号 a 表示。变压器按高压、中压和低压绕组连接的顺序组合起来就是绕组的连接组。例如：高压为 Y，低压为 yn 连接，那么绕组连接组为 Yyn。加上时钟法表示高低压侧相量关系就是连接组别。

《医疗建筑电气设计规范》中明确，“医疗建筑配电变压器应选用 D，yn11 接线组别”。接线组别 D，yn11 的基本含意是“是三相电力、三相配电变压器的高低压绕组(线圈)首端(进线端)、末端连接的代号”。大写字母 D 是指三个高压线圈其导线首、尾连接代号，具体的电气线路连接的规定是：将 A 相线圈的首端和 B 相线圈的尾端连接；将 B 相线圈的首端和 C 相线圈的尾端连接；将 C 相线圈的首端和 A 相线圈的尾端连接；以上连接后，形成的电气线路，就是 D 连接。小写字母和数字组成的 yn11，是指三个低压线圈其导线首尾连接的代号，“11”是指低压线圈电压相位较高压线圈电压相位落后 330°(即落在时钟 11 点的位置)。具体的电气线路连接的规定是：将三只低压线圈的尾端全部连接在一起，然后将其公共端用一个导线输出，通常称为零线。三只线圈的首尾不进行任何连接，而是直接将电网电源线对应接上 A、B、C 首端的端子上。不同的连接组别得到的电源质量、对周围电磁的干扰等都是不一样的。

现将变压器的相关连接方式介绍如下：

变压器三相绕组有星形连接、三角形连接与曲折连接等三种连接法。常用的三种连接组别有不同的特征：①Y 形连接的特征：绕组电流等于线电流，绕组电压等于线电压的

1/3，且可以做成分级绝缘；另外，中性点引出接地，也可以用来实现四线制供电。这种连接的主要缺点是没有三次谐波电流的循环回路。②D 形连接特征：D 连接的特征与 Y 连接的特征正好相反。③Z 形连接的特征：Z 连接具有 Y 连接的优点，匝数要比 Y 形连接多 15.5%，成本较大。

据 GB/T 6451—2008《三相油浸式电力变压器技术参数和要求》和 GB/T 10228—2008《干式电力变压器技术参数和要求》规定，配电变压器可采用 Dyn11 连接。而我国新颁布的国家规范《民用建筑电气设计规范》《供配电系统设计规范》《10 kV 及以下变电所设计规范》等推荐采用 Dyn11 连接变压器用作配电变压器。目前，国际上多数国家的配电变压器均采用 Dyn11 连接，主要是由于采用 Dyn11 连接较之采用 Yyn0 连接有优点：D 连接对抑制高次谐波的恶劣影响有很大作用；在 D 连接绕组中的三次谐波环流能够在变压器中产生三次谐波磁动势，它与低压绕组的三次谐波磁动势平衡抵消；高压相绕组的三次谐波电动势在 D 连接回路中环流，三次谐波电流可在 D 连接的一次绕组内形成环流，使之不致注入公共的高压电网中去。

Dyn11 连接变压器的零序阻抗比 Yyn0 连接变压器小得多，有利于低压单相接地短路故障的切除。Dyn11 连接变压器允许中性线电流达到相电流的 75%以上。因此，其承受不平衡负载的能力远比 Yyn0 连接变压器大。当高压侧一相熔丝熔断时，Dyn11 连接变压器另二相负载仍可运行，而 Yyn0 却不行。

因此，在变压器连接组别选择中，选择 Dyn11 连接变压器很有必要。由于 Yyn0 连接变压器高压绕组的绝缘强度要求较之 Dyn11 连接变压器稍低，所以，不宜将 Yyn0 连接变压器改为 Dyn11 连接。因为，变压器的同一相高、低压绕组都是绕在同一铁芯柱上，并被同一主磁通链绕，当主磁通交变时，在高、低压绕组中感应的电势之间存在一定的极性关系。同名端：在任一瞬间，高压绕组的某一端的电位为正时，低压绕组也有一端的电位为正，这两个绕组间同极性的一端称为同名端，记作“·”。变压器连接组别用时钟表示法表示，规定：各绕组的电势均由首端指向末端，高压绕组电势从 A 指向 X，记为“$\dot{E}$AX”，简记为“$\dot{E}$A”，低压绕组电势从 a 指向 x，简记为“$\dot{E}$a”。时钟表示法：把高压绕组线电势作为时钟的长针，永远指向“12”点钟，低压绕组的线电势作为短针，根据高、低压绕组线电势之间的相位指向不同的钟点。

Yy 连接的三相变压器，共有 Yy0、Yy4、Yy8、Yy6、Yy10、Yy2 六种连接组别，标号为偶数；Yd 连接的三相变压器，共有 Yd1、Yd5、Yd9、Yd7、Yd11、Yd3 六种连接组别，标号为奇数。

为了避免制造和使用上的混乱，国家标准规定对单相双绕组电力变压器只有Ⅰ，Ⅰ0 连接组别一种。对三相双绕组电力变压器规定只有 Yyn0、Yd11、YNd11、YNy0 和 Yy0 五种。标准组别的应用 Yyn0 组别的三相电力变压器用于三相四线制配电系统中，供电给动力和照明的混合负载；Yd11 组别的三相电力变压器用于低压高于 0.4 kV 的线路中；YNd11 组别的三相电力变压器用于 110 kV 以上的中性点需接地的高压线路中；YNy0 组别的三相电力变压器用于原边需接地的系统中；Yy0 组别的三相电力变压器用于供电给三相动力负载的线路中。

第二节　医疗场所局部 IT 系统

医疗场所局部 IT 系统隔离变压器的一次侧与二次侧应设置短路保护，不应设置动作于切断电源的过负荷保护。

医疗场所局部 IT 系统单相隔离变压器的二次侧应设置双极保护电器。

2 类医疗场所的同一患者区域医疗场所局部 IT 系统的插座箱、插座组，应至少由专用的两回路供电，每回路应设置独立的短路保护，且宜设置独立的过负荷报警。医疗场所局部 IT 系统插座应有固定的明显标志。

2 类医疗场所除手术台驱动机构、X 射线设备、额定容量超过 5 kVA 的设备、非生命支持系统的电气设备外，用于维持生命、外科手术、重症患者的实时监控和其他位于患者区域的医疗电气设备及系统的回路，均应采用医疗场所局部 IT 系统供电。

医疗用途相同且相邻的一个或几个房间内，至少应设置一个独立的医疗场所局部 IT 系统，除只有一台设备并由单台专用的医疗场所局部 IT 隔离变压器供电外，每个房间应配置绝缘故障检测仪，且应符合下列规定：①交流内阻不应小于 100 kΩ；②测量电压不应超过直流 25 V；③测试电流在故障条件下峰值不应大于 1 mA；④应设置绝缘故障报警，在绝缘电阻最迟降至 50 kΩ 时应能报警、显示，并应配置试验设施。

用于 2 类医疗场所局部 IT 系统的隔离变压器应符合下列规定：①当隔离变压器以额定电压和额定频率供电时，空载时出线绕组测得的对地泄露电流和外护物（外壳）的泄露电流均不应超过 0.5 mA；②应设置过负荷和超温监测装置；③为单相移动式或固定式设备供电的医疗 IT 系统，应采用单相隔离变压器，其额定容量不应低于 0.5 kVA，且不超过 10 kVA；④当需通过 IT 系统为三相负荷供电时，应采用单独的三相隔离变压器供电，且隔离变压器二次侧输出线电压不应超过 250 V。

三级医院的 ICU 病房内的医疗场所局部 IT 系统，宜设置绝缘故障监测的集成管理系统。

隔离变压器宜靠近医疗场所设置，并应设置明显标志，采取措施防止无关人员接触。

医疗局部 IT 系统，应能显示工作状态及故障类型，具有故障定位功能。并应设置声光警报装置，且报警装置应安装在有专职人员值班的场所。

第三节　导体选择

在医疗建筑配电中，由于电气设备的敏感性较强，在低压配电设计中，选择电缆、导线时，除了要满足上级保护开关的要求外，还应考虑电缆、导线的发热条件、电压损失、经济电流密度、机械强度及敷设方式等问题。对导线截面积的选择要通过负荷计算得出线路计算电流，并按照“线路负荷计算电流＜保护开关额定电流＜导线载流量”的原则选择导线。基本要求是：医疗建筑二级及以上负荷的供电回路、控制、检测、信号回路、医疗建筑内腐蚀、易燃、易爆场所的设备供电回路，应采用铜芯线缆。消防设备供电线缆应符合国家现行有关标准的规定。

(1) 射线机供电线路的导线截面，应符合下列规定：①单台 X 射线机供电线路导线截面应满足 X 射线机电源内阻要求，并应对选用的导线截面进行电压损失校验；②多台射线机共用一条供电线路时，其共用部分的导线截面应按供电条件要求电源内阻最小值的 X 射线机确定的导面截面，再至少加大一级选择。

(2) 医技部等谐波电源较多的供配电系统，设有源滤波装置时，相应回路的中性导体截面积可不增大；设无源滤波装置时，相应回路的中性导体截面应与相线截面相同。线路铺设应根据线路路径的电磁环境特点、线路性质和重要程度，分别采取有效的防护或屏蔽、隔离措施；设有射线屏蔽的房间，不允许有穿墙直通的布线管路；洁净手术室、洁净辅助用房及各类无菌室内不应有明露管线。

(3) 特殊场所对布线的要求：病房、检验室、实验室等用房的布线，宜采用墙面线槽布线方式。大中型检验室、实验室无墙处，可采用地面线槽布线方式、天花板线柱布线方式。牙科诊室用地面布线方式。钴-60、直线加速器、后装机等治疗室和控制室内各设备之间，宜采用电缆沟槽布线方式。核磁共振扫描室内的电气管线、器具及其支持构件，不应使用铁磁物质或铁磁制品。设有射线屏蔽的房间，应采用在地面设置非直通电缆沟槽布线方式。手术室内由 IT 系统负载的配电线缆应采用塑料管敷设，手术室的配电线缆应采用金属管敷设，穿过墙和楼板的电线管应加套管，套管内用不燃材料密封。进入手术室内的电线管穿线后，管口应采用无腐蚀和不燃材料封闭。

(4) 医疗建筑应分别设置电气及电讯竖井，并根据工程需要设置相应的设备间。竖井的位置及数量应根据建筑规模、用电负荷性质、支线供电半径等因素确定，并应符合下列要求：不应与电梯井、管道井共用一竖井；临近不宜有烟道、热力管道及其他散热量大或潮湿的设施；竖井内不应有与其无关的管道通过。竖井的井壁应是耐火极限不低于 1.0 h的非燃烧体。竖井在每楼层应设维护检修门并应开向公共走廊，其耐火等级不应低于丙级。电气竖井大小除应满足布线间隔及端子箱、配电箱布置所必需的尺寸外，宜有箱体前留有不小于 0.8 m 的操作维护距离，当建筑平面受限时，可利用公共走道满足操作、维护的距离要求。有条件时，通讯网络设备间和其他弱电间可分别设置；弱电间大小不应小于 5 m^2。电力和电讯线路不应于医用气体管道敷设在同一竖井内。竖井上下层间应作防火封堵。

在实际工程中，应当充分考虑下述因素进行导体的选择：

1. 载流量　按导体载流量选择导线、电线截面，又称按发热条件选择导线、电缆截面。电流使导体产生热效应，导体温度升高，所以在选择导体时必须满足导线或电缆的绝缘介质允许承受的最高温度大于载流导体表面的最高温度，才能使绝缘介质不燃烧、延缓老化，提高使用寿命。导线和电缆发热条件长期允许工作电流受环境温度影响，可用校正系数进行校正。以决定导线的额定允许载流量。

2. 电压损失　电能沿输电线路传输时，存在电能的损耗和电压的损失。所以，在选择导线或线缆截面时必须使电压损失保持在国家规范允许的范围内。具体应满足表 3-1 的要求。

表 3-1 电压损失允许范围

名　称		允许电压损失(%)
从配电变压器二次母线算起的低压母线		5
从配电变压器二次侧母线算起的供给有照明负载的低压线路		3～5
从 110(35)/TG(6)kV 变压器二次侧母线算起的 TG(6)kV 线路		5
电动机	正常情况下	−5～+5
	少数远离变电所	−10～+5
照明	一般工作场所	−5～+5
	应急照明	−10～+5

3. 经济电流密度　建设绿色医院，在配电设计中，导体的配置既应从节约有色金属和节约能源角度考虑，也应从节省建筑投资的角度考虑导线选择的合理性。以合理的经济电流密度为原则，处理好节省资源与降低导线能耗之间的关系，使经济寿命内的总费用减少。在建筑中，应按照经济电流密度选择导线截面。

4. 机械强度　由于医疗建筑是百年大计，在选择导线时，应从长远效益及可能的扩容进行强度选择。通常，机械强度低的导线，容易断线。因此，选择导线时，其最小的截面应满足机械强度要求。配电线路每一项导体截面积通常情况下，不能低于表 3-2 中的要求。

表 3-2 导体允许最小截面积

布线系统形式	线路用途	导体最小截面积(mm^2)	
		铜	铝
固定敷设的电缆和绝缘电缆	电力和照明线路	1.5	2.5
	信号和控制线路	0.5	—
固定敷设的缆导体	电力(供电)线路	10	16
	信号控制线路	4	—
用绝缘电线/电缆的柔性连接	任何用途	0.75	—
	特殊用途的特低压线路	0.75	—

5. 敷设方式　布线系统载流量国家标准 GB/T 1689515—2002《建筑物电气装置第 5 部分：电气设备的选择和安装第 523 节布线系统载流量》中，明确划分了电线、电缆九种敷设方式：A1、A2、B1、B2、C、D、E、F、G。这九种方式中，均是以 B1 为参照与其成系数关系。按照 B1 方式下提供的 450/750 V 型聚氯乙烯绝缘电缆穿管载流量数据可知其与国家建筑标准图 04DX101—1《建筑电气常用数据》中 BV 绝缘电缆敷设在明敷导管内的持续流量近似。故认为在设计中当我们确定了敷设方式后，再按照《建筑电气常用数据》中 BV 绝缘电缆敷设在明设导管内的持续载流量乘以系数即可。当多回路敷设时还应乘以

修正系数。在《民用建筑设计规范》8.5.3条规定:“同一线路无电磁兼容性要求的配电线路,可敷设于同一金属槽内。线槽内电线或电缆的总截面(包括外护层)不应超过线槽内截面的20%。载流导体不宜超过30根。”设计者可根据工程实际,且符合载流量校正系数的前提下,可适当增加根数。

总之,导体的选择应当结合医疗建筑工程的实践,对容量大,负荷电流大的动力配电回路,可首先按发热条件选择电线电缆截面,在满足发热条件的基础上,再校核电压损失与机械强度。对于10 kV及以下的母线,可按发热条件选择母线截面。对于低压线路流通特大电流的导线,仍按经济电流密度计算导线的截面,直至符合要求为止。各种电缆与绝缘导电线,都有标称耐压和工作电压值,在选择导线时,电线和电缆的工作电压等级必须与电网运行电压相同。一般情况下,按发热条件选择截面,是目前在配电设计中广泛使用的方法,特别是动力配电线路。对电压质量水平要求高的线路,可按电压损失条件选择导线截面,电压损失越小,投资与维护的成本也越高。

第四节　低压电器选择

医疗建筑内低压保护设备应符合下列要求:①低压电气的规格、性能应与相应设备相配套;②低压断路器脱扣装置,应内置在断路器的本体中,并应符合GB14048.2—2008《低压开关设备和控制设备　第2部分:断路器》的相关要求;③低压电器的选择,应适应所在场所的环境要求。在潮湿的地下场所选用的电气宜用防潮产品;④一级负荷回路,应实现过流保护及剩余电流保护的完全选择性;⑤低压电器需带有通信接口,宜选用满足MODBUS或TCP/IP等标准协议要求的通信接口;⑥断路器保护参数应能在线调整。

1类和2类医疗场所需安装剩余电流保护器时,应选择A型或B型RCD。A类定义与B类定义:A型和B型剩余电流动作保护器RCD是针对传统的AC型RCD的,AC型RCD是专对突然施加或缓慢上升的剩余正弦交流电电流进行剩余电流保护器的RCD;A型RCD是对突然施加或缓慢上升的剩余正弦交流电流和脉动直流进行剩余电流保护的RCD;B型除了可以对突然施加或缓慢上升的剩余正弦交流电流和脉动直流进行剩余电流保护外,还可对直流进行剩余电流保护器的RCD。

第五节　低压配电线路的保护

1. 2类医疗场所每个终端回路均需设置短路和过负荷保护。但医用IT系统隔离变压器的一次侧与二次侧禁止使用过负荷保护,仅可用熔断器作为短路保护。

2. 2类医疗场所,患者治疗环境,医用IT系统应配置至少两组独立供电的插座回路。每组应独立设置短路保护,可独立设置过载报警;医用IT系统插座应有固定、明显的标志。

不宜在公共场所设置配电装置,当不能避免时,应有防止非操作人员误动作的措施。

医疗设备对电源干扰较敏感时,宜设隔离变压器。

医疗建筑内电气装置与医疗可燃气体释放口的安装距离不得少于0.2 m。

医用气体管道与其他管道的间距应满足《医用气体工程技术规范》的规定，如表3-3所示。

表3-3　架空医用气体管道之间最小净距

名称	与氧气管道净距(m)		与其他医用气体管道的净距(m)	
	并行	交叉	并行	交叉
给水、排水管，不燃气体管	0.15	0.10	0.15	0.10
保温热力管	0.25	0.10	0.15	0.10
燃气管、燃油管	0.50	0.25	0.15	0.10
裸导线	1.50	1.00	1.50	1.00
绝缘导线或电缆	0.50	0.30	0.50	0.30
穿有导线的电缆管	0.50	0.10	0.50	0.10

第六节　谐波抑制

一、谐波的产生与危害

医疗建筑供配电设计，应重视谐波对医疗设备仪器运行安全的影响，对建筑物的谐波强度及其分布状况难以预计时，宜预留谐波抑制设备空间。采用无源滤波装置时，应采取措施防止发生系统局部谐振。

电源品质不仅决定于电源的电压、频率及电流等基本要素，而且也来自供电电源的谐波含量。随着非线性电气设备、计算机实时监控设备的广泛应用和变频空调系统的推广，医疗电力系统中低压谐波的危害越来越严重，直接影响建筑设备运行的稳定性与可靠性，甚至导致重大的人身、医疗器械事故，造成重大的经济损失。因此，在医疗建筑中，应研究供电电源质量，对谐波抑制采取有效措施，结合深化设计，提高供电电源的安全性与可靠性。

过去，工业企业经常受到谐波的严重影响，造成设备损坏，带来了企业运行的全面停产。原建筑工程部工业设计院曾于20世纪50年代在中国科学遗传所、化学所、计算机所、生物所、地球物理所、天文台等工程中在使用单位的要求下进行了谐波的治理，但仅采用简单的电容＋电抗的滤波的方式。现今计算机技术迅速发展，医院的电器医疗设备日益增多，几乎每个诊疗桌上都有PC机、电子治疗仪器和电子监察装置；同时激光打印机、复印机等非线性用电设备也被广泛采用；照明灯具镇流器升级到电子镇流器，电动机也由恒定转速运行发展到调速变频运行。这些设备的升级在节能的同时，也带来严重的谐波污染。医院中的部分大型设备，是对医疗建筑中的配电系统影响较大的谐波发射源。因此，在医疗建筑中宜根据其造成公共电网电能质量的影响程度，采用一定的谐波抑制治理措施：应以规范规定的中低压电网各次谐波兼容水平，注入公共连接点谐波电流允许值进行测试评估，使之达到规范要求的目标值；并在工程竣工后，根据谐波的变化还应不断改善，进行综合治理，净化电源，优化电器供电环境。近年来，国家相关部门在GB 50333—2013《医院洁净手术部建筑技术规范》、GB 19212.16—2005《电力变压器电源装置和类似产品安全 第16部分：医疗场所供电用隔离变压器的特殊要求》、YD/T 5040—2005《通信电源设备安装工程设计规范》等中，都对治理谐波及设计提出了明确的要求。北京市于2007年5月发布了《建筑物供配电系统谐波抑制设计规程》DBJ/T 11—626—2007，提出了治理谐波的设计方案与要求。

为了保证患者的生命安全，对直接涉及人身安全或场所的中、低压配电系统以电压谐波总畸变率(THDu)≤5%，电流谐波总畸变率(THDi)满足限值要求为目标值。特别重要的生命科技设施必须按规范严格执行。医疗建筑实践中，各类设施不同，使用场所不同，应严格按照上文对医疗场所的分类(0类、1类、2类)，配置不同等级的供配电系统和设备，要求THDu<3%。供配电系统中，系统或设备的谐波限制一旦超出标准的允许值，应进行谐波治理，这是一项基本原则。为方便设计与谐波治理，表3-4提供的是一些设施或设备的主要谐波特征，仅供参考。

表3-4 医疗系统设施或设备的主要谐波特征

设施、设备名称		主要谐波(次)			
		3	5	7	11、13
电梯、自动扶梯、升降机		•	•	••	•
变频、软启动器的制冷/制热设备、空调设备、通风设备		•	•	••	•
三基色荧光灯、荧光灯、金卤灯、调光器等非线性照明设备		•••	••	•	•
计算机、数据处理设备和实时监控、微波、音频、视频等传播发射通讯设备		•	•••	••	
不间断电源	单相	•••	••	•	
	三相		•••	•	•
医疗器械	小型固定设备CT、MRI、PET-CT、γ刀	•••	••	•	•
	治疗、直线加速器等	•	•••	••	

注：表中·表示该次谐波成分的比例。

为保护昂贵的医疗设备或功能重要的高精度设备，如实时计算机操作控制设备、整流装置以及变频水泵机组和调频空调供热设备、MRI、CT、深部X光机、MDR扫描仪、直线加速器、钴-60、加速器治疗机等宜采用专用配电变压器供电，并安装在线式电能质量管理系统，进行实时电能质量监测。

医疗建筑中供配电系统的谐波具有极大的危害性，它可能造成发电机、变压器及配电装置和配电线路故障而使供电中断、(瞬间过电压)设备损坏、(欠电压)设备工作不正常、数据丢失、日常诊断治疗及监护工作紊乱、电压的骤变及浪涌，出现短时间的扰动及停机，以致三相电压不平衡、闪变、电压电流畸变，造成医院不能正常工作，影响诊断、治疗、监测、护理，甚至可导致患者死亡的严重医疗事故，必须引起医疗建筑的规划与建设者的重视与关注，在设计中要认真细致，充分论证，通过抑制谐波，以真正净化电源设备、优化电气设计，确保供电质量。

二、谐波的抑制方法

医疗建筑中谐波的抑制方法。谐波的抑制方法一般分为主动式与被动式。主动式是从设备装置本身出发，采用不产生谐波或产生谐波较小的设备装置，大型医疗设备在安装时采取相应措施减小谐波输出；被动式是对投入使用的大型谐波源进行谐波抑制，对精密仪器的输入端进行谐波治理，保护设备的稳定运行。

1. 主动型抑制　医院在设计中有关医疗、诊断、治疗、监测的电子仪器设备以及医院的建筑内的给排水、空调、电梯设备的谐波抑制治理方法等，应在设备采购时由设备供应商进行配合。具体案例介绍如下：

(1) 电梯：某医院有各类电梯 96 部，用电量集中、安装区域高度分散。由于谐波的畸变率较高，治理困难，经与有关厂商协商，对各种型号的交流、直流电梯谐波抑制可由生产厂随机配置滤波器。各电梯的谐波电流畸变率在抑制前均≤35%，加装滤波器抑制后可≤5%，能满足规定要求，所以不再设计抑制措施。即使是高速电梯也可采取由厂方补充随机的配套谐波抑制滤波器，所以由供应商配合治理谐波是一个很好的方案。

(2) 上文已经提到为保证电气装置的可靠性和安全性，医院对各类设备的使用场所应按规范的 2 类、1 类、0 类进行分类。对自动恢复供电时间分为：0 s 级不间断自动供电、0.15 s 级以内自动恢复供电、0.5 s 之内自动恢复供电、小于 15 s 自动恢复供电、大于 15 s 自动恢复有效供电。一般 0～0.5 s 级除增加应急柴油发电机外，还需增加 UPS 不间断电源，并可配置 STS 静态切换系统。UPS 不间断电源应消防及医疗设备的要求，院内必须设置备用柴油发电机和应急柴油发电机，但在发电机启动到能够正常供电前，应加 UPS 不间断电源。不论选用 1＋1 还是 N＋1 或者其他配置方式，UPS 工作过程中会产生大量谐波，在设计中必须治理，可通过加装滤波器。从艾默生网络能源公司的样本资料查得，加装滤波器后，每台产品谐波含量已抑制 THDu 线性负载＜1%，非线性负载＜3%，而 APC 公司输出电压畸变率 THDu＜2%，可满足要求。

(3) 院内多功能厅、科技报告厅，里面也有会议灯光、演艺灯光以及电视、录像、灯光，其调光设备存在的谐波较严重，是治理的重要内容，必须加装滤波器抑制谐波。目前我国市场上已有 FDL 型正弦波调光柜，并获得国家专利，走在国际前列，但其价格昂贵。如能在医院中采用，可不加装滤波器。但无论采取何种方式，不要造成污染再治理抑制谐波。

2. 被动型抑制　被动谐波治理分为有源和无源两种方式。当设备产生谐波后，再配置滤波设备用补偿或抵消方法以消除它对系统和电网的影响。

当前民用建筑中，尤其在医院工程的电气设计，可选择不同生产厂家的有源滤波器，主动滤除电力系统中的谐波，可提供容性 0.6～感性 0.6 的无功补偿，改善负载平衡，实时检测线路电流，并把被检测到的谐波转化为数字信号处理(DSP)，同时(DSP)数字信号器产生一系列宽频脉冲调制讯号(PWM)，驱动 IGBT 功率模块通过线路电抗器向电网输出相位正好与电网谐波电流相反而大小相同的电流，使之相互抵消，从而达到滤除谐波，净化电网电流的目的。

从谐波抑制工作原理来看，无源滤波器是在谐波传输路径上设置"陷波"环节，它只对设计指定的频率谐波呈现低阻抗，对偏离此频率的谐波呈现高阻抗，即失去滤波作用。当然也有动态无功补偿滤波成套设备，它根据负荷情况，实时在线投切 L—C 滤波器组，实现快速补偿基本无功补偿，同时滤除谐波，保障功率因素达标，提高设备利用率，可抑制谐波，有效支撑负荷电压，加强系统电压稳定，降损节能。

从谐波频率对滤波效果的影响来看，作为专用的无源滤波器，滤波频率很窄，通常只对设定的谐波频率有较理想的效果，但对远离设定的频率谐波几乎没有滤波功能。当谐波频率减小或增大时，该环节的阻抗会迅速增大。在实际应用中，系统谐波频率会随系统设备工作状态变化和设备增减而变化，引进无源滤波器会降低滤波效果而失去滤波作用，严重时还会引起系统震荡，出现谐波放大的现象。有源滤波器对各次谐波都有抑制作用，所以当谐波频率变化时，不会对其滤波效果产生任何影响。应当注意的是：有源滤波器与无源滤波器可以同时使用构成混合型滤波器，不会产生谐振。但无源滤波器不可以与普通补偿电容器同时使用，否则会产生谐振问题，烧毁补偿电容器或滤波器。

尽管无源滤波器有着广泛的应用，但随着谐波网络的复杂化和谐波源的多变性，实际运行中暴露出如下一些问题：①如果电源系统中谐波超量，滤波器将过载。②由于高次谐波的范围较大，需设置多个无源滤波支路，当有基波电流流过滤波器各支路时，整个装置容量增大，损耗增加，致使装置体积庞大。③无源滤波器的滤波效果将随系统运行情况而变化，特别是对交流电源的阻抗和频率的变化极其敏感，在这种情况下难以保证滤波效果。特别是在一个复杂的医疗系统中，这两个参数的变化规律很难精确预知，因此一个滤波器要满足谐波衰减的要求是困难的。④当系统阻抗参数与频率变化时，滤波器可能与系统发生并联谐振(从负载侧看)或串联谐振(从电源侧看)。使滤波装置无法正常运行，严重时将导致局部电网崩溃。⑤当滤波器元件参数随外界环境变化而发生变化时，将影响滤波器的正常工作，甚至导致元件损坏。

无源滤波器的设计通常并不复杂，但其设计应考虑经济技术与安全因素。单凭一个指标难以评价设计质量的优劣，需结合实际中出现的问题，采取适当的设计方案和检验措施，充分考虑诸如频率偏移、系统与谐波的谐振、环境变化对滤波器的影响等可能出现的问题，尽力完善优化设计参数，是典型的多目标、非线性化的问题。

3. 实际应用中两种滤波方式的选择　对于谐波电流较大的非线性负荷，当谐波源的频率较宽，谐波源的自然功率因数较高时(如变频调速器、核磁共振机)，可采用有源滤波器，并按下列原则进行治理：

(1) 当非线性负荷容量占配电变压器容量的比例较大(超过 50%),设备自然功率因数较高时,宜在变压器低压配电母线侧集中装设有源电力滤波器。

(2) 当一个区域内有较分散且容量较小的非线性设备时,宜在分配电箱母线上装高有源电力滤波器。

(3) 大型较稳定运行的非线性医疗设备,频谱特征明显,自然功率因素又较低的单相非线性负荷,以及谐波源产生的谐波较集中于以下(如 3 次、5 次、7 次)的谐波治理,宜采用并联无源滤波的连接,并在谐波源处就地装设。

无源滤波器的选择应根据工程具体情况的测试结果,采用标准元件组合而成;并联型无源滤波器的连接,宜采用一次回路与主配电母线经装有断路器或熔断器的馈线相并联。此外,容量较大的 3、5、7 次谐波含量高,频谱特征复杂,自然功率因数较低的谐波电流,宜采用无源滤波器(即混合装设方式),无源滤波器应滤除谐波中主要的低次谐波电流以降低有源滤波器容量,有源滤波器提高总体谐波效果,避免发生过补偿危险,在满足设计指标要求的前提下,尽可能减少投资,并将谐波公害抑制到最低程度。

为治理供配电电系统内外谐波骚扰,滤波方式可用下列原则选择:一是以 5 次和 7 次谐波为谐波骚扰,可采用串联电抗率为 4.5%～7%电抗器滤除和抑制。二是以 3 次谐波为主的谐波骚扰可采用串联电抗率为 12.5%～15%的电抗器滤除和抑制。

三、电缆的选择

国际铜业协会编印《电源质量初探》一书,列出国际上探测建筑物线路中产生谐波的根源,提出可以为每根电路设置单独的中性线(即三相六芯或七芯电缆),而国外电缆生产的 AC 型和 MC 型电缆采用三根相线共用一根两倍(三倍)相线截面的中性线和一根正规的 PE 接地线(三相五芯电缆)参见图 3-1。这三种类型的电缆内都有一根绿色的设备接地线。

目前,国内已有多家电缆厂生产合格的低烟无卤阻燃型及耐火型含谐波分量的相关电缆,可供三相平衡系统中的谐波电流场所选用。其规格如表 3-5,可参考选用。

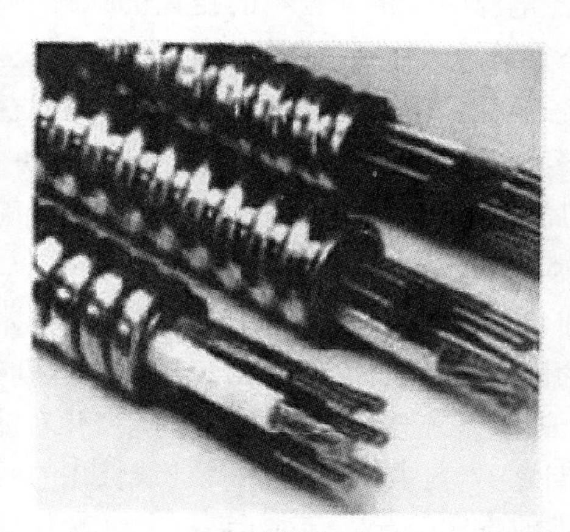

图 3-1 MC 型电缆的三种结构形式

表 3－5　ZAN—BTLV、ZAN—BTTLV、WDZAN—BTLV、WDZAN—BTTLV、ZAN—BTLV150、ZAN—BTTLV150

三相五芯型	三相四芯型
3×1.5+1×4+1×4	3×1.5+1×4
3×2.5+1×6+1×4	3×2.5+1×6
3×4+1×10+1×6	3×4+1×10
3×6+1×16+1×6	3×6+1×16
3×10+1×25+1×10	3×10+1×25
3×16+1×35+1×16	3×16+1×35
3×25+1×50+1×16	3×25+1×50
3×35+1×70+1×16	3×35+1×70
3×50+1×120+1×35	3×50+1×120
3×70+1×150+1×35	3×70+1×150
3×95+1×185+1×35	3×95+1×185
3×120+1×240+1×70	3×120+1×240
3×150+1×300+1×200	3×150+1×300
3×185+1×400+1×200	3×185+1×400
…	…

为适应含谐波量的布线，必须按 GB/T 16895.15—2002 规范《建筑物电气装置》规定计算方式方法和它的布线系统截流量来选择电缆。详见 GB/T 16895.15—2002《建筑物电气装置》第五部分：电气设备选择和安装第 523 节：布线载流量，特演示案例如下：

某医院低压配电系统：设备容量 $P_e=90$ kW；需要系数 $K_x=0.5$；功率因素 $\cos\theta=0.9$；视在容量 $S=50$ kVA；计算电流 $I_j=75.75$ A。因回路为非线性设备，带有谐波电流，所以应按附录 C 三相平衡系统中的谐波电流效应来计算。由于该规范载流量是按周围空气温度 30℃表示，应按附录表 52—DI 查出环境空气温度不等于 30℃时的校正系数，而设计采用 YJV 交联型低压电力电缆，工作环境温度 35℃时查修正系数是 0.96 则电流为 75.75/0.96=78.9 A≈79 A，同时考虑布线时沿着医院垂直竖井内有两个回路电缆设于有孔电缆槽中敷设，查附表 52－EI 并列系数为 0.88，则计算电流为：79/0.88=89.77 A≈90 A。具体计算及电缆的选择：

①回路中不含谐波，无含量时：可直接选择电缆规格为 5×25。

②含有 20%谐波含量时：(环境温度和敷设方法同上)则 $I_L(20)=\sqrt{90^2+(90\times0.2)^2}=91.78$ A，查表 C52－1 三次谐波分量相电流不需降低系数修正，仍以 91.78 A 计算。$I_N(20)=90\times0.2\times3=54$ A，查表 C52－1 三次谐波分量相电流不需降低系数修正，仍以 54 A，采用原有规格 5×25 电缆。

③计算含有 40%谐波含量时：(条件同上不变)则 $I_L(40)=\sqrt{90^2+(90\times0.4)^2}=$

96.4 A,查表C52－1相线电流不需降低系数,仍用96.4 A计。$I_N(40)=90\times0.4\times3=108$ A,查表52－1中性线降系数为0.86,则108 A/0.86=125.58 A,应以中性线来选择电缆如:3×35+1×70+1×16。

④含有50%谐波含量时:(条件同上不变)则,$I_N(50)=90\times0.5\times3=135$ A,查表C52－1,因3次谐波已超过45%,相线、中性线都不用降低系数,选用3×35+1×70+1×16。

上述计算中,40%与50%谐波按原有产品规格电缆只能选用5×70,这样新产品含谐波量的电缆可节约有色金属消耗量,节约投资。由于滤波大多采用集中抑制,将滤波器安装于一个公共点上,这样谐波源距抑制点有一定距离,这样此段布线电缆仍要带谐波的设备用GB/T 16895.15—2002《建筑物电气装置》规范进行计算与配置。

不仅针对医疗建筑中,许多金融机构、科技发展中心、研究机构、学院、城市地下交通机构、民航海运部门以及高级别墅、游艺场所等工程的电气设计都应对谐波抑制给予重视。我们在医疗建筑中应按照新规范,以新理论、新认识、新做法、新思维共同抑制谐波源,治理谐波的危害,降损节能,达到电力系统的真正可靠性和安全性。

第四章 常用诊疗设备配电

常用诊疗设备主要指医疗建筑中500 V以下的诊疗设备配电设计。诊疗设备的配电管理，是医院建筑过程及运行后的一项重要管理工作。建筑过程中要按照设备清单要求及未来可能需要的空间，进行配电与接地预留。运行过程中要根据诊疗设备的特征与要求做好防护与安全管理。但对常用诊疗设备的配电管理应贯穿全程。增设每一台新的设备，要根据其功能性质，医疗流程工艺、用电特征、备用电源的投入、配电质量要求，按规范与现场的实际需求，科学选用效率高、能耗低、安全性能好的电气产品。

第一节　诊疗设备分类与用电特征

医疗场所与自动恢复供电时间虽然有了明确的分类与规定，但两者之间并不完全是对应关系。随着科学技术与现代化水平的提高，医院新的医疗设备与治疗手段不断涌现，这些新的技术与设备运用于临床与治疗时，有的虽然为大型设备，但其配电要求并不高；有的设备虽然并不大，但与患者生命直接关联，配电设计需要特别注意。因此，在进行医疗场所分类时，必须在对医疗设备功能特征有基本了解的基础上进行分类，这样配电才能更为合理、更加安全。《中国医院建设指南》(第2版)中，按照《医疗器械分类目录》对各类医疗设备的电气要求、各类设备的用电特征与特点进行的分类，摘录如下：

1. 医用电子设备类　主要包括：生物电诊断仪器(含心电、脑电、肌电)、电声诊断仪器、电生理治疗诊断仪器、呼吸、血象测定装置、生理研究实验仪器、光谱诊断设备、睡眠呼吸治疗系统、体外碎石机。这类设备主要包括：传感器、信号处理系统及显示系统，通常为单相供电。用于手术、急诊抢救、重症监护场所的重要设备通过UPS供电，为2类场所。除此之外，均为1类场所。其中，体外震波碎石机，为震波发生器，用电为单相2～5 kW，必须单独配电。

2. 医用光学器具、仪器及内窥镜设备类　主要包括：心及血管、有创、腔内手术用内窥镜/电子内窥镜、眼科光学仪器/光学内窥镜及冷光源，均为单相负荷。这类设备主要包括：传感器、信号处理系统及显示系统。用于手术、急诊抢救设备的为2类场所，并通过UPS供电。其中，眼科用设备为1类场所。

3. 医用超声仪器设备类　主要包括：彩色超声成像设备及超声介入/腔内诊断设备、超声母婴监护设备、超声理疗设备。上述设备均为单相负荷，设备的用电特征为超声波发射、扫查、接受、信号处理与接受系统，医疗场所为1类。超声手术及聚焦治疗设备，用于手术治疗，属于2类场所。主要用电为大功率超声波发生器，部分设备为三相供电，要通过 UPS 供电。

4. 医用激光仪器设备类　主要包括:激光诊断仪器与激光手术和治疗设备。激光诊断仪器其使用场所为 1 类场所,设备用电主要为传感器、信号处理系统及显示系统,单相负荷。激光手术和治疗设备为手术治疗设备,其场所为 2 类。设备用电主要是激光发射器,单相负荷,当用于手术及急诊抢救时,应通过 UPS 供电。

5. 医用高频仪器设备类　其中一类为手术与电凝设备、微波治疗设备、射频治疗设备,所处场所为 2 类场所,用时频率一般处于 500 kHz 至 6.0 MHz,为单相负荷,用电量较大。手术、急救重要设备,通过 UPS 供电。另一类为高压氧治疗设备,所处场所为 1 类场所,用电主要是气体压缩机,为三相负荷,单独配电。

6. 物理治疗及康复设备类　主要包括:电疗仪器、光谱辐射仪器、高压电位治疗设备、理疗康复仪器、生物反馈仪、磁疗仪器。所处场所为 1 类场所,用电对象主要为高中频电磁发生器,单相负荷。

7. 医用磁共振设备　主要包括:永磁型共振成像系统、常导型磁共振成像系统、超导型成像系统。上述设备如用于手术治疗属于 2 类场所,其他属 1 类场所。用电主要特征为主机系统用电,磁体专用空调系统用电,并需 24 小时供电,需要有可靠的电力保障。其中,主机、磁体专用空调分别专项供电。

8. 医用 X 射线设备、附属设备及附件类　X 射线设备以 X 管标准功率分类,也有仅以 X 线管的工作电流(mA)为标识,一般设备的工作电流在几毫安级至几千毫安不等。以普通 800 mA 的 CT 为例,最大功率为150 kVA,连续功率为 25 kVA,系统功率因素 0.85,为典型的非线性负载。在实际案例中,如果设备未给出详细的设备持续功率,此时可参考设备发热量这一参数,它从另一角度反映了设备长时间运行所消耗的能量,可与长时间运行负荷等效。

按照 X 射线设备用途、工作制式进行分类:

1. 按设备进行分类　可分为:①X 射线治疗设备:X 射线深部治疗机、X 射线浅部治疗机、X 射线接触治疗机、X 射线介入治疗机;②X 射线诊断设备:普通 X 射线诊断机、CR 机、DR 机、DSA 机;③X 射线计算机断层摄影设备(CT)。

2. 按工作制式分类　可分为断续反复工作制、连续工作制。①属于断续反复工作制的有:普通 X 射线诊断机、CR 机、DR 机、DSA 机、CT 机。②属于连续工作制的有:X 射线深部治疗机、X 射线浅部治疗机、X 射线接触治疗机、X 射线介入治疗机。一般的 X 射线诊断设备工作时间都在毫秒级,为典型的断续反复工作制负荷。

3. 医用 X 射线设备的电源隔离电器和保护电器的选择　应按下列规定设置:①医疗设备的电源开关和保护装置,应按照设备瞬时负荷的 50%和持续负荷的 100%中较大值进行参数计算,并选择相应的电源隔离电器和保护电器。②当电源控制柜随设备供给时,不应重复设置电源隔离电器和保护电器。

4. 医用 X 射线设备的供电线路　应按下列规定设置:由于 X 射线设备对电源电压比较敏感,当设备工作时由于线路的内阻和设备内阻导致设备的内压降会影响设备的正常运行。因此,设备供电电缆截面和供电距离都有一定要求。同时,由于射线设备瞬时工作电流大,X 射线设备不应与其他电力负荷共用同一回路供电,以减少相互之间的影响。①CT 机、数字减影血管造影设备(DSA)、电子加速机应采用双回路供电,其中主机部分应采用专用回路供电；射线设备球管电流大于或等于 400 mA 时，应采用专用回路供电。②多台单相、两相的 X 射线设备，应接在电源不同的相序上，三相负荷宜平衡。③X 射线机配套的电源开关，应设在便于操作处，并不得设在放射线防护墙上。④医用 X 射线设备供电线路导体截面，应按下列规定设置：单台设备专用线路，应满足设备对电源内阻或电源压降要求。多台设备共用一条供电线路时，其共用部分的导线截面，应按供电条件要求的内阻最小值或电源压降最小值的设备确定导线截面，至少再放大一级。

5. 在 X 射线设备中比较特殊的是数字减影血管造影(DSA)，它是以计算机技术与常规 X 线血管造影相结合的检查方法。由于在心血管检查中需要用高压注射器向心脏血管中注射照影剂，其供电安全性与可靠性标准极高。为防止出现意外，DSA 诊室被归类于 2 类医疗场所，患者周边设备按 IT 接地系统供电，监护设备和生命支持系统 1 类医疗场所 0.5 s 级电源要求供电。

6. X 射线的电气设计，需提供设备的主电源并预留设备配套的复位按钮、急停按钮、工作警示灯等的管线即可。条件许可时，可采用可调光源，以适应诊疗检查之需要。机房布线要防止 X 射线的泄漏，可将控制台与设备之间用 200 m×150 m(宽×深)的电缆沟连通。接地方法参照 MRI 接地方法设置，或按安装指南设计。①X 射线治疗设备、X 射线诊断设备。其场所，除手术治疗外，属 1 类场所，主要用电为高压发生器，供电要求为三相负荷，瞬间用电较大，主机单独配电。②X 射线断层摄影设备(CT)。属医疗1 类场所。主要用电为高压发生器。供电要求为三相负荷，瞬间用电较大，主机与设备专用空调单独配电。③X 射线手术影像设备(包括 DSA 影像系统)，属医疗 2 类场所，主要用电为高压发生器，供电要求为三相负荷，瞬间用电较大，主机与设备专用空调单独配电。④X 线机配套用患者或部件支撑装置(电动)，属 1 类医疗场所，主要用电为电动机，供电要求为三相负荷。⑤医用 X 射线胶片处理装置。属医疗 0 类场所，单相负荷。

7. 医用高能射线设备类　按其用途、工作制式设分类如下：

(1) 按其用途分类　①高能射线治疗设备。包括：电子直线加速器、医用回旋加速器、中子治疗机、质子治疗机；X 射线立体定向放射外科治疗系统。②高能射线定位设备。放射治疗模拟机。

(2) 按工作制分类　高能 X 射线的工作制分为断续反复工作制、连续工作制。放射治疗模拟机，属于断续反复工作制；电子直线加速器、回旋加速器、中子治疗机、质子治疗机，属于连续工作制。

电子加速器是将带电粒子通过加速电场提升能量，输出高能电子束和高能 X 线进行肿瘤放射治疗的医疗设备。按加速轨道不同可分为直线加速器与回旋加速器。由于电子加速器产生的高能射线配合多叶准直器(MLC)可精确控制出束，相对于放射线同位素治疗为更加安全的治疗设备。在实际运行中，由于治疗方案不同，工作时间也不相同。在规范中，将电子直线加带器归类于持续工作负荷。其配电系统需单独设置，分为加速器本体、配套的空调系统、提供机械驱动的空压机以及配电室和工作站等设备。

电子直线加速器以发射的 X 辐射的加速电压兆电子伏特(MV)作为产品标示单位，医用加速器规格从 0.5～45 MV 不等。以 20 MV 电子加速器为例，其准备状态的消耗功率为 20 kVA，出束状态消耗功率为 45 kVA，待机状态为 3 kVA。系统的功率因素为 0.9。较高的功率因素是因为加速器一般有带可控整流电源稳压器，可减少谐波含量。

配套的水冷机组功率为 10 kVA，空压机为 1 kVA。

（3）配电的基本要求：电子直线加速器、回旋加速器、中子治疗机、质子治疗机等治疗设备主机，应采用两个回路专线供电；电子直线加速器、回旋加速器、中子治疗机、质子治疗机等设备的冷水机组，应单独供电，并与主机的供电等级相同。（注：高能射线发生器需要低温冷却保证，冷水机组为连续工作制）。医用高能射线设备的配电箱，应设置在便于操作之处，并不得设在射线防护墙上。医用高能设备的扫描室、治疗室等涉及射线防护安全的机房入口处，应设置红色工作标志灯。标志灯的开闭受设备操纵台控制。在直线加速器治疗室、回旋加速器、中子治疗机、质子治疗机等射线防护安全的机房，应设置门机连锁控制装置。直线加速器电源配电箱内，应根据设备对电源、电压的要求设置失脱扣装置。既可以保证设备运行效果，也能保证设备的安全。

直线加速器的治疗过程均在人的体外进行，供电电源中断不会对患者造成伤害性影响。且加速器内备有储能电源，如遇有意外，设备可利用自身储备的电源保证下进行本周期照射，然后按程序关机，设备不会因断电而损坏。但是要注意的是，如停电时间过长，会导致设备内部的真空环境失效，设备需重新校正才能继续运行，影响设备的寿命。因此，加速器真空泵的电源必须保证，在一级负荷中应为特别重要的负荷，宜采用两个回路专用线供电。

比较先进的电子加速器设备都配有影像指引系统（简称 OBI），用于在照射治疗过程中进行实时定位与检查治疗效果。OBI 就是在加速器上安装一台 X 光机，在配电设计中要增加相应的电荷。由配电室提供线电压最大静压差不超过 5%的主机电源，在机房设主配电箱，确保在紧急开关动作时，全部电源都能断开。加速器配套一个带欠电压释放器（UVR）的启动箱和若干紧急控制按钮。启动箱安装于控制室内，启动按钮在加速器的立柱或治疗床上，用于紧急停机操作。并留有出束警示灯、门连锁开关、激光定位仪等辅助设备的预留管线以及 OBI 连接线。为了防止加速器的射线泄漏，机房内布线采用地面电缆槽的方式，穿墙电缆槽必须垂直于射线方向。设备的接地，安装指南有明确的要求，要按指南要求进行设计。一般条件下，线缆布置与接地要求均可参照 MRI 的接地系统要求设计。

加速器的机房照明要注意两个方面的问题：在暗照度条件下接收器正常工作并能保证室内人员安全疏散；高照度条件下可方便进行设备的维护。因此，在照明设计中，照度应当是可调的。以保证加速器在为患者进行治疗时出束头与光栅的精确定位的需要，也要保证定位完成后的人员疏散与安全。

8. 医用核素设备类　这类设备包括：放射性核素诊断设备和放射性核素治疗设备：配电系统应按医用核素设备分类、不同用途、工作制式设置。所处场所为 1 类场所。用电主要为控制系统，三相负荷，并需单独配电。

（1）医用核素设备的分类如下：①放射性核素诊断设备：正电子发射断层扫描装置（PET）、单光子发射断层扫描装置（SPECT）、PET－CT。②放射性核素治疗设备：钴－60 治疗机、γ 刀、核素后装近距离治疗机。

（2）医用核素设备的工作制分为断续反复工作制、连续工作制。其中，PET－CT 属于断续反复工作制；钴－60 治疗机、γ 刀、PET、SPECT 属于连续工作制。

（3）配电要求：①PET－CT 的电源开关和保护装置，应按照设备瞬时负荷的 50%和持续负荷的100%中较大值进行参数计算，并选择相应的电源隔离电器和保护电器。PET-CT的主机，宜采用两个回路专线供电；线路应满足设备对电源内阻或电源电压的最低要求。②当医用核素设备电源控制柜随设备供给时，不应重复设置电源隔离电器和保护电器。医用核素的电源配电箱，应设置在便于操作处，不得设置在射线防护墙上。③医用核素设备的扫描室、治疗室等涉及射线防护安全的机房入口处，应设置红色工作标志灯；标志灯的开闭受设备操纵台控制。④在钴-60治疗室及其远距离放射性核素治疗室应设置门、机连锁控制装置。⑤放射性核素诊断设备：正电子发射断层扫描装置(PECT)、单光子发射断层扫描装置(SPECT、PET-CT)等。所处场所为1类场所，主要用电设备为高压发生器，三相负荷。主机与设备专用水冷机单独配电。核素标本测定装置与核素设备用准直装置，所处场所均为0类场所，用电设备为电子仪器，单相负荷。

9. 临床检验分析仪器类　包括：血液分析系统、生化分析系统、免疫分析系统、细菌分析系统、尿液分析系统、生物分析系统、血气分析系统、基因和生命科学仪器、临床医学检验辅助设备等。所处场所为0类场所，主要用电设备为敏感电子设备，要有稳定的电力系统保证且部分设备单相负荷、容量较大，部分设备为三相负荷，重要设备需通过UPS供电。

10. 医用化验和基础设备类　包括：医用培养箱、医用离心机、病理分析前处理设备、血液化验设备。所处场所为0类场所，主要用电设备为电机或电热设备。

11. 体外循环及血液处理设备类　包括：人工心肺设备及辅助装置、血液净化设备及辅助装置、体液处理设备。所处场所除手术、急诊抢救、重症监护所用设备为2类场所，其他均为1类场所。主要用电设备为驱动装置及控制系统，需要可靠的电力保证，重要设备需通过UPS供电。

12. 手术室、急救室、诊疗室设备及器具类　包括：为手术及抢救装置、呼吸麻醉、婴儿保育设备、输液辅助装置、手术灯，所在场所为1类场所，主要用电设备为泵类与电热，需要可靠的电力保证，重要设备需通过UPS供电。还有一类为负压吸引装置、电动液压手术台、冲洗、通气、减压器具。所在场所为2类场所，用电设备为电机类与泵类。

13. 口腔科设备类　包括：口腔综合治疗台(机)、牙钻机及配件、牙科椅、牙科手机、洁牙、补牙设备、口腔灯、口腔技工设备。所在场所为1类场所，用电设备为泵类及电机、照明，以口腔综合治疗台为主，需单独配电。

14. 消毒、清洗和灭菌设备类　包括：电蒸汽灭菌设备、干燥灭菌设备、高压电离灭菌设备、超声专用消毒设备、煮沸消毒设备、高效清洗设备，所在场所为0类场所，用电设备主要为电热设备，三相负荷，须单独配电。

15. 医用冷疗、低温冷藏设备及器具类　包括：低温治疗仪器、氩氦刀等。此为手术治疗设备，属2类医疗场所。用电设备为B超定位、泵类、控制装置，需可靠的电力保证，重要设备要通过UPS供电。医用低温设备、医用冷藏设备、医用冷冻设备，所在场所为0类场所，用电设备为压缩机，重要设备需要可靠的电力保证。

应注意的问题：根据设备的技术要求，需采用净化电源设备的，宜采用单元净化系统、满足工艺设备条件，必要时需配置不间断电源。如临床检验分析设备包括：大型自动血液、生化、免疫、细胞、尿液、生物、气血分析仪，这些设备对电源要求高，中断供电将引起较严重的后果。采用集中的稳压及后备电源装置，节约投资，便于管理。

第二节　大型诊疗设备供配电

大型诊疗设备瞬间启动电流大，对电压与电流的稳定性要求高。一般情况下，把设备瞬间冲击电流在 400 mA 或电源要求较高的设备，如目前比较常见的有：CR、DR、普通 X 光机、DSA 造影机、CT、MRI 以及 X 刀、直线加速器、同位素断层扫描仪 ECT 等界定为大型设备。有些大型设备，如 X 射线治疗机容量较小，一般管电流在 20 mA 以下；钴- 60 治疗机、后装治疗机采用的放射源为核素；而超声影像及治疗等设备，用电负荷较小，这些也可不属于大型诊疗设备。为了节省建设投资，医院在规划配电时，不应以设备的治疗作用来区分配电要求，而应根据其动力需求及其对诊疗过程与结果的影响进行配电设计。对于大型诊疗设备的配电有以下几点要求：

1. 大型医疗设备对电源的质量要求极高，宜由变电所单独供电，其电压降应满足设备正常工作的要求。当放射科用电负荷超过 160 kVA 时，配电变压器应尽可能靠近放射科单独设置。通常情况下，医疗设备厂商都要求为其设备配置独立变压器供电，但由于每所医院往往有多台大型医疗设备，如果每台都要设置独立变压器是不现实的，医院管理者在统筹规划配电设计时，应当根据大型设备配置的台数及可能的发展规模，按照留有余地的原则，为这些设备配置专用变压器。对于可靠性要求高、容量大的设备，采用放射式供电，并对一级负荷采用双回路末端互投配电。设备球管电流超过 400 mA 以上的设备，供配电要求可靠性极高，为医院的一级负荷配电，同样应采用放射式供电，必须由低压出线经配电箱与负荷连接，以免影响其他正常用户。对电源要求质量极高的个别设备可单独设置稳压器或 UPS 电源装置。

2. 采用专用线路供电的大型设备，应区分重点保护的系统与一般系统配电的要求。有些大型设备本身需要冷却，设备带有冷水机组，此部分电源与主机同等重要。其主电源进一步分成高压发生器电源、行走机构电源、影像设备电源及插座电源，配电时，应区别其重要保护的对象与一般配电要求，冷水机组必须进行专用电源供电，确保安全；插座电源可不与设备电源同一供电系统，以保证主设备电源稳定性。为了减少谐波对电力系统的干扰，核磁共振机、CT 机、X 光机、加速器治疗机等大型诊断治疗设备宜采用专用配电变压器或采用专用电路供电。但采用专用线路供电，并不等于整机都需要专用供电。设备间的布局一般分为扫描室与控制室两部分，系统的电源须送到控制室。有些设备尽管为大型设备，但是其运行过程无特殊的配电要求。如心血管造影机的高压发生器、行走机构电源、影像设备电源均采用一般配电方式，其插座电源与胸腔手术室的要求相似，即患者能接触到的用电设备采用 IT 系统及局部等电位接地，电位差小于 50 mV。

3. 对瞬时电流较大的大型医疗设备，宜采用熔断器加以保护。大型诊疗设备配电的高质量要求，引出了电源内阻这一技术指标。设备的电源内阻主要由变压器的阻抗、变压器至设备的线路长度、配线截面三个方面的因素构成。设备在出厂时，多数设备在说明书中已就保护设备提出具体要求。设备对电源电压的要求越高，电源内阻应越小。配电线路导线截面的选择，应根据设备内阻及压降的要求确定。尽量减小变压器阻抗、减小变压器至设备的距离，在满足电源内阻的条件下，减小配线电缆截面，以节约投资。表

4-1所列为一组设备在电源变压器为630 kVA时，配电线路为200 m时，不同设备不同内阻要求的配电导线截面。

表4-1　大型医疗设备不同内阻要求的配电导线截面

序号	设备名称	R_1 (Ω)	V_1 (V)	R_1 (Ω)	R_1 (Ω)	A	S_m (kVA)	L_m (mA)	A_i	W%	%
1	DST	0.1	400	0.0305	0.0495	144.3	170	257.58	150	0.062	3.19
2	大型X光	0.12	400	0.0305	0.0655	109.1	170	257.58	120	0.077	3.97
3	CT	0.15	400	0.0305	0.0895	79.8	100	151.52	95	0.098	2.97
4	X光	0.2	400	0.0305	0.1295	55.2	160	242.42	70	0.133	6.45
5	X光	0.3	230	0.0101	0.2299	31.1	30	136.36	50	0.186	5.07
6	X光	0.15	400	0.0305	0.0895	79.8	200	303.03	95	0.098	5.94
7	MRI	0.2	400	0.0305	0.1295	55.2	28	42.42	70	0.217	1.84
8	ECT	0.2	230	0.0101	0.1499	47.7	6	22.73	70	0.217	0.99

电缆截面积的选择不能仅考虑医疗设备容量的大小，还要考虑线路电压降，往往设备电压降是其选择电缆截面大小的决定性因素。在实际工程中，电缆截面宜适当放大，以保证特殊情况下仍能满足设备要求。

4. 医疗设备电源应设置切断供电电源的装置，并便于操作。在正常运行情况下，用电设备受电端的电压允许偏差值应符合下列要求：室内一般照明宜为±5%，在视觉要求较高的场所（如手术室、化验室等）宜为+5%或-2.5%。

地震烈度为7级以上地区电器设备的安装应采取抗震措施。如变压器要防止位移，高、低压柜应固定安装，防止震脱；在刚性母线和设备间宜作柔性连接；地震时有可能产生碰撞的器件，宜采用防震垫加强绝缘。

用户注入公共电网的传导骚扰主要是谐波。应符合《民用建筑电器设计规范》第22.3规定。当不符合规定时，用户应采取技术措施，直至符合规范。供配电系统宜采取谐波抑制措施，系统电压谐波总畸变率（THDu）应小于5%。10 kV及以下供配电系统无功补偿，宜在变压器低压侧采用电容器集中自动补偿并加电抗器，配电系统功率因素不应低于0.9。

5. 需要采用净化电源的设备，宜就地采用单元净化系统。医院配置大型医疗设备通常须配置稳压电源，它是医疗设备专用的净化电源。如CT、CR、DR、X光机、超声、彩超、血球仪、血凝仪、血流变、生化分析仪、免疫分析仪、尿液仪、洗板机、安全柜、微量元素仪等，在规划时要统一要求。特别是实行招标采购的设备，采购中应向设备仪器供应商提出配置要求。目前市场上产品众多，如自行采购应充分论证，确保质量，根据需要合理配置。

6. 大型医疗设备配置一级负荷的两路电源宜在最末一级配电箱处进行切换。当其中一路供电电源或变压器故障、检修造成供电中断时，另一路电源应能承担全部一级或二级负荷。JGJ 16—2008《民用建筑电气设计规范》中明确规定：二级以上医院的核磁共振、介入治疗用CT和X光机扫描室以及加速器机房用电负荷为一级负荷；一般诊断用CT及X光机用电负荷为二级负荷。同时还明确规定：

（1）X射线的管电流大于400 mA的射线机，应采用专用回路供电。

（2）CT机和电子直线加速器应不少于两个回路供电，其中主机部分应采用专用回路供电。

(3) X线机不应与其他电力负荷共用一个回路供电。

(4) 多台单相、两相医用射线机,应接于不同的相导体上,并宜三相平衡。

(5) 放射线设备的供电回路应采用铜芯绝缘电线或电缆。

(6) 当为X射线机设备设置配套的电源开关箱时,电源开关箱应设在便于操作处,并不得设置在射线防护墙上。

特别要注意的是:在医院配电所规划设计时,既要考虑场地因素,要有足够的空间进行变配电所空间的布局,以方便管理与运行。同时,还要考虑变配电所与大型设备机房的位置关系,尤其是医用大型设备使用比较多的场所应靠近相关变配电所,以减少电源内阻的要求,减小配电电缆截面,节省投资。一般情况下,大型设备机房的位置不能距变电所距离太近,同时其距区域范围内的电梯一般也需在10米以上的距离,以避免各类的磁场干扰设备正常性能。

第三节　医用磁共振成像设备(MRI)配电

磁共振成像(MRI),亦称为核磁共振成像,这是一种生物磁自旋成像技术,它利用原子核自旋运动的特点,在外加磁场内,经射频脉冲后产生信号,用探测器检测并输入计算机,经过计算机处理转换后在屏幕上显示图像(图4-1)。这门新的医疗检查技术在20世纪80年代为公众所熟知。随着大磁体的安装,有人担心字母"N"可能会对磁共振成像的发展产生负面影响。特别是"nuclear"一词还容易使医院工作人员对磁共振室产生核医学科的联想。为了突出这一检查技术不产生电离辐射的优点,同时与使用放射性元素的核医学相区别,放射学家和设备制造商把"核磁共振成像术"简称为"磁共振成像(MRI)"。如今,核磁共振(MRI)成像诊断技术已应用于全身各系统。特别在颅脑,及其脊髓、心脏大血管、关节骨骼、软组织及盆腔等检查效果尤为明显。对心血管疾病不但可以观察各腔室、大血管及瓣膜的解剖变化,而且可作心室分析,进行定性及半定量的诊断,可作多个切面图,空间分辨率高,显示心脏及病变全貌,及其与周围结构的关系,优于其他X线成像、二维超声、核素及CT检查。

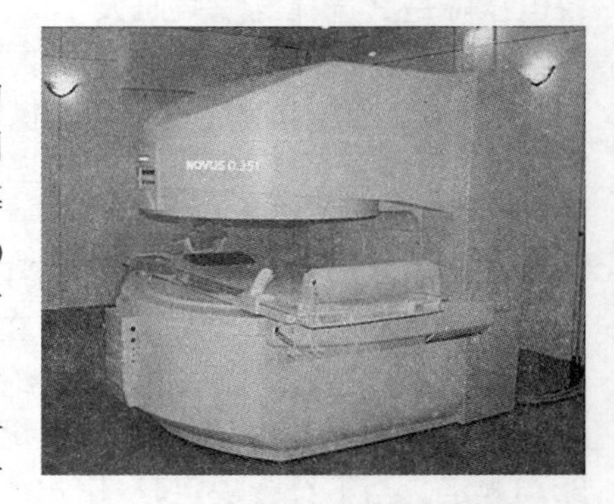

图4-1　医用磁共振成像设备(MRI)

医用磁共振成像设备根据物理原理可以分为:永磁型磁共振成像系统、常导型磁共振成像系统、混合型磁共振成像系统、超导型磁共振成像系统。磁场特征分别为:永磁型外磁场作用小,磁场均匀度取决于磁极对的设计;常导型磁场易于断开,但易受外界干扰影响扫描质量;混合型边缘磁场小,无需制冷剂;超导型磁场很均匀,有失超潜在危险。医用磁共振成像设备通常由磁体、床、控制台、射频放大器、梯度放大器、谱仪、RF接收线圈、通话装置、冷却系统组成。用于提供反映空间分布或磁共振谱的图像。

MRI设备正常运行时,对设备工作磁场的均匀性构成干扰的干扰源分为两类:静态干扰源和动态干扰源。静态干扰源主要是指建筑物中的钢梁和钢筋。动态干扰源较多,主要包括运动的铁磁性物体、输电变压器及输电电缆。因此，在空间规划设计中，要采取切实的措施，既要确保磁体产生的均匀磁场不受外界干扰；也要保证 MRI 设备的离散磁场不对人体及磁敏感仪器设备形成干扰。在确定 MRI 安装位置时，要求在离磁体中心点 15 m 以内不得有变压器和高压电缆，7.5 m 以内不得有电梯、汽车等大型运动金属体，1.1 m 以内不得有任何铁磁质物质。具体的 MRI 安装可如图 4－2 所示。

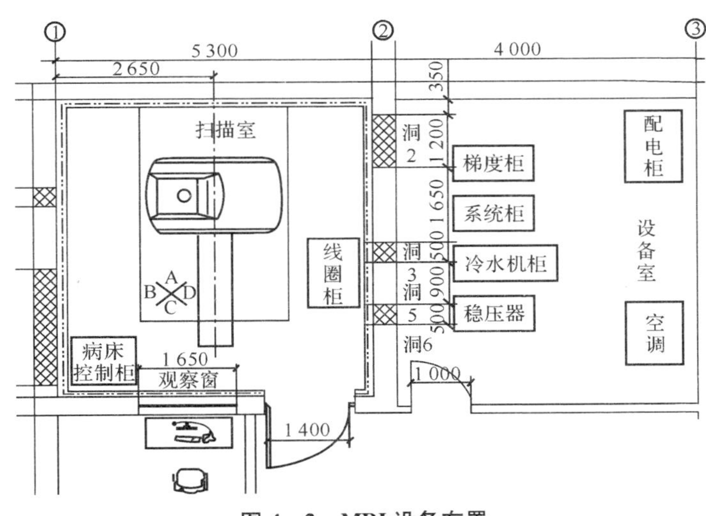

图 4－2　MRI 设备布置

(1) 磁共振成像(MRI)设备为持续工作制负荷，主机电源应从变电所引出单独回路。并采用双路供电，其电源系统应满足设备对电源内阻或线路允许压降的要求。

(2) 磁共振成像(MRI)设备的冷水机组应单独供电，并采用双回路供电。因磁共振成像(MRI)磁体需要低温保障，水冷机组要求 24 小时持续工作。

(3) 磁共振成像(MRI)设备扫描室应符合下列要求：室内的电器管线、器具及其支持构件不得使用铁磁物质或铁磁制品；进入室内的电源线必须进行滤波；扫描室屏体应可靠接地。医院中采用的 MRI 设备大多为超导型，因此，一旦建立了磁场，超导磁体就不需要再增加消耗能量。加速器的主要耗能部件包括梯度磁场系统、射频系统和用于冷却加速器线圈真空包内液氦的专用的水冷空调系统。磁共振主要在检测采样和记录过程中消耗电能。根据检查部位不同，检查所需时间一般在几分钟到十几分钟不等，因此，磁共振设备属于持续工作制设备。此种设备中，超导磁体的线圈由单独的液氦冷却系统维持超低温环境才能正常工作，因此液氦冷却系统需要不间断运行。同时由于设备自身消耗的能量，MRI 机房还需要空调系统以维持正常的工作温度。因此，医用磁共振设备的电气设计需要为磁共振设备机房内的 MRI 本体、液氦冷却系统和空调系统三组主要设备提供电源。此外，还需要为控制室和工作站提供高可靠的单相电源。磁共振的主配电柜一般为磁共振主体和氦压机提供双路电源，其他辅助设备，包括空调、水冷机组和控制设备应由另一独立电源供电。磁共振都配有专用电源稳压器，磁共振主体由稳压器供电，即便如此，设备供应商还要求变压器输出端至配电柜的压降要小于 2%。结合供电回路的阻抗计算，设计中可作为供电线缆的选择依据。同时还需要注意稳压柜靠近磁共振设备本体，以减少电压损失。

机房内一般采用地板电缆槽将配电室、MRI 机房和控制室连通，机房电缆槽可设计为 0.6 m×0.3 m(宽×深),操作间电缆槽可设计为 0.2 m×0.2 m。考虑到 MRI 机房内存在强磁场,电缆槽的设置要有一定的防护措施。一般电缆槽穿墙剖面的如图 4-3 所示。

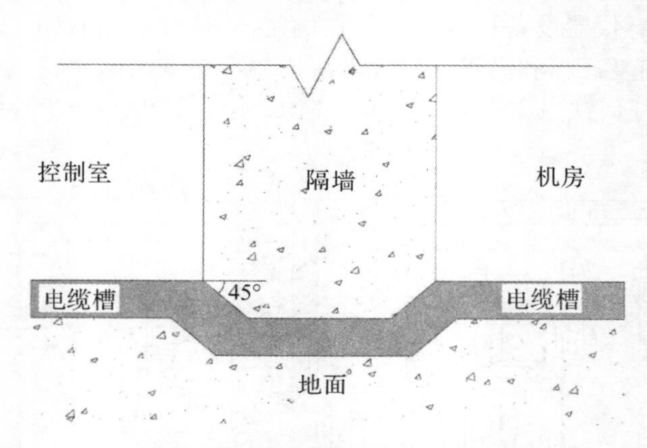

图 4-3　电缆槽穿墙剖面示意图

设备接地主要考虑工作接地与保护接地两个方面:供应商要求由共用接地装置引独立接地线到机房设专用接地箱,接地电阻小于 2 Ω,以减少可能带来的干扰。就工作接地而言,理论上一根单独的接地线并不能保证系统在高频时仍保证较低的阻抗,而完善的等电位连接措施完全可以满足设备正常运行的要求。用接地线至机房的接地箱,并设置 M 型接地网络和完善的等电位连接更适合的处理方式。而保护接地可按常规方法做。

为做好磁共振设备的安全防护,确保安全。磁共振机房要做好磁屏蔽与射频屏蔽。在位置上磁共振机房的位置必须远离电梯间,同时要设置磁屏蔽设施,可在墙面敷设低碳负钢板。同时为防止外界电波对设备本身的干扰,机房还要做好射频屏蔽,这两种屏蔽措施要分别处理,不可混淆。机房内电气设备的选择:如线缆、桥架、配电箱和灯具,选型时不要采用含铁磁物质的材料与元器件,可用铜、铝材质或有机合成材料的产品替代,以减少对共振设备的影响。

MRI 机房配电设计一般要求如下:

1. 根据《民用建筑电气设计规范》JCJ16—2008 规定 MRI 配电为一级负荷,需要双电源对主机部分供电。这是因为:常规的 CT、DSA、与 X 线机等影像设备停电后设备恢复工作较快,但永磁核磁共振磁体上下极温度要求极为严格,停电后重新加温达到要求的温度仍须较长的磁体降温调整时间,因而影响临床使用。如果单位电源条件有限,应保证主机部分采用独立专用回路供电,另提供一路小功率辅助电源专供主机温控器 TCU、设备空调以保证磁共振磁体上下极在停电期间的正常加温,停电恢复后即可投入临床使用。患者较多,停电频率较高的地区单位,还可考虑配置 UPS 电源装置,在停电期间可不停诊,更好地发挥该大型医疗设备的作用。对于有条件的医院,还可采用专用变压器,容量为 150 kVA。

2. 采用三相供电,电源电压 380×(1±10%)V,频率 50 Hz,频率波动范围为 49.5～51 Hz,每日最大电压波动范围为 355～405 V,三相电压间每相的最大波动不得超过 7.6 V。

3. 设备应设专线供电。进线电缆必须采用多股铜芯线,接入柜内断路器。配电柜必须具备防开盖锁定功能,以确保电气安全作业之需。配电柜紧急断电按钮需安装在操作室中操作台旁的墙上,便于操作人员在发生紧急情况时切断系统电源。机房也需设有紧急刹车开关，以备不测时切断电源。

4. 机房空调（通常 40～50 kW）、水冷机（通常 30 kW）、洗片机、照明及电源插座用电必须与本系统用电分开，所需设备的负荷单独供电。扫描室、设备间及操作室均要有带地线的 220V 电源插座，以便供设备调试和维修时使用。

5. 系统设备要求绝缘良好的专用接地线，必须采用线径不小于 50 mm^2 的多股铜芯线，且接地电阻小于 2 Ω。

6. 电缆槽提供本系统设备专用，应远离发热源，避免温度剧烈变化，磁体间严禁使用铁磁质金属电缆槽。MRI 机房应设置电缆沟，尺寸通常为 0.4 m×0.25 m（宽×深）。控制室地面需考虑设置 0.15 m×0.1m 的电缆小沟。扫描室和操作室及操作室和设备间之间必须预留 0.2 m×0.2 m 的电缆穿墙孔，以确保电缆的正常连接。

7. 磁体间使用两路直流白炽灯照明，一路为 150 lx、另一路为 350 lx；控制室使用两路照明，一路为 30～150 lx 可调、另一路为 350 lx；磁体间所有照明及插座用电都必须经电源滤波器进入，且照明不使用调光器。扫描室的入口处，应设置红色工作标志灯，其开闭应受设备的操作台控制。

8. 扫描室与控制室最好能设对讲电话，以备医生与患者联系。操作控制室和计算机房均需设置直拨电话，以供连接远程诊断设备和远程磁体监控设备之用。

第四节　医用直线加速器配电

医用直线加速器是放射治疗设备，能产生能量范围较宽的 X 射线和多种能量的高能电子束。70%的癌症都可以用加速器治疗。虽然直线加速器对肿瘤的治疗有良好的作用，但如果对它所产生的高能电子辐射防护不当或使用不当都可能给医护人员及周边人员带来损害。因此，医用直线加速器的机房工程属于放射防护设施，其设计应经当地省、市级放射卫生、环保的主管部门审查同意后方可进行施工。竣工后经其验收后，经批准才能投入使用。因此，直线加速机房的设计具有一定的特殊性，其电气设计也有一定的特点。

一、直线加速器电源的要求

《民规》规定，直线加速器电源为一级负荷，需以双电源对主机进行供电。仪器对电源质量要求如下：

1. 输入电压　380～440 V（单相为 220～240 V）。
2. 线电压稳定范围　±5%，此值为与所选额定值的最大允许静态偏差。
3. 相电压最大不平衡　额定值的 3%，这是在满负荷运行条件下，任意两相电压之间的最大差值。
4. 输入频率　50 Hz±1%。
5. 电气负荷　在待机（STAND - BY）状态为 3 kVA，在准备/能量选择状态为 20 kVA，在出束（BEAM - ON）状态为 5 kVA，长期负荷为 45 kVA。
6. 功率因素　0.9，绝大多数为感性负荷。
7. 电源阻抗　最大为 2.5%。

直线加速器对电源质量要求较高，一般情况下，电源须经稳压变压器之后再供给主机。直线加速器供电电源系统图见图 4 - 4。

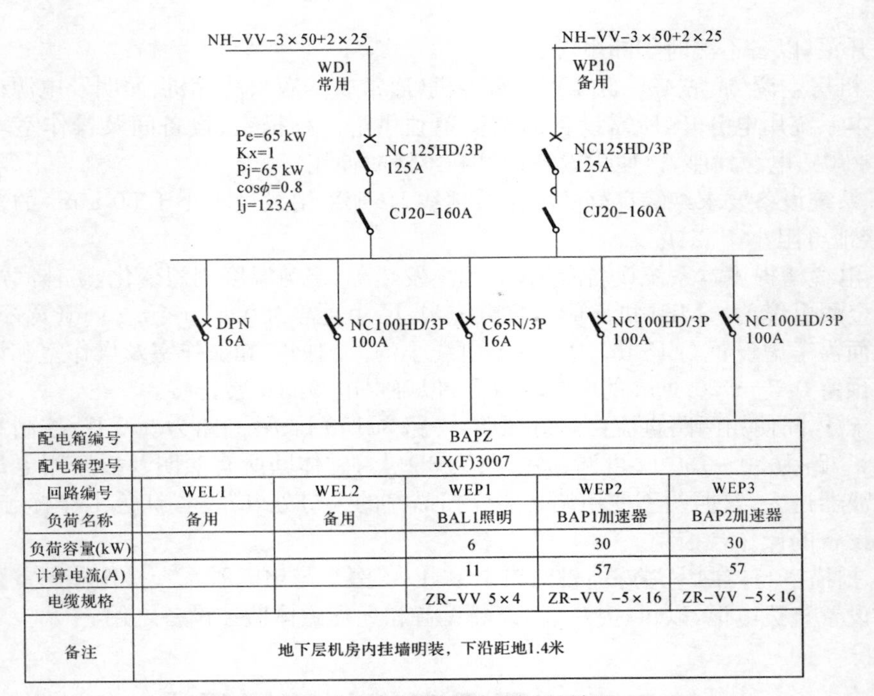

配电箱编号	BAPZ				
配电箱型号	JX(F)3007				
回路编号	WEL1	WEL2	WEP1	WEP2	WEP3
负荷名称	备用	备用	BAL1照明	BAP1加速器	BAP2加速器
负荷容量(kW)			6	30	30
计算电流(A)			11	57	57
电缆规格			ZR-VV 5×4	ZR-VV -5×16	ZR-VV -5×16
备注	地下层机房内挂墙明装，下沿距地1.4米				

图 4-4　直线加速器供电电源系统图

二、直线加速器的接地要求

接地电阻要求小于 0.4 Ω，应保证使阻抗尽可能低，以减少其他区域设备可能带来的干扰。如果由于地线阻抗过高而引起干扰，将会影响机器正常工作。机器所有部件均应有效接地。要求有一根独立的接地干线，经医院接地网接地。一般选用铜条作为接地线效果较好。直接与接地极相连接。也有的工程设计中要求独立接地极，但加速器机房大多数设在门诊楼等主楼内，很难与大楼接地系统完全脱离要求。在实际应用中，只要接地电阻大于设备要求的电阻值即可。接地做法参见图 4－5。

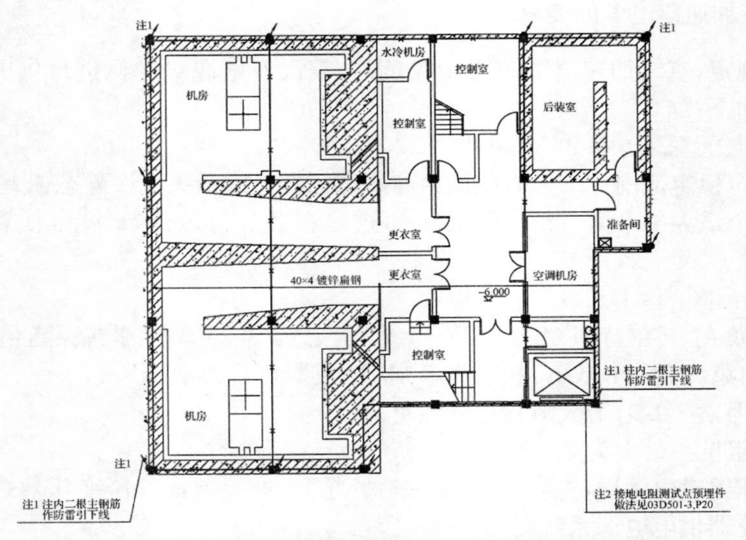

图 4－5　直线加速器治疗室预留电缆沟及接地平面图

三、室内照明系统

机房内设有一般照明、调光照明、激光定位灯等照明系统。

一般照明大多采用荧光灯，用开关控制。调光照明一般采用可调亮度的白炽灯具，在用激光灯为患者校准时，可以由理疗师调整亮度，使亮度既不太亮，也不太暗，人能在室内安全行动，同时又能清楚地看到激光。可调灯通常装在纵轴的两侧及上方。

灯具平面布置见图 4－6。

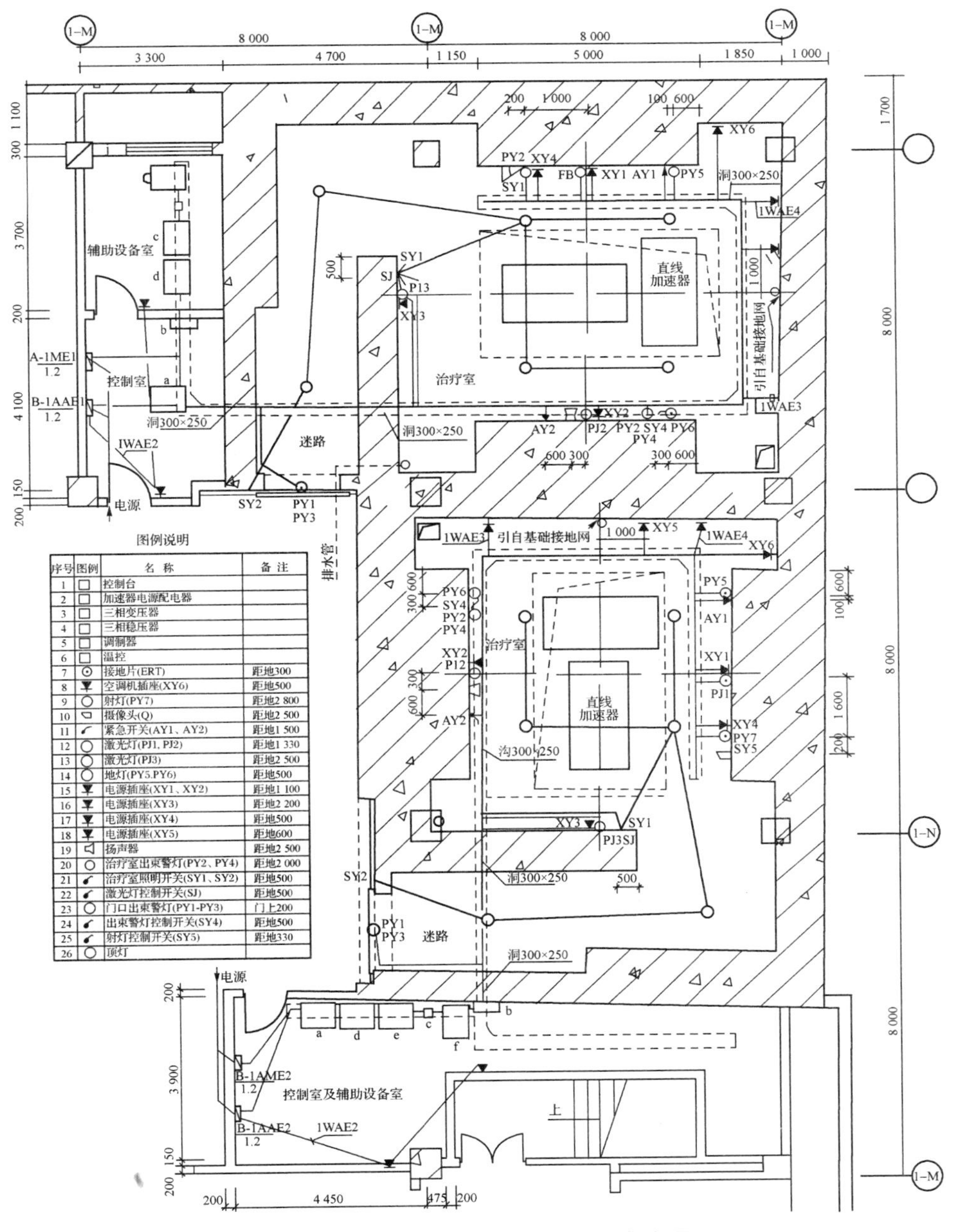

序号	图例	名 称	备 注
1	□	控制台	
2	□	加速器电源配电器	
3	□	三相变压器	
4	□	三相稳压器	
5	□	调制器	
6	□	温控	
7	⊙	接地片(ERT)	距地300
8		空调机插座(XY6)	距地500
9	○	射灯(PY7)	距地2 800
10		摄像头(Q)	距地2 500
11		紧急开关(AY1、AY2)	距地1 500
12	○	激光灯(PJ1, PJ2)	距地1 330
13	○	激光灯(PJ3)	距地2 500
14	○	地灯(PY5.PY6)	距地500
15		电源插座(XY1、XY2)	距地1 100
16		电源插座(XY3)	距地2 200
17		电源插座(XY4)	距地500
18		电源插座(XY5)	距地600
19		扬声器	距地2 500
20	○	治疗室出束警灯(PY2、PY4)	距地2 000
21		治疗室照明开关(SY1、SY2)	距地500
22		激光灯控制开关(SJ)	距地500
23	○	门口出束警灯(PY1-PY3)	门上200
24		出束警灯控制开关(SY4)	距地500
25		射灯控制开关(SY5)	距地330
26	○	顶灯	

图 4－6 直线加速器治疗室照明、设备布置图

直线加速器属于大型医疗设备，在进行整体配电规划时，要考虑到医院大型医疗设备较多、供电可靠性要求高、容量大的实际，按这样的思路进行整体规划。

四、激光定位系统

利用由激光束构成的“细十字线”，与患者身体上的标记相互对准，使患者在床上定位。一般情况下激光灯共 4 个，每个 25 W。一般有三种方位：

顶部激光定位灯一个，直接位于等中心的正上方的天花板上。

径向激光定位灯一个，位于治疗床纵轴线端部的墙上。径向激光灯的典型高度为 2 285 mm。

侧向激光定位灯两个，以等中心点高度安装在主防护墙上。激光灯一般都带 90 mm 的电源线，在需要安装激光灯的部位预留插座即可，在墙上可以预留嵌入式的安装激光灯壁龛。这些激光灯由同一回路供电，激光灯位置和控制分别见图 4－5、图 4－6。

五、安全装置

1. 紧急断电开关(常闭型、手动复位型)　在室内装设紧急断电开关，在加速器治疗床上，以及在加速器控制柜上，都装有紧急控制开关，在医用加速器室内，应有足够的紧急开关，使人在治疗室内不穿过主射线束，就能令加速器停机。不能将紧急开关安装在主射线束内。

2. 出束警告灯　在室内与室外的上方，装设出束警告灯，应该把警告灯装在一个从加速器室内何一处都能看到的位置。通常把它们靠近紧急按钮处，这些灯表示出束状态，在出束时警告灯闪烁。

3. 防护门　机房的门口装有电动辐射中子门，门上带有行程开关，防护门出束状态联锁控制，在出束时此门是打不开的，治疗结束后，才能打开此门。平面布置和控制接线图见图 4－6、图 4－7。

六、可视通讯系统

在室内设置 2 个闭路电视摄像机，通常置于设备纵轴线每侧 15°的地方，要为每台摄像机准备电源插座及一条信号电缆管，不要把摄像机置于主射线束路径上。在治疗室与控制室之间设置一套双向对讲系统，室内的对讲机装在墙上(或天花板上)，应是声控或连续接通式。在控制室的对讲机，应采用按钮控制，要提供一条到控制室的信号电缆管路，以及供电给对讲机的插座。

监视器安装在控制室及治疗室内，应安装在医务人员在加速器和患者的任何一侧，不需要转身就能看到的地方。不能将监视器置于主射线束内。参见图 4－6。

七、线缆敷设

1. 从控制台到加速器机坑尾部的路由长度(沿电缆沟至接地处)不得超过20 m，以满足设备正常工作的要求，否则须与设备厂商共商解决的办法。

2. 为了防止辐射源沿着直通的管路泄漏出去，防护墙上不允许有穿墙直通管路。因此，由设备室与辅助设备室引至治疗室的线路，要先由室内地下电缆沟引入，待进入治疗室后，再沿电缆沟附近墙面引上至各设备安装点。

3. 在控制室与治疗室之间，要预留电缆沟，电缆沟一般以 300 mm 宽、250 mm 深，转弯半径 350 mm 左右为宜。辅助设备室的电缆沟要讲究质量与完整性，电缆沟必须位于温控机组与调控器下方，以保证所有进入加速器机房的线路都能敷设，防止做半拉子工程。为了拉线方便，有时要在控制台下，温控机底座下等处设置拉线箱。这些地方一般不留接头，有时这些拉线箱也可以取消，但要保证这一地点不得掉入混凝土。为防止辐射，所有穿墙电缆沟必须垂直于射线方向，并须做 U 形弯进入治疗室。

4. 由于加速器空间的防护墙体厚，一旦建成不易改动，因此，在相应的治疗室内的照明灯光、激光灯、地灯、射灯、出束警灯、扬声器、摄像机、各灯开关插座，要周密计算、认真设计，准确定位、一次敷设到位，切忌改动。

5. 加速器的电源配电箱应安装在控制室和辅助设备的隔墙上，并垂直于穿墙通过的电缆沟，以方便布线。

6. 为了方便设备的调试、检测与维修，特别应注意在治疗室与控制室接近加速器的周边墙体上，等间距设置单相电源插座，以提高效率。

案例：

某直线加速器设备功率为 60 kW，主断路器额定电流不小于 150 A，交流400 V时，设备故障电流为 520 A，持续 0.1 s。并为辅助设备提供专用单相 10 A 断路器。控制室电源与加速器主机电源必须共电源。在控制区域提供一个主开关，控制位于治疗室内的室内监视器以及位于控制室内所有的显示器和打印机，所有的计算机必须有永久电源供电。各室内均要有带地线的 220V 电源插座，以便供设备调试和维修时使用。

分析：

(1) 在加速器立柱、治疗床上及加速器调制柜上都应有紧急开关(常闭式，手动复位型)。在治疗室内应有足够多的开关，使人在治疗室内，不需穿过主射线束就能令加速器停机。一定不能将紧急开关安装在主射线束内。

(2) 系统设备要求绝缘良好的专用接地线，采用线径不小于 50 mm^2 的多股铜芯线，并将接地线引至调制柜底下，接地电阻小于 1 Ω，理想值小于 0.5 Ω。

(3) 防护墙上不允许有穿墙直通的管路，是为了防止辐射源直通的管路泄漏出去，因此在控制室和辅助设备间引至治疗室的线路要先由室内地下电缆沟引入。电缆沟尺寸通常为 0.3 m×0.25 m(宽×深)。辅助设备间的电缆沟要做到位，电缆沟应一直通到温控机组和调制器的底座下。所有穿墙电缆沟必须垂直射线方向。

(4) 室内照明灯、调光灯、激光定位灯、闭路电视系统及室内监视器都能用一个单独的室内主开关控制。此开关通常位于室外，并装有一个指示灯。室内照明灯可以单独一个回路。激光定位灯的控制自动附属于室内照明灯的控制，在主照明断开时激光定位灯应能接通，主照明灯接通时激光灯必须断开。调光灯需备有调光开关，调整的照度水平既能暗得足以清楚地看见激光，又能亮得足以使人在室内安全移动。

(5) 治疗室入口处，应设置出束警示灯，其开闭应受设备的操作台控制。治疗室还应设置门、机连锁控制装置。

(6) 控制室与治疗室装设一套双向对讲电话系统，其系统应是声控式或连续接通型的，控制室的对讲机应采用按钮通话式。治疗室内应安装两个摄像机探头，其中一个可固定安装，另一个可移动安装，但均不能安装在主射线束内，监视器安装在控制室内。应为远距离机器诊断用的调制解调器准备一条外线电话，同时在控制室预留尽量多的网络信号插座(一般预留 6 个)。

(7) 由于防护墙很厚，且墙体在浇注后是不允许有任何破坏和改动的，治疗室墙上的设备较多，所以墙内的各类电气管路一定要定位准确、一次敷设到位。

对于 X 刀放射治疗室，其原理就是利用直线加速器产生的高能 X 线，采用高精尖的立体定位技术，使多束线汇聚在一个病变区，目的主要用于治疗颅内动静脉畸形脑转移胶质瘤、良性肿瘤及眼部黑色素瘤等。其机房设计可以参考直线加速器机房设计。

八、机房建设设计和施工

医用直线加速器是一种把高能物理运用到医疗技术上的高新科技产品，是继同位素放射疗法后的又一种治疗肿瘤的新方法。虽然医用直线加速器对肿瘤疾病有良好的治疗效果，但如果防护或使用不当，它所产生的高能电子辐射也会给医护人员和周边人群带来伤害。同时医用直线加速器的各个系统对工作环境控制和安装要求很高。如某放疗中心建筑面积仅有 1 238 m²，但需包括模拟机房、后装机和工作用房，设计和施工过程必须遵循规范，严密组织。

1. 直线加速器机房治疗室的平面设计　在规划选址时，应多方比较，既能方便病人就诊，又能避开人群集中地，选择相对安全的区域。治疗室的面积应适应机器、床体安装、检修以及患者和医生的活动。平面布置以及剖面、断面图见图 4-7。

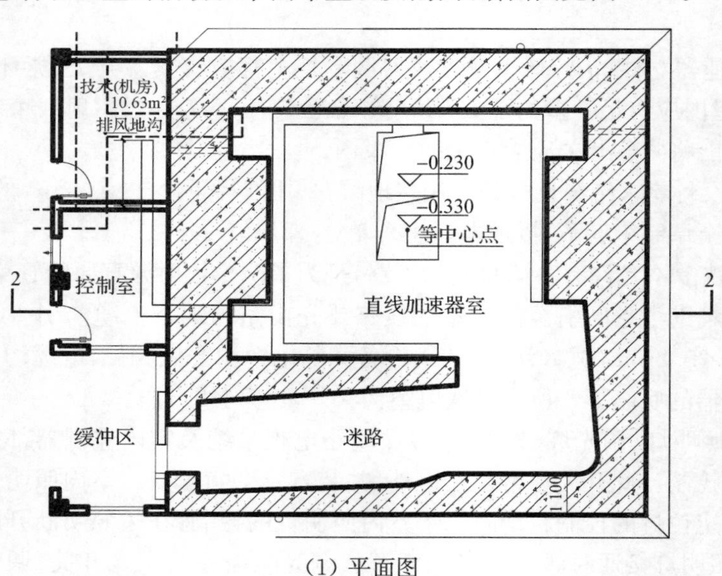

(1) 平面图

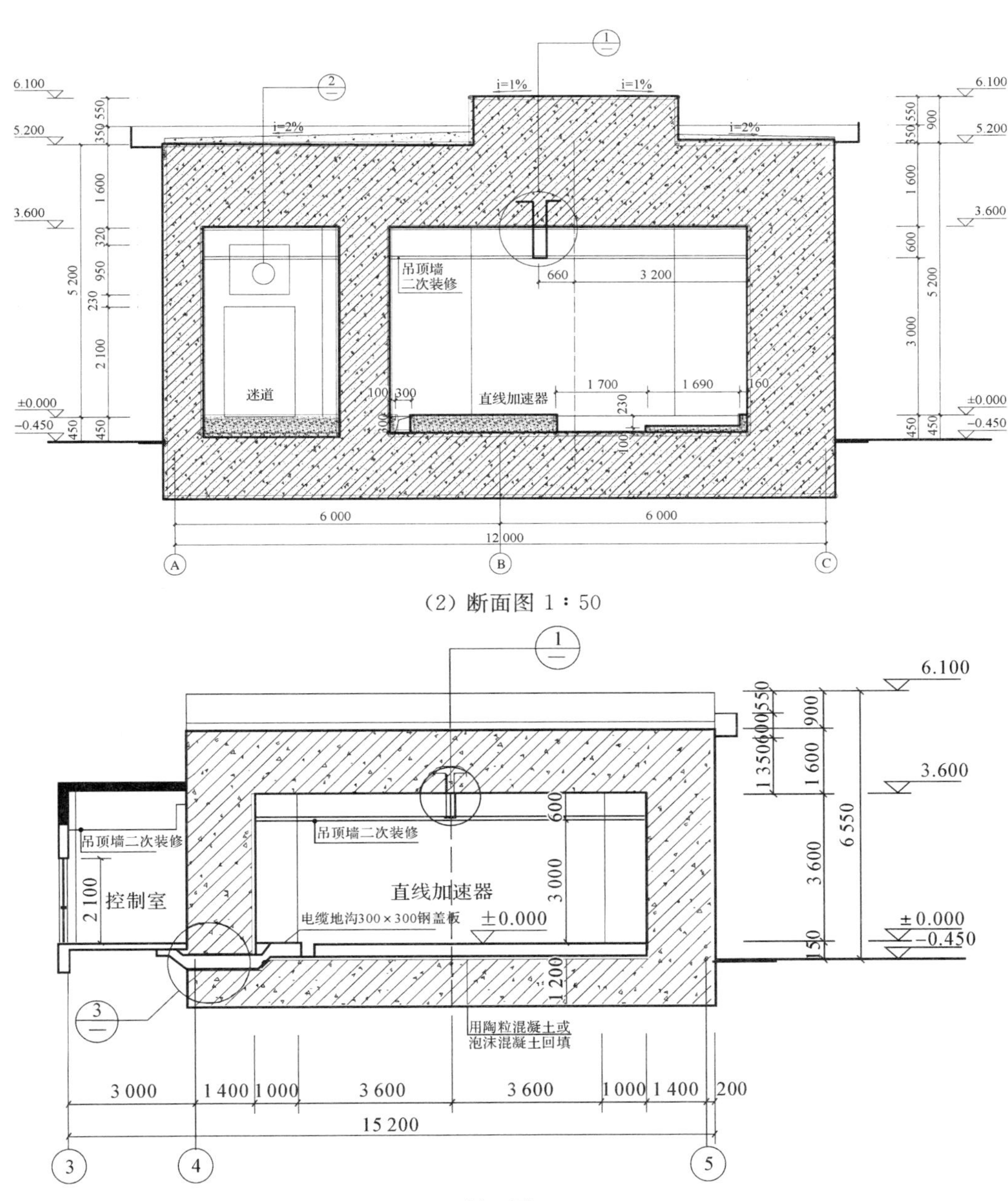

(3) 剖面图 1∶100

图 4－7　直线加速机房示意图

室内应注意通风降温，排除设备产生的二氧化碳、臭氧及余热，室温保持 20～22℃，需设置聚光灯并联锁装置的指示灯，需考虑电视照明，照度要求达到 300～500 lx。地面宜做塑料地板或水磨石地面，以便于清洗。因有时需在这里进行手术，墙面应先刷几道沥青或铺一层油毡，以防中子反射。外罩饰面的材料宜采用吸音而又不易积尘的材料。顶棚上应设置工字钢，为安装检修机器时使用，饰面宜做穿孔吸音材料。直线加速器治疗机下部要设坑位，以便上下升降移动。坑的深浅按照器械设备参数而定。为防中子反射到外部，在迷路的内转角拐弯处增设一樘 150 mm 厚内衬石蜡推拉门以增加防护性能。

治疗室内的排风口、送风口宜为双路，并加设阀门调节，以保证气流的合理性；机房新风采用中效过滤，可以提高空气洁净度，减少空气含尘量，延长设备寿命。

2. 迷路的设置　迷路是为防止散射线漫射到其他工作室的防护交通道。它能限制散射线漫射，使射线削弱到最低剂量限度。倘若不设置迷路，则需按防护要求设置防护结构以及与防护墙防护能力相当的防护门。设置迷路需注意以下几个方面：

迷路尺寸一定要依据设备尺寸确定，以保证最大机件的运入(或修理出入)和医用推床的进出，迷路宽度 2 m 左右。

迷路外设铅防护屏蔽门，内入口设计成门洞形式，不要直通顶棚，结合设备部件的外形尺寸控制门洞尺寸，最好控制在 2 m 以内，这样可以减少射线外射。防护屏蔽门厚度根据计算确定，构造要求搭缝，门口还应装有与控制台联锁装置的指示灯，以保证治疗进行中，有人进入则可立即停止治疗，防止误入的无关人员受到射线的伤害。机器运行时用红灯显示，此时防护门联锁(打不开)，在待机状态下用黄绿灯显示。进迷路风管留洞大样图如图 4－8 所示。

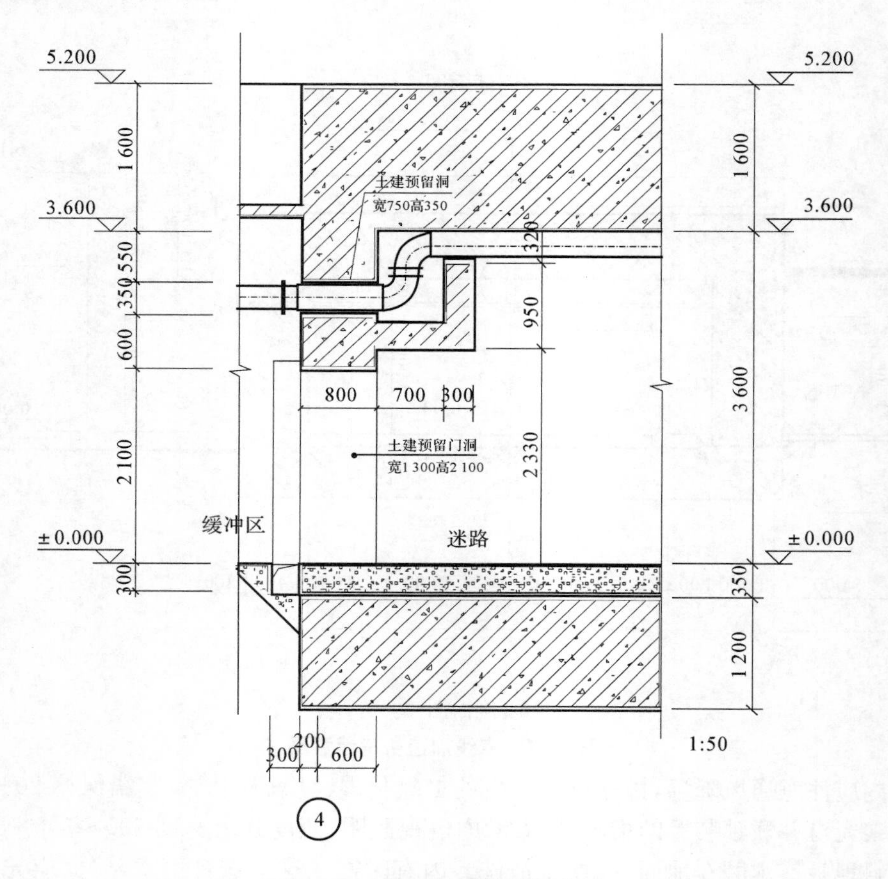

图 4－8　进迷路风管留洞大样

3. 屏蔽墙体的处理　治疗室四周的防护墙体除要加大厚度外，墙体还不能预留孔洞，所有管线应经迷路的地上或平顶内转入。屏蔽混凝土墙为防止温度涨缩而裂缝，应配筋以防止开裂，施工过程中应一次浇筑密实，更不能有穿透的施工缝。为减少屏蔽防护墙的厚度，可用重混凝土代替一般混凝土，但施工时需注意干缩。治疗室防护墙体的厚度须经计算确定，混凝土防护墙面厚度一般为 1.4 m，主辐射方向 2.4 m，楼板厚 1.6 m，主辐射方向楼板厚 2.5 m。

为了防止射线的泄漏，除进出治疗室的各种管道和线路均应预留、预埋外，不允许成型后钻孔，并要严防大体积混凝土的水化热反应引起的裂缝。射线防护能力不能因电缆沟、风管等因素而被削弱。

4. 控制操纵室　控制操纵室要求安装图像监控和双向对讲系统，以观察治疗机、治疗床的转动及病人治疗中的情况。房间面积则以满足设备的安装检修操作为前提。室内还有控制台、电视机、对讲电话等。室内要求防尘，机器操作后产生余热，要适当考虑通风及空调。

5. 直线加速器机房设计中值得注意的细节　直线加速器对环境的温度、湿度、空气净化以及工作电压等要求极高，因此我们要在供货商提供的照明、定位灯、工作灯、剂量检测设备、影视监视器、对讲系统、出束指示灯以及维修插座等设备的布置示意图基础上，结合他们各自的专用功能、原理以及现场情况、诊疗的工艺流程等设计出施工图，以便明确各类管线的走向、标高及安装方法，同时还要注意强、弱电隔离，防止控制信号受到干扰而影响治疗效果。图 4－9～图 4－12 为电缆穿墙示意图、空调管穿墙大样、排风地沟的示意图可作参考。

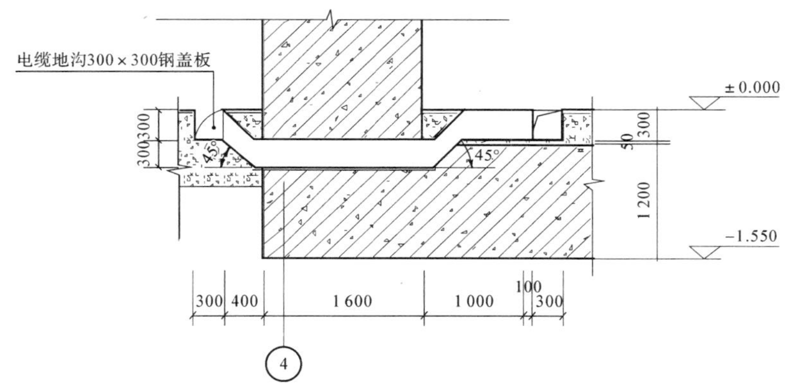

图 4－9　电缆穿墙示意图

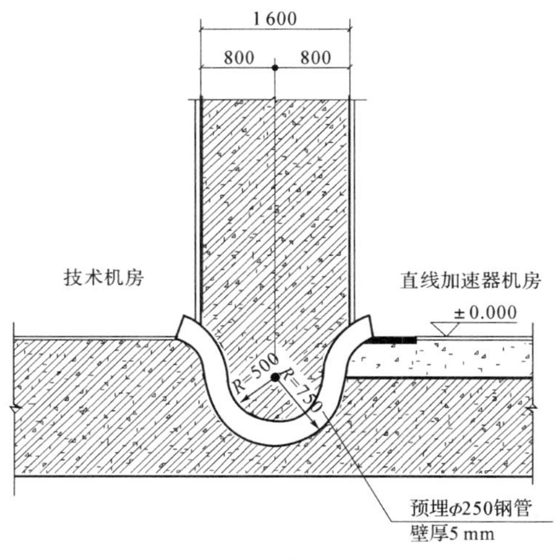

图 4－10　电缆管穿墙大样

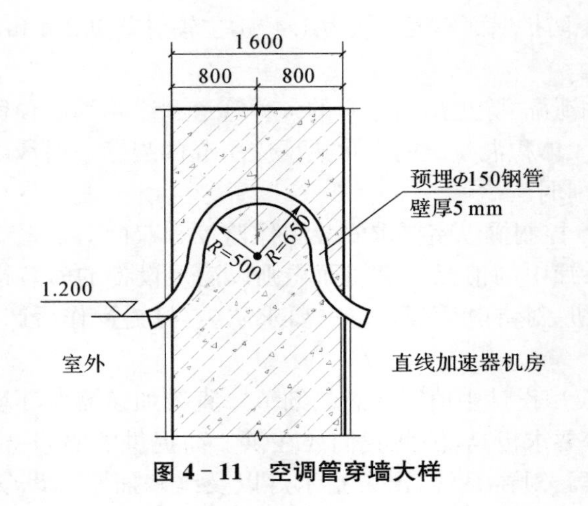

图 4-11　空调管穿墙大样

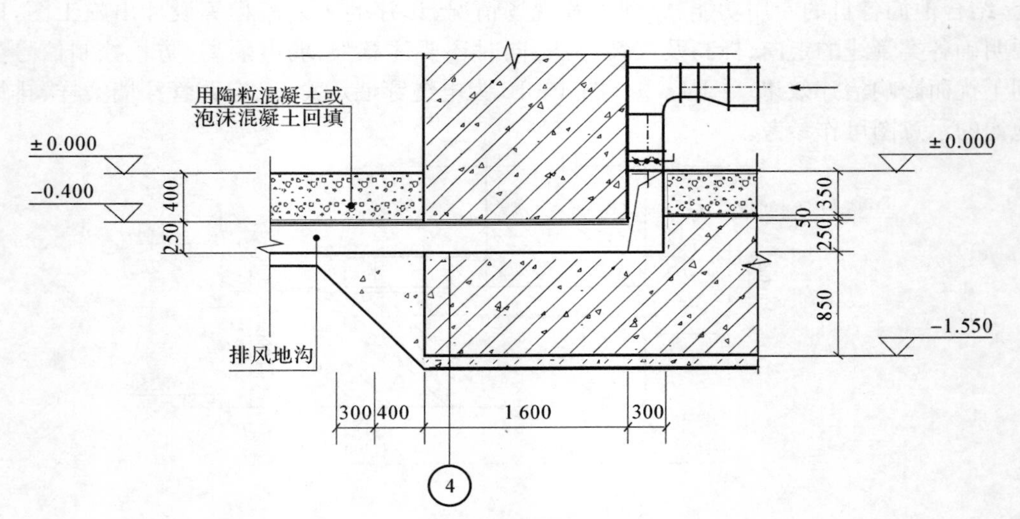

图 4-12　排风地沟示意图

第五节　医用 CT 配电

CT 设备待机时耗电很低，但在扫描过程中 X 线球管出射线瞬时，需要很大的供电电流，导体的配置与电压稳定与否，直接影响设备稳定与安全运行。对 CT 进行配电设计时，变压器的功率多大合适，采用多大截面积的导线比较合理，需要按导体配置的基本要求进行，并考虑设备运行的特点，以确保电源的稳定与质量及安全。

案例：

1. 根据 DRHCT 安装手册中给出的 CT 设备各部分的用电功率和 CT 室其他相关用电设备的用电功率，如表 4-2 所示。

表 4-2　CT 室用电设备功率表

Basicunit	Powerconsumption	K_d	cosα
Mikromatic. CT	46 kW	0.2	
Computer BSP11	3.3 kW	1.0	0.5
Control computer PDP 11/44	1.2 kW	1.0	
DMC with DSC	1.2 kW	1.0	
Scanunit with table	0.8 kW	0.5	
空调和吸湿机	10 kW	0.7	0.5

计算总耗电功率 P_e：根据 $\sum P_N = P_e$，$P_e = 46.0 + 3.3 + 1.2 + 1.2 + 0.8 + 10 = 61.5$ kW，

确定需要系数 K_d：$K_d = P_{30}/P_e$

式中，P_{30} 是用电设备组在最大负荷时需要的有功功率。实际上，需要系数 K_d 与配电和用电等多种因素有关。因此应尽量通过实测和根据电工手册中列出的各类用电设备组的需要系数值选出一个合理的 K_d 数值。

计算负荷持续率 ε(dutycycle)：根据 ε 的数学公式：$\varepsilon = t/T \times 100\%$

T 为工作周期，一般取 8 h；t 为工作周期内的工作时间，这要根据病人数来计算，大概值选在 0.9～0.4 之间。

根据选取的负荷持续率 ε，计算流过供电线路的电流 I_e ：$l_e = P_e \cdot \varepsilon / 3U_N \cos\Phi$

2. 根据电流计算相线路截面积 A_{ce} ：$A_\Phi = A_c e = I_e / J_{ec}$

式中 J_{ec} 为电流密度，根据不同的导电材料选不同的值：铜架空线选 3.00，铝架空线选 1.65；铜电缆线路选 2.50，铝电缆线路选 1.92；

在三相四线制供电线路中，共有五根导电线，其中有三根线路是给用电设备提供动力电流；线电压是 380 V。另外的两根，其中一根是中性线(N 线)；另一根是保护线(PE)。虽然它们对地的电压是零伏，但是都有电流流过。因此，在计算导线的截面积 $A_c e$ 时，除了计算相线的截面积 A_Φ 外，还应计算中性线(N 线)，保护线(PE)的截面积 A_o 和 A_{PE}。一般选用铜质电缆，并计算出相线的截面积 $A_\Phi = 35$ mm²。

中性线(N 线)截面积 A_o 应不小于相截面积的 50%，即 $A_o \geqslant 0.5A_\Phi$

保护线(PE)截面积 A_{PE} 的选择分下面三种情形：

(1) 当 $A_\Phi < 16$ mm² 时，$A_{PE} \geqslant A_\Phi$；

(2) 当 16 mm² $< A_\Phi <$ 35 mm² 时，$A_{PE} \geqslant 16$ mm²；

(3) 当 $A_\Phi > 35$ mm² 时，$A_{PE} \geqslant 0.5A_\Phi$。

3. 在计算出相线截面后，我们还应进行校验。

利用计算线性导体电阻 $R = (L/S) \cdot \rho(\Omega)$ 的公式，计算出线路在最热气温下的电阻值。式中 L 是供电线路的长度，S 是供电线路的截面积。

根据欧姆定律 $U = I \cdot R$ 计算出瞬间最大电流在供电线路上的电压降来校验是否满足 $\Delta U\%$ 和 $\delta U\%$ 的要求。若不满足，还应该重新对负荷持续率进行修正，直至满足要求为止。

在 CT 的配电中，除了上述的因素外，还应该合理地选用稳压电源的类型和容量，充

分重视设备地线的接地电阻值，及供电电路的谐波分量对设备的影响(CT 高压发生器本身就是产生谐波)等。

CT 机房配电设计应注意事项：

(1) 电源电压 380×(1±10%)V，频率 50×(1±0.1%)Hz，相间电压间的最大偏差不得超过最小相电压的 2%。

(2) 某型号扫描设备最大功率 90 kVA，连续功率：20 kVA，功率因数：0.85；设备最大瞬间峰值电流为 149 A，连续电流为 30 A，使用最小过电流保护器的额定电流为 110 A。

(3) 设备应设专线供电。进线电缆必须采用多铜芯线，接入柜内额定电流为 110 A 的断路器。配电柜必须具备防开盖锁定功能，以确保电气安全作业之需。配电柜紧急断电按钮需安装在操作室中操作台旁的墙上，便于操作人员在发生紧急情况时切断系统电源。扫描室也需设有紧急刹车开关，以备不测时切断电源。主机部分配电柜(箱)系统图如图 4-13 所示，其余附属设备按照常规的配电设计即可。

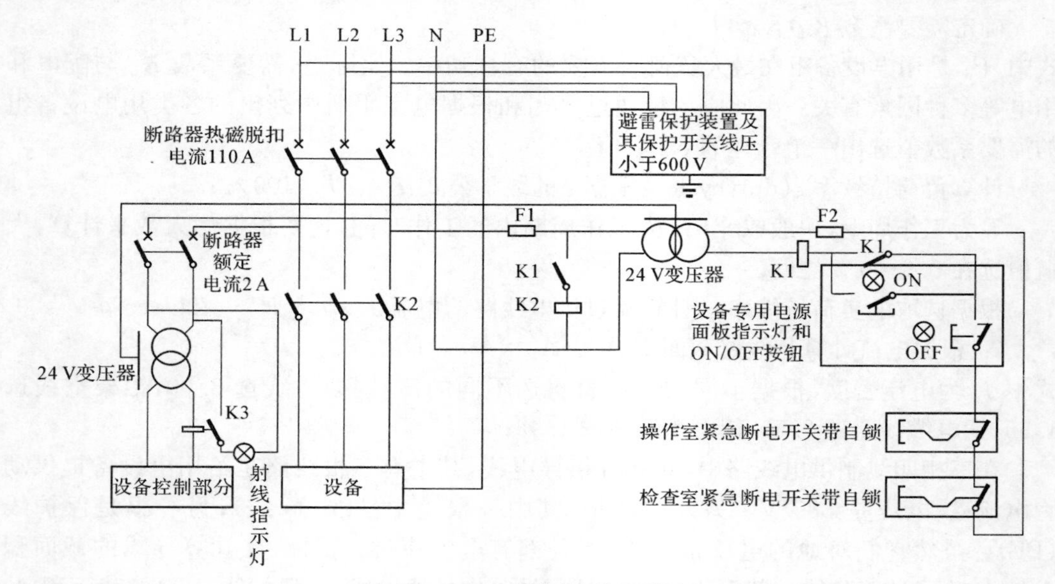

图 4-13 CT 配电柜(箱)系统图

(4) 变压器到配电柜之间的电缆截面的选择应保证独立变压器输出端到设备配电柜的压降小于 2%。选用铜芯线的参考数据如表 4-3。

表 4-3 铜芯选用的参考数据

变压器与配电柜的距离/m	<75	<90	<120
多股铜芯电缆截面积/mm^2	50	70	95

注：变压器与配电柜距离大于 120 m 时，电缆截面应保证电压降小于 2%。

(5) 空调、洗片机、照明及电源插座用电必须与本系统用电分开，所需设备的负荷单独供电。扫描室、设备间及操作室均要有带地线的 220 V 电源插座，以便供设备调试和维修时使用。

(6) 电缆槽供系统设备专用，应远离发热源，避免温度剧烈变化，并必须接地。电缆沟尺寸通常为 0.3 m×0.2 m(宽×深)。扫描室和操作室及操作室和设备间之间必须预留 0.15 m×0.15 m 的电缆穿墙孔,以确保电缆的正常连接。

(7) 系统设备要求绝缘良好的专用接地线,必须采用线径不小于 50 mm^2 的多股铜芯线,且接地电阻小于 2 Ω。

(8) 不要将设备布置于变压器、大容量配电房、高压线及大功率电动机等附件,以避免产生的强交流磁场影响设备的工作性能。扫描机架和控制台距离电源分配电柜不得小于 1.5 m。

(9) 对扫描室和操作室宜配两路照明,即恒定的荧光灯和可调的白炽灯,以满足患者的舒适感和方便操作人员对病人和屏幕的观察。扫描室的入口处,应设置红色工作标志灯,其开闭应受设备的操作台控制。

(10) 对扫描室与控制室最好能设对讲电话,以备医生与患者联系。操作控制室需设置直拨电话,以供连接远程诊断设备之用。对于有条件的医院,宜可配置稳压设备或专用变压器。

第六节　PET－CT 配电

PET－CT,中文名称为"正电子发射计算机断层显像",它是将 PET 与 CT 完美融为一体,PET 将发射正电子的放射性核素(如 F－18 等)标记到能够参与人体组织血液或代谢过程的化合物上,将标有带正电子化合物的放射性核素注射到受检者体内,让受检者在 PET 的有效视野范围内进行 PET 显像。放射核素发射出的正电子在体内移动大约 1 mm 后与组织中的负电子结合发生湮没辐射。PET 提供病灶详尽的功能与代谢等分子信息,而 CT 提供病灶的精确解剖定位,一次显像可获得全身各方位的断层图像,具有灵敏、准确、特异及定位精确等特点,可一目了然地了解全身整体状况,达到早期发现病灶和诊断疾病的目的。PET 与 CT 两种不同成像原理的设备同机组合,是医学影像学的一次革命,受到了医学界的公认和广泛关注,堪称"现代医学高科技之冠"。PET－CT 是最高档 PET 扫描仪和先进螺旋 CT 设备功能的一体化完美融合,临床主要应用于肿瘤、脑和心脏等领域重大疾病的早期发现和诊断。

PET－CT 机房在进行供配电设计时,应当注意下述问题:

(1) 电源电压 380×(1±10%)V,频率(50±3)Hz,相间电压间的最大偏差不得超过最小相电压的 2%。

(2) 某型号扫描设备最大功率为 90 kVA,连续功率为 20 kVA,功率因数 0.85;设备最大瞬间峰值电流为 152 A,连续电流为 30 A,使用最小过电流保护器的额定电流为 110 A。

(3) 紧急情况时切断系统电源。扫描室也需设有紧急刹车开关,以备不测时切断电源。主机部分 CT 机配电可参考图 4－13,此配电柜还应为 PET 机提供三相 5 kVA 电源、PET 冷水机提供单相 2 kVA 电源、PET 影像设备提供单相 4 kVA 电源;其余附属设备按照常规的配电设计即可。

(4) 变压器到配电柜之间的电缆截面的选择应保证独立变压器输出端到设备配电柜的压降小于 2%。铜芯电缆的数据如表 4－4 所示。

表 4-4 铜芯选用的参考数据

变压器与配电柜距离/m	<46	<61	<76	<91	<107	<122
多股铜芯电缆截面/mm^2	35	45	55	70	85	100

注:变压器与配电柜距离大于 122 m 时,电缆截面应保证电压降小于 2%。

(5) 空调、洗片机、照明及电源插座用电必须与本系统用电分开,所需设备的负荷单独供电。扫描室、设备间及操作室均要有带地线的 220 V 电源插座,以便供设备调试和维修时使用。

(6) 电缆槽提供本系统设备专用,应远离发热源,避免温度剧烈变化,并必须接地。电缆沟尺寸通常为 0.2 m×0.2 m(宽×深)。扫描室和操作室及操作室和设备间之间必须预留 0.2 m×0.2 m 的电缆穿墙孔,以确保电缆的正常连接。

(7) 系统设备要求绝缘良好的专用接地线,必须采用与供电电缆等截面的多股铜芯线,且接地电阻小于 2 Ω。

(8) 不要将设备布置于变压器、大容量配电房、高压线及大功率电动机等附件,以避免产生的强交流磁场影响设备的工作性能。

(9) 对扫描室和操作室宜配两路照明,即恒定的荧光灯和可调的白炽灯,以满足病人的舒适感和方便操作人员对患者和屏幕的观察。扫描室的入口处,应设置红色工作标志灯,其开闭应受设备的操作台控制。

(10) 扫描室与控制室最好能设对讲电话,以备医生与患者联系。操作控制室需设置直拨电话,以供连接远程诊断设备之用。对于有条件的医院,宜可配置稳压设备或专用变压器。

第七节 γ刀放射治疗设备配电

全身 γ 刀(图 4-14)是立体定向 γ 射线全身治疗系统的简称,是一类可对全身各部位肿瘤实施立体定向放射治疗的大型医疗设备。全身 γ 刀是通过旋转聚焦方式将 18~47 个钴源(不同机型采用的放射源数量不同),6 000~9 000Ci 的能量聚焦于一点。通过多束 γ 射线旋转聚焦使病灶获得持续性的高剂量,而周围正常组织获得瞬时的低剂量,从而实现靶区高剂量和靶区外低剂量照射目的。

γ 刀放射治疗机房配电基本要求是:

(1) 电源电压 380×(1±10%)V,频率(50±1)Hz。

(2) 设备供电线路没有特殊要求,进线电缆必须采用多股铜芯线。对于有条件的医院可配置 UPS 电源。

(3) 配电柜(箱)必须具备防开盖锁定功能,以确保电气安全作业之需。配电柜(箱)应为控制室设置一个单相 40 A 断路器,配备过电流释放装置;还应为计划室设置一个单相 10 A 断路器,配备过电流释放装置;对于照明和空调单独设置。

(4) 室内照明没有特殊的要求,仅需在治疗室内考虑应急照明即可;各室内均要有带地线的 220 V 电源插座,以便供设备调试和维修时使用。

(5) 在治疗室进门处和治疗室内均应安装一个紧急停止按钮。

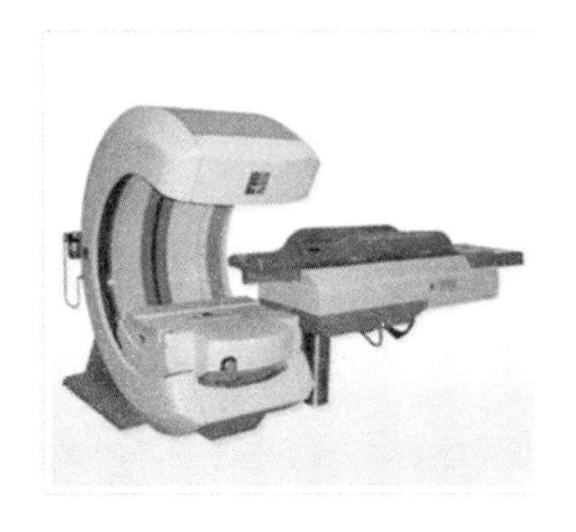
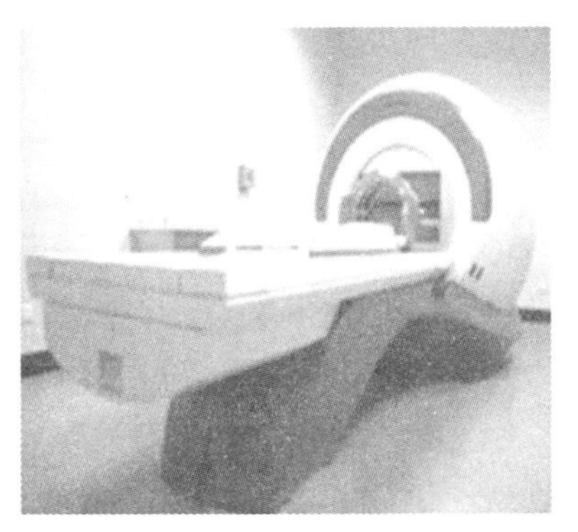

图 4-14　γ 刀放射治疗设备

(6) 系统设备要求绝缘良好的专用接地线,必须采用多股铜芯线,且接地电阻小于 1 Ω。

(7) 为了便于设备控制电缆的敷设,治疗室到控制室及控制室内电气柜到操作台之间需设一个直径 300 mm 的电缆管或 0.25 m×0.2 m(宽×深)的电缆沟。

(8) 治疗室入口处,应设置出束警示灯,其开闭应受设备的操作台控制。治疗室还应设置门、机连锁控制装置。

(9) 控制室与治疗室装设一套双向对讲电话系统。治疗室内应安装两个摄像机探头,其中一个位于治疗室内治疗床对面墙壁上 1.3 m 处,其下方安装辐射报警器,监视器安装在控制室内。控制室至治疗规划室需设计一条通信电缆,即超 5 类四对八芯双绞铜缆(距离在 100 m 以内),用于控制系统与治疗规划通信。治疗规划室还需设计一条通信电缆,用于磁共振室与规划室计算机连接。

(10) 由于防护墙很厚,且墙体在浇注后是不允许有任何破坏和改动的,治疗室墙上的设备较多,所以墙内的各类电气管路一定要定位准确、一次敷设到位。

第八节　医疗设备的电磁兼容保护

生物电类检测设备、医疗影像诊断设备等医疗设备用房应设置电磁屏蔽室或采取其他电磁泄漏防护措施。易受辐射干扰的医疗电子设备不应与电磁干扰源贴邻(生物电类检测设备如:心电图仪、脑电图仪、肌电诱发电位仪;大型医疗影像诊断设备如:CT、MRI、PET-CT 等)。环境中的电磁干扰值达不到医疗设备要求时,应采取电磁屏蔽措施。医疗设备应采取可靠接地措施;有电磁防护要求的医疗设备用房内,照明等设备应满足电磁兼容要求,电气线路应穿金属管保护。有电磁防护要求的医疗设备用房应做局部等电位连接。脑电图等对电磁屏蔽有专门要求的机房应进行电磁兼容专项设计。医疗场所的无线传输设备应进行电磁兼容专项设计。在本书第二章中已经针对电磁干扰防护措施作了详细阐述,在这里就不再赘述。

第九节　医用电梯的电气设计

随着医院的床位规模越来越大，为方便患者就医，安装使用的电梯也越来越多，一所医院有几十部甚至上百部电梯已经不算什么新闻。电梯已经成为医院中不可缺少的，与患者接触最为密切、使用最为频繁的特种设备。从作为人员密集的公共场所与担负救死扶伤的特点可以看出，医院电梯与普通住宅电梯相比有以下特殊性：

1. 电梯的使用频次高，使用电梯的人员多。

2. 电梯的服务人群特殊，医院电梯是危重病患者、手术治疗人员等就医的唯一通道，甚至是救命通道。

3. 医院电梯按照国家标准规定属于Ⅲ类电梯，具有载重大（一般大于 1.61 t），轿厢空间大，电梯结构复杂，故障点多等特点。

医院电梯因具有这些特殊性，一旦发生故障（断电），即使故障不大也可能造成严重后果。因此，医院电梯配电设计的重要性越发突出。

一般电梯的电气控制设备由制造厂成套供应，电气控制设备的电源进线及控制和配电出线由安装单位配套。在电气设计时必需从电梯负荷等级和使用场所两个方面为下列用电设备提供电源、选配断路器和配电线路，主要包括：①电梯主电源；②轿厢、机房和滑轮间的照明和通风；③轿顶和底坑的电源插座；④机房和滑轮间的电源插座；⑤电梯井道的照明；⑥报警装置。

一、电梯的负荷分级

电梯的负荷分级和供电要求，应与建筑的重要性和对电梯可靠性的要求相一致，并符合国家供配电系统设计规范的规定。高层建筑和重要公建的电梯为二级，重要的为一级；一般载货电梯、医用电梯为三级，重要的为二级；多层住宅和普通公建的电梯为三级。高层建筑中的消防电梯，应符合国家标准《高层民用建筑设计防火规范》的规定。

为确保就诊患者的人身安全，建议将门诊、住院部及医技区域除消防电梯以外的其余电梯均定义为二级负荷；行政和后勤区域的电梯定义为三级。

二、电梯的供电要求

一级负荷电梯的供电电源应有两个电源，供电采用两个电源送至最末一级配电装置处，并自动切换，为一级负荷供电的回路应专用，不应接入其他级别的负荷。

二级负荷电梯的供电电源宜有两个电源（或两个回路），供电可采用两个回路送至最末一级配电装置处，并自动切换。当变电系统低压侧为单母线分段且母联断路器采用自动投入方式时，可采用线路可靠、独立出线的单回路供电。也可由应急母线或区域双电源自动互投配电装置出线的、可靠的单回路供电。

三级负荷电梯的供电，宜采用专用回路供电。

普通电梯和消防电梯的电源应分别采用专用的供电回路；消防电梯的配电设备应有明显标志。

三、电源设置要求

每台电梯应装设单独的隔离电器和保护装置，并设置在机房内便于操作和维修的地点，应能从机房入口处方便、迅速地接近。如果机房为几台电梯共用，各台电梯的隔离电器应易于识别。隔离电器应具有切断电梯正常使用情况下最大电流的能力但不应切断下列设备的供电：

（1）轿厢、机房和滑轮间的照明和通风。

（2）轿顶和底坑的电源插座。

（3）机房和滑轮间的电源插座。

（4）电梯井道的照明。

（5）报警装置。

上述照明、通风装置和插座的电源，可以从电梯的主电源开关前取得，由机房内电源配电箱（柜）供电或单设照明配电箱，或另引照明供电回路并单设照明配电箱。

无机房电梯其主电源开关应设置在井道外工作人员方便接近的地方，并应具有必要的安全防护。

厅站指示层照明由自身动力电源供电。

电梯的隔离电器和短路保护装置可设置在机房内电源配电箱（柜）内，选用断路器，电源配电箱（柜）的位置应符合要求；当电梯台数较多，隔离电器需分别就近设置时，可选用隔离开关。短路保护装置可设置在机房内电源配电箱（柜）内，各电梯供电回路分别设置断路器。

四、主开关选择

电梯电源设备的馈电开关宜采用低压断路器。低压断路器的额定电流应根据持续负荷电流和拖动电动机的启动电流来确定。过电流保护装置的负载－时间特性应与设备负载－时间特性曲线相配合。

五、照明、通风装置和插座的供电回路

照明、通风装置和插座的供电回路，根据设备所在部位和工作特点划分，至少应分为两个供电回路，并分别设置隔离电器和保护装置。

1. 轿厢用电设备（照明、通风、插座和报警装置）供电回路和保护断路器（如同机房中有几台电梯驱动主机，每个轿厢均应设置一个），此断路器应设置在相应的主开关旁。

2. 机房、井道和底坑用电设备（照明、通风和插座）供电回路和保护断路器，此断路器应设置在机房内，靠近其入口处。

六、电气照明、通风装置和插座设置及控制

1. 电梯井道照明　封闭式电梯井道应设置永久性的电气照明，在维护修理期间，即使门全部关上，井道亦能被照亮。井道最高和最低点 0.5 m 以内，各装设一盏灯，中间最大每间隔 7 m 设一盏灯，照度应不小于 50 lx，分别在机房和底坑设置一控制开关。

2. 电梯机房照明和电源插座　机房应设有固定式电气照明，地板表面上照度应不小于 200 lx。在机房内靠近入口（或几个入口）的适当高度处设有一个开关，以便进入时能控制机房照明。机房内应设置一个或多个电源插座。

3. 轿厢照明和电源插座　轿厢应装备永久性的电气照明，控制装置上的照度应不小于50 lx，轿厢地面上的照度宜不小于50 lx。如果照明是白炽灯，至少要有两只并联的灯泡。要有可自动再充电的紧急电源，在正常照明电源被中断的情况下，它能至少供1 W的灯泡用电1 h。在正常照明电源一旦发生故障情况下，应自动接通照明电源。轿顶应设置一个或多个电源插座。

4. 底坑插座　底坑距底0.5 m处应设置一个电源插座。插座需有防护措施和有一定的防水能力，宜至少达到IP21。

七、线路敷设

1. 线缆选择　选择电梯供电导线时，应按电动机铭牌电流及其相应的工作制确定，导线的连续工作载流量应不小于计算电流，线路较长时，还应校验其电压损失（直流电梯电源电压波动范围应在±3%之间，交流电梯在±5%之间）。

2. 配线选型　根据不同用途，配线可选用导线、硬电缆和软电缆，应有不同的保护方式和敷设方式。

八、防灾及报警装置

1. 消防电梯和平时兼作普通电梯的消防电梯，在撤离层靠近层门的候梯处增设消防专用开关及优先呼梯开关，供火灾时消防队员使用。

2. 为使乘客在需要时能有效地向轿厢外求援，应在轿厢内装设乘客易于识别和触及的报警装置。该装置应采用警铃、对讲系统，外部电话或类似形式的装置。

3. 超高层建筑和级别高的公建，在防灾控制中心宜设置电梯运行状态指示盘。

4. 消防电梯轿厢内应设消防专用固定电话，根据需要可以设闭路监视摄像机。

5. 防雷等电位连接　二类防雷建筑物超过45 m和三类防雷建筑物超过60 m的建筑，应采取防雷等电位连接措施，电梯导轨的底端和顶端分别与防雷装置连接（接闪器、引下线、接地装置和其他连接导体等）。

九、电梯机房、井道和轿厢中电器装置的间接接触保护

1. 低压配电系统零线和接地线应始终分开。

2. 整个电梯装置的金属件，应采取等电位连接措施。接地支线应分别接至接地干线接线柱上，不得互相连接后再接地。在各个底坑和各机房均设置等电位连接端子盒，并与防雷装置连接。端子盒分别单独用接地线接至等电位连接端子板，以便于检查和维护。采用铜芯导体，芯线截面不得小于6 mm^2，当兼用作防雷等电位连接时，采用铜芯导体，芯线截面不得小于16 mm^2。轿厢接地线如利用电缆芯线时，不得少于两根，采用铜芯导体，每根芯线截面不得小于2.5 mm^2。

3. 电位连接、保护接地及电梯控制计算机工作接地与建筑内其他功能的接地共用接地装置。

十、多种方式可灵活组合

根据工程的具体情况，在符合国家标准的前提下，设计时可有多种组合方式，配电回路也可适当增减。

第五章 医疗建筑照明系统设计

医疗照明设计涉及多空间、多学科，不同空间有不同的要求。恰当的色彩与照度，有益于身心健康，反之则会产生危害。医疗区域的照明，不单纯是照明功能，而且具有视觉审美及生理与心理的治疗功能。照明设计是专业技术人员运用照明技术于不同的公共区域与医疗专业空间，通过不同光源的组合，营造健康、温馨、安全的医疗及保障工作的环境，满足医患双方视觉审美、生理和心理舒适，还能有益于促进患者的康复。同样，照明设计涉及光的照度的合理性及灯具选择的科学性，必须结合实际，合理配置，防止浪费。因此，医疗环境的照明设计不仅要注重技术先进、经济合理、安全环保、维护方便，还应以科学态度，从患者视角及不同光源对患者心理与生理影响，进行整体评估设计，确保照明质量。对此，医院管理者应高度重视。

第一节 照明设计的一般规定

医疗建筑照明的设计，应符合卫生学要求，使光环境有利于医护人员的工作开展与患者生理、心理健康。要注重绿色照明，应根据场所功能、视觉要求和建筑的空间特点，合理选择光源、灯具，确定适宜的照明方案，以构建舒适的光环境。在照明设计中同时应符合国家《建筑照明设计标准》。新生儿室及 NICU 等场所的灯光设计光线不可过强，防止损伤新生儿视力；产科病房的设计，光线需要柔和，有利产妇心理安定需求的特点；手术室的灯光设计，要有利手术的实施，并选择光源好的灯具；检验科与病理科的工作室内，除一般照明外，同时应设置紫外线消毒灯具。

供照明用的配电变压器的设置应符合下列要求：电力设备无大功率冲击性负荷时，照明和电力宜共用变压器；当电力设备有大功率冲击性负荷时，照明宜与冲击性负荷接自不同变压器；如条件不允许，需接自同一变压器时，照明应由专用馈电线供电；照明安装功率较大时，宜采用照明专用变压器。由于医院的大型设备较多，在配置变压器时，宜将照明变压器与动力变压器特别是大型设备的动力线分开。

应急照明的电源，应根据应急照明类别、场所使用要求和该建筑电源条件，采用下列方式之一：接自电力网有效地独立于正常照明电源的线路；蓄电池组，包括灯内自带蓄电池、集中设置或分区集中设置的蓄电池装置；应急发电机组；以上任意两种方式的组合。

疏散照明的出口标志灯和指向标志灯宜用蓄电池电源。安全照明的电源应和该场所的电力线路分别接自不同变压器或不同馈电干线。照明配电宜采用放射式和树干式结合的系统。三相配电干线的各相负荷宜分配平衡，最大相负荷不宜超过三相负荷平均值的115%，最小相负荷不宜小于三相负荷平均值的85%。照明配电箱宜设置在靠近照明负荷中心便于操作维护的位置。每一照明单相分支回路的电流不宜超过16A，所接光源数不宜超过25个；连接建筑组合灯具时，回路电流不宜超过25A，光源数不宜超过60个；连接高强度气体放电灯的单相分支回路的电流不应超过30A。

插座不宜和照明灯接在同一分支回路。在电压偏差较大的场所，有条件时，宜设置自动稳压装置。供给气体放电灯的配电线路宜在线路或灯具内设置电容补偿，功率因数不应低于0.9。在气体放电灯的频闪效应对视觉作业有影响的场所，应采用下列措施之一：采用高频电子镇流器；或相邻灯具分接在不同相序。配电系统的接地方式、配电线路的保护，应符合国家现行相关标准的有关规定。

照明配电干线和分支线，应采用铜芯绝缘电线或电缆，分支线截面不应小于1.5 mm^2。照明配电线路应按负荷计算电流和灯端允许电压值选择导体截面积。主要供给气体放电灯的三相配电线路，其中性线截面应满足不平衡电流及谐波电流的要求，且不应小于相线截面。接地线截面选择应符合国家现行标准的有关规定。

医疗建筑照明质量标准。医疗建筑下列场所的照度标准值应符合表5-1要求。

表5-1 医疗建筑照度标准值

房间或场所	参考平面及其高度	照度标准值(lx)
门厅、挂号厅、候诊区、家属等候区	地面	200
服务台、X线诊断等诊疗设备主机室、婴儿护理房、血库、药库、洗衣房	0.75 m水平面	200
挂号室、收费室、诊室、急诊室、磁共振室、加速器室、功能检查室、(脑电、心电、超声波、视力检查室等)、护士站、监护室、研究室、会议室、办公室	0.75 m水平面	300
化验室、药房、病理实验室及检验室、仪器室、专用诊疗设备的控制室、计算机网络机房	0.75 m水平面	500
手术室	0.75 m水平面	750
病房、诊断观察室	0.75 m水平面	100
患者活动室、医护人员的休息室、电梯厅、厕所、浴室、走廊	地面	100

注：1. 重症监护病房夜间看护用照明的照度宜大于5 lx；
2. 手术室照明，在距地1.5 m，直径0.3 m的手术范围内，应设手术专用无影灯，由专用手术无影灯产生的照度应避免直接强光对患者和有精细视觉作业者的干扰。无影灯设置高度宜为3.0～3.2 m；无影灯的照度应为(20～100)×10^3 lx，且胸外科手术专用无影灯的照度应为(20～100)×10^3 lx；有影像要求的手术室应采用内置摄影机的无影灯

普通房间及场所一般照明的照度均匀度不应小于0.7。在实际工作中，住院部走廊与门诊各公共空间中，按标准的照明照度设置时，由于亮度太强，特别是晚间公共区域的照度太高，工作人员和患者都会产生不舒适感。因此，对于公共区域的照明设计中应分析具体空间的功能及照明要求，进行整体的调整，不应拘泥于规范的个别要求，防止在实际工程中的投资浪费。规范要求在医疗建筑中，照明光源的颜色的色表特征宜为中间色，其相关色温为3 300～5 500 K。如治疗室和病房的建筑色彩采用了配合治疗用的特殊颜色，则人工照明光源的色表特征宜与建筑色彩相适应。在实际工程中，我们对色表

的特征把握由于缺少经验，且对这一概念的把握没有具体的感知，往往在配置中会造成选择灯具不当。

规范还要求，医疗建筑一般场所光源的显色指数(Ra)不应低于80。诊室、检查室、手术室和病房宜采用高显色光源且手术室光源显色指数应不低于90。如何把握上述各概念，需要在理论上有一般的认知。对于一般公共环境的照明指数，应参照表5-2进行设计。

表5-2　一般公共环境的照明指数

房间或场所		参考平面及其高度	照度标准值(lx)	UGR	Ra
门厅	普通	地面	100	—	60
	高档	地面	200	—	80
走廊、流动区域	普通	地面	50	—	60
	高档	地面	100	—	80
楼梯、平台	普通	地面	30	—	60
	高档	地面	75	—	80
自动扶梯		地面	150	—	60
厕所盥洗室、浴室	普通	地面	75	—	60
	高档	地面	150	—	80
电梯前厅	普通	地面	75	—	60
	高档	地面	150	—	80
休息室		地面	100	22	80
储藏室、仓库		地面	100	—	60
车库	停车间	地面	75	28	60
	检修间	地面	200	25	60

所谓照明光源的色温与显色指数，是指光源的色表与色品。作为照明光源，除了要求有较高的发光效率外，还要求发出的光有良好的颜色。光源的颜色有两方面的含义：一方面是人眼直接观察光源时所看的颜色称为光源的色表；另一方面是指光源的光投射到物体上所产生的客观效果，称为色品。在色度学上，光源的色品采用色度坐标(色坐标)，颜色温度(色温)或显色指数来表示。如果各种物体受照效果和标准光源(黑体或标准昼光)照射时一样，则认为该光源的显色性好(显色指数高)，反之，如果物体在受照后颜色失真，则该光源的显色性就差(显色指数低)。如高压汞灯，看上去既亮且白，但被它照射的人的面孔却呈现青灰色，这说明这种灯色表不错，但显色性不好。白炽灯相反，看上去偏黄偏红，但受照物体的颜色却很少失真。这就是说白炽灯的色表不好，但显色性好。钠灯，几乎是金黄色，如果用它照射在蓝色物体上，就变成了黑色的。这说明钠灯的色表与色品都不好。但钠灯的发光效率是光源中最高的。常见光源的显色指数如表5-3所示。

表 5－3 光源一般显色指数

光源	显色指数(Ra)	光源	显色指数(Ra)
白炽灯	97～99	日光荧光灯	75
氙灯	95～97	金属卤化物灯	65～90
暖白色荧光灯	55～77	高压汞灯	35～50
冷白色荧光灯	67～85	高压钠灯	21～23

光源的色表与显色性，是由它的光谱能量(功率)分布来决定的。光源的光谱功率分布决定了光源的显色性，具有连续光谱功率分布的光源有较好的显色性。光源色温和显色性无必然联系。由光源的光谱能量分布和发光颜色之间的关系，分出“色温”这个表示光源的量。当光源发射的光的颜色与黑体在某一温度下辐射的颜色相同时，黑体的这个温度就称该光源的颜色温度，简称色温。用绝对温标“K”表示。常见的几种色温见表 5－4。

表 5－4 光源一般色温

光源	色温(K)	光源	色温(K)
高压汞灯	3 450～3 750	高压钠灯	1 950～2 250
暖色荧光灯	2 500～3 000	蜡烛光	2 000
冷色荧光灯	4 000～5 000	北方晴空	8 000～8 500
卤素灯	3 000	夏日正午阳光	5 500
金属卤化物灯	4 000～4 600	下午日光	4 000
钨丝灯	2 700	阴天	6 500～7 500

CIE 推荐的四种标准照明体 A、B、C、D 和三种标准光源　标准照明体 A：2 856 K 完全辐射体的光；标准照明体 B：4 876 K 的直线阳光；标准照明体 C：6 774 K 的平均日光；标准照明体 D_{65}：6 504 K 的日光；标准照明体 D：标准照明体 D_{65} 以外的日光。标准光源 A：色温 2 856 K 的充气钨丝灯；标准光源 B：A 光源加一组特定的戴维斯・吉伯逊液体滤光器，以产生相关色温 4 874 K 的辐射；标准光源 C：A 光源加另一组特定的戴维斯・吉伯逊液体滤光器，以产生相关色温 6 774 K 的辐射。照度水平与人眼对光色的舒适性有一定的相互关系。很低照度指接近火焰的低色温光；偏低和中等照度指接近黎明和黄昏色温的日光；较高照度指接近中午阳光或偏蓝的高色温天空的色光。色温不影响视觉辨别细节的能力。

第二节　一般医疗环境的照明设计

医疗建筑照明方式可分为一般医疗环境照明和局部照明。在设计一般医疗环境照明时，除应符合医疗大型设备对供配电的要求，还应符合下列规定：

一、门、急诊楼的照明设计

门、急诊楼的大厅应处理好自然光与人工照明的平稳转换，避免引起视觉不适。封闭式门诊区与开敞室的门诊大厅应在灯光设计中有所区别。由于门诊大厅是医院的交通主入口，也是患者反复进入的场所，主要窗口通常设有“挂号”、“付款”、“划价”等标识，为便于患者准确看清划价付款的数量等要求，这些窗口内外的照度应在300 lx左右，宜以荧光灯为主，设计应兼顾美观。对于相对封闭的门诊大厅，应当尽量采用透光设计，引入室外自然光。一般情况下，宜采用开敞式设计。门、急诊室的照明设计，应采用高显色性照明光源（Ra＞80）。一般选用细管节能型带电子镇流器的三基色荧光灯。医疗用房采用高显色性荧光灯，便于医生观察病人体征。同时，应充分利用自然光，考虑到阴雨天和急诊室的夜间使用，诊室的照度应在300 lx以上，便于医生观察患者体表各部位的异常细小变化等，一般以高显色性、色温3 500 K荧光灯为主。急诊观察室、治疗室宜采用漫反射型灯具，以减少眩光。同时，要将观片灯进行定位设计，确保与整体装修一致，防止拆改，造成浪费。儿科门诊和儿科病房的照明开关及插座，距地不得低于1.5 m。

二、医技科室的照明设计

核磁共振室、脑、心电图室的照明光源选用白炽灯，为了防止静电感应和电磁感应对电子设备的影响，其供电电源宜采用直流电源。若采用直流电源有困难，可采用交流电源供电，并应对灯具做屏蔽处理。一般可用磷青铜丝网把灯具罩上，并将铜丝网与PE线可靠连接。X光诊断室、加速器治疗室、核医学扫描室和照相机室、手术室等用房，应设置防止其他人员误入的红色信号灯，其电源应与机组连通。对医疗建筑的荧光灯建议采用电子镇流器或新型电感镇流器，可以减少由于大量使用荧光灯而产生的系统谐波对其他设备的干扰。室内同一环境的照明及光源的色温、显色性宜一致。除配合治疗用的照明外，其他一般环境照明禁用彩色光，室内景观照明慎用彩色光。

三、普通病房环境的照明设计

住院部的病房及走廊等公共空间宜选用无光泽白色反射体；护理单元和通往手术室的通道，其照明灯具宜靠近走道一侧布置，灯具造型及安装位置宜避免卧床患者视野内产生直射眩光。一般要求光线柔和，防止对病人产生刺激，因此，病房照明宜采用间接型灯具或反射式照明。灯具应避开病床正上方，以免灯光让卧床病人产生眩光，病房照度为100 lx。病房内除设一般环境照明外，应按一床一灯设床头照明和工作照明，其灯具亮度大于2 000 cd/m^2，且配光适宜。灯具及照明开关的安装宜与多功能医用线槽结合床头控制，这样既不影响其他患者休息，医生检查时也可用床头灯做局部照明。护理单元和病房应设夜间照明，病房床头部位照度不应大于0.1 lx，儿科病房不应大于1.0 lx。普通病房夜间照明宜设置在患者不宜接触处。病房护理单元走道的通道照明宜在深夜可关掉一部分或采用可调光方式，照度为75 lx，且灯具安装应避开病房门口。

四、手术部的照明设计

各手术室应设专用手术无影灯。无影灯设置高度宜为3.0～3.2 m。无影灯下的照度应为$(20\sim100)\times10^3$ lx，且胸外科手术专用无影灯的照度应为$(20\sim100)\times10^3$ lx。数字化手术室应采用灯头中内置手术摄影机的手术灯，能为开放手术和内窥镜手术提供清晰手术的视频图像。手术室照明使用的荧光灯，供手术使用的无彩灯、还孔青片灯、紫外线杀菌灯和“正在手术”标志灯。手术室的照明关系重大，因此，每一手术室应独立设置配电箱，由双路电源供电且末端切换，手术室配电箱的电源由低压配电室直接供给(即多个手术室的配电方式为放射式)。

手术部的照明灯具采用树干式配电。要保证照度的匀性、视野亮度的适当分布及照度的稳定性。

1. 洁净手术部的照明采用密封洁净灯盘。灯具均配高效率、无噪声、重量轻、照明质量好的电子镇流器。室内应无强烈反光，对大型以上手术室(含大型)的照度均匀度不应低于 0.7。

2. 手术中(灯)通过手术无影灯开关面板控制，与手术无影灯联动，无影灯亮，则手术中(灯)亮，无影灯灭，则手术中(灯)灭。电线及电缆采用镀锌钢管或金属线槽(根数较多时)在吊顶或沿梁铺设。电管从线管引出至灯具使用的金属软管保护，要求接头牢固可靠，并保证良好的电气连接。

3. 洁净手术室设计最低照度在 50 lx 以上，准备室设计最低照度在 100 lx 以上，前室设计最低照度在 150 lx 以上。

4. Ⅰ级手术室照明应由手术室不间断电源(UPS 或 EPS)供电，其他手术和走廊的应急照明设计采用带应急组件的应急照明灯盘。

五、洁净场所的照明设计

住院部及各相关科室内的无菌室、新生儿隔离病房、灼伤病房、洁净病房(血液)、病理实验屏障环境设施净化区内等有洁净要求的场所，应采用不积尘、易于擦拭的密闭洁净灯。照明灯具宜吸顶安装；当嵌墙暗装时，其安装的缝隙应有可靠的密封措施。需注意的是一般照明灯具开关和紫外线杀菌灯的灯具开关宜分别设置，当无法分别设置时，紫外线杀菌灯的灯具开关应明显标志、还应注意的是，一般照明用的荧光灯的灯光应与无影灯发出的灯光相匹配，一般选择色温在 4 000 K 左右，显色性好的荧光灯。

六、核磁共振室、脑电图室、心电图室的照明设计

核磁共振室、脑电图室、心电图室的照明光源选用白炽灯，是为了防止静电感应和电磁感应对电子设计的影响，其供电电源宜采用直流电源若采用直流电源有困难，可采用交流电源供电，并应对灯具做屏蔽处理。一般可用磷青铜丝网把灯具罩上，并将铜丝网与 PE 线可靠连接。

第三节　特殊医疗环境的照明设计

一、特殊灯具的使用场所

1. 紫外线杀菌灯使用场所　根据《医院消毒技术规范》的相关要求，紫外线杀菌灯一般用于医疗场所，如候诊区、感染性疾病科、传染病院的诊室和厕所、呼吸科、血库、穿刺室、妇科冲洗室、检验科、病理科、手术室、血库、洗消间、消毒供应室、太平间、垃圾处理站等场所室内的空气消毒。这些场所设置紫外线杀菌灯时：①采用间接照射法，此时首选高

强度紫外线空气消毒器，不仅消毒效果可靠，而且可在室内有人活动时使用，一般消毒机消毒 30 min 即可达到消毒合格。②采用直接消毒法，此时在室内无人条件下，可采取紫外线灯悬吊式或移动式直接照射。

紫外线灯具安装的密度其计算方法与室内人数、灯具效率有关。灯具效率也因产品不同而有所区别。采用室内悬吊式紫外线消毒时，室内安装紫外线消毒灯（30 W 紫外线灯，在 1.0 m 处的强度大于 70 $\mu W/cm^2$）的数量为平均每立方米不少于 1.5 W，照射时间不少于 30 min。紫外线杀菌灯安装方式一般为两种：一种是无罩悬吊式固定安装，此种安装方式杀菌效果最好，但安装时其开关不应与普通照明灯的开关并排安装，以防有人误开紫外线灯，对眼睛造成伤害；另一种方式为移动式安装，此种方式使用灵活。对物品的表面消毒，最好使用便携式紫外线消毒器具近距离移动照射，也可采取紫外灯悬吊式照射。对小件物品可放紫外线消毒柜内照射。

2. 防潮灯具使用的场所　医疗建筑中的洗衣房、开水间、卫浴间、消毒室、病理解剖室等潮湿的场所，宜采用防潮灯具。灯具的结构和材质应便于清洁和更换光源。灯具的布置不应妨碍固定医疗设备和器械的使用，且便于维护。核磁共振主机室的灯具应选用非磁性材料，如铜、铝、工程塑料等。

3. 防爆灯具使用的场所　医院污水处理站运用化学处理法时，存放化学品的材料空间应安装防爆灯；柴油发电机房存放柴油的场所应安装防爆灯，确保医院运行的安全。

4. 观片灯具设计的场所　门诊所有诊室，特别是呼吸科、骨科等诊室工作台墙面、手术室面向主刀医生的墙面应设观片照明；化验室、治疗室以及口腔科、耳鼻喉科等诊室应预留局部照明插座。住院部各护理单元医生办公室、主任办公室及特殊检查室均应设观片灯照明。

二、教学与办公场所的照明设计

医疗建筑是一种特殊的民用建筑，在整个建筑中，不仅有医疗功能，且有教学功能与其他功能。如会议室、办公室、信息机房等。这些场所的照明设计，仍应参照相关规定进行照明的设计。

如医疗建筑中的图书馆，其建筑照明应参照规范的标准值（如表 5－5）。

表 5－5　医院图书馆照明标准值

房间或场所	参考平面及其高度	照度标准(lx)	UGR	Ra
一般阅览室	0.75 m 水平面	300	19	80
国家、省市及其他重要图书馆的阅览室	0.75 m 水平面	500	19	80
老年阅览室	0.75 m 水平面	500	19	80
珍善本、舆图阅览室	0.75 m 水平面	500	19	80
陈列室、目录厅(室)、出纳厅	0.75 m 水平面	300	19	80
书库	0.25 m 垂直面	50	—	80
工作间	0.75 m 水平面	300	19	80

如医院办公区的建筑照明，应参照规范的相应标准值(如表 5－6)。

表 5－6　医院办公区照明标准值

房间或场所	参考平面及其高度	照度标准值(lx)	UGR	Ra
普通办公室	0.75 m 水平面	500	19	80
高档办公室	0.75 m 水平面	300	19	80
会议室	0.75 m 水平面	300	19	80
接待室、前台	0.75 m 水平面	300	—	80
营业厅	0.25 m 垂直面	300	22	80
设计室	实际工作面	500	19	80
文件整理、复印、发行室	0.75 m 水平面	300	—	80
资料、档案室	0.75 m 水平面	200	—	80

在新建的医疗建筑中，部分医院为方便患者，部分空间作为商业用房，在其空间设计时，其照明设计应按下述标准值设计(如表 5－7)。

表 5－7　医院商业用房照明标准值

房间或场所	参考平面及其高度	照度标准(lx)	UGR	Ra
一般商业营业厅	0.75 m 水平面	300	22	80
高档商业营业厅	0.75 m 水平面	500	22	80
一般超市营业厅	0.75 m 水平面	300	22	80
高档超市营业厅	0.75 m 水平面	500	22	80
收款台	台面	500	—	80

医疗建筑中，部分空间作为会议大厅安排，其空间照明，应按照影剧院建筑照明标准值安排(如表 5－8)。

表 5－8　医院会议大厅照明标准值

房间或场所		参考平面及其高度	照度标准值(lx)	UGR	Ra
门厅		地面	200	—	80
观众厅	影院	0.75 m 水平面	100	22	80
	剧场	0.75 m 水平面	200	22	80
观众休息厅	影院	地面	150	22	80
	剧场	地面	200	22	80
排演厅		地面	300	22	80
化妆室	一般活动区	0.75 m 水平面	150	22	80
	化妆台	1.1 m 高处垂直面	500	—	80

第四节　医院应急照明与景观照明

应急照明又称安全照明、备用照明、疏散照明。应急照明是医疗建筑中安全保障体系的重要组成部分，是在紧急情况下为保障患者及医护人员及时、有序、安全地撤离，特别是在夜间，为及时对患者实施安全救护提供保障的重要措施。医疗建筑中需要设置应急照明的场所很多，不同的区域，其设置应急照明的要求亦有所区别。现分述如下：

一、应急照明设置场所的分类

1. 门诊楼、急诊楼，住院楼的大厅、电梯厅、公共走道、护理单元走道等处，人员相对集中，应设置灯光疏散指示和一定数量的应急照明。由于病人的疏散速度较慢，应急照明持续时间应较其他建筑相应延长。

2. 手术室、急诊室，涉及人身安全，在正常照明因故障熄灭后，需确保医疗工作正常进行，应设置安全照明。

3. 重症监护室、急诊通道、化验室、药房、产房、血库、病理实验与检验室、计算机网络机房等场所，在正常照明因故障熄灭的，需确保工作正常进行，应设置用照明。

4. 消防控制室、自备电源室、变配电室、消防水泵房、防排烟机房、电话机房等场所，在火灾时仍需坚持工作，应设置备用照明。

5. 门诊部、住院部、医技部内的散楼梯间、散通道及散门、消防电梯间及其前室、门厅、挂号、候诊厅等场所，在正常照明因故熄灭后，需确保人员安全疏散的出口和通道应设置疏散照明。

二、不同场所照明要求

手术室、急救室的安全照明的照度不应低于一般照明的照度值，其他场所备用照明的照度不应低于正常照明照度值的 10%。疏散通道照明的照度不应低于 0.5 lx。一般照明、安全照明与无影灯，应分别设照明开关，手术室一般照明宜采用调光方式。

三、应急照明时长与灯具的选择

1. 手术室、急救室涉及人身安全的安全照明的最少持续供电时间不应小于 8 h，其他场所备用的疏散照明最少持续供电时间不应小于 30 min。应急照明在正常供电电源停止供电后，其应急电源供电的转换时间，手术室安全照明不应大于 0.5 s，其他备用照明和疏散照明不应大于 5 s。疏散照明平时宜处于点亮状态。

2. 1 类医疗场所每个房间及其他重要房间，至少有一个应急电源供电的灯具。2 类医疗场所的照明电源，应维持在标准照度的 100%。安全照明、备用电源的色温、显色性宜与正常照明一致。

3. 安全照明、备用照明灯具宜与正常照明协调布置，设置在顶棚或墙面上。疏散照明灯的设置不应与其他的医院标识牌相互遮挡。应急照明电源配置应符合《民用建筑电气设计规范》第 13.9.12 的规定。

在实际工程照明配电中，有些单位将应急照明与夜间照明交叉配置，如地下停车场所、电梯厅夜间的灯光配置，以节省配电投资。

此外，为营造轻松、宜人的医疗环境，减轻患者对医院、对疾病和心理的压力，有益于患者恢复身心健康，可结合建筑在室内特定空间所进行的室内装饰和建筑室内环境，设置景观照明。但是住院部不宜设景观照明。

第五节　医院标识照明

医院标识照明，是通过电光源将视觉识别系统用不同色彩显现。标识照明系统的设计需突出重点，凡需夜间使用的医院引导标识、无障碍标识、安全类警示标识等应采用标识照明。在实际工程建筑中，标识照明从楼顶的灯光到院内的灯光标识，是一个完整的系统。它是医院环境建设、环境安全与文化建设的重要内涵。通过照明标识，将静态的标识转换为视觉化的标识，表达医院经营理念、群体价值观，从而使医院的精神、理念、思想、文化等内涵，以具体化的方式，得到展现和传播，使社会公众产生认同感。同样，通过视觉化的标识，进行区域指向与安全警示。

医疗建筑内的视觉识别系统，要充分利用自然阳光，在需要重点提醒的区域，如主建筑重要出入口及光线较暗的区域，应设置照明标识，以确保安全管理措施的落实。公共空间标识照明系统的设计，形态与色彩要与环境相一致。手术室或监护室等重要区域的标识设计，应与声光提示结合，为节省能源，照明标识的控制开关应集中管理。建筑内部照明标识色彩的运用，要符合不同区域患者的心理需求，为患者创造一个自然、和谐、优美、安全的就诊与治疗空间环境，达到回归自然、放松心情的效果。

建筑灯光、道路灯光、医疗环境灯光与园林灯光都与标识照明相关联。标识照明的点位不宜过多过密，防止形成光照污染。公共区域可以选择节能环保型灯具；住院部内标识照明灯光，既要控制密度，也要控制亮度。在一些特殊部位的标识与美化环境的照明，能让医务人员可自主调节亮度和背景音乐，以放松心情，减轻疲劳。

医用标识照明应图文清晰，颜色、字体、规格等整体统一，色彩与医院整体环境相协调。室内标识照明平均亮度应使人在距标识 2～10 m 处可清晰辨认标识的有效文字与内容。当标识照明面积 $\leqslant 0.5\ m^2$ 时，其平均亮度宜为 400 cd/m^2；当标识照明面积 $\geqslant 0.5\ m^2$ 时，且 $\leqslant 2\ m^2$ 时，其平均亮度宜为 300 cd/m^2。低于 2.4 m 的标识照明，其灯具外露可导电部分应可靠接地。标识的设计应遵循以下原则：

1. 标识设计要醒目，应当分级、分类、分色指向。以方便患者的查寻。空间引导标识的本质是一种关怀设计，主要引导标识，必须设置为灯箱，以便患者夜间寻找目的地。标识的设置应有连续性、规律性，由近及远，便于患者安全、便捷、准确抵达目的地。

2. 医院视觉标识系统（VI）的基础要素部分包括医院的名称、医院标志、标准字体、标准色等，其中标志、标准色、标准字是核心。应用要素部分，包括办公用品、医院用品、医院标识导引、医院广告与宣传品、医院服装等，彰显医院特点，浓缩医院形象。标识的设置位置应避免对人体造成伤害，立地式标识不应设置在通道里。

3. 建筑楼层索引，可采取立地式或贴墙式；敞开空间指示牌底边距地高度不应低于 2.2 m，贴墙式标识的设置应符合人的视觉要求，标牌底边距地宜 1.7～1.9 m。

4. 急诊、急诊通道应有标识照明；X 线诊断室、加速器治疗室、核医学科扫描室的外门上，应设有工作标识灯和防止误入室内的安全警示标识灯。工作标识灯的色彩应采用红色。

医院标识照明，是医院视觉标志系统的一种表现形态，可以广泛应用于医院的各种环境中，在视觉识别基础上形成医院的形象识别(CI 系统)，包括院徽、院歌、信息指示系统、广告宣传形态等，具有整体性、系统性、唯一性、持续性，是医院文化的载体与医院形象传播的具体形式。医院标识照明设计，必须由熟悉医院历史和文化、了解医院价值与理念的专业团队设计，是医院环境建设中具有战略意义的工作。

第六节　照明光源的选择

照明光源的选择与照明装置密不可分。照明装置宜选用开敞式、透明式、格栅式，它们的光线反射率分别为 75%、65%、60%，可以有效提高照明质量，减少光衰，充分利用光源。

1. 光源的选择　照明节能的首要任务是选择光源。依据医疗环境，选择光效高、寿命长、显色性好的高效节能型光源为照明光源。室内照明一般宜选用细管径荧光灯或紧凑型荧光灯。室内公用大厅等高大空间及室外路灯、庭院灯宜采用小功率金卤灯。院内公共空间的标识灯、庭院草坪灯宜选用 LED 灯。除医用磁共振成像设备(MRI)室等有特殊需要的房间外，一般场所不应采用白炽灯。除医疗要求和建筑装饰需要的灯具外，应选用效率高的灯具。室内灯具效率不宜低于 0.7，装有遮光格栅时，不应低于 0.6；室外灯的效率不宜低于 0.5。高效照明光源每使用 1 W 电能，能够发出比普通照明光源更高的光通量(lm)。白炽灯的光通量通常为 7～20 lm/W，寿命为 1 000～1 500 h；而单端的紧凑型荧光灯的光通量一般为 50 lm/W，使用寿命高达 3 000～5 000 h。对比发现，采用 9 W 的节能灯可以完全替代我们常用的 40W 白炽灯；双端直管荧光灯 T12 型的光通量为 55 lm/W，寿命为 3 000～5 000 h，而现在的 T5 型则达到 90～110 lm/W，寿命可达 8 000～1 000 h，因此 T5 荧光灯足以代替 T12 荧光灯、T10 型甚至 T8 型的荧光灯，不仅可以节约近一半的电能，而且还改善了灯光的显色性。荧光灯在医院照明里应用广泛，应该优先选用三基色 T5 荧光灯；走廊、门诊大厅的照明应以高压钠灯、金属卤化物灯、发光二极管和半导体照明灯等具有光效高、耗电少、寿命长、透雾力强和不易锈蚀等优点的高强气体放电灯为主。

2. 在确保照明质量的前提下，应有效控制照明功率密度值，并应符合《建筑照明设计标准》GB 50034 的规定。气体放电灯具的线路功率因素不应低于 0.9。采用电感镇流器的气体放电灯宜采用分散式进行无功补偿。需夜间使用照明的场所，应根据使用要求和环境条件，深夜关闭部分灯具。

3. 应充分利用自然光。门厅、挂号厅、候诊区等公共场所，以及医护人员休息交流场所，宜根据建筑采光的照度变化，分区控制人工照明。室外照明宜采用时控及照度控制方式集中节能管理。有条件的医院，室外照明可采用太阳能光伏照明系统。

4. 半导体灯(LED)主要的性能优势在于其长效节能和高可靠性。LED 作为固体发光材料和光源，具有良好的可靠性，LED 的使用寿命一般可达 8 万～10 万小时，LED 工作方式是低电压和低电流，供电电压在 6～24 V 之间，比使用高压电源安全，尤其适用于公共场所；LED 的能耗较低，消耗的能量较同光效的白炽灯会减少 80%。另外，LED 不含有害金属汞等，对环境污染很小。在实施“绿色照明”的大环境下，半导体发光二极管以其饱满色光、无限混色、迅速切换、耐振、耐潮、低能耗、超长寿命等优势成为人们日常生活中最热门、最瞩目的光源。随着 LED 材料的革新、工艺的改进和生产规模的提高，LED 必将取代传统光源成为新一代的绿色光源。

5. 医院照明设计及照明产品的选择是以能充分发挥医疗设备的功能,有效地为医疗服务为目的。在充分考虑医院环境特点的情况下,注重照明电器核心部件镇流器的科学选定对医院建筑投入使用后的照明质量、运行费用、楼宇安全、医护人员的工作效率、医疗仪器的检测数据、诊断结论以及对电网的污染、人身伤害等有着至关重要的影响与作用。目前,室内照明的光源以荧光灯为主;镇流器有电感镇流器和电子镇流器两种,这两种镇流器在实际运用中在节能与舒适、安全方面有不同的结果。电子镇流器具有效率高、可靠性好、启动快的优点,已为越来越多的人所接受,正逐步取代传统的电感镇流器。普通的电感镇流器耗电约为荧光灯耗电量的20%,节能电感镇流器约为10%,而品质优良的电子镇流器耗电仅为荧光灯耗电量的2%~3%。由此可见,科学选用节能电子镇流器的节电效果还是非常显著的。

镇流器应按光源需求配置,并应符合相应能效标准的节能评价值。

(1) 电子镇流器与电感镇流器在节能方面的比较:电感镇流器的工作频率为50 Hz,电子镇流器的工作频率为20~50 Hz,灯管在高频下发光效率比工频提高10%,因而使用电子镇流器的灯具亮度提高;电子镇流器自身耗电少,在同等条件下采用电子镇流器比电感镇流器节电20%~30%。其中电感镇流器工作时增加室内温度,夏季需要使用空调降温,空调负荷又增加,消耗了更多的电能。医院一般照明约占70%,采用高性能的电子镇流器比优质电感镇流器每年可节约2~3个月的电费(表5-9),可逐步回收灯具成本,降低物业的运行成本。

同时,电感镇流器由于使用机械启辉器,产生瞬间高压脉冲,对家电和仪器产生干扰,缩短灯管寿命,且废弃灯管回收会造成环境的污染。而高效能的电子镇流器则使灯管的寿命延长,本身也节省了运行成本。

表5-9 高性能电子镇流器与电感镇流器节电比较

	电感镇流器	高性能3AAA牌电子镇流器	高性能3AAA牌电子镇流器
灯具配置规格	T 836 W×1 2只	T 836 W×2 1只	T 528 W×2 1只
镇流器自身耗电(W)	10 W×2	8 W×1	8 W×1
电源输入总功率	36 W×2+10 W×2=92 W	36 W×2+8 W×1=80 W	28 W×2+8 W×1=64 W
线路功率因素	0.5	≥0.97	≥0.98
镇流器自身温升	50 ℃以上	15 ℃以上	15 ℃以上
每天工作10 h,每年365天,总耗电量(W·h)	92×10×365=335 800	80×10×365=292 000	64×10×365=233 600
使用3 000套灯具年总耗电量(kW·h)	335 800×3 000/1 000=1 007 400	292 000×3 000/1 000=876 000	233 600×3 000/1 000=700 800
年总工作成本0.73元/kW·h,需电费(元)	1 007 400×0.73=735 402.00	876 000×0.73=639 480.00	700 800×0.73=511 584.00
每年节约费用(元)	0.00	95 922.00	223 818.00

（2）电感镇流器与电子镇流器在舒适性与安全性方面的比较：在舒适性上，电感镇流器会产生频闪现象，在此环境下工作视觉易产生疲劳，对高速旋转物体易产生错觉，其自身发出的低频噪声易使人烦躁，特别是耳鼻咽喉科测听室在采用荧光灯时，要防止其噪音影响测听的效果。而电子镇流器可消除闪频，保护视力。高性能的电子镇流器更具有无频闪、无噪音，与三基色灯管配套使用，显色性好，色彩逼真，高光效，对提高工作效率，对于患者健康有一定的辅助效果。适用于测听室、检查室等场所。

在安全性上，由于电感镇流器自身耗电量大，耗电转化为热能，表面温度升高，尤其在电网电压波动时，温度可达 120～130℃，可能引起火灾；启动时在室温 10℃正常工作，低于−5℃时启动困难；电网电压低于 180 V 时，难于正常启辉，多次启动易损坏灯管的阴极，缩短灯管寿命。其功率因素在 0.4～0.6 左右，较大的无功功率增加了照明线路和变压器的容量，从而增加线路和变压器的损耗，也加大了电能损耗，降低了照明质量，同时对电网的运行安全带来威胁，安装补偿电容会增加谐波电流对其他仪器造成干扰。而高性能的电子镇流器功率因素≥0.97，只有 3%的左右的无功损耗，无功节电在 45%以上；谐波含量小，使输入的电流波畸形变小，对电网几乎无污染，且可减小供电设备的增容。其性能适应宽电压工作范围，在−10～+50℃环境下可正常工作，安全可靠。并能对灯管起保护作用，延长其使用寿命。

（3）选择电子镇流器应注意的问题：电子镇流器是在电子“镇流”技术和晶体管开关电源技术基础上发展起来的高新技术产品，是灯用电子学的具体产品应用，它集光、电、磁等技术于一体，主要应关注其功能和可靠性，选择符合国家标准、适合国内消费水平、具有市场竞争力和良好的性价比的产品。其在发展过程中存在的“功率因素低、谐波含量高、电磁兼容性差、输出功率低，互感自激”等问题得到逐步解决，国内涌现不少优异的产品。

医院具有很多电磁敏感度很高的仪器设备，电磁环境属于 A 类工业环境，因而在照明电器选择时，必须注意其功能和可靠性。电磁兼容性由电磁敏干扰（EMS）和电磁干扰（EMI）构成；电磁骚扰由无线电骚扰、谐波电流、电压波动和闪烁构成。原通过长城认证的 H 级普通高功率因素电子镇流器因无电磁兼容设计，主要是未设计高频滤波器致高频信号外泄，谐波含量高，干扰医疗仪器设备，不宜在医院中使用。医院选用镇流器在注重其功能可靠性的基础上，着重考察是否通过 EMC 认证，并具有良好的电磁兼容性。同时还应注意：

①灯电流波峰系数控制：它是影响阴极发射能力和发射电流稳定性的重要指标，国家标准控制在≤1.7，灯电流波峰系数高，灯阴极受到的损伤大，还会带来附加的闪动。

②异常保护功能：电子镇流器在与灯管配套使用中会出现灯管漏气、不激活、不启动及主要电路电流过大等异常情况，为使镇流器不损坏，设置异常保护功能，在灯管发生异常时，自动关闭镇流器，保证产品性能及可靠性。

③过电流、电压控制：电网中各种谐波与噪波污染（如瞬时高压、高能脉冲），以及雷击过流冲击都会直接影响或损坏开关管、电容器等，为此需要设置保护。

④降低温升：镇流器的温升主要是由于半导体元件产生的功耗而发热。温升提高，其寿命缩短。设计时要尽量减少功耗，提高效率。可采用专业电子绝缘胶封灌，可使产品整体温升降低，防止水、灰等杂物进入，避免因潮湿引起短路造成的产品损坏。

⑤宽电压工作范围：电子镇流器应能适应电网变化正常工作。

⑥企业资质及售后服务审查：从材料、生产工艺品入库有一套质量保证体系，以确保产品的整体工作可靠性、一致性与稳定性。

第七节　照明控制

医院照明用电约占整体用电的20%。在照明设计中，要从医疗建筑的整体考虑，既要充分利用自然光，同时又要合理地设计控制开关。医院的公共区域主要有地下停车场、门厅、挂号厅、取药处、走廊、候诊室等，由于各区域的工作时间不同，不同时间内对照度的要求也不一样。因此，在进行照明设计时，要根据各公共区域照明照度不同要求，采用相适应的控制手段。要根据医院特殊场所的要求，采用一般照明、局部照明联动布置。有条件者也可以选用智能照明调控系统，以有效降低照明用电量，减少能源的损耗，提高使用效率，而且可显著提高光源的寿命，电能节约可达25%以上。现将照明控制的若干问题分述如下：

1. 一般场所的照明开关设计规定　门诊部、住院部等面向患者的医疗建筑的门厅、走道、楼梯、挂号厅、候诊区等公共场所的照明，宜在值班室、候诊服务台处采用集中控制，并根据自然采光和使用情况设分组、分区控制措施。挂号室、诊室、病房、监护室、办公室个性化小空间宜单灯设照明开关。药房、培训教室、会议室食堂餐厅等较大的空间宜分区或分组设照明开关。

在实际的工程实践中，应从建筑本身的特点出发做好照明控制。如医院门诊大厅，是人流密集的场所，照明设计应提供一种轻松安静的氛围，灯光应当简洁明快。一般应运用三基色荧光灯具为主，而不宜采用豪华灯具。由于大厅面积较大，灯具的数量相对较多，为防止噪声与闪频，设计中应选用电子镇流器或三相配电加以抑制。有条件的医院，在设计中应当用敞开式大厅，充分利用自然光。同时应根据大厅灯具的数量，根据不同时段的需要进行二路或多路的照明节能控制。

2. 住院部公共区域的照明设计　主要集中于走廊与电梯厅等位置。有的住院部是单廊设计，有的是复廊设计，一般情况下，由于病房的遮挡，只有少量的自然光透入走廊，护理站的照明是保障的重点。不仅要有夜间照明，白天也要照明。在这种情况下，照明的设计应考虑三种情况下的控制：①白天的亮度的控制，亮度要低，灯具要小，可考虑由应急照明供电引入配电；②夜间照明控制。一般21:00前是照明的峰值期，灯光应便于人员的流通，基本照度应当均匀。在有些护理单元，由于患者情况不同，晚间走廊灯光不可过强，对峰值期的照明也应分区控制。这样的控制方法，既是为的环境节能，也是为患者提供安静的环境。③夜间廊灯的设置，以便于工作人员查房与安全管理。配电控制可采取应急电源与正常配电交叉的方式，正常控制采用分区控制的方式。既能保障舒适性，也确保节能安全。

3. 地下停车场照明控制　地下停车场也是重要场所，为保障安全，在车流量大时，所有灯具应全面打开，当车流量不大时，主要出入通道灯光要打开，车位上的灯具可以关闭。为确保安全并减少能源消耗，可采用智能控制方式，纳入弱电系统统一规划。也可通过强电的分区控制，节约能源。有些医院在配电上也是采用应急电源与正常配电交叉的方式。

照明智能控制是弱电系统设计中的一个重要内容，在投资允许的情况下，应当对整体节电进行系统设计。

4. 特殊医疗场所照明开关的设置　按下列规定设置：X线诊断机、CT机、MRI机、DSA机、ECT机等专用诊疗设备主机室的照明开关，宜设置在控制室内或在主机室，控制室应设双控开关。传染病病房、洗衣房等潮湿场所照明开关宜采用防潮开关。精神病房照明、插座，宜在护士站集中控制。护理单元的通道照明宜设置分组、时控、调光等控制方式。标识照明灯应单独设照明开关，仅夜间使用的标识照明灯可采用时控开关或照度开关。公共场所一般照明可由建筑设备监控系统或智能照明控制系统控制。医疗建筑内不宜采用声控或定时开关控制。

5. 绿化环境与景观建设计中的照明要求　坚持“以人为本、融景观于生态、寓文化于绿化、效能与养护并重”。绿地率不应小于35%，新建或改建医院的绿地率不应小于30%。景观设计应注重视觉效应。合理区分园林功能区域，做到动、静分开，人、物分开，可以在景中设路；可以在太平间、污水站、医疗垃圾处置中心等人员流动少的区域，设置立体绿化来分割。景观绿化中的照明设计应通过亭、桥、雕塑、景观墙、护栏等进行光景点缀，最大程度创造绿化美化的空间。

第八节　医疗建筑照明节能设计

医院照明用电量占总用电量的20%，且节能潜力巨大，若采用合理的节能方案，可节省高达原照明用电总量的30%以上。但照明节能设计的实施，是建立在不降低照明质量的基础上。要在保证照明质量的前提下，最大限度地节省电能，降低经济支出和能源浪费。这里仅简单阐述照明中的节能设计要求，在后文会进一步针对节能技术作统一阐述。

医疗建筑室内外照明应选用节能型光源。除有医用磁共振成像设备等有特殊需要的房间外，一般场所不应采用白炽灯。除有特殊要求的医疗场所外，应选用效率高的灯具。医疗建筑应采用功率损耗低、性能稳定的灯具附件。镇流器按光源需求配置，并应符合相应能效标准节能评价值。在保证照明质量的前提下，应控制照明密度值。气体放电灯具的线路功率因数不应低于0.9。采用电感镇流器的气体放电灯具，宜采用分散方式进行无功补偿。医疗建筑的室内照明设计应利用自然光。有条件的地区，室内照明可采用太阳能光伏照明。

照明功率密度(Lighting Power Density，LPD)是指：建筑的房间或场所，单位面积的照明安装功率(含镇流器、变压器的功耗)，单位为：W/m^2。GB 50034—2013规定了七类建筑108项常用的房间或场所的LPD值。LPD限值是国家依据节能方针从宏观上作出的规定。要求照明设计中实际的LPD值应小于或等于标准规定的LPD最大限值。如果相等，说明是“合格”的设计；如超出，则是“不合理”设计。因此要求设计师努力优化方案，力求降低实际LPD值，使之小于，甚至大大小于规定的LPD值，做到“良好”或“优秀”

的节能设计。有的设计师不进行照度计算，运用标准规定的照明功率密度（LPD限值）来代替照度计算，确定灯数，是不正确的，违背了节能的原则。

降低LPD的措施：

①最主要的措施是选择高效光源、镇流器和灯具等最关键要素。

②如难以达到LPD限值时，可采取下列措施：设计的照度计算值可低于规定的照度标准值，但不应低于其90％。

③作业面邻近周围的照度可以低于作业面的照度，一般允许降低一级（但不低于200 lx）。如办公室的进门处及不可能放置作业面的地带，均可降低照度。

④通道和非作业区的照度可以降低到作业面照度的1/3或以上，这个规定符合实际需要，对降低实际LPD值有很明显作用。

⑤对于装饰性灯具，可以按其功率的50％计算LPD值。

⑥条件允许时，可适当降低灯具安装高度，以提高利用系数。

第九节　精神病医院照明及相关场所配电设计

在医疗建筑的配电设计中，精神病院的配电设计整体要求与诸多的综合医院是相同的。但由于患者群的不同，在配电设计中，既应关注相同点，同时也要从精神病院患者群体的心理特征、行为特征，从治疗康复管理、日常安全管理的特殊性出发，对特殊区域，重点是住院部内的配电设计，应按照"以人为本"的原则，进行重点管理。应主要注意以下四个方面：

1. 精神病医院的灯光选择，要有利于患者的治疗与健康。根据JGJ16－2008《民用建筑配电设计规范》要求，精神病院的住院部病房内不宜采用荧光灯，主要考虑荧光灯具有频闪效应与不良配件所产生的噪音，易引起精神病人的烦躁不安，影响治疗效果。实际情况是，如果在精神病院的住院部内排除使用荧光灯，则只能选用白炽灯与节能灯。但是白炽灯已属淘汰光源，而节能灯也属荧光灯类。因此，医院在光源的选择上范围有限。从实际情况看，这些年来，荧光灯的技术已日趋成熟，灯管质量相对稳定，特别是配置电子镇流器的荧光灯，其闪频与噪音都有了很大的改善，人的视觉与听觉基本感受不到频闪与噪音。因此，在精神病院的设计中，应慎重考虑光源的选择。有案例认为可以选择T5荧光灯配电子镇流器，噪音不超过35 dB，工作频率在20～60 kHz。这种配置方式在许多精神病院中运用是成功的。

2. 精神病院住院病房内开关设置应实行智能化的集中控制。由于部分精神病患者具有躁动性及破坏性，部分还有自杀性倾向，因此，在患者的活动区域，如病房、康复治疗室、卫生间内等精神病患者活动的范围内，为保障其安全，配电设计不可在墙壁上设置开关。通常情况下，应在护理站设置墙壁开关，统一由护理站控制。但这种设计方法存在线路繁多，施工难度大，管理混乱，且电的线损也比较大，增加了维修与管理的难度。因此，在精神病医院的工程配电设计中，如果投资允许，应在楼宇管理中，采用先进的智能化管控手段。最简单的方法是通过在配电箱内设置智能控制器，在护理站设置触摸屏的方式来实现对照明、插座的分路控制。如果条件允许，可建立智能化灯控管理平台。

3. 精神性院内的监控系统不仅要在公共区域设置，更应加强病房区域的管理。由于精神病医院的患者与普通患者不同，自制力与自理能力都比较差，有的情绪易失控，对周围事物产生破坏性；有的患者具有自虐与危害他人的行为发生，随时都可能产生不可预测的事件。为保护患者安全，精神病医院的监控系统必须健全，不仅需要公共区域的监视系统的设置，住院部病房内的监控系统更应健全与科学，要在保护患者隐私的情况下设置高清监控观察设备，以随时掌握患者的动向。当在室内适当的位置设置高清监控观察设备时，应当隐蔽，并应实行双重控制与管理，即既可在护理站能观察到患者活动情况，也能在安保观察室设置管理平台，确保一旦发现情况安保人员与医护人员能及时到达现场进行管理救治。在住院部主要的出入口，更须设置监控，在发生患者“外逃”事件时，以便及时控制与查询。

4. 精神病院的对讲系统要注重亲情与安全性。精神性疾病医院在整体设计上“以人为本”的理念，更加重要。患者家属及亲友的探视在建筑设计中的空间流程上进行统筹考虑外，配电设计中的探视系统的布局与设计更应周全。由于精神病医院的住院部管理实行封闭式治疗与管理，大多数患者的探视需要在医生的陪护下与家属亲友进行隔离可视对话模式。为方便医护人员的管理及患者家属隔离可视对讲模式的实现，在配电设计，应根据护理单元的划分与廊道设置方式，根据区域空间划分设置门禁及多功能对讲主机，护理站可设置对讲分机，访客在与患者交流时，也可以与医护人员通过视频对讲。对讲主机必须设置密码，医护人员可凭密码进入。同时从安全考虑，对讲分机也须与安保中心建立联网。护理站的对讲分机，应设置求助按钮，便于在紧急情况下进行报警，楼层之间可以通话，并设置紧急呼叫求助功能。

第六章 医疗建筑防雷、接地与安全防护

医疗建筑遭受雷击危害损失较一般建筑物更大。轻者造成设备损坏，重者造成建筑火灾与人员的伤亡及通信与网络系统瘫痪。医院遭受雷击事故时见诸于报端。2013年3月贵州某县人民医院遭受雷击，造成电梯损坏，网络服务器、程控电话主板、部分交换器、监控系统硬盘损坏，网络系统瘫痪。2014年上海某医院，2015年泉州某医院，均因重要医疗场所的电气设备接地违反规范要求，造成电线短路失火的人员伤亡事故。但长期以来，雷击设计在医疗建筑中一直未能引起足够的重视，进行医疗建筑评估，往往只重流程与空间布局，很少过问雷电安全防护，进行专业设计的更为稀少。近年来，随着防雷技术的发展及雷电对医院建筑所造成损害的教训，各医院建筑防雷、接地与安全防护日益重视，工程设计中作为主要系统进行专业设计。已经颁发的《医疗建筑电气设计规范》JGJ 312—2013对此提出要求，《建筑物防雷设计规范》GB 50057—2010和《建筑物电子信息系统防雷技术规范》GB 50343—2012等规范也提出了技术标准与评估方法。因此，针对医疗建筑特点，做好防雷、接地与安全防护，防止电击事故的发生，既是电气工程设计的重点，也应是医院管理者关注的重点。

第一节 雷电的分类与危害

医疗建筑物大部分都比较高大，很容易吸引落雷，不仅使建筑物本身会遭受损失，还会引发周边建筑物的毁坏，雷击所造成的经济损失及生命安全是不容忽视。随着电子技术的高速发展，医疗建筑物内的微电子设备与计算机无处不在，大量电气设备和医用电子仪器运行其中，电磁脉冲干扰日益严重。部分设备配件直接与人体的心脏接触，任何微小的不安全因素，都会危及患者生命安全。雷击是严重的自然灾害之一。通常分为“直击雷、雷电波侵入、感应过电压、地电位反击”四类：

1. 直击雷　电的云层对大地上的某一点发生猛烈的放电，产生闪击，直接击于建(构)筑物、其他物体、大地或外部防雷装置上，产生的电效应、热效应和机械力者，称为直击雷。它的破坏力十分巨大，若不能及时将其泄放入大地，将导致放电通道内的物体、建筑物、设施、人畜遭受严重的破坏或损害，引起火灾、建筑物损坏、电子电气系统摧毁，甚至危及人畜的生命安全。

2. 雷电波侵入　雷电波，即闪电电涌，不直接放电在建筑和设备本身，而是对布放在建筑物外部的架空线路、线缆线路或金属管放电。线缆上的雷电波或过电压几乎以光速沿着电缆线路扩散，侵入并危及室内电子设备和自动化控制等各个系统。因此，往往在

听到雷声之前，我们的电子设备、控制系统等可能已经损坏。

3. 感应过电压　雷击在设备或线路的附近发生，或闪电不直接对地放电，只在云层与云层之间发生放电现象。闪电释放电荷，并在电源和数据传输线路及金属管道金属支架上产生的闪电静电感应和闪电电磁感应，生成过电压，它可能使金属部件之间产生火花放电。雷击放电于具有避雷设施的建筑物时，雷电波沿着建筑物顶部接闪器（避雷带、避雷线、避雷网或避雷针）、引下线泄放到大地的过程中，会在引下线周围形成强大的瞬变磁场，轻则造成电子设备受到干扰，数据丢失，产生误动作或暂时瘫痪；严重时可引起元器件击穿及电路板烧毁，使整个系统陷于瘫痪。

4. 地电位反击　如果雷电直接击中具有避雷装置的建筑物或设施，接地网的地电位会在数微秒之内被抬高数万或数十万伏。高度破坏性的雷电流将从各种装置的接地部分，流向供电系统或各种网络信号系统，或者击穿大地绝缘而流向另一设施的供电系统或各种网络信号系统，从而反击破坏或损害电子设备。同时，在未实行等电位连接的导线回路中，可能诱发高电位而产生火花放电的危险。

如图 6-1 所示，当 10 kA 的雷电流通过下导体入地时，假设接地电阻为 10 Ω，根据欧姆定律，可知在接入地点 A 处电压为 100 kV。因 A 点与 C 点、D 点相连，所以这几点电压都为100 kV。而 E 点接地，其电压值为 0，设备的 D 点与 E 点间有 100 kV 的电压差，足以将设备损坏。

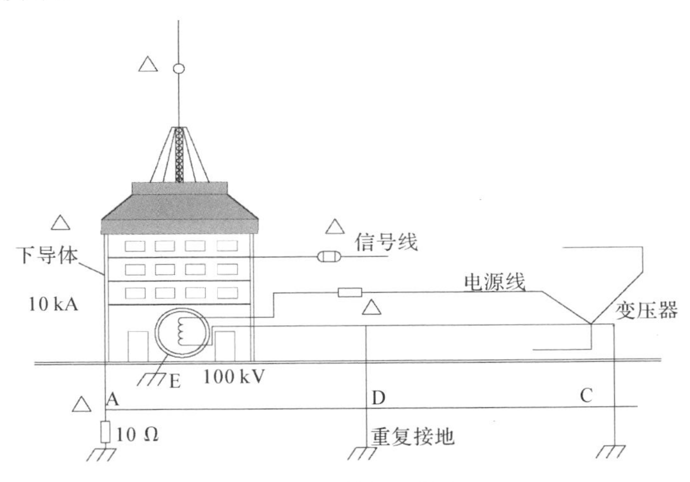

图 6-1　雷击示意图

以上四方面中雷电对建筑物的危害主要以雷电波侵入、感应过电压与地电位反击三者居多，这三者统称为雷电电磁脉冲。据有关统计资料，直击雷的损坏仅占 15%，而雷电电磁脉冲的损坏占 85%。因此，现代建筑的防雷设计已不同以往，对雷电电磁脉冲的防护必须要加以重视。

第二节　雷暴日等级划分与雷电防护分区

雷电防护是一项复杂的工程，规划设计必须由专业公司，按照相关标准，根据建筑物的重要性、使用性质及发生雷电事故可能发生的后果，进行设计。《建筑物防雷设计规范》《建筑物电子信息系统防雷技术规范》中，对雷电防护分区、防雷设计的风险评估及建筑物及电子信息系统的防雷设计均有详细的要求与方法，从管理角度，现将有关内容分述如下：

1. 地区雷暴日等级划分　地区雷暴日的等级，一般以国家公布的当地年平均雷暴日数，划分为四类雷区：

(1) 少雷区：年平均雷暴日在25D及以下的地区；

(2) 中雷区：年平均雷暴日大于25D不超过40D的地区；

(3) 多雷区：年平均雷暴日大于40D不超过90D的地区；

(4) 强雷区：年平均雷暴日超过90D的地区。

2. 雷电防护区划分　按照建筑物需要保护和控制雷电电磁脉冲环境划分雷电防护区(图6-2)。

(1) $LPZO_A$ 区：受直接雷击和全部雷电电磁场威胁的区域。该区域的内部系统可能受到全部或部分雷电浪涌电流的影响；

(2) $LPZO_B$ 区：直接雷击的防护区域，但该区域的威胁仍是全部雷电电磁场。该区域内部系统可能受到部分雷电浪涌电流的影响；

(3) LPZ_1 区：由于边界处分流和浪涌保护器的作用，使浪涌电流受到限制的区域。该区域的空间屏蔽可以衰减雷电电磁场；

(4) LPZ_{n+1}区(注：n=1，2…)：后续防雷区。由于边界处分流和浪涌保护器的作用使浪涌电流受到进一步限制的区域。该区域的空间屏蔽可以进一步衰减雷电电磁场。

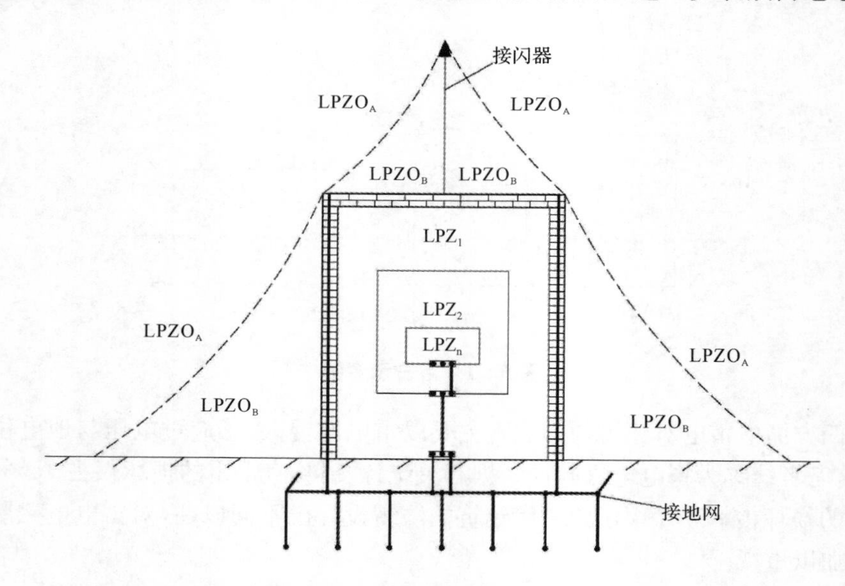

图6-2　建筑物外部和内部雷电防护区划分示意图

保护对象应置于电磁特性与该对象耐受能力相兼容的雷电防护区内。

第三节　防雷系统设计的基本要素与分类

防雷设计是一个很复杂的问题，不可能依靠一两种先进的防雷设备和防雷措施就能完全消除雷击过电压和感应过电压的影响，必须针对雷害入侵途径，对各类可能产生雷击危害的因素进行综合防护，才能将雷害减少到最低限度。防雷设计的综合防护的基本要素与分类大致如下：

一、综合防雷的基本要素

在综合防雷设计中，通常将接闪、分流、均压、屏蔽、接地、合理布线，统称为综合防雷六大要素。

1. 接闪　接闪就是让在一定程度范围内出现的闪电放电不能任意地选择放电通道，而只能按照人们事先设计的防雷系统的规定通道，将雷电能量泄放到大地中去。

2. 分流　分流就是在一切从室外来的导体（包括电力电源线、数据线、电话线或天馈线等信号线）与防雷接地装置或接地线之间并联一种适当的避雷器 SPD，当直击雷或雷击效应在线路上产生的过电压波沿这些导线进入室内或设备时，避雷器的电阻突然降到低值，近于短路状态，雷电电流就由此处分流入地了。雷电流在分流之后，仍会有少部分沿导线进入设备，这对于一些不耐高压的微电子设备来说是很危险的，所以对于这类设备在导线进入机壳前，应进行多级分流（即不少于三级防雷保护）。

3. 均压　指使建筑物内的各个部位都形成一个相等的电位，即等电位。若建筑物内的结构钢筋与各种金属设置及金属管线都能连接成统一的导电体，建筑物内当然就不会产生不同的电位，这样就可保证建筑物内不会产生反击和危及人身安全的接触电压或跨步电压，对防止雷电电磁脉冲干扰微电子设备也有很大的好处。钢筋混凝土结构的建筑物最具备实现等电位的条件，因为其内部结构钢筋的大部分都是自然而然地焊接或绑扎在一起的。

为满足防雷装置的要求，应有目的地把接闪装置与梁、板、柱和基础可靠地焊接、绑扎或搭接在一起，同时再把各种金属设备和金属管线与之焊接或卡接在一起，这就使整个建筑物成为良好的等电位体。

4. 屏蔽　屏蔽的主要目的是使建筑物内的通信设备、电子计算机、精密仪器以及自动控制系统免遭雷电电磁脉冲的危害。建筑物内的这些设施，不仅在防雷装置接闪时会受到电磁干扰，而且由于它们本身灵敏性高且耐压水平低，有时附近打雷或接闪时，也会受到雷电波的电磁辐射的影响，甚至在其他建筑物接闪时，还会受到从该处传来的电磁波的影响。因此，我们应尽量利用钢筋混凝土结构内的钢筋，即建筑物内地板、顶板、墙面、及梁、柱内的钢筋，使其构成一个网笼，从而实现屏蔽。由于结构构造的不同，墙内和楼板内的钢筋有疏有密，钢筋密度不够时，设计人员应按各种设备的不同需要增加网格的密度。良好的屏蔽不仅使等电位和分流这两个问题迎刃而解，而且对防御雷电电磁脉冲也是最有效的措施。此外，建筑物的整体屏蔽还能防球雷、侧击和绕击雷的袭击。

防雷区划分的一般原则如图 6－3 所示。以图示的方法原则性地提出了四种防雷击电磁脉冲措施中，安装磁场屏蔽和安装协调配合好的多组电涌保护器的组合方法：采用大空间屏蔽和协调配合好的电涌保护器保护；采用 LPZ_1 的大空间屏蔽和进户处安装电涌保护器的保护；采用内部线路屏蔽和在进入 LPZ_1 处安装电涌保护器的保护；仅采用协调配合好的电涌保护器的保护防雷区和防雷击电磁脉冲。

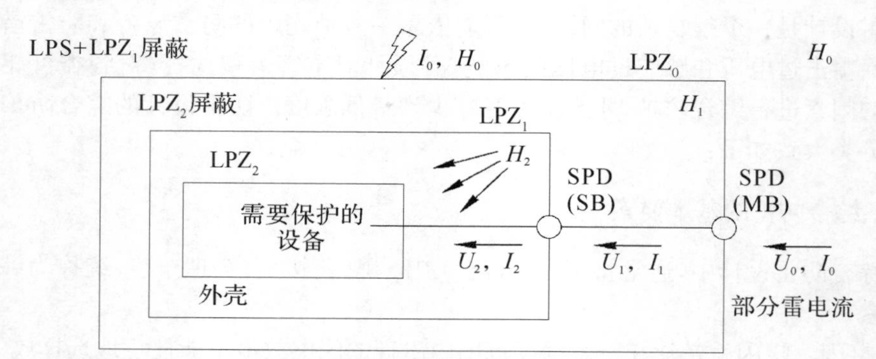

图 6－3　防雷区的划分以及防雷击电磁脉冲措施

5. 接地　接地就是让已经流入防雷系统的闪电电流顺利地流入大地，而不能让雷电能量集中在防雷系统的某处对被保护物体产生破坏作用，良好的接地才能有效地泄放雷电能量，降低引下线上的电压，避免发生反击。

过去的一些旧规范要求电子设备单独接地，目的是防止电网中杂散电流干扰设备的正常工作。但现在，防雷工程设计已不提倡单独接地，而是更多的与防雷接地系统共用接地装置，但接地电阻要由原来的小于 4 Ω 减少到 1 Ω。我国的现用的规范规定，如果电子设备接地装置采用专用的接地系统，则其与防雷接地系统的地中距离要大于 20 m。防雷接地是防雷系统中最基础的环节，也是防雷安装验收规范中最基本的安全要求。接地不好，所有防雷措施的防雷效果都不能发挥出来。

6. 合理布线　指如何布线才能获得最好的综合效果。现代化的建筑物都离不开照明、动力、电话、电视和计算机等设备的管线，在防雷设计中，必须考虑防雷系统与这些管线的关系。为了保证在防雷装置接闪时这些管线不受影响，首先，应该将这些电线穿于金属管内，以实现可靠的屏蔽；其次，应该把这些线路的主干线的垂直部分设置在建筑物的中心部位，且避免靠近用作引下线的柱筋，以尽量缩小被感应的范围。除考虑布线的部位和屏蔽外，还应在需要的线路上加装避雷器、压敏电阻等浪涌保护器。因此，设计室内各种管线时，必须与防雷系统统一考虑。

传统的防雷方法主要就是直击雷的防护，其技术措施可分为接闪器、引下线、接地体等。其中接闪器可以根据建筑物的地理位置、现有结构、重要程度等，决定是否采用避雷针、避雷带、避雷网或其联合接闪方式。但随着微电子技术高度发展及广泛应用，传统的防雷设计方法已难以满足现代建筑防雷的需要。

二、综合防雷设计分类

依据综合防雷六要素的基本要求，及考虑微电子技术高度发展的需求，在防雷设计中，我们可以把现代防雷保护分为外部防雷保护（建筑物或设施的直击雷防护）和内部防雷保护（雷电电磁脉冲的防护）两部分，外部防雷系统主要是为了保护建筑物免受直接雷击引起火灾事故及人身安全事故，而内部防雷系统则是防止雷电波侵入、雷击感应过电压以及地电位反击电压侵入设备造成的毁坏，这是外部防雷系统无法保证的。

1. 外部防雷系统及其设计　外部防雷主要是指防止建筑物或设施(室外独立电子设备)免遭直击雷的危害，其技术措施有接闪器、引下线、接地体等几种。

(1) 接闪器：接闪器是避雷针、避雷带、避雷网以及用作接闪的金属屋面和金属构件等的总称。功能是把接引来的雷电流，通过引下线和接地装置向大地中泄放，以保护建筑物免受雷害。现在常用的接闪器有避雷针、避雷带、避雷网等几种。

①避雷针：避雷针是靠把雷雨云所带的异种电荷引导到自身上来，通过良好的接地装置，把雷电流泄入大地，保护建筑物不受雷击的一种金属装置。其工作原理是：当高空出现雷雨云的时候，大地上由于静电感应作用，必然带上与雷雨云相反的电荷，避雷针处于地面建筑物的最高处，与雷雨云的距离最近。由于它与建筑物的钢筋网有良好的电气连接，再通过引下线与基础接地连接，所以它与大地有相同的电位，因此避雷针附近空间的电场强度比较大，容易吸引雷电先驱，使主放电都集中到它的上面，从而使附近比它低的物体遭受雷击的几率大大减少，而避雷针被雷击的几率却大大地提高。由于避雷针与大地有良好的电气连接，能把雷雨云层中积存的电荷能量传递到大地中泄放，使因雷击而造成的过电压时间大大地缩短，所以从很大程度上降低了雷击的危害性。但需要说明，避雷针必须有足够可靠和接地电阻尽量小的引下线接地装置与其配套，否则，它不但起不到避雷的作用，反而增大雷击的损害程度。避雷针不但不能避雷反而是引雷，它是使自身多受雷击而保护周围免受雷击。

避雷针保护范围的计算方法有两种。折线法：即单一避雷针的保护范围为一折线圆锥体。曲线法：即单支避雷针的保护范围为一曲线锥体。直线法：是以避雷针的针尖为顶点作一俯角来确定，有爆炸危险的建筑物用 45°角，对一般建筑物采用 60°角，实质上保护范围为一直线圆锥体。

避雷针的制作规格：统计资料表明，避雷针的外表形状与其避雷效果无明显的关系。所以，不必过多考虑采用单针式或者其他形式造型的避雷针。避雷针大多采用圆钢或钢管制成，其直径要求如下：针长 1 m 以下：圆钢为 12 mm，钢管为 20 mm；针长 1～2 m：圆钢为 16 mm，钢管为 25 mm；烟囱顶上的针：圆钢为 20 mm，钢管为 40 mm。

国内市场上曾有一种叫主动式避雷针的产品，主要来自法国和澳大利亚。据厂家称，这些产品能够随大气电场变化而吸收能量，当存储的能量达到某一程度时，便会在避雷针尖放电，尖端周围空气离子化，使避雷针上方形成一条人工向上的雷电先导，它比自然的向上的雷电通道能更早地与雷雨云向下的雷电先导接触，形成主放电通道。这样，雷雨云靠该避雷针放电的几率就增加了，相当于避雷针的保护范围加大了，或者相当于将避雷针加高了。

②避雷带：避雷带是指在房屋建筑屋顶周围，用扁平的金属带做接闪的方法称之为避雷带，它是由避雷线改进而来。在建筑物屋顶上，使用避雷带比避雷针有较多的优点，它可以与楼房顶的装饰结合起来，可以与房屋的外形较好地配合，既美观防雷效果又好。特别是大面积的建筑，它的保护范围大而有效，这是避雷针所无法比的。

避雷带一般采用扁钢制作，其截面积不小于 48 mm^2，厚度不应小于 4 mm，现今的一般做法是不管建筑物属于几类防雷建筑，都采用 4 mm×40 mm 的镀锌扁钢制作避雷带。

根据规定二类防雷建筑避雷带应在整个屋面组成不大于 10 m×10 m 或 12 m×8 m 的网格。三类防雷建筑避雷带应在整个屋面组成不大于 20 m×20 m 或 24 m×16 m 的网格。如果同时还有避雷针，则避雷针应用避雷带相互连接。

③避雷网：避雷网是指利用钢筋混凝土结构中的钢筋网作为雷电保护的方法，也叫做暗装避雷网。暗装避雷网是把最上层屋顶作为接闪设备。根据一般建筑物的结构，钢筋距面层只有 6～7 cm，面层愈薄，雷击点的洞愈小。但有些建筑物的防水层和隔热层较厚，入毂钢筋距面层厚度大于 20 cm，最好另装辅助避雷网。辅助避雷网一般可用直径为 6 mm 或以上的镀锌圆钢，网格大小可根据建筑物重要性，分别采用 5 m×5 m 或 10 m×10 m 的圆钢制成。建筑物顶上往往有许多突出物，如金属旗杆、透气管、钢爬梯、金属烟囱、风窗、金属天沟等，都必须与避雷网焊成一体做接闪装置。

④安装避雷带和避雷网：应注意，避雷带及其连接线经过沉降缝(沉降缝：一座较长的多层建筑物，往往在横向上把建筑物分成几段，段与段之间留有一段空隙，防止各段因下沉不一致而引起建筑物损坏)时，应留有 10～20 cm 以上余量的跨越线。

房屋面坡度为 27°～35°且长度不超过 75 m 时，只需沿屋脊敷设避雷带。四坡顶房屋，应在各坡脊上装上避雷带。为使檐角得到保护，应在屋角上装短避雷针或将避雷带的引下线从檐角上绕下来。如果屋檐高度高于 12 m，且长度大于 75 m 时，要在屋脊和房檐上都敷设避雷带。当屋顶面积非常大时，应在屋顶上敷设金属网格，即避雷网。避雷网分明网和暗网，网格越密，可靠性越好，网格的密度可视建筑物重要程度而定，重要建筑物采用 5 m×5 m 的网格，一般建筑物用 20 m×20 m 的网格即可。

(2) 引下线：连接接闪器与接地装置的金属导体称为引下线。现代建筑多利用建筑物的柱筋作避雷引下线。因为雷击时引下线上有很大的雷电流流过，会对附近接地的设备、金属管道、电源线等产生反击或旁侧闪击，而实践证明这种方法可以减少和避免这种反击。它还比专门引下线有更多的优点，因为柱钢筋与梁、楼板的钢筋都是连接在一起的，和接地网络形成了一个整体的"法拉第"笼，它们处于等电位状态，雷电流会很快被分散掉，可以避免反击和旁侧闪击的现象发生。规范对引下线的设计有如下要求如表 6-1 所示。

表 6-1　建筑物引下线的设计要求

建筑物防雷等级	引下线数量	引下线间距离
一类防雷建筑	≥2 根	<12 m
二类防雷建筑	≥2 根	<18 m
三类防雷建筑	≥2 根	<25 m

另外，普通引下线采用圆钢时，其直径为不应小于 16 mm；采用扁钢时，其截面积最小为 48 mm²，厚度不小于 4 mm。装在烟囱上的引下线其尺寸是：圆钢直径大于 24 mm；扁钢截面积不小于 100 mm²，厚度为 4 mm。

为便于检查避雷设施连接导体的导电情况和接地体的散流电阻，要在建筑物四周的引下线上做断接卡子，断接卡子距地面最高为 1.8 m。当利用混凝土柱钢筋做引下线时，因为是从上而下连接一体，因此不能设置断接卡子测试接地电阻。需在柱内作为引下线的钢筋上，距室外地面 0.5 m 处的柱子外侧，另焊一根圆钢（$\Phi \geqslant 10$）引至柱外侧的墙体上，作为防雷测试点。每根引下线处的冲击接地电阻不能大于 5 Ω。

(3) 接地体：接地装置应优先利用建筑物钢筋混凝土基础内的钢筋。有钢筋混凝土地梁时，应将地梁内钢筋连成环形接地装置；没有钢筋混凝土地梁时，也可在建筑物周边无钢筋的闭合条形混凝土基础内，用 40 mm×4 mm 镀锌扁钢直接敷设在槽坑外沿，形成环形接地。

当将变压器和柴油发电机的中性点工作接地、电气保护接地和弱电系统工作接地等共用接地装置时，接地电阻值应不大于 1 Ω。采用共用接地装置时，弱电系统应将各自设备机房内与建筑物绝缘的接地端子，用 25 mm^2 以上的铜芯电缆或导线穿焊接钢管做单独的引下线，在建筑物基础处与接地板相连。弱电系统一般要求接地电阻不大于 4 Ω，如若设独立的接地系统，其与防雷接地系统的距离要大于 20 m。

2. 内部防雷系统及其设计　构筑和作用于建筑物内部的防雷工程称为内部防雷工程，其系统就是内部防雷系统。建筑物内部防雷工程涉及面较宽，面对的是包括感应雷、传导雷和因线路上浪涌高电压所造成电网波动在内的众多损害，归纳起来危害最大的主要方面是高电压的引入。

高电压引入是指雷电高电压通过金属线引导到室内或其他地方造成破坏的雷害现象。高电压引入的电源有三种：①直击雷直接击中金属导线，让高压雷电以波的形式沿着导线两边传播而引入室内，即雷电波侵入；②来自感应雷的高电压脉冲，即感应过电压；③地电位反击，这种反击会沿着电力系统的零线，保护接地线和各种形式的接地线，以波的形式传入室内或传播到更大的室内范围，造成大面积的危害。这三种雷害内部的防雷系统主要有屏蔽、安装防雷器 SPD 和等电位连接等三种措施。屏蔽措施已经在防雷设计六大要素中有所阐述，这里主要阐述防雷器 SPD 设计安装和等电位连接。

(1) 防雷器 SPD 设计与安装：SPD 中文简称电涌保护器，又称浪涌保护器。根据 IEC 标准规定，电涌保护器主要是指抑制传导来的线路过电压和过电流的装置。组成器件主要包括放电间隙、压敏电阻、二极管、滤波器等。根据构成组件和使用部位的不同，电涌保护器可分为电压开关型 SPD、限压型 SPD 和组合型 SPD。而根据应用场合分类，电涌保护器又可分成电力系统 SPD 和信息系统 SPD。一般信息系统 SPD 由信息系统设计者负责设计选型。电涌保护器在建筑物电力系统防雷设计中的应用，主要是为了防止雷电波通过电源线路而对计算机及相关设备造成危害。为避免高电压经过避雷器对地泄放后的残压过大，或因更大的雷电流在击毁避雷器后继续毁坏后续设备，以及防止线缆遭受二次感应，依照《建筑物防雷设计规范》GB 50057—2010 和《建筑物电子信息系统防雷技术规范》GB 50343—2012，应采取分级保护、逐级泄流的原则。其具体设计做法：

一是在建筑电源的总进线处安装放电电流较大的一级电源避雷器，一般须用三相电压开关型 SPD；二是在重要楼层或重要设备电源的进线处加装二或三级电源避雷器，一般用限压型 SPD；三是在末端配电处安装四级或称为末端电源避雷器，一般用限压型 SPD。究竟要使用几级 SPD，应按照建筑防雷等级确定。一般一类防雷建筑需要四级；二类需要三级；三类需要二级。为了确保遭受雷击时，高电压首先经过一级电源避雷器，然后再经过二三级或末级电源避雷器，一级电源避雷器和二级电源避雷器之间的距离要大于 10 m，如果两者间距不够，可采用带线圈的防雷箱，这样可以避免二级或三级电源避雷器首先遭受雷击而损坏。

上述方法需要在三个方面加以注意：一是电涌保护器与母排连接的导线要短而直，长度不能超过 5 m，连接线过长可能导致上级 SPD 还没分流，电涌就串到下级 SPD 处，导致下级 SPD 一下子被烧毁；二是 SPD 安装线路上应该装有过电流保护器，原因是为了防止因 SPD 老化而造成短路。这里的过电流保护器主要使用断路器，按一般经验做法，二级 SPD 上的断路器整定电流选 40 A，三级 SPD 上的断路器整定电流选 32 A，末级 SPD 上的断路器整定电流选 25 A，而一级 SPD 无需装设，因为一级 SPD 使用电压开关型 SPD，其内部已有自带的过电流保护器；三是各个 SPD 都需要与接地装置之间进行等电位连接。

(2) 等电位连接：等电位连接是综合防雷系统中的最重要的一项基本措施。等电位连接是为减小在需要防雷的空间内发生火灾、爆炸、生命危险的一项很重要的措施，特别是在建筑物内部防雷空间防止发生生命危险的最重要的措施。

建筑物的等电位连接设计主要有以下几种：

①总等电位连接和局部等电位连接：总等电位连接 MEB 的作用在于降低建筑物内间接接触电压和不同金属部件间的电位差，并消除自建筑物外经电气线路和各种金属管道引入的危险故障电压的危害，它主要通过进线配电箱近旁的总等电位连接端子板(接地母排)将下列导电部分互相连通：进线配电箱的 PE(PEN)母排；公用设施的金属管道，如上、下水，煤气等管道；建筑物金属结构；如果做了人工接地，也包括其接地极引线。建筑物每一电源进线都应做总等电位连接，各个总等电位连接端子板应互相连通。

局部等电位连接 LEB 是指当电气装置或电气装置的某一部分的接地故障保护不能满足切断故障回路的时间要求时，应在局部范围内做等电位连接。它包括 PE 母线或 PE 干线；公用设施的金属管道；如果可能，也包括建筑物金属结构。

②建筑物内部导电部件的等电位连接：等电位连接不仅仅是针对雷电暂态过电压的，还包括其他如工作过电压、操作过电压等暂态过电压的防护，特别是在有过电压的瞬间对人身和设备的安全防护。因此，有必要将建筑物内的设备外壳、水管、暖气片、金属梯、金属构架和其他金属外露部分与共用接地系统做等电位连接。而且需要注意的是，绝不能因检修等原因切断这些连接。但是，对于燃气管道，只在进入建筑物处与接地系统相连，但在每个接头处要有辅助跨接线。因为燃气管道本身不容许有多个接地连接，使其成为接地系统的一部分。

③信息系统的等电位连接：对信息系统的各个外露可导电部件也要建立等电位连接网络，并与共用接地系统相连。接至共用接地系统的等电位连接网络有两种结构：S 型(星型)结构和 M 型(网格型)结构。对于工作频率小于 0.1 MHz 的电子设备，一般采用 S 型(星型)结构；对于频率大于 10 MHz 的电路，一般采用 M 型(网格型)结构。

④各楼层的等电位连接：将每个楼层的等电位连接与建筑物内的主钢筋相连，并在每个房间或区域设置接地端子，由于每层的所有接地端子彼此相连，而且又与建筑物主钢筋相连，这就使每个楼层成了等电位面。再将建筑物所有接地极、接地端子连接形成等电位空间。最后，将屋顶上的设备和避雷针等与避雷带连接形成屋面上的等电位。

⑤接地网的等电位连接：在某种意义上说，建筑物的共用接地系统在大范围内即为等电位连接，比如我们常见的计算机房的工作接地、屏蔽接地和防雷接地等采用同一接

地系统的原理就是避免各接地间产生的瞬态过电压差对设备造成影响。因此，钢筋混凝土结构建筑物利用基础钢筋网做接地体，一般要围绕建筑物四周增设环形接地体，并与建筑物被柱内用作引下线的柱筋焊接，这样就大大降低了接地网由于雷电流造成地电位不均衡的概率。

在工程的设计阶段不知道电子系统的规模和具体位置的情况下，若预计将来会有需要防雷击电磁脉冲的电气和电子系统，应在设计时将建筑物的金属支撑物、金属框架或钢筋混凝土的钢筋等自然构件、金属管道、配电的保护接地系统等于防雷装置组成一个接地系统，并应在需要之处预埋等电位连接板。

防雷击电磁脉冲的措施中，建筑物的自然构件和各种金属物及日后安装的设备之间的等电位连接是很重要的。医疗建筑中的电子设备较多，信息化工作站有大量的电子设备，若在设计施工阶段不做好等电位连接并预埋连接板，待施工完成后，想要达到标准也是很难的。按规定预先做好设计并不会给施工增加难度和成本，建筑物投入使用前只要合理选用预埋连接板做好符合要求的等电位连接并安装 SPD，完善防雷措施。目前医疗设计图纸审查时，注重流程与功能较多，而对防雷设计并不注意。因此，在图纸审查和检测时需要重视并加以纠正。

综上所述，楼层下部有接地网，楼层里有等电位均压网，楼顶物体与避雷装置连接在一起形成等电位，这样就在电气上成为法拉第笼式结构，人和设备在此环境中绝无雷击危险。因此，等电位连接在建筑物及其电子信息系统中是最重要的一项电气安全措施。

第四节　建筑物的防雷分类与防雷措施

各类防雷建筑物应设置防直击雷的外部装置，并应对防闪电电涌侵入的措施。各类防雷建筑物应设内部防雷装置，并应符合下列规定：在建筑物的地下室或地面层处，建筑物的金属体、金属装置、建筑物内系统、进出建筑物的金属管线，应与防雷装置做防雷等电位连接，并应有足够的间隔距离，以满足安全要求。防雷建筑物既要进行分区，也需进行分类。分区是按建筑环境中出现的各种状态进行区分。

一、按环境状态划分防雷区

将其为分为 0 区、1 区、2 区、10 区、11 区、21 区、22 区、23 区等八类情况：

0 区：指“连续出现或长期出现爆炸性气体混合物的环境”；

1 区：指“在正常运行时可能出现爆炸性气体混合物的环境”；

2 区：指“在正常运行时不可能出现爆炸性气体混合物的环境，或即使出现也仅是短时存在的爆炸性气体混合物的环境”；

10 区：指“连续出现或长期出现爆炸性粉尘环境”；

11 区：指“有时会将积留下的粉尘扬起而偶然出现爆炸性粉尘混合物的环境”；

21 区：指“具有闪点高于环境温度的可燃液体，在数量和配置上能引起火灾的环境”；

22 区：指“具有悬浮状、堆积状的可燃粉尘或可燃纤维，虽不可能形成爆炸混合物，但在数量和配置上能引起火灾危险的环境”；

23区：指“具有固定状可燃物质，在数量和配置上能引起火灾危险的环境”。

二、按建筑物的重要性与性质划分防雷建筑物类别

建筑物防雷设计分类是根据建筑物的重要性、使用性质、发生雷电的可能后果分为三类：

1. 一类防雷建筑物　指在可能发生对地闪击地区遇到下列情况之一者：“凡制造、使用或储存火炸药及其制品的危险建筑物，因地面火花而引起爆炸、爆轰，会造成巨大破坏和人身伤亡者”；具有0区或20区爆炸场所的建筑物；具有1区或21区爆炸危险场所的建筑物，因电火花而引起爆炸，会造成巨大在破坏和人身伤亡者。

(1) 一类防雷建筑物防直击雷应采取如下的措施：对于一类防雷建筑物，应装设独立接闪杆或架空接闪线或网。架空接闪网的网格不应大于5 m×5 m或6m×6m。

排放危险气体、蒸汽或粉尘的放散管、呼吸阀、排风管等职的管口外的空间，应按规定处于接闪器的保护范围内。

独立接闪杆的杆塔、架空接闪线的端部和架空接闪网的每根支柱至少设一根引下线。对用金属制成或有焊接、绑扎连接钢筋的杆塔、支柱，宜用金属杆塔或钢筋作为引下线。

独立接闪杆和架空接闪线的支柱及其接地装置与被保护建筑物与其有联系的管道、电缆等金属物之间的间隔距离，一般不得小于3 m。架空接闪网至屋面和各种突出屋面的风帽、放散管等物体之间的间隔距离，一般不应小于3 m。

独立接闪杆、架空接闪线或架空接闪网应设独立的接地装置，每一引下线的冲击接地电阻不宜大于10 Ω。在土壤电阻率高的地区，可适当增大冲击接地电阻，在3 000 Ωm以下的地区，冲击接地电阻不应大于30 Ω。

(2) 一类防雷建筑物中防闪电感应应符合下列规定：建筑物的设备、管道、构架、电缆金属外皮、钢屋架、钢窗等较大金属物和突出屋面的放散管、风管等金属物，均应接到防闪电感应的接地装置上。金属面周边每隔18～24 m采用引下线接地一次。

平行敷设的管道、构架和金属电缆外皮等长金属物，其净距小于10 mm时，应采用金属线跨接，跨接点的间距不应大于30 m；交叉净距小于100 mm时，其交叉处也应跨接。

当长金属弯头、阀门、法兰盘等连接处的电阻大于0.03 Ω时，连接线应用金属线跨接。对于有不少于5根螺栓连接的法兰盘，在非腐蚀环境下，可不跨接。

防闪电感应的接地装置应与电气和电子系统的接地装置共用。其工频接地电阻不宜大于10 Ω。防闪电感应的接地装置与独立接闪杆、架空接闪线或架空闪网的接地装置之间的间隔距离，不得小于3 m。

当室内设有等电位连接的接地干线时，其与防闪电感应接地装置的连接不应少于2处。

(3) 一类防雷建筑物防闪电电涌侵入的措施应符合下列规定：室外低压配电线路应全线采用电缆直接埋地敷设，在入户处应将电缆的金属外皮、钢管接到等电位连接或防闪电感应的装置上。

当全线采用电缆有困难时，应采用钢筋混凝土杆和铁横担的架空线，并应使用一段金属铠装电缆或护套电缆穿钢管直接埋地引入。架空线与建筑物的距离不应小于15 m。

在电缆与架空线连接处，尚应装设户处型电涌保护器。电涌保护器、电缆金属外皮、钢管和绝缘子铁脚、金具等应连在一起接地，其冲击接地电阻不应大于 30 Ω。所装设的电涌保护器应选用Ⅰ级试验产品，其电压保护水平应小于或等于 2.5 kV，其每一保护模式应选冲击电流等于或大于 10 kV；若无户外型电涌保护器，应选用户内型电涌保护器，其使用温度应满足安装处的环境温度，并应安装在防护等级 IP54 箱内。

当架空线要转换成一段金属铠装电缆或护套电缆穿钢管直接埋入时，其埋入的长度及入户处是不装设电涌保护器及其持续运行的电压值与接线形式，应当按相关技术规范要求计算后确定。

电子系统的室外金属导体线路宜全线采用有屏蔽层的电缆埋地或架空敷设，其两端的屏蔽层、加强钢线、钢管等应等电位连接到入户处的终端箱体上，以终端内是不装设电涌保护器应按相关规范确定。

当通信线路采用钢筋混凝土杆的架空线时，应使用一套护套电缆穿钢管直接埋地引入，其埋地长度按相关规定计算，且不应小于 15 m。在电缆架空线连接处，尚应装设户外型电涌保护器。电涌保护器、电缆金属外皮、钢管和绝缘子铁角、金具等应连在一起接地，其冲击接地电阻不应大于 30 Ω。所装设的电涌保护器应选项用 DI 类高能量试验的产品，其电压保护水平和最大的持续运行电压值、导体截面按相关规定值确定。每台电涌保护器的短路电流应等于或大于 2 kA；若无户处电涌保护器，可选用户内型电涌保护器，但其使用温度应满足安装处和环境温度，并应安装在防护等级 IP54 箱内。

架空金属管道，在进出建筑物时，应与防闪电感应的接地装置相连。距离建筑物 100 m的管道，宜每隔 25 m 接地一次，其冲击接地电阻不应大于 30 Ω，并应利用金属支架或钢筋混凝土支架的焊接、绑扎钢筋网作为引下线，其钢筋混凝土基础宜作为接地装置。埋地或地沟里的金属管道，在进出建筑物处应等电位连接到等电位连接带或防闪电感应的接地装置上。

(4) 当难以装置独立的外部防雷装置时，可将接闪杆或网格不大于 5 m×5 m 或 6 m×4 m的接闪器或由其混合组成的接闪器直接装在建筑物上，接闪网应按规范所规定的敷设在易受雷击的部位如屋角、檐等相应部位。当建筑物高度超过 30 m 时，首先沿层顶周边敷设接闪带，接闪带应设在外墙处表面或屋檐边垂直面上，也可设在外墙处表面或屋檐边垂直面，并符合以下规定：

接闪器之间应相互连接；引下线不应少于 2 根，并应沿建筑物四周和内庭院四周均匀或对称布置，其间距沿周长计算不宜大于 12 m；排放爆炸危险气体、蒸汽或粉尘的管道应符合规范要求；建筑物应装设等电位连接环，环间垂直距离不应大于 12 m，所有引下线、建筑物的金属结构和金属设备均应连到环上，等电位连接环可利用电气设备的等电位连接干线的环路。

外部防雷的接地装置应围绕建筑物敷设成环开接地体，每根引下线的冲击接地电阻不应大于 10 Ω，并应和电气和电子系统等接地装置及所有进入建筑物的金属管道相连，此接地装置可兼作防闪电感应接地之用。

每根引下线的冲击接地电阻大于 10 Ω，外部的防雷的环开接地体宜要根据土壤电阻率等相关要求，按规范明确的计算方式确定环开接地体的敷设方式。

当建筑物高于 30 m 时，应从 30 m 起每隔不大于 6 m 沿建筑物四周敷设水平接闪带并与引下线相连接;30 m 以上外墙上的栏杆、门窗等较大的金属物应与防雷装置连接。

在电源引入的总配电箱处应装设Ⅰ级试验的电涌保护器。电涌保护器的电压保护水平值应小于或等于 2.5 kV。每一保护模式的冲击电流值,当无法确定时冲击电流应取等于或大于 12.5 kA。

当电子系统的室外线路采用金属线时,在其引入的终端箱处应安装 DI 类高能量试验类型的电涌保护器,其短路电流当无屏蔽或有屏蔽时应按相关规范进行计算确定,无法确定时,应选用 2 kA。

当电子系统的室外线路采用光缆时,在其引入终端箱处的电气线路侧,当无金属线路引出本建筑至其他有自己接地装置的设备时,可安装 B2 类慢上升率试验类型的电涌保护器,其短路电流应按规范确定,宜选用 100 A。

当树木邻近建筑物且不在接闪保护器范围内时,树木与建筑物之间的距离不应小于 5 m。

2. 二类防雷建筑物　指在可能发生对地闪击的地区遇到下列情况之一者:“国家级重点文物保护的建筑物;国家级的会堂、办公建筑物、大型展览和博览建筑物、大型火车站和飞机场、国宾馆、国家级档案馆、大型城市的重要给水泵房等特别重要的建筑物;国家级计算中心、国际通信枢纽等对国民经济有重要意义的建筑物;国家特级和甲级大型体育馆;制造、使用或储存火炸药及其制品的危险建筑物,且电火花不易引起爆炸或不致造成巨大破坏和人身伤亡者;具有 1 区或 21 区爆炸危险场所的建筑物,且电火花不易引起爆炸或不致造成巨大破坏和人身伤亡者;具有 2 区或 22 区爆炸危险场所的建筑物,有爆炸危险的露天钢质封闭气罐;预计雷击次数大于 0.05 次/年的部、省级办公建筑物和其他重要或人员密集的公共建筑物以及火灾危险场所;预计雷击次数大于 0.25 次/年的住宅、办公楼等一般性民用建筑物或一般性工业建筑物”。医疗建筑应归类于二类防雷建筑物。且其内部系统更为复杂,应按不同的规范进行防护,如氧气站的管理、危险库房的管理等分属不同的管理范畴。现对二类防雷建筑物的防雷措施分述如下:

(1) 第二类建筑物外部防雷措施,宜采用装设在建筑物上的接闪网、接闪带或接闪杆,也可采用接闪网、接闪带与接闪杆组成的混合接闪器。接闪网、接闪带应按规范要求的方法,沿屋角、屋、屋檐和檐角等易受雷击部位敷设,并应在整个屋面组成不大于 10 m×10 m 或 12 m×8 m 的网格;当建筑物的高度超过 45 m 时,首先应沿屋顶周边敷设接闪带,接闪带设置在外墙处表面或屋檐边垂直面外;接闪器之间应互相连接。

(2) 突出屋面的放散管、风管、烟囱等物体,对排放爆炸危险气体、蒸汽或粉尘的放散管、呼吸阀、排风管等管道,应按防直击雷的相关规范采取防护措施。

(3) 专设引下线不少于 2 根,并应沿建筑物四周和内庭院四周均匀对称布置,其间距沿周长计算不应大于 18 m。当建筑物的跨度较大,无法在跨距中间设引下线时,应在跨距两端设引下线并减小其他引下线的间距,专设引下线的平均间距不应大于 18 m。

(4) 外部防雷装置的接地应和防闪电感应、内部防雷装置、电气和电子系统等接地专设接地装置,并应与引入的金属管做等电位连接。外部防雷装置的专设接地装置宜围绕建筑物敷设成环开接地体。

(5) 利用建筑物的钢筋作为防雷装置时,应符合《建筑防雷设计规范》的相关要求,并应注意构件内有箍筋连接的钢筋或网状的钢筋,其箍筋与钢筋、钢筋与钢筋应采用土建施工的绑扎法、螺丝、对焊或搭焊连接。单根钢筋、圆钢或外引预埋连接板、线与构件内钢筋应焊接或采用螺栓坚固的卡夹器连接。构件之间必须连接成电气通路。

(6) 共用接地体装置的接地电阻应按 50 Hz 电气装置的接地电阻确定，不应大于按人体安全所确定的接地电阻值。但是否敷设接地体应根据规范确定的土壤的电阻率确定如何进行处理。

(7) 二类防雷建筑物其防闪电感应的措施如下：建筑物内的设备、管道、构架等主要金属物，应就近接到防雷装置或共用接地装置上。平行敷设的管道、构架和电缆金属外皮等长金属物应符合建筑物防闪电感应的相关规定，但长金属物连接处不可跨接。建筑物内防闪电感应接地干线与接地装置的连接不可少于两处。

(8) 防止雷电流流经引下线和接地装置时产生的高电位对附近金属物或电气和电子系统线路的反击，应符合下列规定：在金属框架的建筑物中或在钢筋连接在一起、电气贯通的钢筋混凝土框架的建筑物中，金属物或线路与引下线之间的间隔距离可无要求；在其他情况下，金属物或线路与引下线之间的间隔距离应按相关标准设置。当金属物或线路与引下线之间有混凝土墙、砖墙隔开时，其穿击强度应为空气击穿强度的 1/2。当间隔距离不能满足上述条件时，金属物与引下线之间的相连，带电线路应通过电涌保护器与引下线相连。在电气接地装置与防雷接地装置共用或相连的情况下，应在低压电源线路引入的总配电箱、配电柜处装设Ⅰ级试验的电涌保护器。电涌保护器的电压保护水平值应小于或等于 2.5 kV。每一保护模式的冲击电流值，当无法确定时应取等于或大于 12.5 kA。

当 Yyn0 型或 Dyn11 型接线的变压器设在本建筑物内或附设于外墙处时，应在变压器高侧装设避雷器；在低压配电屏上，当有线路引出本建筑物至其他有独立敷设接地装置的配电装置时，应在母线上装设Ⅰ级试验的电涌保护器，电涌保护器每一保护模式的冲击电流值，当无法确定时，冲击电流应取等于或大于 12.5 kA，当无线路引出本建筑时，应在母线上装设Ⅱ级试验的电涌保护器，电涌保护器的每一保护模式的标称放电电流值等于或大于 5 kA。电涌保护器的电压保护水平值应小于或等于 2.5 kV。

在电子系统的室外线路采用金属线时，其引入的终端箱处应安装 DI 类高能量试验类型的电涌保护器。其短路电流应按规范公式计算。当无法确定时，雷电流应选用1.5 kA。

在电子系统的室外线路采用光缆时，其引入的终端枭处的电气线路侧，当无金属线路引出本建筑物至其他有自己接地装置的设备时，可安装 B2 类慢上升率试验类型的电涌保护器，其短路电流宜选用 75 A。

有爆炸危险的露天钢质封闭气罐的场所，应按相关规范要求做好防雷接地防护。

3. 第三类的防雷建筑物　是指在可能发生对地闪击地区遇到下列情况之一者：“省级重点文物保护的建筑物及省级档案馆；预计雷击次数大于等于 0.01 次/年，且小于或等于 0.5 次/年的部、省级办公建筑物和其他重要或人员密集的公区建筑物，以及高空危险场所；预计雷击次数大于或等于 0.5 次/年的，且小于或等于 0.25 次/年的住宅、办公楼或一般民用建筑物或一般性工业建筑物；在日平均雷暴日大于或等于 15 日/年的地区，高度在 15 m 及以上的烟囱、水塔等孤立的高耸建筑物；在平均雷暴日小于或等于 15 日/年的地区，高度在 20 m 及以上的烟囱、水塔等孤立的高耸的建筑物。”其防雷措施要求如下：

(1) 第三类防雷建筑物外部防雷的措施宜采用装设在建筑物上的接闪网、接闪带或接闪杆，也可采用接闪网、接闪带或接闪杆混合组成接闪器。接闪网、接闪带应按规定沿屋角、屋、屋檐和檐角等易受雷击的部位敷设，并应在整个屋面组成不大于 20 m×20 m 或 24 m×16m 的网格；当建筑物高度超过 60 m 时，应沿着屋顶周边敷设接闪带，接闪带应设在外墙处面或屋檐边垂直面上，也可设在外墙外表面或屋檐边垂直面外。接闪器之间应互相连接。

(2) 突出屋面的放散管、风管、烟囱等物体，对排放爆炸危险气体、蒸气或粉尘的放散管、呼吸阀、排风管等管道，应按防直击雷的相关规范采取防护措施。

(3) 专设引下线不少于 2 根，并应沿建筑物四周和内庭院四周均匀对称布置，其间距沿周长计算不应大于 25 m。当建筑物的跨度较大，无法在跨距中间设引下线时，应在跨距两端设引下线并减小其他引下线的间距，专设引下线的平均间距不应大于 25 m。

(4) 防雷装置的接地应与电气和电子系统等共用接地装置，并应与引入的金属管线作等电位连接。外部防雷装置的专设接地装置宜围绕建筑物敷设成环形接地体。

(5) 建筑物宜用钢筋混凝土屋面、梁、柱、基础内的钢筋作为引下线和接地装置，当其女儿墙以内的屋顶钢筋以上的防水和混凝土层允许不保护时，利用屋顶钢筋网作为接闪器，以及当建筑物为多层建筑，其女儿墙压顶板内或檐口内有钢筋且周围除保安人员巡逻外通常无停留时，宜用女儿墙压顶板内或檐口内的钢筋作为接闪器，并符合规范的相关要求。

(6) 共用接地装置的接地电阻应按 50 Hz 电气装置的接地电阻确定，不应大于按人身安全所确定的接地电阻值。并应根据土壤的电阻值大小，按规范所要求的方法，确定接地体的敷设方式与规格。

(7) 防止雷电流流经引下线和接地装置时产生的高电位对附近金属物或电气和电子系统线路的反击，其各类电涌保护器的选型与安装位置应根据规范进行选用，确保安全。

(8) 高度超过 60 m 的建筑物，除屋顶的外部防雷装置宜采用装设在建筑物上的接闪网、接闪带或接闪杆，也可采用接闪网、接闪带或接闪杆混合组成接闪器。接闪网、接闪带应按规定沿屋角、屋、屋檐和檐角等易受雷击的部位敷设，并应在整个屋面组成不大于 20 m×20 m 或 24 m×16 m 的网格；当建筑物高度超过 60 m 时，首先应沿着屋顶周边敷设接闪带，接闪带应设在外墙处面或屋檐边垂直面上，也可设在外墙外表面或屋檐边垂直面外。接闪器之间应互相连接。对水平突出外墙的物体，当滚球半径 45 m，球体从屋顶周边接闪带外向地面垂直下降接触到突出外墙的物体时，应采取相应防雷措施。高于 60 m的建筑物，其上部占高度的 20%并超过 60 m 的部分，应按规范要求做防侧击。

4. 其他防雷措施

(1) 当一座建筑物中兼有第一、第二、第三类防雷建筑物时，其防雷分类和防雷措施宜符合下列规定：当第一类防雷建筑物的部分面积占建筑物总面积的 30%及以上时，该建筑物宜确定为第一类防雷建筑物；当第一类防雷建筑物的面积占总面积的 30%以下，且第二类防雷建筑物部分的面积占建筑物总面积的 30%及以上时，或当这两部分防雷建筑的面积小于建筑总面积的 30%时，该建筑物宜确定为第二类防雷建筑物。但对第一类防雷建筑物部分的防闪电感应和闪电电涌侵入，应采取第一类防雷建筑物保护措施。当第一、第二类防雷建筑物部分的面积之和小于建筑物总面积的 30%，且不可能遭受雷击时，该建筑物可确定为第三类防雷建筑物。但对第一、第二类防雷建筑物部分的防闪电感应和防闪电电涌侵入，应采取各自类别的保护措施；当可能遭受雷击时，宜按各自类别采取防雷措施。

（2）当一座建筑物中仅有一部分为第一、第二、第三类防雷建筑物时，防雷措施宜符合下述规定：当防雷建筑物部分可能遭受雷击时，宜按各自类别采取防雷措施；当防雷建筑物部分不可能遭受直接雷击时，可不采取防直击雷措施，可仅按各自类别采取防闪电感应和防闪电电涌侵入的措施。当防雷建筑物部分的面积占总面积的50%以上时，该建筑物宜作为第一类防雷建筑物采取防护措施。

（3）固定在建筑物上的节日彩灯、航空障碍信号及其他用电设备和线路，应按规范要求，根据建筑物的防雷类别采取相应的防止闪电电涌侵入的措施。

（4）在建筑物引下线附近为保护人身安全应按照规范，采取防接触电压和跨步电压措施。

（5）在独立接闪杆、架空接闪线、架空接闪网的支柱上，严禁悬挂电话线、广播线、电视接收天线及低压架空线等。

第五节　防雷设计的风险评估

医疗建筑物系统，有大量的计算机、通信设施、控制设备、电力电子装置及相关的配套设备、设施（含网络）及医疗电子设备，各自按照一定应用目的和规则对信息进行采集、加工、存储、传输、检索等处理的人机系统，通常是遭受雷电危害的重点。医疗建筑中，计算机信息中心、监控中心、大量电子医疗设备，都是遭受雷电风险的重要部位，科学评估是雷电防护工程设计不可缺少的环节，且是一项复杂的工作。

《建筑物电子信息系统防雷技术规范》GB 50343等规范明确提出，一个信息系统是否需要防雷击电磁脉冲，应在完成直接、间接损失评估和建设、维护投资预测后认真分析，综合考虑，做到安全、适用、经济。规范对雷击风险进行评估的分级计算方法，设定了雷电防护工程安全可靠、技术先进、经济合理的目标。我们在评估中既要考虑当地的气象环境、地质地理环境，还要考虑建筑物本身的重要性、结构特点和电子信息系统的防护等级，使雷击防护达到安全可靠、经济合理的目的。根据电子信息系统的重要性及抗干扰能力等，以确定一个在实际工程建设中，对于建筑物的电子信息系统的防雷等级划分和雷击风险评估，应按照防雷装置的拦截效率、电子信息系统的重要性、使用性质和价值确定雷电防护等级。对重要的建筑物电子信息系统，进行风险评估及等级划分宜采用较高的防护等级。如重点工程，可按风险管理要求进行雷电风险评估。划分雷电防护等级的一般方法如下：

一、按电子信息系统的重要性、使用性质和价值确定雷电防护等级

建筑物电子信息系统可根据其重要性、使用性质和价值，按表6－2选择确定雷电防护等级。

表 6-2 建筑物电子信息系统雷电防护等级

雷电防护等级	建筑物电子信息系统
A级	1. 国家级计算中心、国家级通信枢纽、国家金融中心、证券中心、银行总(分)行、大中型机场、国家级和省级广播电视中心、枢纽港口、火车枢纽站、省级城市水、电、气、热等城市重要公用设施的电子信息系统； 2. 一级安全防范单位，如国家文物、档案库的闭路电视监控和报警系统； 3. 三级医院电子医疗设备
B级	1. 中型计算中心、银行支行、中型通信枢纽、移动通信基站、大型体育场(馆)、小型机场、大型港口、大型火车站的电子信息系统； 2. 二级安全防范单位，如省级文物、档案库的闭路电视监控和报警系统； 3. 雷达站、微波站、高速公路监控和收费系统； 4. 二级医院电子医疗设备； 5. 五星及更高星级宾馆电子信息系统
C级	1. 三级金融设施、小型通信枢纽电子信息系统； 2. 大中型有线电视系统； 3. 四星及以下级宾馆电子信息系统
D级	除上述 A、B、C 级以外的一般用途的需防护电子信息设备

注：表中未列举的电子信息系统也可参照本表选择防护等级。

二、按防雷装置的拦截效率确定雷电防护等级

1. 建筑物及入户服务设施年预计雷击次数 N 的计算

建筑物及入户设施年预计雷击次数 N 值可按下列公式确定：$N=N_1+N_2$：

(1) N_1 表示建筑物年预计雷击次数(次/a)。

N_1 可按下式确定：

$N_1=K\times N_g\times A_e$(次/a)。

式中：K 为校正系数，在下列情况下取相应数值：位于旷野的建筑物取 2；金属屋面的砖木结构建筑物取 1.7；位于河边、湖边、山坡下或山地中土壤电阻率较小的地下水露头处、土山顶部、山谷风口等处的建筑物，以及特别潮湿地带的建筑物取 1.5。

N_g 指建筑物所处地区雷击大地密度(次/km^2 · a)；可按下式确定：

$$N_g = 0.1\times T_d(\text{次}/\text{km}^2\cdot\text{a})$$

T_d 指年平均雷暴日(d/a)，根据当地气象台、站资料确定。

A_e 指建筑物截收相同雷击次数的等效面积(km^2)。应符合下列规定：当建筑物的高度 H 小于 100 m 时，其每边的扩大宽度 D 和等效面积 A_e 应按下列公式计算确定：

$$D=\sqrt{H(200-H)}\text{(m)};$$

$$A_e=[LW+2(L+W)\times\sqrt{H(200-H)}+\pi H(200-H)]\times 10^{-6}\text{(km}^2\text{)}$$

式中：L,W,H 分别为建筑物的长、宽、高(m)。

当建筑物的高度 H 大于等于 100 m 时，其每边的扩大宽度应按等于建筑物的高 H

计算。建筑物的等效面积按下列公式确定：

$$A_e = [LW + 2H(L + W) + \pi H^2] \times 10^{-6} (km^2)$$

当建筑物各部位的高不同时，应沿建筑物周边逐点计算出最大的扩大宽度，其等效面积应按每点最大扩大宽度外端的连接线所包围的面积计算(如图 6－4 所示)。

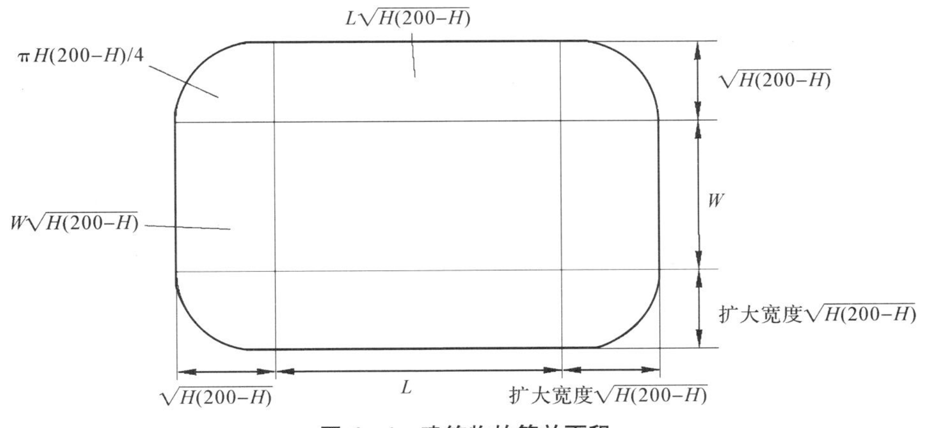

图 6－4 建筑物的等效面积

(2) N_2 表示建筑物入户设施年预计雷击次数(次/a)，按下式计算：

$$(0.1 \times T_d) \times (A_{e1} + A_{e2}) (次/a)$$

式中：N_g 指建筑物所处地区雷击大地密度(次/km^2 • a)；T_d 指年平均雷暴日(d/a)，根据当地气象台、站资料确定；A_{e1} 指电源线缆入户设施的截收面积(km^2)，按表 6－3 的规定确定；A_{e2} 指信号线缆入户设施的截收面积(km^2)，按表 6－3 的规定确定。

表 6－3 入户设施的截收面积

线路类型	有效截收面积
低压架空电源电缆	$2\,000 \times L \times 10^{-6}$
高压架空电源电缆(至现场变电所)	$500 \times L \times 10^{-6}$
低压埋地电源电缆	$2 \times d_3 \times L \times 10^{-6}$
高压埋地电源电缆(至现场变电所)	$0.1 \times d_3 \times L \times 10^{-6}$
架空信号线	$2\,000 \times L \times 10^{-6}$
埋地信号线	$2 \times d_3 \times L \times 10^{-6}$
无金属铠装和金属芯线的光纤电缆	0

注：1. L 是线路从所考虑建筑物至网络的第一个分支点或相邻建筑物的长度，单位为“m”，最大值为1 000 m，当 L 未知时，应取 1 000 m。
2. d_3 表示埋地引入线缆计算截收面积时的等效宽度，单位为“m”，其数值等于土壤电阻率的值，最大值取 500。

2. 可接受的最大年平均雷击次数 N_c 的计算

因直击雷和雷电电磁脉冲引起电子信息系统设备损坏的可接收的最大年平均雷击次数 N_c。按下式确定：

$$N_c = 5.8 \times 10^{-1}/C\ (\text{次}/\text{a})$$

式中：C 指各类因子 C_1、C_2、C_3、C_4、C_5、C_6 之和；

C_1 指信息系统所在建筑物材料结构因子，当建筑物屋顶和主体结构均为金属材料时，C_1 取 0.5；当建筑物屋顶和主体结构均为钢筋混凝土材料时，C_1 取 1.0；当建筑物为砖混结构时，C_1 取 1.5；当建筑物为砖木结构时，C_1 取 2.0；当建筑物为木结构时，C_1 取 2.5。

C_2 指信息系统重要程度因子，表 6－2 中的 C、D 类电子信息系统 C_2 取 1；B 类电子信息系统 C_2 取 2.5；A 类电子信息系统 C_2 取 3.0。

C_3 指电子信息系统设备耐冲击类型和抗冲击过电压能力因子，一般，C_3 取 0.5；较弱，C_3 取 1.0；相当弱，C_3 取 3.0（注："一般"指现行国家标准《低压系统内设备的绝缘配合第 1 部分：原理、要求和试验》GB/T 16935.1 中所指的Ⅰ类安装位置的设备，且采取了较完善的等电位连接、接地、线缆屏蔽措施；"较弱"指现行国家标准《低压系统内设备的绝缘配合第 1 部分：原理、要求和试验》GB/T 16935.1 中所指的Ⅰ类安装位置的设备，但使用架空线缆，因而风险大；"相当弱"指集成化程度很高的计算机、通信或控制等设备）。

C_4 指电子信息系统设备所在雷电防护区（LPZ）的因子，设备在 LPZ_2 等后续雷电防护区内时，C_4 取 0.5；设备在 LPZ_1 区内时，C_4 取 1.0；设备在 $LPZ0_B$ 区内时，C_4 取 1.5～2.0。

C_5 指电子信息系统发生雷击事故的后果因子，信息系统业务中断不会产生不良后果时，C_5 取 0.5；信息系统业务原则上不允许中断，但在中断后无严重后果时，C_5 取 1.0；信息系统业务不允许中断，中断后会产生严重后果时，C_5 取 1.5～2.0。

C_6 指区域雷暴等级因子，少雷区 C_6 取 0.8；中雷区 C_6 取 1；多雷区 C_6 取 1.2；强雷区 C_6 取 1.4。

因此，在确定电子信息系统设备是否需要安装防雷装置时，应将 N 和 N_c 进行比较。当 N 小于或等于 N_c 时，可不安装雷电防护装置；当 N 大于 N_c 时，应安装雷电防护装置。

安装雷电防护装置时，按防雷装置拦截效率 E（$E=1-N_c/N$）确定其雷电防护等级：①当 E 大于 0.98 时，定为 A 级；②当 E 大于 0.90 小于或等于 0.98 时，定为 B 级；③当 E 大于 0.80 小于或等于 0.90 时，定为 C 级；④当 E 小于或等于 0.80 时，定为 D 级。

三、按风险管理要求进行雷击风险评估

1. 因雷击导致建筑物的各种损失对应的风险分量 R_x 可按下式估算：

$$R_x = N_x P_x L_x$$

式中：N_x 指年平均雷击危险事件次数；P_x 指每次雷击损害概率；L_x 指每次雷击损失率。

2. 建筑物的雷击损害风险尺可按下式估算：

$$R = \sum R_x$$

式中：R 指建筑物的雷击损害风险涉及的风险分量 $R_A \sim R_Z$，按照建筑物所考虑的各种损失相应的风险分量来确定（见表 6－4）。

表 6－4　涉及建筑物的雷击损害风险分量

各类损失的风险	风险分量							
	雷击建筑物（S1）			雷击建筑物附近（S2）	雷击连接到建筑物的线路（S3）			雷击连接到建筑物的线路附近（S4）
人身伤亡损失风险 R_1	R_A	R_B	R_C[1]	R_M[1]	R_U	R_V	R_W[1]	R_Z[1]
公众服务损失风险 R_2		R_B	R_C	R_M		R_V	R_W	R_Z
文化遗产损失风险 R_3		R_B				R_V		
经济损失风险 R_4	R_A[2]	R_B	R_C	R_M	R_U[2]	R_V	R_W	R_Z
总风险 $R=R_D+R_I$	直接雷击风险 $R_D=R_A+R_B+R_C$				间接雷击风险 $R_I=R_M+R_U+R_V+R_W+R_Z$			

注：1. 仅指具有爆炸危险的建筑物及因内部系统故障立即危及性命的医院或其他建筑物。
2. 仅指可能出现牲畜损失的建筑物。
3. 各类损失相应的风险（$R_1 \sim R_4$）由对应行的分量（$R_A \sim R_Z$）之和组成。

3. 根据风险管理的要求，应计算建筑物雷击损害风险度 R，并与风险容许值比较。当所有风险均小于或等于风险容许值，可不增加防雷措施；当其风险大于风险容许值，应增加防雷措施减小该风险，使其小于或等于风险容许值，并宜评估雷电防护措施的经济合理性。详细评估和计算方法应符合下述要求：

（1）影响建筑物雷击损害风险分量的因子，应符合表 6－5 相应的规定。

表 6－5　建筑物风险分量的影响因子

建筑物或内部系统的特性和保护措施	R_A	R_B	R_C	R_M	R_U	R_V	R_W	R_Z
截收面积	★	★	★	★	★	★	★	★
地表土壤电阻率	★							
楼板电阻率					★			
人员活动范围限制措施，绝缘措施，警示牌，大地等电位	★							
减小物理损害的防雷装置(LPS)	★①	★	★②	★②	★③	★③		
配合的 SPD 保护			★	★			★	★
空间屏蔽			★	★				
外部屏蔽线路					★	★	★	★
内部屏蔽线路			★	★				
合理布线			★	★				
等电位连接网络			★					
火灾预防措施		★				★		
火灾敏感度		★				★		
特殊危险		★				★		
冲击耐压			★	★	★	★	★	★

注：1. 如果“自然”LPS 或符合标准的 LPS 的引下线间隔小于 10 m，或采取人员活动范围限制措施时，人和动物由于接触和跨步电压造成伤害有关的风险可以忽略不计。
2. 仅对于减小物理损害的格栅形外部 LPS。
3. 等电位连接引起。
4. 表中，“★”表示有影响的因子，可根据影响风险分量的因子采取针对性措施降低雷击损害风险。

(2) 建筑物防雷保护的决策以及保护措施的选择应按以下程序进行：

①确定需评估对象及其特性。

②确定评估对象中可能的各类损失以及相应的风险 $R_1 \sim R_4$。

③计算风险 $R_1 \sim R_4$。

$$R_1 = R_A + R_B + R_C + R_M + R_U + R_V + R_W + R_Z$$

注：仅对于具有爆炸危险的建筑物或有救命电子设备因内部系统的故障马上会危及人命的医院或其他建筑物。

$$R_2 = R_B + R_C + R_M + R_V + R_W + R_Z$$

$$R_3 = R_B + R_V$$

$$R_4 = R_A + R_B + R_C + R_M + R_U + R_V + R_W + R_Z$$

注:仅对于可能出现牲畜损失的建筑物。

④将建筑物风险 R_1、R_2 和 R_3 与风险容许值 R_T 作比较来确定是否需要防雷。

⑤通过比较采用或不采用防护措施时造成的损失代价以及防护措施年均费用,评估采用防护措施的成本效益。为此需对建筑物的风险分量 R_4 进行评估。

(3) 在进行风险评估时,需考虑建筑物特性,如:建筑物本身;建筑物内的装置;建筑物的内存物;建筑物内或建筑物外 3 m 范围内的人员数量;建筑物受损对环境的影响。考虑对建筑物的防护时不包括与建筑物相连的户外服务设施的防护。

(4) 风险容许值 R_T:风险容许值 R_T 应由相关职能部门确定。表 6-6 给出涉及人身伤亡损失、社会价值损失以及文化价值损失的典型 R_T 值。

表 6-6　风险容许值 R_T 的典型值

损失类型	R_T(次/a)
人身伤亡损失	10^{-5}
公众服务损失	10^{-3}
文化遗产损失	10^{-3}

(5) 评估一个对象是否需要防雷时,应考虑建筑物的风险 R_1、R_2 和 R_3。对于上述每一种风险,应当采取以下步骤:①识别构成该风险的各分量 R_X;②计算各风险分量 R_X;③计算出 $R_1 \sim R_3$;④确定风险容许值 R_T;⑤与风险容许值 R_T 比较。如对所有的风险均有 $R \leqslant R_T$,不需要防雷;如果某风险 $R > R_T$,应采取保护措施减小该风险,使 $R \leqslant R_T$。

(6) 除了建筑物防雷必要性的评估外,为了减少经济损失 L_4,宜评估采取防雷措施的成本效益。计算出建筑物风险 R_4 的各个风险分量后可以估算出采取保护措施前后的经济损失。评估采取保护措施的成本效益的步骤包括下列内容:①识别建筑物风险 R_4 的各个风险分量 R_X;②计算未采取防护措施时各风险分量 R_X;③计算每年总损失 C_L;④选择保护措施;⑤计算采取保护措施后的各风险分量 R_X;⑥计算采取防护措施后仍造成的每年损失 C_{RL};⑦计算保护措施的每年费用 C_{PM};⑧费用比较。如果 $C_L < C_{RL} + C_{PM}$,则防雷是不经济的。如果 $C_L \geqslant C_{RL} + C_{PM}$,则采取防雷措施在建筑物的使用寿命期内可节约开支。

(7) 建筑物保护措施选择的流程:应根据每一风险分量在总风险中所占比例并考虑各种不同保护措施的技术可行性及造价,选择最合适的防护措施。应找出最关键的若干参数以决定减小风险的最有效防护措施。对于每一类损失,可单独或组合采用有效的防护措施,从而使 $R \leqslant R_T$,应选取技术和造价上均可行的防护方案。任何情况下,安装人员或设计人员应找出最关键的风险分量,设法减小它们,当然也应考虑成本。

4. 雷击损害风险评估方法

(1) 雷击损害风险评估应按上述第 1 条和第 2 条计算风险 R。

(2) 各致损原因产生的不同损害类型对应的建筑物风险分量见表 6-7。

表 6 - 7　各致损原因产生的不同损害类型对应的建筑物风险分量

致损原因 / 损害类型	S_1 雷击建筑物	S_2 雷击建筑附近	S_3 雷击入户服务设施	S_4 雷击服务设施附近	根据损害类型 D 划分的风险
D_1 人和动物伤害	$R_A=N_D\times P_A\times R_A\times L_t$		$R_U=(N_L+N_{Da})\times P_U\times R_U\times L_t$		$R_S=R_A+R_U$
D_2 物理伤害	$R_B=N_D\times P_A\times R_p\times h_z\times R_f\times L_f$		$R_V=(N_L+N_{Da})\times P_V\times R_p\times h_z\times R_f\times L_f$		$R_F=R_B+R_V$
D_3 电气和电子系统的失效	$R_C=N_D\times P_C\times L_O$	$R_M=N_M\times P_M\times L_O$	$R_W=(N_L+N_{Da})\times P_W\times L_O$	$R_Z=(N_I-N_L)\times P_Z L_O$	$R_O=R_C+R_M+R_W+R_Z$
根据致损原因划分的风险	直接损害 $R_D=R_A+R_B+R_C$	间接损害 $R_I=R_M+R_U+R_V+R_W+R_Z$			

注：R_z 公式中，如果$(N_I-N_L)<0$，则假设$(N_I-N_L)=0$。

（3）雷击损害评估所用的参数见表 6 - 8。

表 6 - 8　建筑物雷击损害风险分量评估涉及的参数一览表

建筑物			
符号			名称
年平均雷击次数 N_X	N_D		雷击建筑物
	N_M		雷击建筑物附近
	N_L		雷击入户线路
	N_I		雷击入户线路附近
	N_{Da}		雷击线路“a”端的建筑物
一次雷击造成的损害概率 P_X	S_1	P_A	人和动物伤害
		P_B	物理损害
		P_C	内部系统失效
	S_2	P_M	内部系统失效
	S_3	P_U	人和动物伤害
		P_V	物理损害
		P_W	内部系统失效
	S_4	P_Z	内部系统失效
一次雷击造成的损失 L_X	$L_A=r_a\times L_I$ $L_U=r_U\times L_t$		人和动物伤害
	$L_B=L_V=R_p\times R_f\times h_z\times L_f$		物理伤害
	$L_C=L_M=L_W=L_Z=L_O$		内部系统失效

（4）为了对各个风险分量进行评估，可以将建筑物划分为多个分区 Z_S，每个区具有均匀的特性。这时应对各个区域 Z_S 进行风险分量的计算，建筑物的总风险是构成该建筑物的各个区域 Z_S 的风险分量的总和。一幢建筑物可以是或可以假定为一个单独的区域。建筑物的分区应当考虑到实现最适当雷电防御措施的可行性。

（5）建筑物区域划分应主要根据：①土壤或地板的类型；②防火隔间；③空间屏蔽。还可以根据以下情况进一步细分：①内部系统的布局；②已有的或将采取的保护措施；③损失 L_X 的值。

（6）分区的建筑物风险分量评估应符合下列规定：

①对于风险分量 R_A、R_B、R_U、R_V、R_W 和 R_Z，每个所涉参数只能有一个确定值。当参数的可选值多于一个时，应当选择其中的最大值。

②对于风险分量 R_C 和 R_M，如果区域中涉及的内部系统多于一个，P_C 和 P_M 的值应当计算如下：

$$P_C = 1 - \prod_{i=1}^{\pi}(1 - P_{Ci})$$

$$P_M = 1 - \prod_{i=1}^{\pi}(1 - P_{Mi})$$

式中：P_{Ci}、P_{Mi}是内部系统 i 的损害概率，$i=1,2,3,\cdots,n$。

③除了 P_C 和 P_M 以外，如果一个区域中的参数有一个以上的可选值，应当采用导致最大风险结果的参数值。

④单区域建筑物情况下，整座建筑物内只有一个区域，即建筑物本身。风险 R 是建筑物内对应风险分量 R_X 的总和。

⑤多区域建筑物的风险是建筑物各个区域相应风险的总和。各区域中风险是该区域中各个相关风险分量的和。

（7）不管是否有必要选取保护措施以减少风险 R_1、R_2、R_3，在选取保护措施时，为减小经济损失风险 R_4，评估其经济合理性是有益的。建筑物损失的全部价值是建筑物各个区域的损失价值的和。

（8）风险 R_4 评估的对象包括：①整个建筑物；②建筑物的一部分；③内部装置；④内部装置的一部分；⑤一台设备；⑥建筑物的内存物。

第六节　医疗建筑中的防雷接地

一、共用接地

医疗建筑的防雷接地、配电系统接地、设备保护接地、电子信息系统的接地、屏蔽接地、防静电接地等，应采用共用接地装置，其接地电阻应按其中最小值确定。建筑设备接地（如消防、结构化布线、监控、楼控等系统）、医疗设备接地，包含保护接地、工作性接地、等电位连接、屏蔽接地，应采用一点接地体。各医疗设备机房应设专用接地端子箱，并通过接地干线引至基础接地体，采用联合接地极。

1. 共用接地　共用接地是指：电力系统的工作接地与电气设备的保护接地、防雷接地、屏蔽体接地、防静电接地、等电位连接带、建筑物金属构件、低压配电保护线（PE）等共用一套接地装置；或指几个电气设备的接地线汇聚在一起，连接到设置在一个或几个地点的共用接地电极上的接地系统。接地装置由接地线、接地网和围绕接地体的大地（土壤）组成，用来构成地的连接。其中的接地线是指构成地的导线，该导线将设备、装置、布线系统或中性线与接地体连接。接地网是指由埋在地下的互相连接的裸导体构成的接地体群，用以为电气、电子设备和金属结构提供共同的地。接地电阻是指：接地体和具有零电阻的远方接地体之间的欧姆电阻。

2. 共用接地的优点　主要是：接地线少，接地系统较简单，维护、检查容易；各个接地电极并联连接的等效接地电阻比独立接地的总电阻小。如果是利用建筑结构体作为共用接地装置，因其接地电阻很小，共用接地的效果就更显著；当有一个接地电极失效时，其他接地电极也能补充，提高了接地的可靠性；减少接地电极的总数，节省了设备施工费用；当负荷设备绝缘损坏发生碰壳短路故障时，可以产生较大的短路电流使保护装置动作。同时能够减少人员触及故障设备时的接触电压；可以减少雷电电压的危害。

理论上，为了防止雷电压的反击作用，防雷接地装置与建筑物、电气设备及其系统之间最好能保持足够的距离，但在工程中往往存在许多困难而无法做到。因医疗建筑物总有许多引入管线，这些管线分布范围很广，尤其在利用钢筋混凝土建筑物的结构钢筋作为暗敷防雷网时，建筑物管线与电气设备的外壳实际上是无法与防雷系统真正分开的，也无法与电气设备的接地分开。在这种情况下，为限制雷击时电气设备和建筑物接地点电位的增高，应采用共用接地，即将变压器中性点以及各种电气设备的工作接地和保护接地与防雷接地共同连接起来。如建筑物，当把电气部分的接地和防雷接地连成一体后，就使建筑物内的钢筋间构成一个法拉第笼，在此笼内的电气设备和导体都与笼相连接，也就不会受到反击。因此，利用建筑物的金属结构体接地时，建筑物内多种系统的接地就可以共用接地，并应使共用接地电阻限制在 1 Ω 以下为宜。

3. 现行电力行业标准对使用共用接地的规定　在向 B 类电气装置供电的配电变压器不安装在有 B 类建筑电气装置的建筑物内，配电变压器高压侧工作于不接地、经消弧线圈接地和高电阻接地的系统，若该变压器保护接地装置的接地电阻符合 50/I 且不大于 4 Ω 时，低压系统的工作接地与变压器的保护接地可共用一套接地装置。而对于工作在有效接地系统中的 A 类电气装置，则要求配电变压器的工作接地应置于保护接地网以外的适当地方，即不得共用一套接地装置。

向 B 类电气装置供电的配电变压器安装在有 B 类建筑物电气装置的建筑物内时，配电变压器高压侧工作在低电阻接地的系统，当该变压器的保护接地装置的接地电阻符合 2 000/I，且建筑物采用总等电位连接时，低压系统的工作接地可与该变压器的保护接地共用一套接地装置。工作在 A 类电气装置中的配电变压器的保护接地可与保护该配电变压器的避雷接地装置共用一套接地装置。另外，如果 1 kV 以上的线路属大接地短路电流系统，而且当发生接地短路故障时能采用迅速切断措施，则也可采用共用接地，但共用接地电阻应小于 1 Ω。

4. 采用共用接地应注意的问题

(1) 接地电流的性质：接地点电位升高的危害程度与接地电流的大小、持续时间、发生概率等几方面因素有关。例如避雷针、避雷器在雷击时，虽然可能发生大的接地短路电流，但是这种接地电流持续时间短，发生的概率也不高，由这种接地电波引发的电位升高问题危害就不大。但共用接地的接地电阻必须满足各种接地中最小接地电阻的要求，且共用接地的电阻最好能限制在 1 Ω 以下。在中性点接地的低压配电系统中，其共用接地的接地电极上可能集中了系统负荷设备的所有漏电流并形成环流，且有可能长时间流过这种接地电流。一旦系统共用接地电阻值偏离安全限值，就会危及设备及人员的安全。随着计算机及其外围设备的大量使用，为确保它们的正常工作，有必要实施线路滤波器用的接地，在线路与大地之间接上大的电容滤波器，就可能产生相当大的电容电流流向大地，而这种电容电流也包含在漏电流中。

(2) 电位升高对负荷设备的影响：在共用接地情况下，接地电极电位升高对负荷设备的影响，可以用室内小型组合式变配电柜为例来说明。以往都是将变压器中性点、金属箱体、负荷设备金属外壳共用接地。另外，为了防止避雷器放电时，雷电流有可能使接地电位升高所带来的危险，而将避雷器独立接地。当与该变配电柜连接的负荷设备因绝缘损坏而发生漏电时，其全部环路电流通过共用接地电极，使接地点电位升高，变配电柜箱体的电位也同时升高。这时如果维护检查人员开门查看配电柜内情况，就会有触电的危险，这种事故常有发生。所以，现在在很多情况下不把室内变配电柜中的工作接地与其他接地共用，而是采用独立接地，虽然这样做会给施工增加难度。

实践表明，公用低压配电系统中，在各种系统的接地无法做到真正分开的情况下，工作接地与保护接地、保护接地与防雷接地等共用接地更安全，且节省投资、简单和便于维护。对于共用接地存在的问题，可以考虑充分利用大楼建筑的钢架结构体接地，限制共用接地的总接地电阻(小于 1 Ω)和总等电位连接等办法，将减少共用接地可能发生的影响和危害。

二、人工接地与自然接地

配电线路的接地既有人工接地，又有自然接地。用钢管、角钢、扁钢和钢筋等钢材制成的，具有一定形状，埋有一定深度，并用扁钢或钢筋与防雷、接地系统相连的接地体称为人工接地体。自然接地体又称为基础接地体，一般指将建筑物或构筑物基础中的金属结构相互连接，从而形成电气回路来作为接地体使用。由于自然接地体具有制作方便、安全可靠、节约钢材、寿命较长和不易损坏等优点，而被广泛地作为配电房和架空线路的接地体，并取得了较好的经济效益和安全效益。在目前的 10 kV 架空线路和配电所的接地体中，人工接地体仍占相当的比例。由于人工接地体易被盗窃、腐蚀和破坏，设备的使用安全因此受到严重威胁。而自然接地体不仅能够很好地避免环境因素、自然因素和人为因素对其造成的不利影响，而且还可以提高设备运行的可靠性和安全性，因此，《医疗建筑电气设计规范》专门指出宜优先采用自然接地体。

1. 人工接地体的应用　在目前的 10 kV 架空线路和配电所的接地体中，人工接地体仍占相当的比例。在架空线路上，在预定的位置上竖立电杆，再架线和通电，若需要在其中的某个电杆位置的附近搭接用电设备，则可在该电杆上安装跌落式熔断器或开关后通电。为保障用电设备的安全工作，常将一根长为 2.5 m 的 ∟50×50×5 热镀锌角钢埋入地下，在地面上预留出几十厘米，再将开关外壳、避雷器和接地极用绝缘铜导线进行连接。在配电所方面，通常是在配电所所在建筑墙体外进行环状埋设接地极，该环距离墙体的距离为 3 m，接地极所用材料为长 2.5 m 的 ∟50×50×5 热镀锌角钢，每根角钢的间距为5 m，埋设深度为角钢的顶端在地面下 80 cm，然后将所有接地极用 50 mm×5 mm 的热镀锌扁钢焊接为一个封闭环。最后在环的不同位置用上述扁钢向配电房内引入2 条以上的接地线，以将设备接地。

2. 人工接地体存在的问题　人工接地体受环境因素、自然因素及人为因素的诸多影响。当需要在架空线路中的某个电杆附近搭接用电设备时，需要在该电杆的旁边埋设接地极，而该电杆所处的位置下面可能有石块层或旁边都是混凝土路面，这将给接地极的埋设带来很大困难。若在土壤电阻率较高的地方或地势较高的丘陵地带，仅在电杆旁边埋设接地极可能仍无法满足电阻的设计要求，而在规定距离之外可能有其他建筑物或为混凝土路面，从而不满进行大面积开挖，使第二根接地极无法埋设。

配电房一般是通过热镀锌扁钢将室外接地极和设备相连，在竣工前通常都会将连接线用混凝土进行覆盖，随着时间的推移，房屋和路面会出现不同程度的沉降，由于两者沉降的不一致性，会将接地线拉断，那么设备的接地线相应地也就失去了接地的作用。设备线路一旦出现过高压(如雷击)或发生泄漏现象，将使设备的外壳及其他金属携带过高电压。在沿海地区是盐碱环境，其对接地体的腐蚀非常严重，如广东、浙江、江苏等地的沿海城市，其电房的接地装置在使用 5～8 年后，都出现了非常严重的腐蚀，从而对设备的安全使用带来了严重的威胁。由于电杆上的配电设备是用金属铝或铜与接地极进行连接的，而其又都处在无人看守的野外，因此，会经常发生被盗窃的现象。另外，配电房的外空地也常在供电部门毫不知情的情况下被开挖，用于城市的绿化等，而在开挖的过程中，这些人工接地体很容易被拉断，若在施工时没有发现，以后就很难知晓。以上这些都给人工接地体造成了极大的安全隐患。因此，一般情况下不提倡人工接地的方式。

3. 自然接地体的应用　自然接地体的设计，解决人工接地体出现的问题。自然接地体，一般采用建筑物地梁内或水泥杆塔内的钢筋作为接地极。只要自然接地体的接地电阻能够达到要求，我们就可免去使用人工接地体。实践证明，采用自然接地体都符合接地电阻值≤4 Ω 的规定。

由于土壤的电阻率较大，有的地方可以达到 100 Ω·m，因此，在电杆的底部可以增加一个人工接地装置，并用短路环将电杆内的钢筋焊接连通。具有很好密封性，因此也具有较高的耐腐蚀性和抗冻性。

多年的自然接地体的应用效果表明，自然接地体可有效地避免雷击热效应。通常情况下，避雷系统的接地电阻越小，其散流越快；高电位保持时间越短，接触电压和跨步电压也越小。当雷电击中架空线路时，雷电流会通过电杆内的钢筋传给大地，同时使电杆内的钢筋温度快速升高，减小水泥和钢筋的结合力，若钢筋温度高达 350～400℃，水泥和钢筋之间的结合力将被完全破坏，混凝土的保护层也将出现纵向及横向的裂纹。所以，我们要求钢筋的温度最好低于 100℃。由于自然接地体用建筑物地梁内或水泥杆塔内的钢筋作为接地极，配电所室外不再有接地装置，可有效地避免环境因素、自然因素和人为因素的影响，避免室外开挖和沉降对其造成的破坏。另外，因为地接地极被密封在混凝土内部，这样可以有效地预防腐蚀，而且可以防止盗取接地线的事件，从而大大地降低了接地导线的补充，保证了设备能够可靠地工作，并免去了对接地装置的日常维护工作。它不仅可以消除环境因素、自然因素和人为因素对其的不利影响，而且还可以提高设备运行的可靠性和安全性，因此，医疗建筑中，应首先采用自然接地体，以确保安全，减少投资与维护成本。

三、医疗建筑的接地形式

医院单体建筑物的楼层低，在占地面积小，并且该建筑物周围条件允许时，可根据建筑物内各类型设备要求，分别作接地保护系统。有条件时作一点接地保护系统更安全可靠。在建筑物单体楼层高、占地面积较大时，设备采用分类接地保护系统难度大，不宜实施。这时，应在建筑物内的变、配电控制室内作一点接地保护系统装置。医疗电气设备工作性接地电阻值应按设备技术要求决定。在一般情况下，宜采共用接地方式，接地电阻小于 1.0 Ω，如需采用单独接地，两接地系统的距离不宜小于 20 m。为降低电气设备发生接地故障时电气装置外露部分的接触电压，降低或消除从建筑物外部窜入电气装置外露部分的危险电压，防止电击事故的发生，需在建筑物内做等电位连接。三级医院电子信息系统及医疗电子设备应设置防雷击电磁脉冲防护，等级为 A 级。三级其他等级以下的医院电子信息系统及医疗电子设备的雷击电磁脉冲防护，等级为 B 级；二级医院电子信息系统及医疗电子设备的雷击脉冲防护，等级为 C 级。

医疗场所配电系统的接地形式宜采用 TN－S 系统。严禁采用 TN－C 系统，并采用共用接地和等电位连接。当个别设备采用单独接地方式时，应在保证设备和人身安全避免促成伤害，并防止雷电反击和电磁干扰。（注：医疗设备如采用单独接地，当其自身发生接地故障或建筑物遭受雷击时，易对设备和人身安全造成伤害；如采用 TT 系统，应加装额定电流为 30 mA 的 RCD 剩余电流保护器，并大幅度降低接地的电阻值，最好的解决办法是采用 TN－S 系统，并采用共用的接地系统和等电位连接）。

医疗场所保护性接地与功能性接地应共用一组接地装置，其接地电阻按其中最小值确定（其中，保护性接地包括：防雷接地、防电击接地、防静电接地、屏蔽接地；功能性接地包括：交流工作接地、直流工作接地、信号接地等）。关于信号接地的电阻值，IEC 有关标准及等同或等效采用 IEC 标准的国标均未规定电阻值的要求，只要实现了高频条件下的低阻抗接地（不一定接大地）和等电位连接即可。当与其他接地系统联合接地时，按其他接地系统接地电阻的最小值确定。

医疗场所内由 IT 系统供电的设备金属外壳接地应与 TN－S 系统共用接地装置（注：因 2 类医疗场所内仅局部采用 IT 系统，其余部位仍采用 TN－S 系统，如为 IT 系统设单独接地极，在同一场所内将存在两个相对独立的接地装置，两个相对独立的接地装置可能存在电位差，造成危险）。

在 1 类及 2 类医疗场所“患者区域”内，应做局部等电位连接，并将下列设备进行等电位连接：①PE 线；②外露可导电部分；③抗电磁干扰的屏蔽物（如果安装有）；④防静电地板下金属物；⑤隔离变压器的金属屏蔽层（如果有）；⑥除设备要求与地绝缘外，固定安装的、可导电的非电气装置的患者支撑物。

在 2 类场所内，电源插座的保护导体端子、固定设备的保护导体端子或任何外界可导电部分与等电位连接母线之间的导体的电阻（包括接头的电阻在内），不应超过 0.2 Ω。

配电系统接地采用人工接地体时，应采取有效的防腐措施。人工接地极容易因土壤腐蚀而失效，失去接地作用。

医疗场所内的医疗电子设备应根据设备受干扰的频率，确定采用 S 型、M 型或 SM 混合型等电位连接（注：医疗电子设备的“信号地”可以是大地，也可以是接地母线、接地端子。根据国家规范和 IEC 标准，等电位连接网络的结构形式规定有 S 型与 M 型或两种形式的结合。S 型适用于建筑物内安装工作频率较低的医疗电子设备，如 30 kHz 以下的医疗电子设备；M 型适用于建筑物内工作频率较高，如 300 kHz 以上的医疗电子设备。SM 混合型适用于建筑物内安装工作频率在 30～300 kHz 之间的医疗电子设备）。

敏感电子设备应避免布置在建筑物迎雷面的外侧。目前，大型医疗设备的接地均采用共用接地装置上。无论是大型设备或是一般设备，在实际工程中主要采用共用接地、独立接地线。不少设备供应商，特别是大型设备供应商均要求设备功能接地必须与其他设备功能分开，以保证设备能有效接地。实际情况往往是建筑物的周边场地有限且要求单独接地的设备较多，很难做到设备的功能接地单独做接地体。通常所有的设备功能接地、保护接地与建筑物防雷接地共用接地体，其接地电阻值尽量小，以保证设备的正常工作。设备的功能接地至共用接地体应采用专用接地线，通常采用的线径不小于 50 mm^2 的多股铜芯线。

第七节 安全防护要求

当 1 类和 2 类医疗场所使用安全特低电压时，标称供电电源电压不应超过交流 25V 和无纹波直流 60 V，并应采取对带电部分加以绝缘的保护措施。

1 类和 2 类医疗场所应设置防止接地故障（间接接触）电击的自动切断电源的保护装置，并符合下列要求：

(1) IT、TN、TI 系统的约定接触电压限值不应超过 25V；

(2) TN 系统的最大切断时间，230 V 应为 0.2 s；400V 应为 0.05 s。

TN 系统在 2 类医疗场所区域内，仅可在以下回路中采用不超过 30 mA 的额定剩余电流，并具有过流保护的剩余电流动作保护器（RCD），且剩余电流动作保护器应采用电磁式。这些部分主要包括：手术台驱动机构供电回路；X 射线设备供电回路；额定功率大于 5 kVA 的设备供电回路；非生命支持系统的电气设备回路。（设备采用额定剩余电流不超过 30 mA 的剩余电流动作保护器（RCD）即可保护人身安全，但需要注意的是，一个 RCD 保护的设备不应过多，以免 RCD 误动作。电磁式剩余电流动作保护器抗干扰能力强，且主回路失压不影响保护动作，而电子式剩余电流动作保护器，当主回路失压或控制回路故障或接触不良，都可能造成保护不动作）。

TT 系统应设置剩余电流动作保护器（RCD）。

2 类医疗场所在维持生命、外科手术、实时监控和其他位于“患者环境”的电气装置，除手术台、X 射线装置、额定容量超过 5 kVA 的大型设备、非生命支持系统的电气设备回路，均应采用 IT 系统。用途相同的一个或几个房间内，至少应设置一个独立的医疗设备

IT 系统，且必须配置绝缘监视器，绝缘监视器应符合《建筑电气装置第 7-710 部分：特殊装置或场所的要求——医疗场所》GB 16859.24-2005、IEC 60364-7-710 标准，并符合以下规定：①交流内阻不小于 100 kΩ；②测量电压不超过直流 25 V；③测试电流，故障条件下峰值不应大于 1 mA；④当电阻减少到 50 kΩ 时能够显示，并有试验设施；⑤每个医疗设备 IT 系统，应有显示工作状态的信号灯。声光警报装置应安装在便于永久性监视的场所；⑥洁净手术室 IT 系统，应设置绝缘检测报警装置。手术室及抢救室应根据需要采用防静电措施。手术室及抢救室应采用防静电地面，其表面电阻或体积电阻应在 $2.4\times10^{4}\sim1.0\times10^{9}\ \Omega$。

医用局部等电位母排应安装在医疗场所的附近，且应靠近配电箱，连接应明显，并可独立断开。

第七章
医用建筑智能化集成系统

医疗建筑的智能化集成系统，在各大医院中并未统一。一方面受投资限制，系统集成多数处于分散式阶段，真正能实行统一平台的不多；另一方面受技术因素的限制，管理水平滞后于技术的发展，系统集成程度不同，孤岛现象程度仍普遍存在，这是当前医院建筑智能化系统建设的最大难点。从客观上来说，当管理人员的水平未达到一定程度时，由于其维护管理能力的限制，实行对外承包，成本更高，自我管理不到位，可能造成更大的浪费。因此，医院建筑智能化集成系统的建设，应当从本单位的实际出发，在条件具备且经济条件及技术条件可靠时可以进行系统集成，不具备条件时，以集散式控制更为适宜。当实行系统集成时，应按照医院分级、分类及建筑或建筑群的规模、功能需求和发展规划等具体要求及系统配置，确定合理的设计方案。宜将不同功能的建筑智能化系统，通过统一的信息平台实现集成，以形成具有信息汇集、资源共享及优化管理等综合功能的系统，建筑设备管理系统是智能化集成系统的内容之一。系统集成应遵循实用、安全可靠、技术先进与经济合理的原则，着眼互联网+医疗发展方向。

第一节　建筑智能化集成系统的基本要求

智能化系统集成应采用统一平台，完成数据通信、信息采集及联动的综合处理，实现信息共享。这一要求是指“具有将整个医院各子系统的各自独立分离的设备、功能和信息集成在一个相互关联、完整与协调的综合平台上，并通过标准的数据库接口与综合管理系统提供数据连接，实现信息共享与合理分配，同时集中管理、监控各子系统的联动能力，并以一个简易友好的用户操作界面提供全面服务”。

一、系统构成与功能配置

在智能化集成平台上，通过建立计划、监测、分析、控制和反馈五个环节，实现全过程的设备跟踪处理和全方面的能耗统计分析和优化节能管理。在满足医务工作人员与患者安全、舒适、方便、快捷、高效的工作和就诊环境的条件下，将医院的重点能耗设备进行统一的管理，在各集成子系统运行良好的基础上，提供优化运行方案，通过优化组合、调整使用策略，达到节能目的。此外，通过新的能源利用，并为这些新的能源设备的管理提供接口，进行统一分配、调度，使医院的节能效率更加优化。

二、系统原则与技术要求

智能化系统集成的设计，应从医院业务及综合管理的要求出发，按照“整体设计、合理布局、分步实施”，以满足未来发展的需求。系统的整体设计遵循“集中管理、分散控制”的原则，满足灵活、高效的管理模式和系统间的联动。集成下级各子系统的功能，下级各子系统按照其作用或以相应的使用对象进行统一管理与规划，各子系统协调工作，充分利用各子系统的功能，实现完整的业务管理和相应的联动功能。

所谓集中管理：是指可对各子系统进行集中统一的监视和管理，将集中的各个子系统的信息统一存储、显示和管理在同一平台上，并为其他信息系统提供数据访问接口。重点是准确、全面地反映各子系统运行状态。并提供建筑物的关键场所的各子系统综合运行报告。

所谓分散控制：是指各子系统进行分散式控制保持各子系统的相对独立性，以分离故障、分散风险、便于管理。

所谓系统联动：是指以各集成子系统的状态参数为基础，实现各子系统间的相关有机联动(按用户相应的要求提供相应的用户定制联动管理功能)。

系统基于开放结构，并符合标准的通信协议和接口。整体设计要为未来的发展预留接口(提供相应的应用数据接口、协议与连接方式)，采用符合相关标准的数据通信接口和协议，便于以后的扩展和调整。开放的系统结构，使各子系统均可提供基于 IP 的通用数据的通信接口，便于未来的扩展与升级。

三、系统智能控制与操作管理

智能化系统集成的功能配置，应符合医院业务及综合管理的基本规律及符合管理人员的基本素质要求。

在系统设计中，要以优化设备运行机制，实现节能为目的。系统本身具备记录、保存历史数据的功能，能提供数据综合分析、处理和综合信息管理能力；系统可以利用设备运行历史信息对设备的故障进行跟踪、管理和故障分析，以实现降低设备故障率和降低设备运行成本为目标。同时，利用相应的能源消耗信息数据，实现对能耗的分析工作，以通过优化设备运行机制，实现节能的目的。系统的界面要易于管理与操作，宜提供中文操作界面及图形化界面；软件应能根据用户实际需要进行必要的补充，以有效实现对各子系统的监视及相应的控制。

第二节　综合布线系统

综合布线系统是医疗建筑的中枢神经，系统设计应满足建筑使用功能和医疗信息系统信息传输的需求，布线的区域与点位的确定既要保证当前，又要兼顾未来发展。事情要想到，点位要留到，保证发展之需。为确保信息系统的运行安全，综合布线系统的线缆应选用无卤的线缆(低烟无卤电缆可分为低烟无卤阻燃系列和低烟无卤耐火系列)。

1. 数据传输主干线应按照传输速率千兆或以上进行设置(说明：主干网络含院区主

干光缆、建筑内竖向垂直光缆)。公共安全区域或不宜固定配置信息点的大空间区域,宜配置无线局域网络系统。

2. 信息插座的高度,宜按相关规范设置,对有特殊要求的信息插座,应按医疗建筑工艺的需求设置。如住院部病房内的信息点,应按照床位位置,可设置在供氧终端设备上。

3. 手术室、影像科室、示教室等信息传输较大的场所,宜采用千兆到桌面的布线形式。普通诊室、急诊部、管理办公室、医技部、药房、收费处、手术室和后勤供应、办公、教学、值班室、住院病房等场所,宜选用非屏蔽布线系统。每个工位宜设置1个及以上双孔信息端口。

4. 环境中的电磁干扰值超出医疗设备使用要求时,应采用屏蔽布线系统。

第三节　电子信息系统

医院电子信息系统是一个功能强大、范围广泛、技术要求高的系统。建筑智能的电子信息系统主要包括电话交换系统、计算机网络系统、综合布线系统、室内移动通信覆盖系统、卫星通信系统、有线电视及卫星电视接收系统、广播系统、会议系统、信息引导及发布系统、时钟系统等。此外,医疗信息系统应在建筑智能系统建设时,通过综合布线,把点位留足,为未来发展创造条件。医院信息系统的通信协议接口应符合相关的技术标准。电子信息系统的系统构成,不应强求一致,各医院可按等级标准和实际需求选择相关系统。系统具体分类如下:

1. 医疗建筑信息系统(HIS)　一般由医疗建筑管理系统(HMS)和临床信息系统(CIS)构成,通过统一的医院管理信息平台实现医院事务信息处理、财务信息管理、综合管理、临床数据处理和学术资料信息管理。

2. 医院信息系统的建设与功能配置　从医院业务使用的要求出发,应符合以下要求:为使用者及管理者创造良好的信息应用环境;为医院的医疗、服务、教学、科研、办公提供信息应用的基础保障;结合医院的门诊业务、住院管理、药品管理、综合管理业务等需要,根据医院建筑或建筑群的特点,统一规划,分步实施;进行合理的系统布局,线缆及管路的设计应针对相应的使用者要求,能支持语音、数据、图像、多媒体视讯等应用;提供集合各类公用及业务信息接入、采集、分类与汇总功能的条件,并向医院建筑或建筑群内公众提供信息检索、查询、发布和导引等功能。

3. 医院信息系统建设　应包括系统的运行保障和信息健全的建设,并满足下列要求:医疗系统以及与之配套的基础子系统,应进行冗余或冗错设计。医院信息系统应设置操作权限,应分类管理医院的管理信息和临床医疗信息,同时应分级管理各科室的临床信息。支持灵活、模块化的方式,应能够平滑升级系统的功能和规模;医院信息系统的前端输入系统宜采用一卡通系统。

4. 应建立相应的医院信息管理系统(HIMS),并使系统具有稳定性、实用性、兼容性与可扩充性,能满足不同层次的需要。医院信息管理系统包括:

(1) 门急诊管理系统。包括身份证登记系统、门急诊挂号系统(包括现场窗口、自助服务、网上预约、电话预约、手机 APP 等形式)、门急诊收费系统(包括现场窗口、自助服务、网上支付等形式)、门急诊分诊系统、门急诊医生工作站系统、体检管理系统等。

(2) 住院管理系统。包括住院登记与预约系统、住院收费系统、病房入出转系统、护士工作站系统、医生工作站系统、电子病历系统、病案编目系统、病案流通系统等。

(3) 医院统计分析系统。包括卫生经济管理、价表管理系统、收费账目系统等。

(4) 辅助科室管理系统。包括检查管理系统、检验管理系统、病理管理系统、手术麻醉管理系统、营养膳食管理系统等。

(5) 药品管理系统。包括药库管理系统、门诊药局管理系统、临床药局管理系统、病区中心摆药系统、药品统计查询系统、合理用药系统等。

(6) 院长查询系统。由医疗管理、医疗经济、医疗物资等方面的各个查询和统计模块构成。

5. 电子信息系统　应对各类信息予以接收、交换、传输、存储、检索和显示进行综合处理。

第四节　计算机网络与室内移动通信覆盖系统

医疗建筑计算机网络系统的设计要充分考虑信息传输安全性。系统主干应采用光纤,水平线宜采用 6 类以上双绞线;系统应具有数据、图像传输功能。设备应设置在专用的配线间内,并应满足设备工作的环境要求。核心交换机应采用双核心构成,并用交换机虚拟化技术集成,并应配有不间断电源。收费系统应纳入计算机网络系统。医院计算机网络系统宜分为内网和互联网,应分别设交换机和服务器。(说明:内网为医院内部专用网络,服务于医院运营,只对医院工作人员开放;互联网为普通数据点,主要用在信息公告屏、查询屏、远程医疗及特殊病房等)。引入医院的计算机网络宜采用双路由。同时可根据需要设置室内移动通信覆盖系统。

1. 在进行计算机网络系统建设中,应将计算机房纳入系统的整体规划的系统之中,一般情况下,应考虑网络机房、电话交换机房、有线电视机房及异地数据备用机房,要同步设计,同步施工。

2. 医疗建筑可根据用途和使用需要设置室内移动通信覆盖系统,以满足移动通信用户语音及数据通信的需求。室内移动通信覆盖系统应具有全频段的覆盖范围。

3. 一般医疗建筑多为钢筋混凝土结构,大楼内电磁波信号损失严重,建筑物的电梯内、地下停车场等区域,移动通信信号弱,手机无法正常使用,形成移动通信盲区与阴影区;在建筑物高层,由于受基站天线高度的限制,无法正常覆盖,也是移动通信的盲区。因此,解决好室内信号覆盖,满足用户的需求,提高网络覆盖质量,已变得越来越重要。另外,有些建筑物内,虽然手机能够正常通话,但是由于用户密度大、基站通信拥挤,手机上线困难。因此,必须采用相关室内覆盖技术解决。

无线通信对医疗设备的干扰客观存在,在医院有部分区域限制使用手机。当在门诊楼、住院楼内设置室内移动通信覆盖系统,该系统的设置不应影响医疗设备的正常工作及患者的安全。增强信息覆盖区域应该是不对医疗设备产生干扰的公共场所。

第五节　医疗建筑智能化通信系统

医疗建筑智能化通信系统包括卫星通信系统与电话交换系统。卫星通信与电话通信系统在医院运行管理中具有不同的功能。卫星通信在远程医学活动中有着广泛的应用和良好的发展前景。使用卫星通信远程医学网络，可以覆盖几乎地球表面的绝大部分地区。这一特征可以解决边远地区、高海拔地区和远离大陆的海岛等地区，对开展远程医学活动的通信需要。与地面通信网络相比卫星通信网络更加适合远程医疗应用。

1. 医疗建筑可根据远程医疗的需要设置卫星通信等系统。卫星通信已成为远距离、全球通信的主要手段，当然也可以采用其他方式，实现远程医疗。

2. 设置卫星通信系统时，应选择建筑物合理部位，配置或预留卫星通信系统天线、室外单元设备安装的空间和天星基座基础、室外馈线引入的管道及通信机房的位置等。卫星通信设施可由下列设备组成：KU 波段卫星接收地面站、数字卫星接收机和卫星 IP 接收设备。

3. 卫星通信系统机房可与卫星电视系统机房共用。

4. 在医院信息系统整体规划中，电话交换系统是智能化通信系统构成的主要内容，三级及以上医院及类似等级医疗建筑宜设数字电话交换机。系统应能提供模拟电话功能、数字电话功能、提供数字中继接口，用于连接同类型的数字公用网和用户交换机，电话交换机应具有呼叫寄存、呼叫转移、病房紧急呼叫、热线电话及救护车的移动通信接口等专用功能。公共场所应设置公用电话，单人间病房内应设有电话端口。三级及以上医院以及类似医院等级医疗建筑宜设内部寻呼信号系统。数字电话交换机房宜靠近计算机房，并需设置后备电源。

第六节　有线电视、卫星电视及公共广播系统

有线电视及卫星电视、公共广播系统，是医院信息传播的主要手段。在进行系统规划时，应充分论证投入与产出的效益。有线电视需纳入城市公共电视管理，并需缴纳费用，卫星电视需要向当地“无委会”提出申请，由有资质的单位进行规划设计，一次性投入较大。但是无论何种形式，在医疗建筑内宜根据使用用途和需要，设置有线电视或卫星电视源，可申请接入有线电视节目，并预留卫星电视、自办节目接口。凡有涉外病房部、具有科研教学任务的三级及以上医院以及类似等级医疗建筑宜设置卫星接收系统。

1. 医疗建筑内宜设置自办节目频道用于医院的情况介绍、服务指南、医学宣传及播放娱乐节目等。在候诊室、静脉注射室、休息室及咖啡厅等公共场所宜设置有线电视插座。在会议室、示教室、医疗康复中心等处应设置有线电视插座；在每间病房或疗养住房内，应设置一个或以上有线电视插座，宜每间病床配置一个音频端口。带套间的单人病房可根据需要在多处设置有线电视插座。宜具有视频点播、医护提醒、录音及患者确认功能。

2. 医疗建筑内应设置公共广播系统，日常广播与应急广播宜合用一套系统，平时用于医学宣传广播、播放背景音乐，火警时用于应急广播。日常广播与应急广播共用一套主机设备、一套线路及扬声器时，火灾时应能强制切换到应急广播。

3. 扬声器应设置在公共场所，并宜在门诊、手术室、住院部、候诊厅服务台及住院部的护士站等处安装音量调节装置。有独立音源和广播要求的场所，应留有背景音乐的接口，并具备火灾时强制切换到应急广播的功能。

4. 公共广播宜按医院功能分区及消防防火分区设置广播输出回路数，并应满足相应的规范要求。

第七节　会议及远程医疗、视频示教系统

医疗建筑可按照需求设置会议系统、远程医疗系统、视频示教系统。远程医疗可视诊断系统应具有交互式及广播式功能。

1. 会议室是上述各系统的终端，进行整体规划时，必须能够满足不同会议及各种不同信息传播方式的需要，为充分发挥其功能，应采用先进的、现代化的电子设备，利用多种高科技手段，全方位多角度地展示会议所需要的各种格式的图文及视、音频文件。应具备图文、视频显示功能，多媒体接入功能，会议发言、讨论等功能。多功能会议系统包括大屏幕投影显示系统、综合信号处理系统、音响扩音系统、会议发言、讨论系统等子系统。

2. 会议系统可根据使用需要，按以下系统选择配置：多媒体投影显示系统；数字会议系统（讨论、表决、中控）；同声传译系统；音响扩声系统；视频会议系统；中央控制系统；灯光场景控制；数码会议桌版系统；电动会标系统；音像资料存档查询系统等。

3. 视频示教系统应是独立系统，应能实现对医疗教学的实况进行场景切换、录制、编辑并提供教学及远程会诊信号源的远程传输。（说明：医院手术示教系统的主体应是医院内部间的信息共享。同时，通过外部网络可完成医院之间的信息交流。医院手术示教系统的传输信息是手术视频信号和音频信息。通过集成技术，对信息进行控制和分流，通过视频和音频输入与输出设备进行信息互传，达到信息共享的目的。与传统教学手段相比具有可存储、生动形象、不影响手术进程、教学面宽等诸多优点）。

4. 视频示教系统宜划分为两个区域，手术室、医技摄像区以及教室演示区，并具有双向对讲通话功能。视频示教系统应有对手术过程全程监控录像和过程传输功能。

5. 远程医疗系统的传输宜采用 ISDN 或 INTERNET 网，支持 H. 264. 4CIF 的实时动态图像，每秒 30 帧的全动态图像。

6. 手术示范多媒体教学系统应采用直播式无影灯彩色摄像机从手术室位的上方摄制，并可进行镜头遥控操作。当要求对医疗手术做全面了解时，还应在手术室内适当位置增设移动式或全方位固定式摄像机，并可以进行遥控。

7. 远程医疗系统应具备远程诊断、专家会诊、信息服务、在线检查和远程交流功能。远程医疗系统是网络科技与医疗技术结合的产物，包括：远程诊断、专家会诊、信息服务、在线检查和远程交流等几个主要部分，它以计算机和网络通信为基础，实现对医学资料和远程视频、音频信息的传输、存储、查询、比较、显示及共享。一些疑难急症需要多地专

家会诊；传染性疾病不宜前往公众医院就诊等传统的医疗经常会遇到这些问题。为了解决这些问题，利用网络技术和通信技术，医生和患者可以通过视频进行安全、快速交流，患者和医生在网上交流，使得医生更好地了解患者的病情发展状况和发病时的表现；病历和X光片等资料通过双向传输技术实现会诊时的实时传输；多家医院的专家对同一病例进行远程会诊等。

第八节　信息引导及发布系统

医院是与人们生活紧密相关的重要场所，也是社会普遍关注的医疗服务窗口。随着信息时代的不断发展，医院正在逐渐向数字化、信息化、智能化转变，社会对医院的服务和人性化程度也有了新的要求。人性化服务应包括排队叫号系统、医院就诊指示牌，医院数字标牌、医疗保健知识播放等，为此，很有必要设置医院信息发布系统。

1. 医疗建筑的门诊部、住院楼的入口处可设置信息引导及发布系统。

2. 信息发布系统宜采取集中控制、统一管理的方式将视音频信号、图片和滚动字幕等多媒体信息通过网络平台传输到显示终端，以高清数字信号播出。

3. 信息发布系统能够在医院实时地发布挂号信息、就诊情况、医疗常识、医院介绍、医生简介、紧急疫情或信息等。

4. 系统应支持多种主流媒体格式文件播放。

5. 系统应可以实现对终端的分别管理，分布式下载，同步播放。

6. 医疗建筑公共场所宜设置视频显示系统。显示单元可采用LED视频显示屏、液晶显示屏（LCD）、等离子显示屏（PDP）或数字光学处理器（DLP）。

7. 大屏幕显示终端宜设置在医院大厅、住院部、候诊区等人流密集场所。显示内容宜包括：挂号信息、就诊情况、专家门诊排班信息、医疗常识、医院介绍、医生简介、紧急疫情、通知、报时等。

8. 三级及以上医院及类似等级医疗建筑的公共场所、出入院大厅、挂号、收费等处，宜设置多媒体查询终端。多媒体信息查询终端宜与医院的医疗信息管理系统联网。

第九节　信息时钟系统

时钟系统可保持挂号室、门诊、各科室、手术室、病区的时间同步。时钟系统主要为医院提供统一的准确时间，同时也为电子信息系统及呼叫系统、BA系统、手术室控制系统以及其他弱电系统提供标准的时间源，保证整个医院准时、安全运行，并为患者和医务人员提供准确的时间服务。

1. 医疗建筑可设置时钟系统，为公共场合和医院的其他系统提供统一的时间信息。

2. 时钟系统由母钟、子钟、通信控制器、时间服务器组网构成；时钟源信号宜采用GPS接收装置。

3. 时钟系统应具有校时功能。母钟应向其他有时间要求的子钟提供同步校时信号。

4. 在挂号、门诊、收费、发药、抽血、检查、取报告、候诊区、手术室、各科室、通道、病区等处宜安装显示子钟。

第十节　医院物业管理的智能化控制

智能化系统集成不仅应实现医院建筑设备信息与医院医疗设备、护理设备信息的互连互通，而且还应包括后勤管理的各系统，从而有机整合，实现全方位的医院信息数据分析。医院后勤管理实行社会化，如何加强物业质量管理，是医院保障管理的重点。物业管理的方式在各种不同级别的医院均有所区别，难以用一种模式去适应所有的医院物业管理的需求，因此，在系统的整体构成上，应以满足医疗建筑或建筑群内物业管理功能为目标，让医院进行优选管理，确保各类系统信息资源的共享与优化管理。物业管理信息平台的建设要建立在实用、可靠和高效的信息应用基础上，并具有信息综合处理、分析的能力。各类系统信息资料所采用的通信协议和接口应符合相关的技术标准。物业管理的建设应对医院建筑或建筑群内各类设施的资料、数据、运行、维护和保修等进行物业管理。物业管理包括但不限于以下系统：

1. 设备管理　医院内各类机电设备的档案，各类设备的运行管理、保养管理、维修管理、派工管理。设备管理还包括工程中相关的备件出入库采购管理。

2. 能源管理　采集医院水、电气的能源消耗，并对数据进行统计与成本核算，完成收费及统计，并为制定节能措施提供决策依据。

3. 空间管理　管理医院的医疗教学信息、会议室信息和功能房间信息等，建立基本的空间信息，如房间编号、名称、面积、承重、平面图等信息。

4. 办公家具管理　管理所有办公家具使用、采购、维修或报废信息，建立空间资源及办公家具配置情况。

5. 器材租赁管理　管理器材的库存、入库、租赁、归还、维修等信息，简化器材租赁等手续，提高服务质量，同时统计器材租赁种类、数量、时间、丢失情况等信息。

6. 综合信息查询　根据已有的各种信息资源库，连接公众信息服务，提供多方面公共信息查询、检索等。为了方便用户的使用，此模块应采用在网站或触摸屏等开放用户环境中使用的形式。

第十一节　建筑设备及医疗设备监控

医疗建筑与一般的建筑相比设备更多，并且对环境的控制品质要求较高，且为能源消耗的大户，在医疗建筑中设置建筑设备监控系统，提高对机电设备的管理水平，对于提高运行效率达到节能降耗的目的十分重要。凡有条件的单位，应根据自身的投资能力，将建筑设备及医疗设备的运行监控系统纳入信息系统的整体规划之中。医疗建筑设备监控系统的建设规模和设置内容，应按照项目建设投资状况、医院管理水平、地方标准及发展需求等调整，也可采用分期建设、分步实施的方式进行。

一、建筑设备监控系统

建筑设备监控系统可与消防系统、安防系统合用控制室。现在DDC控制站宜设置在监控点相对集中的机房内。可在冷冻机房设置分控制室，对冷源系统的运行进行监视和控制。医院设置有锅炉房时，锅炉运行宜设置自动控制系统，对运行的参数进行监控。当自控系统随设备配套时，宜采用数据通信方式将监控参数上传至建筑设备监控系统中显示。手术室内应设置温度、湿度及微正压的检测装置，对于有正负压转化的手术室所设置的压力检测应检测负压变化，所有检测应在手术室及手术部控制室显示。重症监护病房宜设置温度检测装置，并应就地以及在控制中心显示，如CCU、ICU等。

二、医疗设备监控系统

医院各类医疗设备在日常运行中，担负着大量的检查、检验以及科研教学任务，特别是三级甲等以上医院，各种医疗设备的数量一般有上百台之多，且使用频繁，设置医疗设备监控系统十分必要。

医疗设备监控系统应由中央计算机、管理控制器及检测传感器组成。

1. 中央计算机　系统的主服务器，安装有实时监控程序，独立的数据库，并提供与医院HIS系统的接口，用来提取患者进行医疗设备检查收费信息，分派任务到相应的医疗设备的管理控制器。

2. 管理控制器　完成身份确认，核对缴费信息，判断是否有违规操作。

3. 检测传感器　采集到的医疗设备工作状态信息通过管理控制器传送到服务器。

各医疗设备的检查、检验信息由各自设备的数据端口通过内部专网进入医疗信息系统(HIS)。医疗设备监控系统主要监控设备，应包括以下内容：B超、计算机X线成像设备(CR)和数字化X射线摄影系统(DR)、计算机断层扫描(CT)、磁共振等。医疗设备监控系统应对手术室净化空调系统、输送气体管道装置进行监视。

第十二节　公共安全系统

医疗建筑设备的公共安全系统应包括火灾自动报警系统及应急广播系统、视频安防监控系统、入侵报警系统、出入口控制系统、电子巡更系统，宜设置停车库管理系统、患者腕带系统、婴儿防盗系统。公共安全系统的监控中心内宜采用由钢、铝或其他足够机械强度的阻燃性材料制成的活动地板。活动地板表面应是导静电的，并严禁暴露金属构造。当主机房不设活动板房时，应在地面上铺设导电静电面层，该面层可采用导电胶与建筑地面粘牢，导静电地面的表面电阻应控制在$2.4\times10^{4}\sim1.0\times10^{9}$ Ω。监控中心内绝缘体的静电电位不应大于1 kV。

1. 火灾自动报警系统及应急广播系统　火灾自动报警系统、消防联动系统、应急广播系统应满足《火灾自动报警系统设计规范》及相关国家规范要求。

2. 安防监控系统　应根据医疗类建筑物的使用功能及安防管理的要求，对必须进行视频安防监控的场所、部位、通道等进行实时、有效的视频探测、视频监视、图像显示、记录与回放，具有视频入侵报警功能。对入侵报警系统联合设置的视频安防监控系统，应有图像复核功能，宜有图像复核加声音复核功能。按照纵深的防护原则，分别确定防护周界、监视区、防护区、禁区的位置，对医疗建筑物内(外)的室外园区或休息区、挂号、取药、候诊等主要等待休息的公共活动场所、出入口、通道、电梯，以及急救室、手术室、专项医疗室、值班室、重症病房、配餐、配药、交费、贵重或重要药品库等重要部位和场所等进行视频探测、图像实时监控、记录与回放。对高风险的防护对象，显示、记录、回放的图像质量及信息保存时间应满足相应的管理要求。系统的画面显示应能任意编程，能自动或手动切换，画面上应有摄像机的编号、部位、地址与日期显示。当与报警系统联动时，能自动对报警现场进行图像复核，能将现场图像自动切换到指定的监视器上显示自动录像。集成式安全防范系统的视频安防监控系统应能与安全防范系统的安全管理系统联网，实现安全管理系统对视频安防监控系统的自动化管理与控制。组合式安全防范系统的视频安全防范监控系统应能与安全防范系统的安全管理系统连接，实现安全管理系统对视频安防监控系统的联动管理与控制。分散式安全防范系统的视频安防监控系统的联动管理与控制，应能向管理部门提供决策所需的主要信息。系统应独立运行，且宜与入侵报警系统、出入口控制系统等联动。

3. 入侵报警系统　系统应能独立运行。根据被防护医疗类对象的保护功能及安全防范管理的要求，对设防区域的非法入侵、盗窃、破坏和抢劫等，进行实时有效的探测与报警。高风险防护对象的入侵报警系统，应有报警复核(声音)功能。医疗建筑物内的病案室、血库、财务及收费处、放射污染区、贵重药品库房、危险品库房、婴儿室等处应设置入侵报警探测器。应根据医疗建筑物(群)、构筑物(群)安全防范管理要求和环境条件，按照总体纵深防护和局部防护的原则，分别设置或联合设置医院建筑物(群)的周界防护、重点区域的空间防护、重要实物目标防护系统或设施。系统应配备输出接口、可手动/自动操作，并以有线或无线方式报警。并应与视频安防监控系统、出入口控制系统等联动。集成式安全防范系统的入侵报警系统应能与安全防范系统的安全管理系统的联网，实现安全管理系统对入侵报警系统的自动化管理与控制。组合式安全防范系统的入侵报警系统应能与安全防范系统的安全管理系统连接，实现安全管理系统对入侵报警系统的联动管理与控制。分散式安全防范系统的入侵报警系统，应能向管理部门提供决策所需的主要信息。医疗费用系统的前端，应按需要选择、安装各类入侵探测设备，构成点、线、面、空间或其组合的综合防护系统。对设备运行状态和信号传输线路应进行检验，对故障应及时报警。系统本身应具有防破坏报警功能。显示记录报警部位和有关警情数据，并提供与其他子系统联动的控制接口信号。在重要区域和重要部位发出报警的同时，应对报警现场进行声音复核。

4. 出入口控制系统　系统应根据医疗类建筑的使用功能和安全防范管理的要求，对需要控制的各类出入口，按持卡人的权限进行实时控制与管理，并具有报警功能。在医疗建筑物内(外)的室外园区或休息区、通行门、楼内病房区域出入口、通道、重要办公室门、手术室、专项医疗室、值班室、重症病房、配餐、配药、交费、药品库及重要设备用房等处设置出入口控制装置。系统的识别装置和执行机构应保证操作的有效性和可靠性。系统应有防尾随措施。系统的信息处理装置应能对系统中的有关信息自动记录、打印、存储，并有防篡改和防销毁等措施。应有可防止同类设备非法复制密码系统，仅允许在获得授权的情况下修改密码。

系统应独立运行，且宜与电子巡查系统、入侵报警系统、视频安防监控系统等联动。

集成式安全防范系统的出入口控制系统应能与安全防范系统的安全管理系统联网,实现安全管理系统出入口控制系统的自动化管理与控制。组合式安全防范系统的出入口控制系统应能与安全防范系统的安全管理系统连接,实现安全管理系统对出入口控制系统的联动管理与控制。分散式安全防范系统的出入口控制系统,应能向管理部门提供决策所需的主要信息。应具有紧急疏散的相关程序。配有门锁的出入口,在紧急逃生时,应不需要钥匙或其他工具,亦不需要专门的知识或智力,便可从建筑物内开启。其他应急疏散门,可采用内推门加声光报警模式。

5. 电子巡更系统　应根据医疗类建筑的使用功能和安全防范管理的要求,预制巡更程序,通过信息识别器等对保安人员的巡查工作状态进行监督、记录,并能对意外情况及时报警(工作状态指是否准时、是否遵守顺序等)。系统可与出入口控制系统或入侵报警系统联合设置。独立设置的电子巡查系统,应与安全管理系统主机联网,以满足安全管理系统对该系统监控的要求。

6. 停车库管理系统　应根据医疗类建筑的使用功能和安全防范管理的需要,对停车(库)场的车辆通行道口实施出入控制、监视、行车信号指示、停车管理及车辆防盗报警等综合管理。应根据医疗建筑物的急救使用功能和安全防范管理的需要,对急救停车区域的车辆通行道口实施出入控制、监视、行车信号指示、停车管理及车辆防盗报警等综合管理。系统应具有紧急疏散功能(紧急疏散功能用于消防及应急状态)。

7. 患者腕带系统　应根据对患者安全管理的要求,预置患者安全巡查程序,通过腕带信息识读器或其他方式对患者的位置状态进行巡视、记录,并能对意外情况及时报警。应编制患者巡查程序,应能在预先设定的巡查时间段中,用信息识读器或其他方式,对人员的活动状态进行监督和记录,在巡查过程发生意外情况时能及时报警。系统可独立设置,也可与出入口控制系统或入侵报警系统联合设置。独立设置的患者腕带系统应与安全防范系统的安全管理系统联网,满足安全管理系统的相关要求。

8. 婴儿防盗系统　应根据医疗建筑物的婴儿安全防范管理要求,通过信息识读器或其他方式对婴儿的位置状态进行巡视、记录,并能对意外情况及时报警。系统宜独立设置,也可与出入口控制系统或入侵报警系统联合设置。

第十三节　呼叫信号系统

电子信息技术的发展,使呼叫信号系统的运用范围日益广泛。门急诊、住院部、各服务区域均可应用。在建筑配电中,应与其他系统配合,进行整体规划,以方便患者与管理的有效实施。医疗建筑呼叫信号装置,应使用交流 50 V 以下安全特低电压。呼叫信号系统的布线,应采用穿金属导管(槽)保护,不宜明敷设。

1. 候诊呼叫信号系统　医疗建筑门诊区的候诊室、检验室、放射室、药局、出入院手续办理处、手术室、静脉注射室等,宜设置呼叫信号装置。具有计算机医疗管理网络的医疗建筑,候诊呼叫信号系统宜与系统网络联网,实现挂号、候诊、就诊一体化管理和信息统计及数据分析。候诊呼叫信号系统的功能应符合下列要求:就诊排队应以初诊、复诊、指定医生就诊等分类录入,自动排序。随时接受医生呼叫,应准确显示候诊者就诊诊室号;当多路同时呼叫时,宜逐一记录,并按录入排序、分类自动分诊。呼叫方式的选取,应保证有效提示和医疗环境的肃静；候诊分机与分诊台主机可双向通话；分诊台可对候诊厅语音提示，且音量可调；有特殊医疗工艺要求科室的候诊，宜具备图像显示功能。

2. 病房护理呼叫信号系统　病房呼叫系统是实现住院患者与医护人员之间沟通的工具。通常用于双向传呼、双向对讲、紧急呼叫优先等功能。病房呼叫系统的设置，应以住院部护理单元为系统，实行医护、医患之间的及时联络。当一个楼层为两个护理单元时，为方便护理单元床位调整主机模块，点位数应有一定冗余。病房呼叫系统主要由主机、对讲分机、卫生间紧急呼叫按钮(拉线报警器)、病房门灯和走廊显示屏等设备组成。主机应在护士站内工作台上安装，当需要在墙面上安装时，安装高度标高距地面 1.5～1.6 m；对讲分机宜在病房的医疗设备带上安装，当对讲分机带手持呼叫器时，线缆长度宜在 1～5 m 之间；卫生间紧急呼叫按钮(拉线报警器)安装于卫生间内坐便器旁易于操作的位置，底距地面 600 mm；病房门灯应在门上方 100～200 mm 居中的位置安装；门灯安装应从实际需要进行设置，并不强求统一。走廊显示屏应在病区走廊离开护士站的两侧顶棚下居中吊装。安装高度显示屏底部不低于 2.4 m(可根据吊顶高度适当调整)，应保证易于观看；显示屏的电源宜与系统由同一电源供电；病房呼叫系统的其他功能，如：终端设备在线编码、床头灯光控制、医护人员护理状态控制器及指示、呼叫数据电脑联网、护士移动对讲、输液监护与远程报警、床头一览表、音乐宣教等，应在保证基本功能安全可靠运行的前提下，根据医院的管理需求、应用水平及建筑投资等情况进行选择。

3. 护理呼叫信号系统　应按护理区及医护责任体系划分成若干信号管理单元，各管理单元的呼叫主机应设在护士站。护理呼叫信号系统的功能应符合下列要求：

(1) 应采用总线式传输方式；

(2) 应随时接受患者呼叫，准确显示呼叫患者床位以及房间号；

(3) 当患者呼叫时，护士站应有明显的声、光提示，病房门口宜有光提示，走廊宜设置提示显示屏；

(4) 应允许多路同时呼叫，对呼叫者逐一记忆、显示，检索可查；

(5) 特护患者应有优先呼叫权；

(6) 病房卫生间或公共卫生间厕位的呼叫，应在主机处有紧急呼叫提示；

(7) 对医护人员未作临床处置的患者呼叫，其提示信号应持续保留；

(8) 宜具有护士随身携带的移动式呼叫显示处理装置；

(9) 具有医护人员与患者双向通话功能的系统，宜限定最长通话时间，对通话内容宜录音、回放；

(10) 宜具备故障自检功能。

4. 病房探视系统　宜通过视频及语音双向通信技术，完成信息交流。主要实现在重症监护病房内患者与探视者的可视对讲功能。在医疗建筑危险禁区病房或隔离病房处，宜设置探视系统。系统宜采用视频网络传输技术，组成包括视频服务器、网络交换机、探视的显示与对讲终端、病床用的显示及对讲终端、护士站集中管理及显示操作终端等。在重症或危险禁区病房的护士站操作终端上，护士可根据患者的休息与健康状况，以及探视者预约的情况，进行身份确认、探视许可、探视时间等的控制。探视请求应由医护人员进行管理，宜设置探视室。当系统中有多个探视终端时，邻近安装时应考虑相对的私密性。可视对讲主机应安装在护士站的护士站台上。在主通道门内需设置出门按钮，门外设置可视对讲分机，该分机应设置按钮，安装高度应在可视范围。探视呼叫信号系统的功能，按下列要求设置：

(1) 当探视者呼叫时，主机显示探视分机的呼叫，可接听或转接至病床分机，被呼叫者病床分机有声音提示。

(2) 应具有探视者与患者双向通话的功能，宜具备单向或双向图像显示功能。

(3) 能设定探视时间、显示探视时间。

(4) 病床分机宜具有免提功能。

(5) 宜具有探视信息自动功能。

第八章 变配电及照明设备管理

变配电及照明设备主要包括：高压电器、电力变压器、互感器、母线装置、电能计量装置、电缆线路、架空电力线路、过电压保护装置、接地装置、继电保护与安全自动装置、低压电器、盘柜二次线路、发电机、UPS、EPS、电气照明装置等。为提高医疗建筑的变配电及照明设备管理的效益，医院管理者，应当从规划设计阶段开始，对设备的招标采购、安装施工、运行管理进行全程跟踪。当建筑变配电设备及照明设施交付使用后，就要分工专人负责，加强人员培训，严格措施与规定，依据设备管理不同的分级和风险因素，建立管理平台，对设备维护管理的全生命周期提出相关的管理要求及检查与考核要求。确保平安运行的同时，保障医院的设备投资效益。

第一节 设备分级与风险

医院在配电设备精细化管理的过程中，应当明确管理的基本责任与目标，提高重点关键设备的受控力度与管理效率，在区分变配电设备不同等级的基础上，按对应的等级进行差异化的维护。一般情况下，可将把设备分为 A、B、C 三级：

A 级设备　是基础运行管理过程中最为重要的设备，特征为价值高（如设备单台购置费在 100 万以上）或者发生事故具有重大的影响。

B 级设备　是基础运行管理过程中，较为重要的设备，特征为价值中等（如设备单台购置费在 20～100 万），发生损坏不会影响到医院的基本运营，一般不会造成事故。

C 级设备　是基础运行管理过程中，地位处于次要的设备，特征为价值低（如设备单台购置费在 20 万以下，或系统耗材如电缆、制冷剂、过滤器等），其损坏一般不影响医院的正常运营。

按照上述标准，医院基础运行设备的风险可具体化为三类：重大安全风险、服务质量风险和高能耗风险。三大风险的定义分别为：

（1）重大安全风险：由于基础运行设备故障或损坏，导致的停水、停电、停气、洁净处理设备停止运行等，可能影响医院患者或后勤人员人身和财产安全，或医院洁净度要求的风险。

（2）服务质量风险：由于基础运行设备故障或损坏，导致医院就诊、手术或后勤等区域无法满足温、湿度保障要求、照度要求、CO_2 浓度控制要求等，造成影响医院患者或后勤人员就医和工作环境体验的风险。

(3) 高能耗风险：由于基础运行设备故障或损坏，导致医院用电、用气、用热、用水等常规能耗升高等，可影响医院日常运行费用升高、运行成本增加的风险。

变配电设备分级与风险可见表 8-1。

表 8-1 变配电设备分级与风险

编号	变配电/照明设备	评级要素				评级	潜在质量与安全风险
		重大安全风险	影响服务质量	高耗能	采购与维保费用		
1	高压主要设备	高	高	低	高	A	市政供电双路失电、单路失电、变压器故障
2	低压设备	高	高	低	中	A	保护动作掉闸、低压侧故障、低压侧掉闸
3	楼宇配电房设备	高	高	低	中	A	保护动作掉闸
4	发电机设备	高	高	低	中	A	不能启动
5	医疗区域照明装置	高/中	中	低	低	A/B	损坏
6	公共区域照明设备、景观照明	低	中	中/高	低	C	损坏

第二节 规划设计阶段管理要求

变配电及照明系统的规划质量直接影响到其投资效益，对于降低损耗、提高可靠性和保障电能质量的影响不亚于变配电系统的日常运行管理。在上文中我们已针对变配电的规划设计要求作了详细阐述，这里不再赘述。

第三节 设备采购阶段管理要求

设备质量的高低对后期整体运行效果的优劣和运行成本的多少影响较大，因此必须在设备的采购阶段进行有效控制。

设备选择策略的总原则是技术上先进、针对、实用、经济。先进性是指在选择时要有发展的眼光，关注技术上的先进性。针对性是指选择时要根据本单位事业发展计划，针对工作需要。实用性是指要注意先进技术对客观条件的适应性与可行性，不能只追求技术上的先进性，而忽略其在本单位实际运用可能存在的困难。经济性是指要关注设备全生命周期的成本，厉行节约，减轻医院和病人经济负担。

一、设备采购申请审批

每年年底由使用科室根据工作需要提交下一年度需求计划，总务科根据年度投资预算进行审核，合格后上报分管后勤和采购院领导，通过院长审批或院办会讨论后，确定后勤设备年度采购计划。

临时急用的设备，使用科室提出申请（万元以上提交可行性论证报告），总务科组织相关职能科室调研进行审核，合格后上报分管后勤和采购院领导，通过院长审批或院办会讨论后，进入采购环节。

二、设备采购

设备采购环节需要控制的要点：

（一）设备

1. 优先选择通过国际质量认证，管理体系完善（系统设计、工程施工、安装指导、售后服务、价格透明、商务条款公开），知名度高，市场占有率高，交货及时的品牌。

2. 工作环境对设备的性能有较大影响时，应将设备的性能和售后服务作为优先考虑因素，可以考虑选用价格稍高的品牌。

3. 采购阶段，应该参考后评估阶段关于各类设备品牌的性能指标评价报告及故障率和维修保养成本报告，设置各类设备的性价比和运行可靠性的硬性指标，作为采购设备的依据。即坚持“比质比价”和“寿命周期费用最经济”原则。

4. 选购设备的性能需体现和保持行业先进水平，已延长设备的技术寿命，同时注意结合实际需求，不追求脱离实际需要的技术先进。

5. 设备采购时，设备性能参数在满足设计要求的情况下，还要满足各分系统设备该部分的相应附加要求。

6. 设备采购时，对不同国别、厂牌、型号、价格的设备，要兼顾价格、性能参数、质量、安全等指标。

7. 要注意设备的适用性，良好的互换性和易于维修性。

8. 要注意是否具备使用设备的条件，如有无使用的技术力量，有无安装、保养和维修的技术力量，有无房屋等条件。

9. 采购金额超过 50 万元的项目，需审查供货商是否有行贿等不良记录；审查供货商资质是否合格（企业法人营业执照、授权代理委托书、代理人身份证、近期财务报表等，各分系统设备相应国家规定的证件）。

10. 运行效果优良，性能稳定，维修故障率低，售后服务满意，价格低于 10 万元以下且变化不大的设备，可参考上一年度的中标采购结果。

（二）采购模式

1. 总包模式　将采购与安装交由一家设备供应商总包，用户只控制总投资和最终使用效果，可避免不必要的管理开支。优点：预防价格陷阱，防止价格不透明的设备厂家，企图通过围标、串标等方式获取中标和暴利。此模式适用于选择知名企业和著名品牌产品，产品价格统一并向全社会公开的公司，在产品制造、系统设计、工程施工、售后服务等方面有着完善的体系，有着丰富的总包经验。

2. 公开招标　对于雷同化产品、价格不公开、折扣不成文的设备厂家，有必要采用招标模式，邀请三家以上的供应商，组织以价格为导向的招标。

3. 竞争性谈判　是指采购人或采购代理机构直接邀请三家以上供应商就采购事宜

进行谈判的方式。优点:缩短准备期;减少开标、投标工作量,提高工作效率,减少采购成本;供求双方能够进行更为灵活的谈判,同时又能降低采购风险。

4. 单一(或具有市场绝对占有率)设备价格在5万元以下,发现竞价采购价格高于网购100%以上,经分管院领导和财务科审批后,可采用网络和委托外贸公司采购的方式进行采购。

(三) 招标文件

1. 依据后评估结果选择参与竞标单位,剔除后评估结果中运行效果差,性能不稳定,维修故障率高,售后服务不满意的设备或供货商。

2. 在招标文件编制阶段,由总务处运行部门根据“医院建筑功能特点”和“质量与安全实际管理需求”,向基建管理者提出采购优化建议。

3. 由基建部门(及招标代理单位)根据总务处运行部门提出的采购优化建议,对招标文件进行优化。

4. 当基建部门(及招标代理单位)与总务处运行部门的意见不一致时,应向医院主管领导汇报,在取得授权后,由总务处运行部门组织专项评审会议,可将招标文件委托专家委员会进行评审,以“现行采购标准、规范”为依据,从质量与安全运行管理的角度,对招标文件进行评估,给出明确的意见,并将评审报告提交相关部门进行审批。

(四) 供货

1. 须与供应商签订“反贿赂协议”,违者处以高额罚款。

2. 将供货清单作为合同附件,注明质量要求和最终要求,遇缺项或劣质项目要求供应商免费补齐或更换。

3. 在采购时签订多年服务协议,规定高额的违约罚款,保障后期的售后服务。

第四节　验收交接阶段管理要求

一、安装验收

设备在安装过程中,医院或者监理公司应当认真履行职责,随时检查施工质量、进度、安全、材料使用保管情况,配合协调管理现场工作。

具体管控要点:

(一) 技术与管理

1. 使用了新型技术、设备、材料、工艺时,需按照有关规定进行评审、鉴定及备案(GB 50411—2007 建筑节能工程施工质量验收规范—3.1.3)。

2. 工程的质量检测应由具备资质的检测机构承担。

3. 竣工验收应由建设单位负责,组织施工、设计、监理等单位共同进行。

(二) 材料和设备

1. 使用的材料和设备必须符合设计要求、合同约定的内容和国家相关技术标准的规定(GB 50411—2007 建筑节能工程施工质量验收规范—3.2.1)。

2. 材料和设备的质量保修期限,应符合国家相应规定或业主和施工方/厂家的共同协商。

3. 材料和设备进场验收应遵守如下规定：

(1) 材料和设备的品种、规格、包装、外观和尺寸等进行检查验收，并应经监理工程师(建设单位代表)确认，形成相应的验收记录。

(2) 对材料和设备的质量证明文件进行核查，并应经监理工程师(建设单位代表)确认，纳入工程技术档案。使用的材料和设备均应具有出厂合格证、中文说明书及相关性能检测报告，定型产品和成套技术应有型式检验报告，进口材料和设备应按规定进行出入境商品检验。

(3) 在验收阶段检查设备性能，需与设计一致。材料和设备应按照规定(涉及的各类设备和材料的具体性能指标及规定见各分系统相关部分内容)在使用现场抽样复验。(GB 50411—2007 建筑节能工程施工质量验收规范—3.2.2)。

(4) 安装完毕投入使用前，要进行试运行与调试，包括设备单机试运转与调试和系统无生产负荷下的联合试运行与调试。应由施工单位负责、监理单位监督，供应商、设计单位与建设单位参与配合。系统的调试可以由施工企业的专业检测人员使用符合有关标准规定的测试仪器进行(涉及的各类设备系统调试规定见各分系统相关部分内容)，也可委托具有调试资质的专业机构。

(三) 验收的划分

1. 验收时应按照分项进行。验收项目、验收内容、验收标准和验收记录应遵守各分系统相关部分内容。

2. 总务处运行部门组织复验时，应根据后评估结果增加复验项目，降低后期运行维护成本，避免隐患。

3. 总务处运行部门填写设备复验的合格记录后，方可进入设备移交环节(具体复检项目参见各分系统相关部分内容)。

二、设备移交

设备验收合格交付给医院使用部门，采购部门或者验收部门应当将以下资料移交给使用部门存档：

1. 图纸会审记录，设计变更通知书/洽商记录，实际施工竣工图(包括全部工程施工及变更后的图纸)。

2. 隐蔽工程施工记录及验收记录。

3. 主要材料、设备、成品、半成品、配件、器具和仪表的产品说明书、中文的出厂合格证明、安装图纸、符合国家技术标准或设计要求的进场检(试)验报告等技术文件。

4. 设备安装过程中的调整、试验(交接试验)、验收及缺陷记录。

5. 安全工具的试验报告。

6. 备品、备件及专用工具清单。

7. 安全、卫生和使用功能检验和检测资料的核查记录。

8. 试运行和调试的记录、完整资料和报告。

三、设备使用

设备投入正式使用前，需建立清楚全面的设备台账信息。设备台账的内容包括设备名称、设备编号、安装地点、生产日期、投运日期、主要参数、配件清单、检修纪要、设备故障及异常、部件更换、设备变更、设备评级等多项内容，是设备运行、维护、检修的主要记录和参考依据。

参考本规范各类设备台账格式，明确填写各类设备信息。由设备使用人员依据图纸、技术文件、说明书、检测报告等资料进行编制，并按规定完成填写、修订、归档等管理工作，后勤管理部门人员负责资料的审阅工作。

检修班组在设备检修工作结束后 15 日内应完成设备台账的录入，台账的录入内容应齐全、规范，所有记录数据应真实、准确。

四、工程安装记录文档

变配电设备的质量和安全运行，关系到患者的生命安危，因此，变配电设备的验收尤为重要。变配电及照明系统的验收与向运维阶段交接过渡，除需要遵循以上安装验收、设备移交、设备使用的要求，还要确保移交完备的工程安装记录文档，包括电气设备继电保护及自动装置的定值，元件整定、验收、试验整体传动试验报告等。

变配电设备台账是掌握医院变配电设备状况，反映医院变配电设备的拥有量、设备分布及其变动情况的主要依据。变配电设备技术档案是对变配电设备全生命周期内检查、维修、故障的处理等资料的积累，为设备的大修和更新提供重要依据。

设备台账的内容包括设备名称、设备编号、安装地点、生产日期、投运日期、主要参数、配件清单、检修纪要、设备故障及异常、部件更换、设备变更、设备评级等多项内容，是设备运行、维护、检修的主要记录和参考依据。

技术档案应包括：

(1) 设备技术文件、制造单位、产品质量合格证明、使用维护说明等文件以及安装技术文件和资料；

(2) 变配电设备的定期检验、耐压试验和定期自行检查的记录；

(3) 变配电设备的日常使用状况记录；

(4) 变配电设备元器件、安全保护装置、测量调控装置及有关附属仪器仪表的日常维护保养记录；

(5) 变配电设备运行故障和事故记录；

(6) 变配电设备元器件更换、大修、改造等技术资料。

第五节　日常运行阶段管理要求

一、基本管理要求

变配电/照明设备主要由电工进行运行维护，医院的质量管理体系、管理制度以及各部门协调等因素，决定了设备运维管理能力。

实行设备责任人制度，明确设备安全运行责任，保障变配电/照明设备可靠性、连续性运行。

医院在变配电设备投入系统运行前，应建立、健全用电管理机构，根据电气设备的电压等级、用电容量及电气设备具体情况配备电气工程师和电气设备运行和维修专业人员。

医院应按照相关规定，结合医院具体情况建立电气设备运行检修和试验制度；做好电气工作人员的安全技术培训，提高运行管理水平。应结合季节特点、生产、工作特点及有关要求，组织电气工作人员对电气设备进行安全检查，加强设备缺陷管理，贯彻各项反事故措施。

医院的电气主管部门，应加强和改善电气设备的运行管理工作，不断提高设备完好率；须做好无功功率补偿工作，降低电能损耗，实现供用电系统的安全合理经济运行；应定期汇总、分析运行报表，编制维修工作计划，并应负责建立和完善本院的各种电气运行规章制度及技术管理资料，以及和供电部门主管单位的技术业务联系。

医院运行中的受电变配电站需改建、扩建、迁移新址或更新设备时，应与供电部门主管单位协商，研究技术方案，并应遵守有关的业务和技术管理的规定。运行中的设备需暂时退出运行时，应按规定办理暂停手续。

医院选用电气设备应符合有关国家标准和行业标准的要求。凡国家公布的淘汰产品，不得选用。仍在运行中淘汰产品应根据具体情况制订改造计划，逐步更换。威胁安全运行的淘汰产品，应及时更换。

医院应认真遵守《中华人民共和国电力法》及相关的行业标准、法规等有关规定。

二、人员配置与管理

1. 资格要求　医院配备的电气专业人员，应符合《电气安全工作规程》。关于现场电气工作人员必须具备的条件，须持有《中华人民共和国特种作业操作证》和《电工进网作业许可证》。

2. 值班要求　变配电站，应有专人全天值班。每班值班人员不少于两人，且应明确其中一人为值长（当班负责人）。

（1）实现自动监控的变配电站，运行值班可在主控室进行；

（2）采用箱式变电站、柱上配电变压器的，可采取运行人员非现场值班方式。当班期间不得擅离本单位，并应配备保证呼叫的联络工具。

3. 培训要求　医院应根据实际需要，组织安全规程、调度规程、运行规程、现场运行规程的学习；每季末进行一次考试，总结学习效果；每季进行一次反事故演习。

需要进行 10 kV 及以上设备和低压主开关、母联开关的倒闸操作、电气测量、挂、拆临时接地线等工作时，必须由二人进行，一人操作、一人监护。

变配电站值班人员必须按照规定值班，不能因为承担站外维修任务，而离开值班岗位。

三、变配电站运行管理

1. 运行管理制度　用电单位变配电站应建立以下运行管理制度：

（1）值班制度；

（2）交接班制度；

(3) 巡视检查制度；
(4) 设备验收制度；
(5) 设备缺陷管理制度；
(6) 运行维护工作制度；
(7) 运行分析制度；
(8) 设备预防性试验制度；
(9) 培训管理制度；
(10) 场地环境管理制度；
(11) 各单位应根据具体情况制定有关制度。

2. 图纸管理　应按图纸存放要求，在变配电站设置存放图纸和技术档案的资料室(柜)。应设专人或兼职人员进行管理，责任明确，建立变配电站图纸清册和图纸查(借)阅记录。图纸应完整、整洁，进行定置管理，按回路建立独立的回路图纸档案夹，并贴有清晰的标签。不得将有效与无效图纸混杂保存、使用。变配电站竣工图纸，应分别在本站和上级技术档案室存放。

在变配电站设备新建、扩建、改造、变更后，施工部门应及时向变配电站移交设备竣工新图，图纸上表明回路号，图纸必须与实际设备和现场符合一致，每年至少定期核查一次，由专人监管。继电保护二次回路工作后，如接线有改动，施工部门工作负责人应在图纸上作好相应修改并签署全名和修改日期，向运行人员办理移交手续。

图纸每年至少全面检查、核对一次。

变配电站应具备的图纸：
(1) 一次系统接线图；
(2) 全站平、断面图(含配电装置、主设备布置)；
(3) 单位建筑平面分布图(标明负荷电总容量)及配电系统分布图；
(4) 继电保护、远动及自动装置原理和展开图；
(5) 所用电系统图(包括事故照明系统)；
(6) 电缆敷设图(包括:用途、走径、截面、型号)；
(7) 隐蔽工程竣工图；
(8) 直流电源系统图；
(9) 正常和事故照明接线图；
(10) 组合电器气隔图；
(11) 接地装置布置以及直击雷保护范围图；
(12) 消防设施(或系统)布置图(或系统图)。

3. 变配电站资料管理　应按技术资料存放要求，在变配电站设置存放技术资料的资料室(柜)，逐步纳入信息化管理。专人或兼职人员管理，责任明确。各类制度应分门别类存放，不得将有效与无效技术资料混杂保存、使用。变配电站相关技术资料，应分别在本站和上级技术档案室存放。在变配电站设备新建、扩建、改造后，施工部门应及时向变配电站移交设备技术资料，技术资料必须与实际设备和现场符合一致。运行人员最后负责，所有的变更必须记录。原图纸标注，或者全图更新。

技术资料每年至少全面检查、核对一次。

变配电站应具备的技术资料：

(1) 典型操作票；

(2) 设备台账；

(3) 现场作业指导书；

(4) 各类设备说明书；

(5) 工程竣工(交接)验收报告；

(6) 设备修试报告；

(7) 设备评价报告；

(8) 继电保护整定书。

4. 变配电站图表管理　应设专人或兼职人员管理，责任明确。各类指示图表应分门别类存放，不得将有效与无效指示图表混杂保存、使用。各类指示图表应定期进行整理、检查和替换，按规定周期或根据实际情况进行修订，并履行审核批准手续。

设备移动或新建、改建、扩建后，相关图表应及时修正。

指示图表每年至少全面检查、核对一次。

变电站应具备的指示图表：

(1) 系统模拟图板；

(2) 设备最小载流元件表；

(3) 供电部门调度值班人员名单(限有调度协议的单位)及本所值班人员名单；

(4) 事故处理及紧急应用电话表；

(5) 全所安全记录标示牌；

(6) 设备专责分工表；

(7) 所内卫生专责分工表；

(8) 一次主接线图及仓位布置图；

(9) 科学巡视路线图；

(10) 站用电系统图；

(11) 直流系统图；

(12) 安全记录指示；

(13) GIS设备气隔图。

5. 变配电站记录管理　变配电站的记录簿应纳入信息化管理，至少保存一年，有特殊要求的可延长保存期限。变配电站可以根据实际情况，适当增设其他记录。各种记录应按要求格式录入，保证清晰、准确，项目无遗漏。应设专人或兼职人员管理，责任明确。各类记录簿应分门别类存放，定期进行整理、检查和替换。

设备移动或新建、改建、扩建后，相关记录簿应及时修正。

变电站应具备的记录簿有：

(1) 调度命令操作记录簿；

(2) 运行工作记录(值班日志)；

(3) 负荷记录；

(4) 设备巡视检查记录；
(5) 设备缺陷记录；
(6) 设备检修、试验记录；
(7) 设备和保护装置动作记录；
(8) 直流系统充放电及蓄电池调整记录；
(9) 安全日活动记录；
(10) 运行分析记录；
(11) 门禁登记记录；
(12) 其他。

四、应急发电机运行管理

应急发电机组应制定操作规程，指定专人管理。工作人员应严格按操作规程操作。

正常情况下控制系统置于自动启动状态，确保变电站失电时，应急发电机组能立即自行启动投入工作。油柜(箱)燃油应长期保持在高位。

应急发电机组一旦启动，值班电工应立即前往检查，查明启动原因。如是误启动应停止机组运转，并立即报告上级领导处理。正常启动时，应认真值守监视检查应急发电机组的工作情况，所有过程应做好详细记录。

启动柴油机时，严格按照操作规程进行：做到"三检查"(工作前、中、后检查)；"一不准"(机器工作时不准离开)；"二不动"(没有请示不动、不懂不动)；"三及时"(及时请示报告、及时排除故障、及时解决各种问题)。

应急发电机运行时应注意的事项有：①试运行前必须将主开关脱开；②不允许在重负荷运转中，打开水箱压力盖；③不同牌号的机油不允许混用；④停车前必须先卸载。

应急发电机需要进行每日巡检和定期的维护保养，相关要求如下：

1. 每天定时巡检，定期清洁。每日巡检重点检查有无机油、水、柴油的泄露，检查水循环加热器。清理杂物，物品摆放须严格满足消防要求。

2. 每周检查相关辅助设施，包括冷却水、风机、油位、电池液位、各式软管及连接处等。确认发电机相关电力开关盘置于自动位置，确认电力开关盘警告开关置于正常位置。

3. 每月空载运行一次，运行时间符合设备手册的要求，记录有关数据并与手册对照。

4. 定期检查更换冷冻油，定期更换机油滤清器、冷却水滤清器和柴油滤清器。

5. 每两年检查避震器，进行冷却水换新，蓄电池换新，进行额定负载测试。

6. 定期执行设备手册所要求的其他维保操作。

7. 暂时没有能力自行维护保养的医院，应当委托专业公司进行维保。

五、低压配电装置和低压电器运行管理

1. 低压配电装置和低压电器运行管理基本要求

(1) 低压配电装置的各项技术参数须满足运行的需要。低压配电装置所控制的负荷必须分路，避免多路负荷共用一个开关控制。

(2) 低压配电装置的馈电回路应根据负荷性质，将重要负荷与一般负荷分别单独控制。

(3) 变(配)电所低压配电装置应编号，主控电器应编统一操作号。馈线电器应标明负荷名称，并应标示在低压系统模拟图板上。

(4) 低压配电装置各级电器保护元件的选择和整定均应符合动作选择性的要求。

(5) 低压配电装置上的仪表和信号灯应齐全完好，仪表量程与互感器的规格与容量相配合。

(6) 凡装有低压电源自投系统的配电装置，定期进行传动试验，检验其动作的可靠性，在两个电源的联络处，应有明显标示。

(7) 低压配电装置与自发电设备的联络装置动作应可靠，当双路外电网停电时，45 秒内发电机组应自动投入应急供电网路供电。

(8) 低压配电装置的操作走廊、维护走廊均应铺设绝缘垫。通道上不得堆放杂物。

(9) 低压配电装置室内应有固定式照明，灯具齐全完好，开关应设在出入口处。有重要负荷和重要用电场所的配电装置室应设应急照明和事故照明。

(10) 低压馈出回路电缆应有明确的走向标识，以方便运行、维修人员查找故障电缆。

2. 低压配电装置和低压电器巡视检查及维护

(1) 低压配电装置应定期进行巡视检查，检查周期与高压配电装置相同。巡视检查情况及发现问题应记入巡视记录。进入电池室、柴油发电机房、储油间应提前开启排风机，两分钟后才允许进入，并禁止烟火。

(2) 低压配电装置和低压电器巡视检查的内容如下：

①主、分路的负荷情况与仪表指示是否对应。

②电路中各部连接点有无过热现象。

③三相负荷是否平衡，三相电压是否相同，检查电路末端的配电装置电压降是否超出规定。

④各配电装置和低压电器内部，有无异声、异味。

⑤带灭弧罩的低压电器，三相灭弧罩是否完整无损。

⑥检查空气开关、磁力起动器和接触器的电磁铁芯吸合是否正常，有无线圈过热或噪声过大。

⑦在易受外力震动和多尘场所，应检查电器设备的保护罩有无松动现象和是否清洁。雨天，检查室外按钮等电器及防护箱是否渗漏雨水。

⑧低压绝缘子有无损伤和歪斜，母线固定卡子有无松脱。

⑨配电装置与低压电器的表面是否清洁，接地连接是否正常良好。

⑩低压配电装置的室内门窗是否完整，通风和环境温度、湿度是否符合电气设备特性要求，雨天屋顶有无渗漏水现象。

⑪低压配电装置室内照明是否正常，室内外的维护通道是否保持畅通。

(3) 对低压配电装置和低压电器在高峰负荷、异常天气或发生事故后，应进行特殊巡视，巡视重点如下：

①处于高峰负荷时，应检查电气设备是否过负荷，各连接点发热是否严重。

②雷雨后应检查变(配)电所有无漏水，电线、电线沟内是否进水，瓷绝缘有无闪络、放电现象。

③设备发生事故后，应重点检查熔断器和各种保护设备的动作情况，以及事故范围内的设备有无烧伤或毁坏情况。

(4) 低压配电装置应定期进行清扫维修，清扫维修一般一年不少于两次，并应安排在雷雨季前和高峰负荷期前进行。

六、照明设备的运行管理

1. 照明装置的定期检查和检修期限规定如下：

(1) 每年 4 月 15 日前，应做好雨季前的检查和检修工作；

(2) 每年 7～8 月期间内，应做好雷雨季节中的检查工作；

(3) 每年 11 月底以前应做好防冻、防风的检修工作；

(4) 暴风雨及大风后应做特殊巡视和检查。

2. 室外照明在使用前，应做全面的绝缘测定和安装质量检查，使用后应及时断开电源。

3. 须根据消防管理规范，提供应急照明。

七、变配电设备检测试验

变配电设备应当周期性由供电局认可的具有资质的单位进行检测，并出具报告。其中，变压器检测、高压开关柜检测、电力电缆检测、耐压试验(包括母线、互感器、断路器、绝缘子)、绝缘电阻测量(包括母线、断路器、互感器、绝缘子、相间与地的测量)、高压柜清扫、断路器机构维护与螺丝紧固等工作每两年至少进行一次。避雷器检测每年至少进行一次。安全工具(绝缘手套、绝缘靴、验电器、放电棒等)检测、UPS 的定期放电测试等工作每半年至少进行一次。

八、应急预案与演练

1. 应急预案　医院应结合本单位变配电和用电实际情况，制定变配电系统应急预案。应急预案应包括下列内容：

(1) 应急组织及其构成，指挥协调机构；

(2) 应急设备、应急物质的储备和存放地点；

(3) 应急现场的负责人、组成人员及各自的职责；

(4) 应急处理流程；

(5) 联系人通讯录及联系顺序。

其中，应急处理流程应包括下列要点：

- 事件的报告程序，预案启动程序；
- 采取的行动；

- 与其他人员或部门联系的办法和程序；
- 事故上报；
- 手术室、ICU、急诊等重点部门的保障措施；
- 厂家的二线支撑。

变配电系统的应急处置中，还需特别遵守如下原则：

①电气事故上报和处理根据调度协议划分归属原则，按调度规程执行。

②恢复供电时应按重要负荷保电序位进行。

③异常方式运行时应监控负荷，防止发生过符合引起的事故。

④恢复供电时应加强与有关各方联系，防止发生人身、设备事故。

2. 预案演练　应急预案应每年至少演练2次。

应急演练应在不影响正常医疗工作的前提下进行。须应上报主管院领导，获得批准后，并在预案演练所可能影响到的各处室充分沟通，达成共识后方可进行。

应急演练前，应发布演练通知，落实应急演练的控制措施，避免对患者服务、科研活动造成损害。演练结束后，应进行总结，并做好记录，发现问题应及时改进。

3. 评估改进　在下列两种情况下需要启动对应急预案的评估改进：

情况一：经过预案演练，发现预案存在不足，需要改进的。

情况二：风险事件处置结束后，必须对风险原因、处置过程进行全面、深入的分析总结，对预案的适用性、周密性、灵活性进行评估，并提出改进建议。

应急评估的输出须及时反馈到应急预案中，即进行应急预案的修订与完善过程。预案更新后，还须及时组织对更新后预案的演练。

九、信息系统和数据管理要求

医院可通过建立变配电设备的全生命周期管理系统，对变配电设备的运行、维护管理进行全信息描述，使图形、数据一体化，对变配电设备运行维保进行标准化、规范化、科学化的管理。

实现内容包括：

1. 设备交付阶段建立变配电设备台账。
2. 变配电设备的新建、改建、扩建完成后，及时更新设备台账信息。
3. 建立变配电设备的能耗管理系统，自动产生医院及各部门的用电能耗信息，并上报至上一级数据中心。
4. 电子化记录簿信息。
5. 根据巡视计划，定时提醒值班人员对变配电设备巡视，并做相应记录。
6. 维修任务下达，提醒电工人员检修故障设备。
7. 定期检验提醒。
8. 设备缺陷记录，大小修记录，维保记录等。
9. 设备备件管理。

第六节　设备报废管理要求

一、报废申请

达到国家固定资产处置标准，或未达到上文所提风险评估要求的设备，均可申请启动设备升级、改造和报废流程，申请条件包含：

1. 根据国家或地方标准超过或达到规定使用年限，主要结构和零部件已严重磨损，效能达不到工艺最低要求，无法修复或无修复改造价值的。

2. 国家能源政策规定应予淘汰高能耗的或国家有其他强制性淘汰规定的。

3. 经检验或鉴定确认，不符合健康、安全、环保规范，且无改造、修复价值的。

4. 由于自然灾害等不可抗力因素造成资产全部灭失、毁损、严重损坏且不可修复的。

5. 故障率高，影响业务开展的。

6. 由于技术进步，产品换型、工艺改进等造成的专用设备不宜修改利用的。

7. 其他特殊原因的。

满足上述任意一条申请条件的设备，由运行管理人员填写申请单。申请单填写时需注意：

①使用部门根据报废条件提出设备报废申请并说明报废原因。填写“设备报废申请单”，并于每月 5 日前交设备管理部门分类、汇总。

②设备管理部门根据各部门申报及设备运行情况编制报废计划送各单位负责人核准。

二、报废审批和检测

申请审批和第三方检测环节：申请单位经过院主管领导和院审批委员会核准后，提交上级管理部门进行审批，并组织第三方专业技术团队评估，并出具评估报告。

由医院主管领导对评估报告做出审批，并上报上级管理部门备案。

由上级管理部门对评估报告备案做定期检查，督促落实。

1. 满足“改造决策标准”，且具备升级、报废或改造条件，应尽快组织实施。

2. 满足“改造决策标准”，但暂时不具备升级、报废或改造条件，应择机组织实施。

3. 设备运行状况良好，可继续使用，给出建议下次评估的时机。

三、报废/升级/改造实施

院主管部门根据第三方评估报告及上级管理部门意见，组织进行设备升级、改造或报废的概预算、实施团队和实施计划等，并组织实施。

1. 报废物资由医院固定资产管理部门安排专人负责，对报废物资进行核查、登记和回收，并按“物尽其用，合理使用”的原则申报处理。

2. 对于高残值设备的报废处置，由上级管理部门进行处理，通过招标，交由专业公司回收。

3. 对于报废的物资，申报部门不得自行将其拆毁或处理，要保证其完整性(包括配套设备、技术数据)。

4. 部门因工作需要，要利用其部分元器件或整台设备，须报请医院固定资产管理部门同意后，方可拆装或留用。

5. 固定资产报损、报废、转让、处理的收回残值以及涉及保险索赔的，应根据《固定资产管理制度》的有关规定，纳入财务处统一管理。

四、报废设备管理

1. 已报废的设备由设备管理部门贴上“报废”标识。

2. 已审批同意报废的设备，在等待处理、拆零期间，应当在设备原停放地或由设备管理部门指定地点停放。

3. 设备报废后，等待处理期间除正常维护、检测或遇不可抗力时之外，不得移动或使用设备。

另外，需注意变压器是医院的重要设备，其质量和安全运行关系到患者的生命安危。根据 GB/T 17468—2008《电力变压器选用导则》，变压器的寿命一般为 20 年。变压器的使用寿命又极大地受到运行维护、日常保养及工作负荷等情况的影响，需根据耐压试验、绝缘性能等综合评估确定。变压器的残值较高，报废处置与普通类设备不同。

第七节　后评估管理规范

一、各阶段信息收集要点

1. 设计单位、设计方案、设计性能参数和系统形式，设计阶段结束后，由医院基础运行部门和基建部门统一备案。

2. 设备厂商应标价格、应标方案及承诺性能参数，设备定标后，由医院设备管理部门、基建部门和基础运行部门共同统一备案。

3. 设备购置总费用及分项费用(设备费、材料费、安装费等)，设备购置安装调试后，由医院设备管理部门、基建部门和基础运行部门共同统一备案。

4. 设备安装记录、调试记录、调试验收报告，设备安装调试后，由医院基建部门和基础运行部门共同统一备案

5. 设备年运行总费用及分项费用(分品种能源费、建筑及楼层的照明用能、保养费、维修费、改造费)，每年度 1 月份，由医院基础运行部门统计上一年度数据，电子备案保存。

6. 设备维修记录、保养记录，由医院基础运行部门于每年度 1 月份，整理上一年度记录保存。

7. 设备运行记录，每月 10 日前，由医院基础运行部门整理完毕上一月度记录数据，

纸质版和电子备案保存。

8. 设备改造方案，设备改造安装调试结束后，由医院基础运行部门电子备案保存。

9. 设备报残、报废残值评估等，由医院基建部门和基础运行部门共同统一备案。

二、后评估流程管控要点

1. 变配电及照明设备的全生命周期各个阶段的方案、文件、运行记录、维保记录、报废评估等，都应由医院基建部门和基础运行部门共同备案保存。

2. 医管局应委派专家第三方，对医院变配电及照明设备的全生命周期的各类数据做出综合科学性评判。

3. 变配电及照明设备的后评估，由第三方专家对设备全生命周期管理情况进行评估检查，形成固定资产后评估报告，报告应包含该设备以下内容：规划设计、采购、安装调试验收节点情况，设备正式使用、维护、保养、检修、故障排除、事故调查、备件供应情况，以及设备报废、处置管理等各方面的情况。根据全生命周期数据，给出设备的质量与安全运行情况的结论。为后续维护设备质量、提升设备使用效益、改进设备选型提供一定的技术支持和建议。

4. 上级管理部门应根据各医院变配电及照明设备的后评估结果，于每年定期公布推荐的设备品牌、供应商、安装公司、维保公司等；将质量低劣，维保服务较差的厂商列入不推荐名单，便于医院基础运行部门日常决策。

第八节　检查与考核

上级管理部门或其委托的专业团队，对医院的变配电及照明设备基础运行进行检查，满分为100分。

根据检查结果，按照表8－2、表8－3进行评分(总计100分)，公示各医院得分情况及设备、管理风险点，并向医院下达整改通知。

表8－2　变配电及照明设备日常管理考核方法

考核项目	考核内容	评价方法	分值
制度管理(15分)	管理制度与安全操作规程：班组岗位责任制；安全生产、劳动纪律规章制度；变配室操作规程；倒闸操作规程；供电设备巡检检查规程；运行记录制度；值班制度；交接班制度；来访人员登记制度；设备维护保养制度；事故报告与处理制度	制度齐全，且张贴于明显位置	5
		安全操作规程齐全，且张贴于明显位置	3
		随机抽查2人操作流程或规程，能基本说明清楚	2
	设备台账与技术文档管理	各类档案齐全、合规。二年内档案检查，二年前的档案抽查	5

续表

考核项目	考核内容	评价方法	分 值
人员管理（10分）	岗位职责明确、具体、可执行，岗位职责范围的任务、要求，工作流程上墙	查看纸质文档的岗位职责	2
		随机抽查2人，询问对岗位职责的知晓度	2
	人员持证上岗	查看人员持证上岗情况	3
	有人员培训计划，并得到落实	查看人员培训记录及培训考核	3
运行管理（35分）	日常计划性保养工作（年度计划、物料准备、停电检修安排、保养工作执行）	制订计划有上级主管的审批，有保养记录并存档	3
	计划性保养设备（变压器、高低压开关柜、发电机、UPS、应急照明灯具、接地网等）	有保养记录	3
	值班与交接班情况	记录真实、完整	4
	各类运行记录、操作记录（调度命令操作记录、负荷记录、设备和保护装置动作记录、设备缺陷记录、直流系统充放电及蓄电池调整记录、运行分析记录等）	记录真实、完整	10
	变配电站基础环境	变配电站建筑结构无严重缺损，墙面无渗雨、剥落现象，门窗及防护网清洁完好。照明开关、灯具等完好	2
		符合“防雨、防汛、防火、防小动物，有良好的通风”四防一通要求。	2
		开关柜前后地面绝缘橡皮垫完好，安全警戒线清楚醒目	1
	整洁卫生	变配电站及配电室内外通道与走道畅通，环境清洁卫生、无杂物堆放	2
		电气设备周围清洁，不积水，不积油	3
		电缆沟不积水，不积油，无杂物；电缆沟盖板完好	2
	备件管理	备件箱及时清理，保持整齐、齐全	3
成本管理（5分）	照明节能降耗、控制成本的计划、措施与目标	有节能降耗目标与措施、工作计划，分析和总结	3
	变配电及照明节能措施及案例说明	实施过节能改造措施，有说明或记录，或运行人员可以清楚说明	2
安全管理（15分）	变配电站、配电室安防	门锁（门禁）完好	3
	消防用具	安全消防用具与器材等摆放有序	2
	防雷接地系统	防雷、接零或接地系统符合规定	3
	工具安全	高压用具绝缘性合规，抽查	2
	应急预案	制定有应急预案	3
	应急演练	有演练总结、评估及整改报告	2
	无重大安全生产责任事故	有则每例扣5分，上不封顶	

表 8-3　变配电及照明设备技术性能考核方法

考核项目	考核内容	评价方法	分值
高压部分（9分）	设备电气预防性测试（变压器、避雷器、母线、开关、继电保护、接地网等）报告	提供合规的检测报告	4
	现场检查：变压器（含配套排风机）、开关和电缆（母线）	设备无异常，外壳、元器件、构架完好，无断裂，无影响到安全的锈蚀	2
		设备标牌、编号准确、清晰、齐全	1
		电气开关、设备外表清洁，无油污，无严重腐蚀。抽查：开关接线点温度正常、电缆运行温度正常	2
低压与应急设备（7分）	现场检查：配电柜、应急发电机、UPS 等	设备无异常，外壳、元器件、构架完好，无断裂，无影响到安全的锈蚀	2
		设备标牌、编号准确、清晰、齐全	1
		电气开关、设备外表清洁，无油污，无严重腐蚀	1
		应急发电机维护检查（如冷却水、风机、冷冻油、“三滤”更换等）	3
照明设备（4分）	现场检查：照明、插座系统的完好率	公共区域照明、插座的完好率	4

第九节　供配电系统施工衔接

一、工程建设方在供配电系统施工时的衔接

工程建设方在供配电系统施工中的主要工作有：工程建设方（以下简称甲方）负责办理土地征用、拆迁补偿、平整施工场地，办理施工许可证及其他施工所需证件、批件和临时用地、停水、停电、中断道路交通等的申请批准手续；协调处理施工场地周围地下管线和邻近建筑物、构筑物（包括文物保护建筑）、古树名木的保护工作；审核设计图纸，做好工程预算，办理招投标，落实施工单位。根据图纸在起草合同，对各施工单位的施工区域及各专业工程衔接点做详细说明。如：电源箱与控制箱的电源由谁负责施工，控制柜需要给其他专业的接口要怎么预留，给智能化 DDC 箱等的通讯协议接口、各种电机（泵）的连接线、设备的接地线及各种设备电源控制箱由谁来搭火等均要一一表明清楚，以防今后扯皮。工程建设方负责工程项目的管理和监督，确保施工质量、工期和安全。

1. 施工前的配合要求在施工前，督促中标单位按时进场。会同监理单位与施工方的项目经理、施工员、安全员等查看现场，向电力施工单位提供施工场地的工程地质、地下管线和土建施工进度等资料，以书面形式交给施工方，进行现场交验。对施工方提出的工程中需要必备的施工条件，如：仓库、办公、开发、住宿以及施工用水用电等辅助设施，会同监理、总包方共同协调、安排部署、落实到位。组织施工单位相关负责人和设计单位及监理进行图纸会审和设计交底；审核施工单位的施工方案及安全措施，并落实到人。

2. 施工期间的协调工作重点协调供配电系统工程与土建、装修的配合施工，以及供配电系统内不同专业之间的施工进度，以保证整体工程顺利地进行。负责解决甲供材的供货计划和进场时间。协调施工过程中的设计变更和签证工作。

3. 与现场监理的配合全力支持监理工作，对监理发现的施工单位在施工过程中的各项问题，和监理一起督促其按规范整改到位。督促施工单位相关人员按时参加工程例会，按时上报本月完成工程进度和下月工程进度计划。督促其：提前做好设备材料进场计划，报送监理审批；提醒监理有关人员做好设备、材料、分项工程、隐蔽工程等验收前资料准备工作。要求施工方必须按监理确认的进度计划组织施工，接受监理和甲方对进度的检查、监督。工程实际进度与经确认的进度计划不符时，施工方应按监理方的要求提出改进措施，经甲方确认后执行。加强与施工方、监理和项目审计管理单位等的联系，做到有问题及时向上级部门汇报，及时处理。

对上级部门提出的图纸变更及计划变更，积极与监理沟通，做好变更签证工作，牵涉需要和其他部门沟通的如：供电部门、规划、环保、市政、审计、主管部门等做到及时联系协调，并把相关部门意见反馈给监理，做好施工调整、变更等工作。

4. 与施工单位的配合在整个项目实施过程中，全面了解施工的需要，掌握过程的要点、难点，时刻监督和提醒施工人员注重安全文明生产，达到国家规定的工程质量验收标准，最终确保整体供配电系统工程实施顺利进行。

在施工、安装、调试过程中要协调建筑承包单位、机电承包单位、弱电系统承包商、各种材料设备供应商等之间的关系。帮助解决临时用水、用电及联络体制。按照系统调试计划预先将机房、设备间土建工程完毕，使工序与工序之间紧密衔接，环环相扣，互相督促。按照各个专业所做的施工方案，做好各自衔接。

需要请建筑承包单位按照供配电系统的施工计划，预埋的管槽、各类通信线缆、控制线缆按照施工图和供配电系统专业供应施工规范预先敷设、开挖，在隐蔽工程验收时，约请相关安装负责单位一起参加。验收完毕后，以书面形式现场交接。发现问题的要限期解决，不得影响下道工序施工。如有影响的，由出问题的单位负责，按合同约定处罚。

对施工单位提出的各项问题，及时解决不推诿。如一时解决不了的，及时向上级部门反映；如是技术方面问题的，及时约请相关方面专家或相关部门给出方案。

案例：

有关所有设备需用的混凝土基座，如是由建筑承包单位负责建造，施工单位将尽早提供所有有关要求土建配合的详细资料（如机组尺寸、运行重量、设备基础含预埋件建议图、设备减震器选用计算书）予甲方/设计师/顾问审批。因缺乏协调而造成的一切后果包括土建返工和延误工期等，将由施工单位负责；

会同监理和安装单位及时验收总包单位已施工预留、预埋完的安装工程管线，并对存在问题及时反映，设备进场安装前提前通知总包单位，以便为设备安装留出施工面，确保设备准确按时就位，安装完后也应及时通知总包单位，对遗留的孔洞进行封堵；

督促所有参建单位共同拟定施工成品、半成品的自身保护和互相保护制度，组成成品保护小组，要责任到人，消除交叉污染和成品损伤；

定期沟通和交流，及时掌握上道工序的施工完成情况，督促下步专业工程施工及早做好准备，避免施工方的人员、工器具等在现场的浪费和闲置。

下道工序施工前，会同项目管理单位、监理、施工总包等一起，确定双方的施工交接面和工作职责，防止施工过程中扯皮现象的发生；有问题可多方现场协调解决。如在不影响质量、安全以及突破成本的前提下，为了工期，工程施工尽量往上道工序靠，要求施工单位发扬见缝插针、找缝插针、造缝插针精神，不等不靠，想方设法共同完成施工任务，由此而牵涉到一些问题可优先解决，并及时向审计部门汇报。

5. 与各有关政府部门及公共事业机构的协调工作医院的建设涉及和有关政府部门及公用事业机构协调及合作工作，建设单位有负责项目与相关政府部门及公用事业机构协调及合作工作，协助机电分包、总包、设计、施工等单位与各相关政府部门及公用事业机构协调及合作工作。

在施工单位进场施工后，需要配合甲方提供所需的有关资料包括图纸、样品、产品说明等给各有关政府部门及公用机构作审批之用。若所有须送审的有关资料未能达到有关政府部门的要求而需作重新送审，因此而导致工期延误及所引起的一切费用损失等全由施工单位负责。如因与有关政府部门及公用事业机构缺乏协调和合作而导致已安装的设备或系统需作更改或拆除，施工单位除须负起所有有关的费用，由此而导致工期延误的责任外，仍要根据相关规定对院方做出相应的赔偿。

二、施工单位在供配电系统施工时的衔接

1. 施工单位在供配电系统施工中主要工作施工单位负责系统的设备供应、指导安装、调试，并负责完成与其他相关系统的接口配合和协调工作（包括但不限于与设计单位、装饰承包单位和其他相关系统承包单位的配合和协调工作）。施工单位将在开工前应组织有关人员熟悉图纸，编制施工组织方案；施工过程中参加施工协调会；工程完工后提供全部图纸资料。

2. 施工前的配合要求在施工前，施工工程中需要必备的施工条件，如：仓库、办公、开发、住宿以及施工用水用电等辅助设施，需院方、总包单位及施工单位共同协调、安排部署、落实到位。

3. 施工期间的协调工作需要院方、总包单位协调供配电系统工程与土建、装修的配合施工，以及供配电系统内不同专业之间的施工进度，以保证整体工程顺利地进行。

4. 与院方、项目管理公司、现场监理的配合服从院方、监理和项目管理公司的统一指挥，按时参加工程例会，按时上报本月完成工程进度和下月工程进度计划。

提前做好设备材料进场计划，报送院方、监理审批。

提前约请院方、监理有关人员做好设备、材料、分项工程、隐蔽工程等的检验。

加强与院方、监理和项目管理单位等单位的联系，做到有问题及时汇报，及时处理。

院方在工程上起主导作用，项目部将在整个项目实施过程中，全面了解院方的需要，掌握为院方服务的内容，达到为院方服务的交往结果和目的，最终确保整体供配电系统工程实施顺利进行。

严格执行与院方签订的合同、审批的施工组织方案，在施工中，主动向院方提交产品合格证或质保书，做到不隐瞒，不欺骗，积极协助院方施工检查。

项目经理或项目副经理积极参加院方召开的一切会议，认真听取院方指令、意见，并立即执行和落实。

及时汇报施工动态信息，紧密配合院方在工程实施过程中的一切活动。

需认真对待院方的需求变化，积极协商解决办法，最大限度地满足院方需求，不贻误施工时机。

对图纸中未有明确的部位和做法，应与院方取得一致意见，征得设计院的同意后，以技术核定单形式加以确定，不擅自处理。

应认真领会施工组织设计的各项内容和要求，深入了解和掌握院方、设计单位以及机电顾问的设计要求，配合做好图纸会审，不怕麻烦，严格按图施工。

考虑到院方对工程局部的可能的特殊要求、工程变更、各施工队伍交叉作业与协调、工程培训等的要求，可请求院方指定专业技术人员，配合工程的全过程施工。

5. 与建筑承包单位的配合在施工、安装、调试过程中需请建筑承包单位帮助解决临时用水、用电及联络体制。另外，对于墙或楼板的孔洞在管线到位后协助封堵。

需要请建筑承包单位按照供配电系统的施工计划，将需预埋的管槽、各类通信线缆、控制线缆按照施工图和供配电系统专业供应施工规范预先敷设、开挖，在隐蔽工程验收后由相关负责单位将线缆敷设完毕。

按照系统调试计划预先将机房、设备间土建工程完毕，使工序与工序之间紧密衔接，环环相扣，互相督促。

案例：

有关所有设备需用的混凝土基座，将由建筑承包单位负责建造，施工单位将尽早提供所有有关要求土建配合的详细资料（如机组尺寸、运行重量、设备基础含预埋件建议图、设备减震器选用计算书）予院方/设计师/顾问审批。因缺乏协调而造成的一切后果包括土建返工和延误工期等，将由施工单位负责；

及时验收总包单位已施工预留、预埋完的安装工程管线，并对存在问题及时反映，设备进场安装前提前通知总包单位，以便为设备安装留出施工面，确保设备准确按时就位，安装完后也应及时通知总包单位，对遗留的孔洞进行封堵；

共同拟定施工成品、半成品的自身保护和互相保护制度，组成成品保护小组，消除交叉污染和成品损伤；

做好与总包单位的交接管理，在工序交接时进行检查并记录备案，另外编制竣工资料时提前与总包单位沟通和交流，做到技术文件充分、适用、有效。

6. 与机电系统承包单位的配合为确保供配电系统专业供应施工质量和进度按计划进行，在施工过程中，项目部将主动做好与机电承包单位的协调配合，为施工创造条件。

(1) 施工单位将在机电承分包单位的领导下，与弱电承包单位协调，使相关的安装、调试工作能配合工程进度。因缺乏协调而造成的后果如延误工期等，将由施工单位负责。

(2) 施工单位将根据机电承包单位提供的设备参数（需由院方/设计师/顾问审批通过）进行设备的生产，并且，在生产前一个月通知机电承包单位。

(3) 相关所有设备的现场运输和吊装，将由机电承包单位负责完成，施工单位将在订购合同签订后的3日内提供设备的详细资料（需由机电承包单位事先查阅后）予院方/设计师/顾问审批，并须配合机电承包单位提供设备运输和吊装方案。现场运输的配合，施工单位将根据机电承包单位的要求，将设备运至现场指定地面位置。设备卸货及从地面运送至设备机房或吊装起吊位置，将由机电承包单位完成。局部运输路线若需要加固，施工单位在运输前提供所有有关要求土建配合的详细资料（需由机电承包单位事先查阅后）予院方/设计师/顾问审批，由机电承包单位与建筑承包单位协调所需的加固工作。吊装运输的配合，施工单位将根据机电承包单位的吊装方案（院方/设计师/顾问审批完毕），提供设备详细包装方式或设备本体提供吊耳，以满足要求。

（4）系统的控制柜由施工单位负责提供。系统的相关设备由施工单位负责提供，机电承包单位负责安装及系统调试验收，施工单位配合系统协调工作，不免除施工单位对自身产品缺陷及系统贯通的责任。

（5）施工单位供应的设备本体提供接地螺栓，供机电分包单位接地接驳用。

（6）施工前，在院方、项目管理单位、施工总包的统一安排下，确定双方的施工交接面和工作职责，防止施工过程中扯皮现象的发生。

（7）定期沟通和主动交流，及时掌握上道工序的施工完成情况，为下步专业工程施工及早做好准备，避免施工方的人员、工器具等在现场的浪费和闲置。

（8）做好交接管理，在工序交接时有各有关单位主管人员进行检查并记录备案。

（9）确定先直接、后间接的问题处理模式，对施工中出现的问题先直接沟通和主动提醒，如问题仍无法解决且在有可能影响整体施工质量和进度以及突破成本的情况下，再在项目有关会议上正式提出。

（10）共同拟定施工成品、半成品的自身保护和互相保护制度，双方人员共同加入由总包主持的成品保护小组，消除交叉污染和成品损伤。

（11）在不影响质量、安全以及突破成本的前提下，为不影响工期，工程施工尽量往上道工序靠，发扬见缝插针、找缝插针、造缝插针精神，不等不靠，想方设法共同完成施工任务。

7. 与弱电系统承包商的配合为了保证工程施工、调试顺利进行，需要与弱电系统承包商密切配合，协商解决相关交叉部分的接口与工作。

施工单位需在机电承包单位的领导下，根据楼宇中央管理系统监控点、工程分界以及图纸要求提供无电压接点，以便接驳至楼宇中央管理系统。楼控系统现场控制器（DDC）应分别设置于每一控制屏旁和所有相关设备旁，以便接驳各类所监控机电设备管线至楼宇中央管理系统，并用以显示各有关发电机组系统设备的运行状态。由楼控系统现场控制器（DDC）至设备的控制屏或微机控制盘的管线由弱电承包商负责安装。

施工单位提供具有开放通讯协议的通讯接口供大楼监测与控制系统承包单位接驳，包括但不限于与变电站电能管理系统、消防控制系统、BMS、IBMS 及其他需与其通讯的系统连接，且相互间通讯接口能实时传输及刷新系统及设备的各种数据。接驳的管线由弱电承包商负责安装。

施工单位与弱电系统承包单位协调并就双方的交接驳口议定准确的位置、详细的工作界面。通讯格式为 RS232，RS485 或 RJ45，通讯协议为 MODBUS TCP/IP 或 OPC 等。

8. 与各有关政府部门及公共事业机构的协调工作医院的建设涉及和有关政府部门及公用事业机构协调及合作工作，施工单位对负责系统与相关政府部门及公用事业机构协调及合作工作，协助机电分包、总包、建设等单位与各相关政府部门及公用事业机构协调及合作工作。

施工单位提供所需的有关资料包括图纸、样品、产品说明等给各有关政府部门及公用机构作审批之用。若所有须送审的有关资料未能达到有关政府部门的要求而需作重新送审，因此而导致工期延误及所引起的一切费用损失等全由施工单位负责。

如因与有关政府部门及公用事业机构缺乏协调和合作而导致已安装的设备或系统需作更改或拆除，施工单位除须负起所有有关的费用和因此而导致工期延误的责任外仍根据相关规定对院方做出相应的赔偿。

第九章 医疗建筑中的电气节能

医院是电能消耗的大户，医用建筑对装潢、温湿度控制、空气洁净度、环境安全和信息自动化等都有很高要求，医疗环境质量的提高，耗电量的增加，势必增加医院的运营能耗。据不完全统计，大型综合性医院的能源开支一般占总成本的3%～4%。加强医院的电能管理，可在电气系统的运行中，通过负荷的均衡分析、负载率分析，提高电网利用率，合理配置电力资源，防止大马拉小车；通过对医院基础运行设备、专业医疗设备的电力、电量分析、耗电时比分析，了解设备的用电规律，建立能耗指标，优化用电管理，关停冗余设备，并可根据电源质量情况，分析是否存在闪变、谐波，提出解决方案。通过管理与改造两个手段，加强电能管理，在设计阶段可将节能管理软件及相应的设备嵌入电气系统的框架中，可作为医院降低运营成本的重要选择。在控制上仍存在问题的系统，要从节约二次能源——电能的效果出发，果断进行建筑电气节能改造。医院建筑的电气系统的节能管理与改造应贯彻实用、经济合理、技术先进的原则。

第一节 医院电气资源管理存在的问题

1. 大部分医疗建筑在设计之初就没有充分考虑节能 随着人民群众生活水平的提高，对医院就医环境的要求也越来越高，医院为了给患者提高更为舒适的就医环境，往往在设计时会关注楼层层高，美化照明环境等，更加剧了医院电气资源的损耗。同时，一所医院往往是经过几十年甚至上百年的发展历程，很多老建筑在设计之初就没有充分考虑建筑电气节能的重要性。这些种种因素，都是医院电气资源浪费的原因。有的在建筑初始投入时，往往为节省投资而忽视电气节能的投入，使投入运行的建筑电能浪费问题长期得不到解决。

2. 缺乏医院能源管理的专门人员 医院作为医疗卫生行业，通常以医疗质量为重点，而能源管理作为后勤工作往往没有受到重视。目前，一部分医院管理者已经意识到了能源管理的重要性，但实际工作中却往往浮于表面和口号，对节能工作未进行设计、实施、监管和总结。

3. 电气能源管理制度不完善 没有专门的电气能源管理人员，就不会有完善的电气能源管理制度，而没有制度的管理往往不会成为良好的管理，也就不会取得预期的效果，所以，要想在电气能源管理工作中取得成效，不光要建立电气能源管理的专门团队，还需要完善的管理制度做支撑。

4. 新的节能技术运用不够 近年来，随着国家各级部门对能源管理的重视，也出台了很多电气节能的新技术、新设施、新思想，但很多医院由于受到新技术改造经费和人力资源紧缺的实际因素，并没有多少新的电气节能技术得到真正的运用，这也使得医院电气能源节约的步伐行进缓慢。

5. 节能意识不强　勤俭节约自古就是中华民族的传统美德，但勤俭节约的观念在一些单位、一些人的脑海中仍然比较薄弱，总是有在单位用电不用自己掏钱的潜意识，于是夏天把空调温度开得很低，冬天把空调温度开得很高，甚至常年不关办公室的电气设备的现象一直存在。某些患者也认为他既然来到医院花了钱，就应该用这些电气设备，以至于不需要用的都用上。这些行为，都是没有公共节能意识的体现，也造成了医院电气资源的大量浪费，应该成为医院电气能源管理的重点。

第二节　变压器的节能改造

1. 变压器的损耗及效率

(1) 有功损耗：包括铁损和铜损，铁损又称空载损失，其值与铁芯材质等有关，而与负荷大小无关，是基本不变的；铜损与负荷电流平方成正比。

(2) 无功损耗：由两部分组成，一部分是由励磁电流即空载电流造成的损耗，它与铁芯有关而与负荷无关；另一部分无功损耗指一二次绕组的漏磁电抗损耗，其大小与负载电流平方成正比，此损耗又称变压器无功漏磁损耗。

(3) 变压器的效率：是变压器二次侧输出功率与电源侧输入功率之比的百分数，与变压器的负荷和损耗有关，也与负荷功率因数有关。负载率为 0.3～1 时效率均较高，0.5～0.6 时效率最高。负载一定时，功率因数越高变压器效率也越高。

2. 变压器的节能改造措施　变压器节能改造的实质是降低其损耗、提高其运行效率，具体措施有以下几项：

(1) 合理选择变压器的容量和台数：选择变压器容量和台数时，应根据负荷情况，综合考虑改造投资和年运行费用，对负荷进行合理分配，选取容量与电力负荷相适应的变压器，使其工作在高效区。当负荷率低于 30%时，应调整或更换。当负荷率超过 80%并通过计算不利于经济运行时，可放大一级容量选择变压器。

(2) 选用节能型变压器，更换或改造高能耗变压器：改造工程应选用 SC(B)9、10 等型号变压器。医院应对如 SJ1、SL1 高能耗变压器进行技术改造，改造后应达到国家对配电变压器能耗标准的要求，即：空载损耗降低 45%～65%；空载电流降低 70%；短路损耗达到 SL7 标准；阻抗电压为 4%～4.9%。

(3) 加强运行管理，实现变压器经济运行：在医院负荷变化的情况下，如投运变压器台数和容量不变，其负荷率和运行效率都将发生变化，使其超出经济运行范围，因此要及时投入或切除部分变压器，防止变压器轻载或空载运行。对长期轻载(负荷率小于 30%)的变压器，必要时按实际负荷换小容量变压器。

①合理选择变压器容量，实现变压器的经济运行：变压器年有效、无效综合电能损耗最小时的负载率为

$$\beta=\sqrt{\frac{(P_0+KQQ_0)t}{(P_k+KQQ_k)t}}$$

通过公式计算，当变压器处于经济运行区时，其空载损耗等于负载损耗，即铁损等于铜损，这时，变压器的效率最高。

②合理分配变压器负载：在选定变压器容量和台数之后，还应对各台变压器合理地分配负载，如果变压器的负载分配不合理，将增加功率损耗和电能损耗。对于一个变压器群（n 台变压器），在总负载一定的情况下，如果各变压器的负载率符合某种规律，能使 n 台变压器的总铜耗最小，这种情况称为 n 台变压器的负载率符合均衡条件。

③及时调整轻载和切除空载运行的变压器：变压器经常在低负载下运行，造成电能浪费。通常采取的方式：一是停用一台变压器，用另一台变压器带起整个负荷；二是更换一台容量匹配的小容量变压器。

④改造高耗能变压器：改造高耗能变压器必须考虑改造费用和节约电能，如果投资回收周期较长，改造的意义就不大，改造时，投资回收期越短越好。

⑤采用节能型变压器：目前国家推荐的技术成熟的节能型变压器为 S9 系列，S7 及 SL7 等系列均为国家明文淘汰设备（表 9－1～表 9－3）。随着科技的发展，目前节能效果优于 S9 的变压器已经广为应用，例如 S11，S13，SH11 等节能变压器。上述节能变压器节电效果最好的是 SH11 变压器，但投资高，普及有一定的难度，S13 变压器次之，且价格与 S9 相当，低于 S11 变压器，应用前景广阔。这里我们就列举的几种变压器从功率消耗以及投资回收期测算等方面综合比较一下。现今国内节能变压器品种越来越多，选择也会越来越多样化，可综合比较各类变压器性能，结合医院本身供配电需求进行变压器设计，同时还应加强变压器运行管理，实现变压器经济运行。

表 9－1　50 kVA 变压器负载率 40%时功率消耗以及投资回收期测算

相关参数	SL7—50	S7—50	S9—50	S11—50	SH11—50
变压器额定空载损耗（kW）	0.22	0.19	0.17	0.13	0.05
变压器额定负载损耗（kW）	1.40	1.15	0.87	0.87	0.06
空载电流（%）	6.00	2.20	2.00	2.00	0.90
阻抗电压（%）	4.00	4.00	4.00	4.00	4.00
有功损耗（kW）	1.01	0.37	0.31	0.27	0.15
无功损耗（kW）	47.45	18.40	17.14	17.14	10.21
总损耗（kW）	5.75	2.21	2.02	1.98	1.17
总损耗与 S7 差值（kW）			0.19	0.23	1.05
总损耗与 SL7 差值（kW）			3.73	3.77	4.59
总损耗与 S9 差值（kW）				0.04	0.86
变压器初始费用（万元）			1.60	1.80	2.59
投资回收期与 S7 差值			19.35	17.99	5.71
投资回收期与 SL7 差值			0.99	1.10	1.30
投资回收期与 S9 差值				11.54	2.67

表 9-2　630 kVA 变压器负载率 40%时功率消耗以及投资回收期测算

相关参数	SL7—630	S7—630	S9—630	S11—630	SH11—630
变压器额定空载损耗(kW)	1.30	1.30	1.15	0.81	0.32
变压器额定负载损耗(kW)	8.10	8.10	6.20	6.20	6.20
空载电流(%)	3.00	1.30	0.90	1.00	0.45
阻抗电压(%)	4.50	4.50	4.50	4.50	4.50
有功损耗(kW)	5.86	5.86	4.64	4.30	3.81
无功损耗(kW)	34.85	24.14	21.62	22.25	18.78
总损耗(kW)	9.34	8.27	6.80	6.52	5.69
总损耗与 S7 差值(kW)			1.47	1.75	2.58
总损耗与 SL7 差值(kW)			2.54	2.82	3.66
总损耗与 S9 差值(kW)				0.28	1.11
变压器初始费用(万元)			8.30	9.10	11.60
投资回收期与 S7 差值			13.02	12.01	10.36
投资回收期与 SL7 差值			7.53	7.45	7.32
投资回收期与 S9 差值				6.66	6.84

表 9-3　各类变压器比较

	S9 变压器	S11 变压器	S13 变压器	SH11 变压器
结构特点	铁芯全部采用优质冷轧硅铜片，剪切毛刺小，叠积精度高；同时采用全斜接缝、不冲孔、不叠上铁轭工艺，有效地降低了变压器的空载损耗、空载电流	改变了传统的叠片式铁芯结构。硅钢片连续卷制，铁芯无接缝，大大减少了磁阻，提高了功率因素。卷铁芯结构成自然紧固状态，无需夹件紧固，避免了因铁芯夹紧所带来的铁芯性能恶化，损耗增加	传统变压器的铁芯结构为平面形，S13 为三角形卷铁芯变压器，突破了传统结构，采用三只相同矩形的半圆截面卷铁芯，组合成为立体三相变压器铁芯，使三相铁芯磁路完全对称磁阻大大减少，激磁电流、空载损耗显著降低，是一种使用传统材料，但运行噪声更小、结构更为紧凑的高效节能型变压器	非晶合金具有高饱和磁感应强度、低损耗(相当于硅钢片的 1/5～1/3)、低激磁电流、良好的温度稳定性等特点。非晶合金是一种新型节能材料，采用快速急冷凝固生产工艺，其物理状态表现为金属原子呈无序非晶体排列，它与硅钢的晶体结构完全不同，更利于被磁化和去磁。用于油浸变压器可减排 CO_2、SO_2、NOX 等有害气体，被称为 20 世纪的“绿色材料”
节能	与 S7 相比，空载损耗平均降低 10%	与 S9 相比，空载损耗减少了 10%	与 S9 相比，空载损耗减少了 30%～40%	与 S9 相比，空载损耗降低了 70%～80%

第三节　供配电系统的节能改造

1. 供配电系统线损率　从电网到医院的电能，经一次或二次降压后，再经由高、低压线路输送至各科室和部门的用电设备，构成医院的供配电系统。电能在变压输送过程中会造成损耗，这部分损耗称为线变损或简称电损，在《评价企业合理用电技术导则》(GB/T 3485)中规定了对线损率的具体要求，即：一次变压不得超过3.5%；二次变压不得超过5.5%；三次变压不得超过7%。

2. 供配电系统节能改造的主要环节

首先，改造合理的供配电系统。根据负荷容量、供电距离及分布、用电设备特点等因素，改造合理的供配电系统和选择供电电压，供配电系统应尽量简单可靠，同一电压供电系统变配电级数不宜超过两级；医院变电所应尽量靠近负荷中心，以缩短供电半径，减少线路损失；门诊楼、病房楼及医技楼等内部变电所之间宜敷设联络线，根据负荷情况，可切除部分变压器，从而减少损耗；根据负荷情况合理选择变压器容量、台数，其接线应能适应负荷变化，按经济运行原则灵活投切变压器；按经济电流密度合理选择导线截面，一般按年综合运行费用最小原则确定单位面积经济电流密度。

其次，提高功率因数减少电能损耗。提高变压器二次侧的功率因数，可使总的负荷电流减少，从而减少变压器的铜损；提高功率因数，可减少无功电流，相应减少了线路及变压器的电流，从而减少了电压降；另外在节能改造时提高功率因数可减少电源线路的截面及变压器的容量，节约设备投资。

提高功率因数的措施包括：减少供用电设备的无功消耗，提高自然功率因数；用静电电容器进行无功补偿。按照供用电规则，高压供电的工业用户和高压供电装有带负荷调整电压装置的电力用户，在当地供电局规定的电网高峰负荷时功率因数应不低于0.9。

(1) 提高自然功率因素：①恰当地选择电动机容量。一般异步电动机，在额定负载时，功率因数为0.85～0.89，而空载时仅为0.2～0.30。根据资料统计，异步电动机的无功功率消耗量约占无功总耗量的70%左右，故应注意调整电动机配置，防止“大马拉小车”。要按实际负载选用电动机，使其运行时能接近满载状态。②按经济运行负载率调整变压器负载。③限制变压器轻载运行。④对照明灯具应采用高功率因数型的。⑤合理选用同步电动机。⑥改进设备、减少无功消耗。例如交流接触器采用直流型装置。

(2) 提高功率因素的人工补偿：采用能供应无功功率的设备，对供用电设备所需的无功功率进行人工补偿，以提高功率因数的措施。电容器的补偿方式通常分为三种：一是个别补偿，亦称就地补偿，广泛用于低压网络，一般和用电设备合用一套开关，与用电设备同时投入运行或断开。其优点是补偿效果好，缺点是电容器利用率低；二是分组补偿。将电容器按组分别安装在线路上。分组补偿的电容器组利用率比个别补偿时高，所需容量也比个别补偿时少；三是集中补偿。将电容器组安在变电所(或站)的高压或低压母线上，电容器组的容量需按变配电所的总无功负载来选择，这种补偿方式的电容器组，利用率较高，能够减少电网和用户变压器及供电线路的无功负载，但不能减少用户内部配电网络的无功负载。

(3) 按经济电流密度,合理选择导线截面:供电线路的损耗是随导线通过的电流和导线电阻而改变的。在材质、截面、长度一定的情况下,线损的大小与负载电流的平方成正比。而单位长度导线的电阻则与导线截面成反比。导线的截面越大,单位长度导线的电阻越小,线路损耗值就越小。但线路截面过大,投资和材料消耗都要增加,从经济上考虑不一定合理。因此从经济方面考虑,导线应选择一个比较合理的截面,既使电能损耗小,又不致过分增加线路投资、维修管理费用和有色金属耗量。

(4) 调整配电方式,均匀分配负载:如果负载功率相同,则负载电流与电压成反比。即线路损耗与电压的平方成反比。因此,给负荷配电时应尽量做到高压深入负荷中心的原则。

(5) 抑制谐波:①在提高电能质量的同时降低功率损耗,医院使用的不间断电源UPS、X射线治疗机、电子加速器、MRI等用电设备都是非线性设备,会产生大量谐波。而医院项目普遍采用无功补偿装置,当作为谐波源负荷的补偿装置对谐波呈容性时又必然引起谐波放大。因此,在医院项目的电气设计中应当尽量采用带消谐功能的无功补偿装置,或者在电容补偿柜中串联电抗器,抑制谐波放大,改善电网的供电质量,减少变压器和线路的损耗,提高供电可靠性。②对谐波源负荷采用专用回路供电。一般大型医疗设备多设置在放射科,这些设备瞬时压降大,为了将线路压降控制在一定范围内,同时减少谐波对其他负荷的影响,可从变电所单独引出回路。③针对性地对产生谐波的医疗设备进行就地谐波治理,减少其对电源线路的影响。此外,采用隔离变压器也是一种抑制谐波的可行手段。

第四节　电动机的节能改造

减少电动机的电能损耗的主要途径是提高电动机的效率和功率因数。电动机的节能改造方法有以下几个方面:

1. 改造低效率电动机　采取各种切实可行的措施,减少电动机的各部分损耗,提高电动机的效率和功率因数。

采取各种减少损耗措施后的高效电动机,其总损耗比普通标准电动机减少20%~30%,电动机的效率可以由普通的标准型提高3%~6%。

另外,YZR系列新型电机与以前的JZR或JZR2系列电机相比,平均效率高2%,空载电流小20%,平均功率因数高9%,具有较好的节能效果。因此,在节能改造当中,应选用Y、YZ、YZR等新系列电动机,以节省电能。普通高效电机价格比一般电机高20%~30%,采用时要考虑资金回收期,即在短期内靠节电费用收回多花的费用。一般符合下列条件时可选用普通高效电机:负载率在0.6以上;每年连续运行时间在3 000 h以上;电机运行时无频繁启、制动;单机容量较大。

2. 根据负荷特性合理选择电动机　对旧有设备使用的电机,要进行必要的测试与计算,结合电机的工作环境及负载特点,选用适当的电机取代“大马拉小车”的电机,以提高电机的运行效率和功率因数。通常当电机的负载率大于0.65时,可不必更换;小于0.3时,不经计算就可更换;在0.3~0.65之间时,则需经过计算再确定。

3. 轻载电动机采取降压运行　对经常处于轻负荷运行的电动机，应采用三角—星切换装置，将三角形接法的电动机改为星形接法，可以达到良好的节电效果。

值得注意的是，只有在负荷系数低于 0.3 后，将电动机的三角形接法改为星形接法才能使电动机的效率有明显提高；当负荷系数为 0.5 时，星形接法和三角形接法的效率基本相等，无节电效果；当负荷系数大于 0.5 后，电动机星形接法的效率反而低于三角形接法。电动机由三角形改为星形接法后，其极限容许负载大致为铭牌容量的 38%～45%。因此，在采用三角形改星形接法作为节电方法时，一定要考虑到改接后的电动机的容量是否能满足负载的要求。一般认为，由三角形改星形接法转换点在负荷系数为 0.2～0.4。对不同型号的电动机，其转换点不一定相同，应该进行分析计算才能确定。根据经验，当负荷系数为<0.3 时，将三角形改为星形接法往往可以节电。

4. 根据负载情况对电动机采取无功补偿　对距供电点较远的大容量电动机应对其进行无功补偿。电动机无功补偿对改变远距离送电的电动机低功率因数运行状态、减少线路损失、提高变压器负载率有着明显的效果。数据表明，每千瓦补偿电容每年可节电 150～500 kWh，是一种值得推广的办法。对单台电动机补偿容量不宜过大，以防产生自励磁过电压，应保证电动机在额定电压下断电时电容器的放电电流不大于铭牌上的空载电流。

5. 需要根据负荷变化调节的设备应采用调速电机　交流电动机的调速分为三种形式：变极、变频和变转差率调速。在所有电动机中，风机和水泵调速节能的效果最明显。

(1) 电动机的无功就地补偿：将就地补偿装置安装在电动机附件，并直接与电动机连接在一起的补偿方式。笼式电动机通常采用并联电容器就地补偿方式。这种方式有利于降低电力系统线损，提高无功补偿经济当量值；有利于挖掘供电设备的潜力，减小配电线路导线的截面和配电变压器的容量；实施电动机无功就地补偿的投资，按现行电价计算，半年左右即可回收。但是采取这种方式也有几点需要注意：对经常停用的电动机、年利用小时数很低的电动机，不宜采用就地补偿的方式；为了减少技术上的复杂性，对多速电动机，经常反复开停、点动或堵转的电动机(如电梯上的电动机)，双向转动或反接制动的电动机也都不采用就地补偿。

(2) 电动机的合理选型和节能改造

①电动机的合理选型：选用节能型电动机，淘汰高能耗的老式电动机；合理选择电动机的型号。选择电机除了满足拖动功能外还应考虑其经济运行性能。合理选择电动机的额定容量。当负载率 $70\%<\beta\leqslant100\%$时为经济运行区；当 $40\%\leqslant\beta\leqslant70\%$时，为一般运行区；当 $\beta\leqslant40\%$时为非经济运行区。

②合理设计电动机启动和运行方案：对于大中型电动机的启动方案设计也有节能潜力可挖，若采用全压直接启动方式，则要求电力系统有足够大的容量，而实际运行时，电力系统负载率很低，影响供电效率，并且用直接启动方式易烧电机或影响电网其他设备运行。对于这类电机可采用降压等启动方式，既改善电机启动性能，又可以降低电机启动对电网容量的要求；既节约能源，又节约一次性投资。

对于大型风机、短时满载运行而长期处于轻载运行的电机，选择时应考虑调速运行方案，节能效果相对调节风门方式显著。

③老式电动机的节能改造：更换电动机的外风扇，将电动机的外风扇更换为节能型

的。对于不同型号的电动机，有对应型号的节能型风扇产品可供选用。主要用于单方向运转的 2 极和 4 极电动机，改后可提高效率 1.35%～2.55%。

采用磁性槽泥代替原来的槽楔用磁性槽泥进行电动机节能改造后，可降低电动机的铁芯损耗和附加损耗，提高效率，但启动转矩会下降 10%～20%，因此仅适用于空载或轻载启动的电动机。

(3) 电动机的调速节能：三相异步电动机转速公式为：

$$n=\frac{60f}{p}(1-s)$$

从上式可见，改变供电频率、电动机的极对数及转差率 s 均可达到改变转速的目的。从调速的本质来看，不同的调速方式无非是改变交流电动机的同步转速或不改变同步转速两种。

在生产机械中广泛使用不改变同步转速的调速方法有绕线式电动机的转子串电阻调速、斩波调速、串级调速以及应用电磁转差离合器、液力耦合器、油膜离合器等调速。改变同步转速的有改变定子极对数的多速电动机，改变定子电压、频率的变频调速以及无换向器电动机调速等。

从调速时的能耗观点来看，有高效调速方法与低效调速方法两种：高效调速指调速时转差率不变，因此无转差损耗，如多速电动机、变频调速以及能将转差损耗回收的调速方法(如串级调速等)。有转差损耗的调速方法属低效调速，如转子串电阻调速方法，能量就损耗在转子回路中；电磁离合器的调速方法，能量损耗在离合器线圈中；液力耦合器调速，能量损耗在液力耦合器的油中。一般来说转差损耗随调速范围扩大而增加，如果调速范围不大，能量损耗是很小的。

(1) 变极对数调速方法：这种调速方法是用改变定子绕组的接线方式来改变笼型电动机定子极对数达到调速目的，特点有：①具有较硬的机械特性，稳定性良好；②无转差损耗，效率高；③接线简单、控制方便、价格低；④有级调速，级差较大，不能获得平滑调速；⑤可以与调压调速、电磁转差离合器配合使用，获得较高效率的平滑调速特性。

变极调速适用于不需要无级调速的生产机械，如金属切削机床、升降机、起重设备、水泵等。

(2) 变频调速方法：改变电源频率，就能改变电动机的同步转速，为了使调速过程中电动机的容量能充分利用，就需要维持磁通的恒定。当频率下降时必须使电压随着频率的下降同时降低，这种电压与频率配合变化称为恒磁通变频调速中的协调控制。根据电压、频率协调控制方法不同，获得恒转矩特性或恒功率特性的调速方式。

变频调速系统主要设备是提供变频电源的变频器，变频器可以分成交流—直流—交流变频器，和交流—交流变频器两大类，目前国内大都使用交—直—交变频器。

变频调速的特点包括：①效率高，调速过程中没有附加损耗；②应用范围广，可用于笼型异步电动机；③调速范围大，调速比可达 20∶1，特性硬、精度高；④技术复杂，造价高，维护检修困难。变频调速适用于要求精度较高、调速性能较好的场合。

(3) 串级调速：串级调速是指绕线式电机转子回路中串入可调节的附加电势来改变电机的转差，达到调速目的。大部分转差功率被串入的附加电势所吸收，再利用产生附加电势的装置，把吸收的转差功率返回电网或转换能量加以利用。根据转差功率吸收利用形式，串级调速可分为电机串级调速、机械串级调速及晶闸管串级调速形式，后者是串级调速的主要型式。

串级调速的特点包括：①可以将调速过程中的转差损耗回馈到电网或生产机械上，效率较高；②装置容量与调速范围成正比，投资省，尤其适用于调速范围在额定转速70%～90%的生产机械上；③调速装置故障时可以切换至全速运行，避免停产；④晶闸管串级调速功率因数偏低，谐波影响较大。串级调速适合在风机、水泵及轧钢机、矿井提升机、挤压机上使用。

(4) 绕线式电动机转子串电阻调速方法：绕线式异步电动机转子串入附加电阻，使电动机的转差率加大，电动机在较低的转速下运行。串入的电阻越大，电动机转速越低。这种调速方法，设备简单、控制方便，但转差功率以发热的形式消能在电阻上，属有级调速，机械特性较软。由于该调速方法装置简单，仍在起重设备及调速要求不高的生产机械上使用。

(5) 液力耦合器调速：液力耦合器调速是一种机械调速方法，适用于风机、水泵的节能调速，其特点包括：①用于笼型电动机的无级调速；②属机械结构，可靠性高、容量可达数千千瓦；③可空载启动或逐步启动大惯量负载；④控制调节方便，容易实现自动化控制；⑤具有保护功能，维护检修简单，适用寿命长；⑥有转差损耗，需要有一定安装位置，故障后要停机修理。

第五节　照明设备的节电改造

1. 实施节能照明的要点　根据照明用电量的计算公式，欲降低照明电耗，必须设法提高照明率、使用高效光源、减少灯具的维修率；或者减少开灯时间、保持适当的照度和尽量采用局部照明等。医院建筑一般采光较好，因此照明节能设计应充分利用自然光，通过合理地利用自然光，节约人工照明电能，尽量减少照明系统中的电能消耗。但是，照明节能的原则是在保证足够的照明亮度和质量的前提下节约电能的，不允许采取降低《建筑照明设计标准》(GB 50034—2013) 中的推荐照度来实现节能。

在医院建筑照明改造时应注意以下几点：

(1) 光源和灯具的选择：在考虑照明时，一定要依据照明目的来选择合适的光源和灯具。

(2) 照度和年龄：在辨认文字时，年龄越大，需要的照度也越高，因此在确定照度时，除考虑目的和用途之外，还必须考虑使用人的年龄。

(3) 照度与安全性：在医院的不同空间，患者均为非健康人群，因此，光源的色泽需要关照患者的心理需求及情绪。照度要针对不同的空间要求，按规划选择。儿科病房特别是新生儿病房的照度不可太强烈，以免损伤婴儿的视力。

(4) 荧光灯的光通量与环境温度的关系：一般的荧光灯的使用环境温度通常设计在20 ℃，在这个温度下工作，荧光灯可以获得最高的效率，所以在使用时应注意尽量符合这个温度。

(5) 照明设备减光的原因：维修工作跟不上，不仅给工作和安全带来不利，而且还会造成电能浪费，因此把维修工作作为节能措施的重要一环是非常重要的。灯射出的光通量的减退、灯具变脏带来的光通量减退、天棚和墙壁造成的减光是照明设备减光的三个主要原因。

2. 相关技术措施

(1) 采用高效长寿命光源：光源是节能的首要因素，而光源和节能又取决于发光效率。高效光源主要指气体放电灯及 LED 光源。低压气体放电灯以荧光灯为代表，高压气体放电灯主要为高压钠灯和金属卤化物灯。近年来，进一步提高光源的性能和技术参数呈现以下趋势：

①提高发光效率：预计气体放电灯光效将普遍超过 100 lm/W，HID 灯将更高，而 LED 光源光效也达到了 120～150 lm/W。将通过多种技术革新进一步提高光效。

②提高显色性能：多数光源的显色指数将超过 80，荧光灯将普遍采用三基色荧光粉。

③提高使用寿命：气体放电灯的使用寿命已超过 8 000 h，LED 光源的使用寿命也超过 2 500 h，且将有多种更长寿命的新光源出现。

在第一类场所，即高大门厅、户外场地，主要是推广金属卤化物灯和高压钠灯，前者以其较优的色温和显色指数获得更多应用，而后者则以更高光效和更长寿命而受欢迎，尤其是在户外(道路、广场等)占有绝对优势，而在户内，则由于显色指数太低而受到很大限制，显色改进型高压钠灯由于显色指数大大提高，而获得广泛应用。此外，搭配超高亮 LED 光源的太阳能室外照明灯具以其稳定性好、寿命长、发光效率高、安装维护简便、安全性能高、节能环保、经济实用等优点，正逐步成为室外泛光照明光源的首选。

在第二类场所，即较低矮的室内场所，如诊室、病房、治疗室以及高度在 4.5 m 以下的其他场所，应积极推广使用直管荧光灯，在照明节能改造中应采用 T5 灯管(直径16 m)取代 T8、T12 灯管(直径 26、38 mm)。无论是光效和寿命，T5 灯管都大大优于 T8、T12 灯管，用 T5 取代 T8、T12 灯管可以节电 10%以上，用带电子镇流器的 T5 灯管代替带铁芯镇流器的 T8、T12 灯管可节电 30%左右。此外，T5 灯管由于其直径减少，体积减小近一半，荧光粉等有害物质耗量也减少，大大有利于环保。

在第三类场所，如低矮门厅、走廊等，以紧凑型荧光灯(包括"H"型、"U"型、"D"型、环形等)为主，替代白炽灯。紧凑型荧光灯的功率有 5 W、7 W、9 W、11 W、13 W、16 W、18 W、24 W、36 W 等，色温为 2 700～6 500 K，适应不同光色的要求。在既要节能又要提高照明水平的情况下，使用紧凑型荧光灯虽然初期投资略高于白炽灯，然而节电效果显著，足以补偿。例如，以 1 个 11 W 的紧凑型荧光灯与 1 个 60 W 的白炽灯相比，光通量增加 1/3，以燃点 3 000 h 计算，可节电 132 kWh，况且紧凑型荧光灯的寿命远超过白炽灯。

(2) 采用高效节能的照明灯具：灯具是除光源外的第二要素，而且是不容易为人们所重视的因素。灯具的主要功能是合理分配光源辐射的光通量，满足环境和作业的配光要求，并且不产生眩光和严重的光幕反射。选择灯具时，除考虑环境光分布和限制眩目的要求外，还应考虑灯具的效率。对于高光效灯具的基本要求如下：

①提高灯具效率：现在市场上有些灯具效率仅有 0.3～0.4，光源发出的光能大部分被吸收，能量利用率很低。若要提高效率，一方面要有科学的设计构思和先进的设计手段，运用计算机辅助设计来计算灯具的反射面和其他部分；另一方面要从反射罩材料、漫射罩和保护罩的材料等方面加以优化。

②提高灯具的光通维持率：从灯具的反射面、漫射面、保护罩、格栅等的材料和表面处理上下工夫，使表面不易积尘、腐蚀，容易清扫，采取有效的防尘措施；有防尘、防水、密封要求的灯具，应经过试验达到规定的防护等级。

③提供配光合理、品种齐全的灯具：应该有多种配光的灯具，以适应不同体形的空间、不同使用要求（照度、均匀度、眩光限制等）的场所的需要。

④提供与新型高效光源配套、系列较完整的灯具：现在有一些灯具是借用类似光源的灯具，或者几种光源、几种尺寸的灯泡共用灯具。要达到高效率、高质量，应该按照光源的特性、尺寸专门设计配套的灯具，形成较完整的系列。

⑤正确使用高效灯具：灯具效率高，可以把光源的光通量最大限度发散到灯具以外，为了让光更多地照射到视觉需要的工作面上，还必须提高光通的利用系数。利用系数取决于灯具效率、灯具配光与房间体形的适应状况，还和表面（墙、顶棚、地面、设备、家具等）材料的反射比有关。

⑥处理好能量效率与装饰性的关系：当前在医院建筑中特别是保健楼中，在照明设计时有一种偏向，强调了灯具的装饰性能，而忽视了灯具效率和光的利用系数，造成过大的能源消耗，而得不到良好的照明效果。

(3) 采用高效节能的照明电器附件：绝大多数节能光源都是气体放电灯，它们需要镇流器才能工作。普通电感式镇流器功耗大、光闪烁严重。目前已成功开发的节能镇流器——节能型电感式镇流器和电子镇流器，都比原电感镇流器的功耗减小一半以上。例如，直管荧光灯的电感镇流器自身功耗约为灯管功率的23%～25%，有的低质量产品，据检验达到30%，而国外有一些低功耗镇流器可达12%～15%。可见，提高镇流器的质量对节能很有意义。若使用电感镇流器，则应带电容补偿，使每个灯具的功率因数在0.9以上。

目前镇流器的发展主要有两个方向：

①功耗电感镇流器：自身功耗减小，可靠性高，无电磁污染；

②高频电子镇流器：功耗更小，可提高光源光效，发光稳定，无频闪，无噪声，有利节能和改善视觉效果，将在进一步降低谐波量和电磁辐射、提高可靠性方面改进，逐步成为荧光灯的主要配套产品。

(4) 采用合理的照明控制：有了好的光源、好的灯具、好的照明附件，还要有合理的照明控制方式。医院建筑的走廊、楼梯间、门厅等公共场所的照明，要采用集中控制，并按建筑使用条件和天然采光状况采取分区、分组控制措施。对于护理单元的通道照明，在深夜应可关掉其中一部分或采用可调光方式，开关应集中设置在护士站，以便根据使用需要随时调整。有天然采光的楼梯间、走道的照明要多采用节能自熄开关或LED自感应灯具。每个照明开关所控灯具不应太多。

照明场所装设有两列或多列灯具时，要按以下方式分组控制：所控灯列与侧窗平行；药剂生产场所按车间、工段或工序分组；电化教室、会议室、多功能厅、报告厅等场所，按靠近或远离讲台分组。如有条件，公共区域如门厅、室外泛光照明、室外LED显示屏、公共走道等的灯具采用总线控制技术，根据时间按管理的不同要求对相应的灯具进行自动控制（也可现场控制）。

建筑物内部的封闭走廊、地下停车场等公共区域照明，特别是装有监控设备、需要24 h照明的场所，可大量使用LED自感应灯具，从而保证在不降低照明品质的前提下，大幅度降低“无效照明”时间，实现公共场所“按需照明”，其节电效果十分明显，综合节电率可达80%以上。

第六节　空调系统节电改造

1. 中央空调冷源主机改造　夏季空调用电在医院用电中占了很大的比重，目前规模较大的医院都采用中央空调系统，规模较小的医院采用分体式空调系统。而绝大多数医院的中央空调系统冷热源机房容量偏大，多数设置两台以上机组(一用一备或多用一备)，运行时也多采用单台负荷接近饱和时加开机组的运行方式，作为系统能耗最大的部分，对其进行改造的潜力巨大。目前，成熟的改造技术有：离心式空调主机变频控制、增加变容量小机组、更换高效空调机组螺杆式冷水机组、热回收改造及溴化锂吸收式制冷机组节能改造。

(1) 离心式空调主机变频控制：由于冷水机组99%以上的时间在部分负荷工况下运行，而在部分负荷下，变频式离心机组的效率最高。因此，空调主机变频控制一般用于离心式冷水机组的改造。机组变频控制还可以提高机组的功率因素，优化机组启动性能，避开喘振点，提高机组可靠性。

(2) 增加变容量小机组：采用中央空调供冷，供冷时间集中，选用的设备都是大型机组，运行成本较高，且对建筑物内各用户的工作时间统一性有严格要求。在系统低负荷时，一般不设置单独的小型机组，往往导致出现大马拉小车的现象。对于冷源机房容量选择大，通过台数控制并不能满足安全、高效运行的情况，因此简单地按容量大小确定运行台数并不一定是最节能的方式。在许多节能改造工程中，通过增加变容量小机组，采用冷热源设备大、小搭配的设计方案，并采用群控方式，合理地确定运行模式对节能是非常有利的。

(3) 更换高效空调机组：一般情况下，在中央空调系统节能改造工程中，因为成本高的原因不会更换主机系统，但是在一些特定场合，如设备运行周期过程，导致机组运行能耗增加过大等场合，也会采用更换主机的方案，这类节能改造工程一般工程量大，水系统、输配系统等改造同时进行。

(4) 螺杆式冷水机组热回收改造：基于压缩制冷的工作原理，冷水机组在蒸发器一侧制冷剂蒸发吸热制冷的同时，在冷凝器一侧制冷则在冷凝放热，而且其发热量大于蒸发器的吸热量，热回收方式目标就是为了回收冷凝器的放热量以供再利用，从而可以节省相应的空调热能消耗，相应减少因空调而产生的对大气环境的温室气体排放。

在螺杆式冷水机组中增加一个制冷剂——水热交换器，从而使得机组变为热回收水冷螺杆式冷水机组。热回收水冷螺杆式冷水机组的热回收器进口处设一水箱，出口连接生活用热水系统，热回收效率可达70%，制冷量为120×10^4 kcal/L的机组可获得废热回收的有效热量为96.6×10^4 kcal/h，夏季可以加热60℃的生活用热水量约为每小时24 m^3。

(5) 溴化锂吸收式制冷机组节能改造：吸收式制冷机组是由各种型式的热交换器(发生器、吸收器、冷凝器、蒸发器等)、一系列驱动流体流动的流体机械(溶液泵、冷剂泵、冷却水泵等)及连接各种装置的管道和阀件所组成。热交换器作为高低温两种工作流体能量交换的设备,其传热性能的好坏直接影响着机组的能耗,传热性能好,能耗下降。提高热交换器的传热效率主要有以下几种方式:

①采用高效传热管。吸热式制冷机为各种热交换器的集合体,其热效率与热交换器所采用的传热管的性能直接相关,推广使用各种高效传热管的蒸发器、吸收器、冷凝器与使用一般的平滑管相比,传热性能约提高 1.5～2 倍,并可使换热器外形尺寸减小,从而也可减少散热损失。

②对发生器进行表面处理。在高压发生器中,下端喷镀镍、铬合金,其沸腾性能约为光滑面的 2～3 倍;若喷镀氧化铝,其沸腾性能约为光滑面的 1.5 倍,传热性能得到明显改善,是提高发生器传热效率的有效措施。

③添加能量增强剂。用于溴化锂溶液中的能量增强剂有异辛酸、正辛醇,这些物质能极大地降低溶液的表面张力,使溶液与水蒸气的结合能力增强,提高吸收器的吸收效率。在冷凝器中添加能量增强剂后,冷凝器由膜状凝结变为珠状凝结,珠状凝结时的放热系数可比膜状凝结提高两倍以上,因而提高了冷凝时的传热效果。实验证明,添加能量增强剂后,机组制冷量约提高 10%～15%,节能效果非常明显。

2. 冷冻水泵和冷却水泵变频改造　由于改造方便、成本低等特点,对中央空调系统的冷冻水泵和冷却水泵进行变频改造,是目前中央空调系统节能改造过程中的主要措施之一。

对于水系统,水泵采用变速控制比采用水泵台数控制更节能。一般情况下,水泵转速可采用定压差方式进行控制,取水泵环路中各远端支管上有代表性的压差信号,当有一个压差信号未能达到设定要求时,水泵自动提速增压,直到满足要求为止。中央空调系统水泵采用变频控制,可以根据空调负荷实施调整冷冻水、冷却水流量,减少系统能耗,还可以降低水泵系统的损耗,提高设备使用寿命。

3. 中央空调末端改造　中央空调系统的末端改造一般采用末端风机的自动调速技术。一般情况下空调系统末端风机是在额定全压下运行,工作场所的风速、风压和风量的调节都是通过调整挡板开合度实现的,这不仅浪费了大量的电能,而且风机电机总是高速运转,使得风机和其他机械传动器件的使用寿命缩短。变风量末端装置可根据室内负荷的变化动态调节风机转速,改变风量,以此达到节能目标。风机变速可以采取的方法有定静压控制法、变静压控制法和总风量控制法。同时采用热回收技术,利用排风对新风进行预热或预冷,节约空调能耗。譬如夏季回收排出空气中的冷量,再把室外的热空气预冷后送入室内;冬季回收排出空气的热量,再把室外的热空气预热后送入室内。热回收技术可有效减少能量的损失,降低空调制冷制热的能耗。

4. 智能控制系统的应用　中央空调系统是一个多变量、复杂的、时变的系统,其过程要素之间存在严重的非线性、大滞后及强耦合关系。中央空调系统节能改造中经常采用智能化控制技术,对能耗最大的空调主机采用冷量优化控制(非变频机组应进行变频改造),确保空调主机在高效区域运行。同时根据空调末端负荷的变化,实现空调主机与冷冻水泵、冷却水泵、冷却塔及空调末端等设备的连锁控制和启停,保证设备安全运行的同时节约能源。

5. 中央空调系统运行管理方式的调整　谈到中央空调系统的节能,人们首先想到的是采用节能技术达到节能目标,而往往忽略系统运行管理带来的节能潜力,通过制定相关运行管理制度，提高中央空调系统的控制管理水平，也可以大大降低系统的运行能耗。

6. 冰（水）蓄冷技术　冰（水）蓄冷技术就是利用电网峰谷差时进行节电节能的一项技术，夜间会采用冷水机在预定水池内蓄冷，白天电力高峰时段则会将夜间所储冷量释放到空调系统之中。从宏观意义上来讲，冰（水）蓄冷技术可以充分起到“削峰填谷”的作用，缓解设备用电紧张，提高能源利用效率；从中央空调使用者的角度来讲，则可以充分利用不同用电时段的电价差，为使用者每年节省大量的中央空调运行资金费用。

第七节　电梯节电改造

由于医院人员流动大，电梯一直是医院的“耗电大户”，要实现电梯节电可通过以下几种方法：

1. 应用 BAS 系统对电梯的负载和使用频率进行监控调节，检查电梯的无载运行，通过优化电梯控制系统，采用合理的调配和管理方式，实现电梯的节能。

2. 采用成熟的电动机调速装置对电梯电动机进行变频调速，使电梯效率提高，运行平稳、延长设备寿命，并且能使交流调速性能得到提高，可以节能 10%以上。

3. 回收电梯满载下行时释放的势能所产生的电能，实现节能。目前，能量反馈节能电梯采用有源逆变技术，把势能转化的电能逆变为与电网同频率同相位的交流电送回电网中，达到节能。与普通电梯相比，采用能量反馈的节能电梯，可节省 30%～60%的耗电量。

4. 购买或改造电梯时，垂直电梯要有取消错误登记、轿厢照明自动休眠、多部电梯群控等功能；自动扶梯应选择变频调速电梯。

第八节　建立能耗监测和管理系统

根据节能的标准定义，节能首先是指加强用能管理，采取技术可行、经济合理以及环境和社会可以承受的综合方案，减少从能源生产到消费各个环节中的损失和浪费，更有效、合理地利用能源。从节能标准定义中可以看出，加强用能管理是开展节能工作的前提。医院的节能，必须针对医疗建筑的能耗成本构成和成本分摊进行分析和诊断，了解认知相关能源（如水、空气、燃气、电、蒸汽等）的消耗过程，将建筑的能耗统计数据通过与整个行业的统计数据进行比较，建立自身的能耗基准，并确定节能关键考核指标（KPI），从而发现节能潜力并规划进一步的节能增效措施，为节能管理工作提供数据支持和决策依据。

经验证明，只有坚持“节能四步法”才能保证节能管理持续开展并保证持续的节能效果。这四步法是：

1. 了解和诊断现有建筑能耗现状　诊断方式分为短期和长期两种方式。短期的方式是通过现场调查、检测以及对能源消费账单和设备历史运行记录统计分析等，找到建筑物能源浪费的环节，为建筑物的节能改造提供依据，长期的方式是建立一套能源监测与管理系统，实现自动化能源数据获取，对能源供应、分配和消耗进行监测，以便实时掌握能源消耗状况，了解建筑能耗结构，计算和分析各种设备的能耗水准，监控各个运营环节的能耗异常情况，评估各项节能设备和措施的相关影响，为实现能源自动化调控和优化进一步节能方案打下坚实的数据基础，同时方便实现能耗数据的收集、统计和能源经济指标量化等工作。

2. 依据短期能耗审计数据或者能耗监测与管理系统提供的数据，对外围护结构热工性能、采暖通风空调系统及生活热水供应系统、供配电系统、照明系统等进行分析和发现节能机会，并形成节能诊断报告。节能诊断报告应包括系统概况、检测结果、节能诊断与节能分析、改造方案建议等内容。

3. 根据节能诊断报告内容中的节能改造方案，选择相应的节能产品和系统，包括能耗监测和管理平台、节能型 SCB10＋变压器、有源滤波器、调谐型无功补偿系统、照明控制、暖通空调控制、风机和泵的变频调控装置等。

4. 主要利用能耗监测和管理平台对第三步实施的节能产品和系统进行效果反馈，深化节能管理，维护现有的节能成果，进一步实现系统节能优化，保证系统的安全性与可靠性，实现持续的节能。

根据节能四步法，能耗监测和管理系统是建筑节能工作的关键一步，虽然不能直接节能，但通过智能化将建筑内所有监测设备进行集成，实现综合管理来达到信息共享，其作用和效益是可观的，也可以实现间接节能，即体现科技节能。主要应用是通过智能化的监控系统对建筑内各子建筑、各楼层的各种能耗设备以及所有能源消耗监控点自动获取能耗数据，对能源分配和消耗进行监测，以便实时掌握建筑总体能源消耗状况，了解各项能耗指标，计算和分析现有的能耗水准，实现成本分摊，监控各个运营环节的能耗异常情况，评估各项节能设备和措施的相关影响，并通过内部通信网络把各种能耗日报表、各种能耗数据曲线等发布给相关管理和运营人员，分享能源信息化带来的成果，为进一步的节能工程提供坚实的数据支撑。根据对建筑物设备运行状况的统计数据，优化各种智能系统的数学模型，科学地动态调整设备运行，使建筑内的各种设备在合理、优化的方式下运行。根据行业分析数据，每年可以节能 8%以上。

第十章 医疗建筑配电管理实践

医疗建筑泛指:各类医院、疗养院、康复医院、护理院等的专用建筑。无论是综合医院还是专科医院,其建筑构成始终是一个综合体。因服务对象的不同,形成建筑空间内的各类场所配电要求也不同。近年来,医疗市场因社会资本的引入,除大型综合医院、专科医院建筑增多外,医养结合的复合型医院也逐步增多。为便于从事医疗建筑的管理者有所参照,我们在编辑本书时从诸多案例中挑选了部分配电案例供读者参考。希望读者能从中吸取经验和教训。

第一节 复合型医疗建筑配电

复合型医疗建筑通常有三种模式:①第一种模式是医疗与养老结合的模式。这种模式的配电要区分综合医院配电要求与养老院配电的不同。这种模式的变配电站设计既可综合设置变配电站,也可独立设置配电站,需要从建筑投入与运行管理综合考虑。养老部分的配电应当控制在适度范围,可与整体医疗建筑综合调整配置,以节省投资。②第二种模式是医疗、养老、疗养院三院组合模式。该种模式的配电设计考虑三种不同的规范要求。在《疗养院建筑设计规范》中,疗养院的配电是参照综合医院建筑规范要求的,但是在规划设计的实践中,疗养院的建筑配电,应当考虑到与综合医院的区别,合理设计应急电源并合理区分医疗场所,按照疗养院的特点进行配电安排。③第三种模式是医疗与康复医院或护理院的结合。这种模式的配电应当执行医疗建筑配电规范,但应当从整体去把握配电量设置的调节。

案例:

2013 年江苏地区某民营企业在投资医疗项目时,在政府的支持下,进行了医养结合型项目的实践。该项目由医院、疗养院、康复养老院三部分组成,总面积 30 万 m^2。在配电负荷及变电所设置上,考虑医院、疗养院、康复养老院分步实施的实际,既遵循前瞻性思维考虑后期发展为医疗城的规划,又考虑未来医疗装备的发展对配电的影响,考虑"三院"不同的保障与设备配置要求,按照绿色节能原则,在初始阶段就注重把现实与未来发展结合起来,不过度冗余设计。下面是各部分的配电设计,仅供参考。

一、综合医院部分的配置

该项目综合医院部分总面积 110 519 m^2,用电指标 80 VA/m^2,估算容量为 8 841 kVA。

变压器总容量拟用 6 台 1 250 kVA,2 台 1 000 kVA,另加 1 000 kW 的发电机组作为备用。二期病房及科研楼 36 416 m^2,用电指标 70 VA/m^2,估算容量为 2 549 kVA,变压器总容量拟用 2 台 1 600 kVA 变压器。(综合医院配电具体案例见本章第三节)

二、康复养老院部分的配电

该项目康复养老部分总面积 50 913 m^2,用电指标 50 VA/m^2,估算容量为 2 563 kVA。变压器总容量拟用 4 台 1 000 kVA 变压器。养老设施的电气设计应充分考虑老年人使用的方便,做到安全、可靠。在进行这部分的配电时,按照《养老院建筑设计规范》的甲类标准进行安排。考虑分期建设的安排,康复养老院区域的配电,单独设置变配电所,重要负荷应安排备用电源。低压接地系统采用 TN－S 系统(乙类养老设施、老年公寓宜采用低压供电,电源由城市低压电网直接引入。低压接地故障保护系统应采用 TT 系统)。并须考虑以下问题:

1. 在作为康复养老设施建设时,按照规范应作为一个计量单位进行用电计量,并考虑经营模式的可能变化,按老年公寓要求,在相对独立空间内每套设置电表,作为内部计费之用。

2. 由于医养结合型的医疗建筑,其康复养老院的医疗用房完全按照相关规范可能会造成空间与配电的浪费,在进行规划时,既强调资源共享的原则,也强调独立区域的规范要求,医疗用房和卫生间应作局部等电位连接。每层均设总配电箱,照明回路和插座回路应分开,插座回路的保护开关应有漏电保护功能。

3. 注重配电安全与节能要求　所有电源线路均采用铜导线穿硬质阻燃塑料管暗敷,电话、电视线路宜穿硬质阻燃塑料管暗敷。卧室内应设置顶灯、床头灯(或台灯)、床脚灯等照明设备,光源宜采用暖光源;阳台、走道、楼梯等公共部位应设照明,光源宜采用节能型;卧室和起居室内应设置不少于两组的安全型二、三极电源插座;卫生间应设置不少于一组的防溅型三极电源插座;健身活动室应设置不少于三组安全型二、三极电源插座。房间内宜设火灾自动报警系统。

4. 注重人性化设置　空调设备配电全院统一安排。卧室、起居室、活动室应设置电视终端盒。卧室的床头柜旁、卫生间、公共浴室的更衣间等场所均设置呼叫系统,并将信号直接送到护理室或值班室。每间卧室的生活单元内均应设置电话。

三、疗养院配电设计

该项目疗养院部分总面积 62 363 m^2,用电指标 70 VA/m^2,配电容量为 4 365 kVA。配置 1 250 kVA 变压器 4 台。疗养院的配电要求,根据《疗养院建筑设计规范》中的电气设计要求,按照综合医院的建设标准进行配置。在疗养院的配电中,按照能源中心的原则,进行配电房的分散配置,以减少线路过长造成的线损。总院以网上监控为主。在设计中,应关注如下要求:

1. 照明灯具与光源的选择　要符合疗养院特点,光线要均匀、减少眩光的照明灯具,每床位应装设一个插座,每间疗养室装 1～2 个备用插座。人工照明光源一般采用白炽灯或荧光灯。各室人工照明装置照度标准推荐值见表 10－1。

表 10－1　医院建筑各区域人工照明装置照度标准

房间名称	平均照度(lx)
护士站,医生办公室,治疗室	75～150
药房,化验室、疗养员活动室	
疗养室、中心供应室	80～50
污洗室、杂用库,走道	10～20
监护室,理疗室,X 线诊断室	30～75

疗养室和护理单元的走道除一般照明外,宜设置照度不超过 2 lx 的夜间照明灯,并防止走道照明强烈光线射入疗养室内。在护理单元可设置呼叫开关/按钮,保证医护人员能及时听到呼叫,到达床边。

2. 疗养院大型医疗设备的配电　既要考虑医院设备整体效率的发挥,又要根据及时治疗原则设置配电,注重安全要求。在放射科用房、功能检查室、理疗科用房等应在入口处分别设置电源切断开关。DR 的入口处装置红色指示灯,并与记录台红色照明灯及 X 线机的开关联动。X 线机的电源电阻值(包括供电线路电阻)和其电源电压允许波动范围应满足制造厂规定。X 线机各部件的铁壳、操作台、高压电缆金属保护套、电动床、管式立柱等金属部分除应接到接地干线外,还应就近设一组重复接地装置,其接地电阻不应大于 4 Ω。

3. 一般治疗设备的配电要确保安全　在整体规划时,静电治疗机 3.0 m 以内不设置任何金属物,设在静电治疗室中的采暖散热片应有防感应措施。心电图和脑电图设备应设单独接地装置,其接地电阻不应大于 4 Ω。非医用电气设备的零线不应与医用电气设备的接地线混用,可采用三相五线制,并应分别与接地网相连,医用电气设备的接地线宜采用铜线,医用与非医用插座型式应区别。凡是带有金属外壳的移动式医用电气设备应设专用的保护接地(接零)线,不得与工作零线合用,且应采用铜芯线。水疗室电气设备选型及线路敷设应有防水、防潮措施。疗养楼根据建筑结构和周围环境设电视共用天线,疗养室内设电视插座。

四、办公用房配电设置

该项目的办公用房部分总面积 39 703 m^2,用电指标 50 VA/m^2,估算配电容量为 1 985 kVA。变压器总容量拟用 2 台1 000 kVA变压器。

以上配置,其中的空调负荷按电制冷考虑。供电电源及电压:供电电压等级为 10 kV,供电部门提供两路独立 10 kV 电;电源分成四回路(两两一组)。10 kV 电源采用高压电缆埋地引入地下一层 10 kV 配电中心①。

① 注:空调系统:1 P 的制冷量相关于 2 000 cal,约等于 2 343 W。5 000 W 相当于 2 P 的功率。根据相关资料统计:从舒适度考虑,1 m^2 的宿舍所需的制冷量约为 115～145 W。客厅的制冷量约为 145～175 W。

第二节　专科型医疗建筑配电

专科医院是一个范围广泛的概念。如：口腔医院、肿瘤医院、儿童医院、精神病医院、传染病医院、心血管病医院、血液病医院、皮肤病医院、整形外科医院、康复医院、疗养院、妇幼保健院等都属于专科医院的范畴。但是在配电上，每个专科医院都因设备的不同而有不同的要求。就共性的范围而言，其要求基本是相似的。所不同的是因规模大小而产生一些量的变化。如儿童医院，与综合医院的区别只在于医疗对象的不同，其配置基本与综合医院的要求相似。以下以天津某儿童医院的配电案例为例：

一、工程概况

天津市某儿童医院位于天津市北辰区辰昌路西侧。该工程是一个复杂的综合体，总建筑面积为149 987 m²，地下建筑面积：29 840 m²，地上建筑面积：120 147 m²，本工程包含：1＃急诊楼，2＃门诊大厅，3＃门诊楼，4＃医技楼，5＃病房楼，6＃病房楼，7＃病房楼，8＃后勤行政综合楼，9＃会议中心，10＃感染楼，11＃锅炉房、氧气站、一层地下室。1＃～8＃为医疗行政综合楼，其中1＃～4＃为裙房部分，5＃～8＃为各自独立的高层部分；10＃感染楼为多层建筑；9＃会议中心、11＃动力站房为单层建筑。

1. 每栋楼层高：

地下室：地下一层，层高5.80 m。

1＃急诊楼、2＃门诊大厅、3＃门诊楼、4＃医技楼：地上4层，建筑高度17.90 m；

5＃病房楼：地上14层，建筑高度55.10 m；

6＃病房楼：地上14层，建筑高度55.10 m；

7＃病房楼：地上12层，建筑高度47.90 m；

8＃后勤行政综合楼：地上12层，建筑高度47.90 m；

9＃会议中心：建筑高度16.00 m；

10＃感染楼：建筑高度12.30 m；

11＃动力站房：建筑高度6.55 m；

10＃感染楼：±0.00相对于绝对标高4.50 m；

11＃动力站房：±0.00相对于绝对标高4.85 m；

其余建筑：±0.00相对于绝对标高均为4.80 m。

2. 防火分类和耐火等级

1＃～8＃医疗行政综合楼：为一类高层建筑，建筑耐火等级一级；

地下室建筑：耐火等级一级；

9＃会议中心、10＃感染楼、11＃动力站房建筑：耐火等级二级。

3. 结构类型　5＃6＃7＃病房楼，8＃后勤行政综合楼为框架剪力墙结构，其余均为框架结构。

二、配电设计

本工程为设计总包制，是从工程方案、扩初图纸、施工图纸、装修图纸直到竣工结束交付使用为止。其中配电设计范围为：高、低压配电系统；动力及应急动力配电系统；一般照明、应急照明及应急疏散照明配电系统；电气安全、防雷接地系统；电源设计分界点：由市政电网引入本工程 10 kV 总配变电所的两路 10 kV 电源电缆线路属于城市供电部门负责，不包括在本设计范围内，设计提供线路进入本工程建设红线范围内的路径。电源分界点为总配变电所 10 kV 进线柜。现分述如下：

1. 10/0.4 kV 变配电系统

(1) 负荷计算机变压器容量选择

负荷采用两用计算方式：对直燃机、地源热泵及空调设备、水泵、风机、电梯、放射科、实验室等大型医技等用电设备，按其设备安装容量系数法进行统计，对照明等设备的用电负荷按单位面积功率法进行统计。

①地下室冷冻机房和锅炉房及净化空调设备总安装容量 Pe= 3 001.6 kW，补偿后 220/380 V 侧计算视在负荷 Sj=1 678.3 kVA，选一台 1 250 kVA，一台 1 000 kVA 变压器。

②门诊楼 1＃、2＃、3＃、4＃、5＃楼裙房及该区域地下室和 10＃楼设备安装容量 Pe= 3 780.3 kW，补偿后 220/380 V 侧计算视在负荷 Sj=2 670.5 kVA，选两台 1 600 kVA变压器。

③病房及地下室设备安装容量 Pe= 2 727.1 kW，补偿后 220/380 V 侧计算视在负荷 Sj=2 005.7 kVA，可选两台 1 250 kVA 变压器。

一级负荷中特别重要负荷：936 kW；

一级负荷：5 463 kW(含消防负荷)；

一级负荷(不纳入计算的消防负荷)：1 275.7 kW；

二级负荷：4 947.3 kW；

三级负荷：3 503.9 kW。

(使用一年后回访，变压器使用正常)

(2) 电气负荷按其性质划分等级

①一级负荷中的特级负荷：重要手术室、重症病房、重症监护室(EICU 急症重症室、MICU 内科重症室、NICU 新生儿重症室、PICU 儿科重症室、SICU 外科重症室等)涉及患者生命安全的设备(如呼吸机等)、照明用电等及消防用电负荷为一级负荷中的特级负荷。

②一级负荷：急诊部、监护病房、手术部、分娩室、婴儿室、血液病房的净化室、血液透析室、病理切片分析、核磁共振、介入治疗用的 CT 及 X 光机扫描室、血库、高压氧仓、加速器机房、治疗室及配血室电力照明用电，培养箱、冰箱、恒温箱用电、走道照明用电、百级洁净度手术室空调系统用电、重症呼吸道感染区的通风用电、消防泵、增压送风排烟风机、消防电梯、应急照明、百级洁净度手术室空调系统用电、主要业务和计算机系统用电、安防系统用电，电子信息设备机房用电、一类高层客梯用电、排污泵、生活水泵及机械停车设备等的用电负荷为一级负荷。

③二级负荷：除一级负荷中空调系统外的其他空调系统用电，电子显微镜，一般诊断用 CT 及 X 光机、二类高层及裙房客梯用电，高级病房，肢体伤残康复病房照明用电等的用电负荷为二级负荷。

除一、二级之外的其他用电负荷为三级负荷。

(3) 供电电源及电压：医院为新建工程，在本医院地下室设有一个独立的 10 kV 总配变电所，位于8＃楼地下室，位于北侧，从市政供电部门引来两路10 kV电源，互为备用。院内设有两处低压配电所，一处位于5＃楼地下室，一处位于6＃楼地下室，在5＃楼地下室下低压配电所1中设有两台1 600 kVA变压器，供门诊医技楼及部分地下室使用，6＃地下室下低压配电所2中设有两台1 250 kVA变压器，供病房楼及剩下部分地下室使用，还有1 250 kVA＋1 000 kVA两台变压器供本项目直燃机及地源热泵等空调设备使用。

高压电压为10 kV，低压动力设备及照明电压为220/380 V。

为加强重要的一级负荷(特级负荷)可靠性，外加设置了2×1 000 kW两台柴油发电机作为自备应急电源，当两路电源均断电时，柴油发电机投入，保证重要一级负荷(特级负荷)可靠供电。

对停电要求小于0.5 s的重要负荷，如手术室、产房、NICU、重要的计算机房等处还采用UPS不间断电源设备供电，对停电时间在0.5～15 s级场所需配置UPS或EPS装置作为应急电源。

(4) 变配电所、发电机室：10 kV总配电所设在本工程地下一层，柴油机发电机设在本工程一号低压变配电所西侧，设于本楼的西南角，2号低压变配电所和10 kV低压变配电所设于本楼的西北侧。

总配变电所内10 kV系统采用两路10 kV电源采用单母线分段方式运行，设母联开关；平时两段母线互为备用，分列运行，当一路电源故障时，通过手/自动操作母联开关，由另一路电源负担全部一级负荷中特别重要负荷及一二级负荷，进线、母联开关之间设电气联锁，任何情况下只能有两个开关处在闭合状态。从两段引出六回路10 kV高压电缆至本工程6台干式变压器。

柴油发电机房内设有2台柴油发电机供本楼重要的一级负荷及消防负荷使用。选用二台柴油发电机组，总功率为2 000 kW，每台柴油机为1 000 kW作为自备电源。当两路市电停电或同一变配电所两台变压器同时故障时，从低压进线配电柜进线开关前端取柴油发电机的延时启动信号NHKVV－n×2.5至柴油发电机房，信号延时0～10 s(可调)自动启动柴油发电机组，柴油发电机组15 s内达到额定转速、电压、频率后，投入额定负载运行。当市电恢复30～60 s(可调)后，由ATS自动恢复市电供电，柴油发电机组经冷却延。

继电保护设计：本工程配电所高压配电柜采用综合保护。进线断路器设有三项式定时限特性的延时电流速断及过电流保护，出线断路器柜设有三相定时限过电流保护、电流速断保护、单相接地保护；干式变压器设有高温报警信号和超高温跳闸保护。变压器的低压主进线开关、母联开关选用具有(L、S)保护功能的智能脱扣器；一般出线低压开关过载长延时、短延时、短路瞬时脱扣器。

电气连锁：变压器低压侧采用单母线分段方式运行，设置母联开关。联络开关设自投自复/自投不自复/手动转换开关。自投时应自动断开非保证负荷，并保证变压器可正常运行。主进开关与联络开关之间设电气联锁，任何情况下只能有两个开关处在闭合状态。当低压侧主开关因过载及短路跳闸时，不允许自动关合母联开关。主进开关与母联开关之间设有电气连锁，复电时采用瞬时断电拉闸方案。本设计在两变配电所220/380V 1段的末端设有应急母线段给重要一级负荷及消防负荷供电，当1段失电时，1、2段母联自动投入，由2段供电；当两段均失电时，由应急发电机供电。市电与应急发电机电源之间的切换设自动连锁控制，由自动转换开关完成。

在变配电所低压侧设有无功功率集中自动补偿装置，补偿后功率因数不低于 0.93 以上，低压补偿电容器选用干式全膜金属化电容器。在 1，2 段母联上设抑制装置。

采用高压集中计量，在每路 10 kV 电源进线处设置专用计量装置，并可根据要求设置在低压电 220/380 V 进线柜设有有功和无功电度表。在变配电所内设有微机监控系统，对电压、电流、开关位置、变压器温度等参数进行实时监测、实现供电系统的预警、报警、遥控、电能计量、系统操作票、用电负荷曲线自动生成等功能。

2. 低压配电

(1) 低压配电采用放射式与树干式组结合的方式，对于单台容量较大的负荷或重要负荷如直燃机、地源热泵、水泵房、电梯机房等设备采用放射式供电；对于一般负荷采用树干式与放射式相结合的供电方式。

(2) 由低压配电柜采用放射式向大型医技设备供电，配电电缆满足对电源内阻的要求，CT、MRI、DSA 机等采用双路电源供电，自动切换。

(3) 消防负荷及一级负荷如：消火栓泵、喷淋泵、排烟风机、加压送风机、消防控制中心、消防电梯、急诊部。检验中心、ICU、手术室、计算机监控中心及净化空调等，采用栓电源供电并在末端互投。

(4) 本工程在 1＃、3＃、4＃、5＃、6＃、7＃、8＃楼内均设有强弱电井，井内均兼作配电小室。每层强电配电小室内设有照明、医疗总配电箱，空调及应急照明配电箱，公共走道照明配电箱。

(5) 本工程部分地下室为战时急救医院，从一号变配电所 220/380V 1，2 段母联上分别引来一路电源。战时电源引自城市人防区域电源。

3. 照明配电系统

(1) 光源照度标准：除装修要求外的场所照明光源以 T5 型荧光灯为主。照度标准按现行国家标准《建筑照明设计标准》GB50034－2004 执行。

照明种类：照明分正常照明、应急照明、值班照明、警卫照明、障碍照明(表 10－2)。

表 10－2　医院建筑各区域照明功率、照度标准

	照明功率密度(W/m^2)	对应照度值(lx)
手术室	30	750
化验室、药房、检验科	18	500
消防中心、网络、计算中心	18	500
治疗室、诊室、医技科室	11	300
医生办公室、护士站	11	300
重症监护	11	300
挂号厅、候诊室、走道	8	200
病房	6	100
夜间守护照明		5
主要设备机房		100～200
车库、库房等		50～150

（2）照明配电系统：应急照明、疏散指示照明等采用双电源供电末端互投。照明和插座由不同的馈电支路供电，照明、插座均为单相三线配线。

（3）灯具选择：各种病房、检验室、手术室等部门选择漫反射型高显色性灯具，减少眩光而且满足医疗环境的视觉要求。门诊室、医生办公室、等一般场所采用格栅型嵌入式荧光灯具。荧光灯大量地采用了 T8 型，光通量大于 3 200 lm，色温为 4 000 K，显色指数大于 80 的节能型灯管。因医院大量采用荧光灯，为提高功率因数及减少噪音、频闪、荧光灯具配高性能电子镇流器，功率因数大于 0.95。病房和病房走廊设（夜灯）地脚灯。手术室入口处安装红色信号标志灯。后期装修设的灯具设置均由我院室内设计和电气设计人员配合设计到位。灯具均采用有接地端子的 1 类灯具，使其能可靠接地。医院的大厅及走廊及地下室等公共场所部分一般照明均采用了楼宇自动控制系统。地下室灯具采用线槽式梁下吊顶安装。

（4）应急照明：在消防控制室、消防泵房、排烟机房、发电机房、变电室、电话总机房、中央监控室等场所设 100%应急照明，其他场所设不低于正常照明照度的 1/10 的应急照明，但最低不宜少于 5 lx；采用双电源＋柴油机供电；持续时间为≥120 min。

（5）疏散照明：在走道转角处、门头、电梯厅、疏散出口、疏散走道、楼梯口、楼梯间等场所设置疏散照明；照度要求：＞0.5 lx；采用双电源加镍镉电池供电；持续时间为≥30 min。在医院手术室（因瞬时停电会危及生命安全的手术）等场所设置 100%备用照明照度要求：750 lx；采用双电源＋柴油发电机＋UPS 供电。

（6）人防急救医院的照明供电与配电相同。

4. 设备选型及安装

（1）户内式变压器按环氧树脂真空浇注节能型干式变压器，设强制风冷系统；接线为 D，Yn11，10 kV/0.4 kV（AF），保护罩由厂家配套供货，防护等级不低于 IP3X。

（2）高压配电柜：按 KYN28 型（户内金属铠装移开式开关设备）进行设计，断路器采用正空断路器，额定电流 630 A，分断能力 25 kA，开关柜内设有氧化锌避雷器采用直流操作。高压柜电缆采用下进柜下设电缆沟接线方式。

（3）低压配电柜：依据固定柜、抽插式开关，落地式安装 MNS 型进行设计，配电箱内选用高性能、智能型的框架和塑壳断路器，分段能力为 40～100 kA。配电箱内选用高性能塑壳和微型断路器。

5. 电缆导线的选型和敷设

（1）10 kV 的电缆选用 YJV－8.7/10 KV 交联聚乙烯绝缘、聚氯乙烯护套铜芯电力电缆。

（2）低压出线电缆采用 WDZ－YJ(F)E－0.6/1 kV 低烟无卤阻燃辐照交联聚乙烯绝缘电力电缆，其工作温度为 120 ℃。应急回路及消防回路采用的是 WD－BTTYZ，是铜芯氧化镁绝缘铜护套无卤低烟外护套防火电缆，250 ℃时可连续长时间运行，1 000 ℃极限状态下也可作 30 min 的短时间运行，且具有载流量大、外径小、机械强度高、使用寿命长，一般不需要独立接地导线的特点。至潜污水泵的出线选用 WDZ－YQS 低烟无卤阻燃橡胶塑料绝缘铜芯软电缆，专门用于潜污水泵。

（3）一般照明插座回路支线采用 WDZ－BYJ 0.45 kV/0.75 kV－3×2.5 m^2 或 3×4 m^2 低烟无卤阻燃铜芯交联聚烯烃绝缘电线。应急照明支线选用 WDZN－BYJ

0.45 kV/0.75 kV—4×2.5 m² 铜芯交联聚烯烃绝缘无卤低烟阻燃耐火电缆。

(4) 控制线选用 WDZ-KVV 铜芯聚氯乙烯绝缘聚氯乙烯护套低烟无卤阻燃控制电缆，与消防有关的控制电缆 WDZN-KVV 铜芯聚氯乙烯绝缘聚氯乙烯护套低烟无卤阻燃耐火控制电缆。

(5) 大容量的配电箱及照明干线选用封闭插接式铜母线槽，在电气竖井内明敷。通过插接箱向每层的动力及照明总配电箱配电，小容量干线选用预分支电缆系统。从低压配电柜引到的照明及动力电缆沿电缆桥架在电气竖井明敷。从各层动力、照明总配电箱引到分配电箱的电缆均沿电缆桥架在吊顶内敷设。照明支线穿 JDG 镀锌穿线管暗敷或在吊顶内或明敷在吊顶内。

(6) 应急照明支线穿 SC 镀锌钢管暗敷在楼板内，由顶板接线盒至吊顶灯具的一段线路选用钢质波纹管或普利卡管。

6. 防雷、接地及电气安全

本工程属于二类防雷建筑物，按二类防雷建筑物设防。采用的是避雷网设计，未涉及避雷针设备。避雷带网格大小为不大于 10 m×10 m 或 12 m×8 m 的网格，接闪带、接闪网采用 Φ12 热镀锌圆钢制成，支架高度 150 mm，支撑点间距不大于 1 000 mm，支撑点点距转弯处不大于 500 mm。详见《建筑物防雷设施安装》99D501—1 第 2—09～2—15，第 2～38 页。在过建筑伸缩缝处应作伸缩缝处理，做法详见《建筑物防雷设施安装》99D501—1 第 2～27 页。突出屋面的金属物体均应与屋面防雷装置相连，做法详见《利用建筑物金属体做防雷接地装置安装》03D501—3。

(1) 低压配电系统的接地型式采用 TN-S 系统，系统的工作接地、保护接地、防雷接地采用公用接地装置，其接地电阻≤0.5 Ω。其中相线和 PE 线在接地点后要严格分开，凡正常不带电而当绝缘破坏有可能对地呈现电压的一切电气设备的金属外壳均应可靠接地。

(2) 在变配电所两路 10 kV 电源进线处装设避雷器，防止雷电波的入侵。在变压器出线柜上装设避雷器防止操作过电压。

(3) 电子信息系统雷击防护等级为 B 级。采取总等电位连接、局部等电位连接和在配电系统中装设电涌保护器的保护措施(表 10-3)。

表 10-3　SPD 的设置

<table>
<tr><td rowspan="2">雷电防护等级</td><td colspan="2">总配电箱</td><td>分配电箱</td><td colspan="2">设备机房配电箱和需要特殊
保护的电子信息设备端口处</td></tr>
<tr><td colspan="2">LPZ$_0$ 与 LPZ$_1$ 边界</td><td>LPZ$_1$ 与 LPZ$_2$ 边界</td><td colspan="2">后续防护区的边界</td></tr>
<tr><td rowspan="3">B</td><td>10/350
Ⅰ类实验</td><td>8/20
Ⅱ类实验</td><td>8/20
Ⅱ类实验</td><td>8/20
Ⅱ类实验</td><td>1.2/50 和 8/20/
复合波Ⅲ类实验</td></tr>
<tr><td>I_{imp}(kA)</td><td>I_n(kA)</td><td>I_n(kA)</td><td>I_n(kA)</td><td>U_{oc}(kV)/I_{sc}(kA)</td></tr>
<tr><td>≥15</td><td>≥60</td><td>≥30</td><td>≥5</td><td>≥10/≥5</td></tr>
</table>

各级浪涌保护器(SPD)连接导线应平直，长度不宜超过 0.5m。最小截面宜符合表 10-4 规定。

表 10-4　SPD 的类型与导线截面

防护级别	SPD 的类型	导线截面(mm^2)	
		SPD 连接相线铜导线	SPD 接地端连接铜导线
第一级	开关型或限压型	6	10
第二级	限压型	4	6
第三级	限压型	2.5	4
第四级	限压型	2.5	4

信号线路的防雷由各系统承包商根据该系统特性配置满足规范要求的浪涌保护器(SPD)。

7. 对该工程的评述　天津市某儿童医院项目由北京中元工程设计顾问有限公司设计的，项目是交钥匙工程。2012 年 10 月开工，于 2014 年 5 月竣工，2015 年 6 月 1 日正式开业。最终获得天津海河杯设计金奖、鲁班奖。本项目由于采用合成设计形式，方案、扩初图纸、施工图纸、装修图纸均由建筑设计院统一设计（包括专项设计含手术室净化区域，弱电机房、变配电所等），所有图纸均由设计院统一出图。这比传统的设计有很多优点，传统设计中存在施工图和装修图供电不符的问题，施工后楼层不能满足后期装修要求的层高，施工预留和专项设计不符等一系列问题，严重影响力了施工的周期和给业主带来的很多困扰，浪费了业主精力、时间和金钱。本项目由于实行了合成设计，设计人员专门现场服务，做到有问题及时解决，在设计前期就安排，专项设计单位配合深化设计，在施工过程中严格管控楼层施工设备管线的标高，做好室内大小走道都有综合管线图，层层做到重要走道有安装管道剖面大样图，楼层安装样板图。

第三节　综合型医疗建筑配电

本书主体上是立足综合医院医疗建筑配电展开的，但由于综合医院配电是一个复杂的系统工程，为给医院管理者提供一个参照，我们以某大学附属医院为例，以便于在工程实践中参考。

一、工程概况

该大学附属医院属三级甲等医院，该院医疗综合楼建筑面积为 109 505 m^2，建筑高度为 68.55 m，地下有 3 层，地上有 16 层。地下 3 层及地下 2 层部分平时为汽车停车场，战时作为人防使用。变配电所、水泵房、楼宇自动化管理控制室、信息中心等设备用房均设在地下 2 层。地下 1 层为柴油发电机房、放疗科、中心供应室、洗衣房等。1～3 层为门诊医技楼，4 层为手术室及 ICU，5 层为行政办公楼及设备层，6 层为产科及产房，7～16 层为标准护理单元。医院设置病房 420 间、诊室 52 间、手术室 23 间，其中 4 层设洁净手术室 21 间、Ⅰ级（百级）手术室 4 间、Ⅱ级（千级）手术室 8 间、Ⅲ级 9 间。结合对该工程的配电系统设计体会，对医疗特殊场所的配电系统设计进行简要论述。

二、供电系统

1. 负荷分级　供电系统在确定医院供电系统之前，首先根据供电要求进行负荷分级。IEC 标准中供电等级按照恢复供电时间分为 0.5 s 内、15 s 内、大于 15 s。而我国国内规范将用电负荷根据供电可靠性及中断供电所造成的损失或影响的程度，分为一级负荷、二级负荷及三级负荷。该工程主要依据的规范有 GB 51039—2014《综合医院建筑设计规范》、GB 50333—2013《医院洁净手术部建筑技术规范》、JGJ 16—2008《民用建筑电气设计规范》等。IEC 标准和 JGJ16—2008《民用建筑电气设计规范》第 12.8.2 条规定，按医疗电气设备与人体接触的状况和断电的后果，将医疗场所作如下分类：0 类场所为不使用接触部件的医疗场所；1 类场所为接触部件接触躯体外部及除 2 类场所规定外的接触部件侵入躯体的任何部分；2 类场所为将接触部件用于诸如心内诊疗术、手术室以及断电将危及生命的重要治疗场所。可见，医院的负荷等级应以医疗场所与人体生命的安全程度及电气设备与人体的接触程度进行划分。

根据我国现行规范标准并参照 IEC 标准，根据供电可靠性及中断供电所造成的损失或影响程度，消防设备、医用客梯、氧气供应系统设备、真空吸引系统设备、中心供应室内的医用蒸汽、洁净空调系统用电设备、走道照明用电及生活泵用电等，按一级负荷供电。其中，所有消防设备、重症监护室、急救室、重要手术室等涉及患者生命安全的设备及照明用电，为一级负荷中特别重要的负荷。一般空调电源、客梯用电、自动扶梯电源、电子显微镜、高级病房照明用电等为二级负荷，其他用电按三级负荷设计。

2. 供电方案　用电设备负荷采用两路 10 kV 独立市电电源作为常用电源，电缆专线供电，自设柴油发电机组作为第三电源。电压波动大的空调用电负荷属季节性负荷，采用一台专用变压器供电；电压波动小的照明及一般医疗用电（插座）采用两台变压器供电；电压要求高且自身压降大，医用数字减影成像系统设备（如 X 光机、CT 机等），单独采用一台变压器供电，电力负荷单独采用一台变压器供电。变压器容量为：2×2 500 kVA +2×1 600 kVA+800 kVA，变压器安装指标为 82 VA/m²。配电系统的主接线图如图 10－1所示。

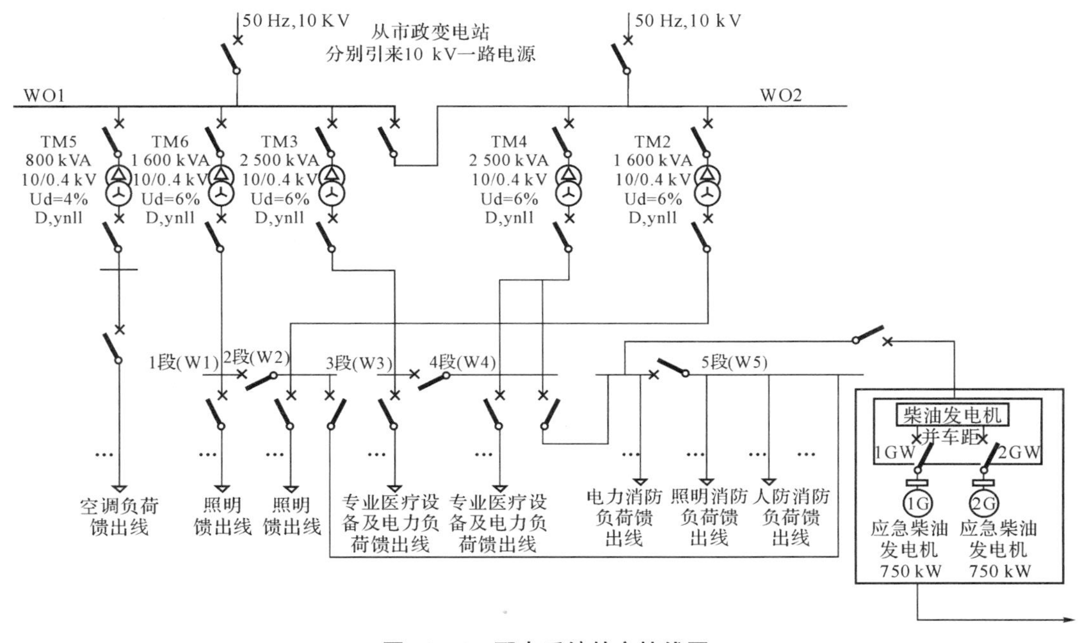

图 10－1　配电系统的主接线图

图 10－1 配电系统的主接线图中低压系统的供电分为 4 大部分，即照明部分（由 TM1、TM2 变压器及 1、2 段母线承担）、医疗设备、空调通风部分及动力部分（由 TM3、TM4、TM5 变压器及 3、4、6 段母线承担）。运行方式为两路 10 kV 电源采用单母线分段接线，平时两路分列运行，互为备用。当一路电源故障时，通过手动、自动联络开关，由另一路电源负担全部负荷。高压主进线开关与联络开关之间设电气联锁，任何情况下只能闭合两个开关。0.4/0.23 kV 低压侧采用单母线分段接线，共 6 段母线。5 台变压器对应 5 段母线，其中 1 段与 2 段母线互投；3 段与 4 段母线互投；6 段母线为空调母线段；5 段母线为应急母线段，为一、二级负荷在两路市电均失电情况下供电。正常情况下，应急母线引自 2、4 段低压母线；紧急情况下，应急母线的电源引自柴油发电机组出线。当 2、4 段母线失电时，将在 15s 内起动应急柴油发电机组完成供电。

对于重要手术室及重要医疗设备等对间断供电时间要求更高的设备，需在末端配置 UPS 设备来满足要求。

3. 应急电源的选择　对于不同医疗场所的电源等级要求，应急电源系统根据医院规模不同，采用双电源切换或柴油发电机组系统、应急电源系统（EPS）。应急电源（第三电源）供电方案首先考虑采用柴油发电机组系统。由于受建筑的使用功能和面积等因素的限制，为节约有效使用面积，柴油发电机组设置在地下一层，但存在进排风、排烟、机组冷却、噪音、消防、柴油储存、供油系统等问题。为解决这些问题，采取了一系列相应措施，如增设进排风井、排烟井，通风专业设计进风机、排风机等。为达到环保要求，烟气通过排烟管经消声器沿排烟竖井一直排至五层裙房，再从侧墙引出。排烟口处装设二次燃烧网，使废气在高温下进行二次燃烧，以达到排放标准。另外一个供电方案是采用一套大容量的应急电源系统（EPS）来代替柴油发电机组，转换时间≤0.2 s。它的最大优点是可以带感性、阻性负载，适应负载能力强，从而解决了柴油发电机进排风及排烟井等问题。而 EPS 的缺点是供电时间偏短，设备费用较高，占地面积大。经过两个方案比对，为提高供电的可靠性，节约投资，应急电源最终选用柴油发电机组。

4. 供电系统主要监控设备

（1）微机保护：微机保护是用微型计算机构成的继电保护，是电力系统继电保护的发展方向，它具有高可靠性，高选择性，高灵敏度，微机保护装置硬件包括微处理器（单片机）为核心，配以输入、输出通道，人机接口和通信接口等。针对该项目供电设计方案特点，推荐微机保护型号：NTS－700 系列，产品外观如图 10－2 所示。

下面针对 NTS－700 系列微机保护应用场合和主要功能作详细介绍：

①型号：NTS－711

应用场合：110 kV 以下电压等级线路保护、电容器保护、小容量电动机保护、小容量变压器保护、馈出线保护。还可作为变压器差动保护的低压侧后备保护。在该项目方案设计中主要作为进线保护、馈出线保护以及变压器出线保护。

图 10－2　NTS－700 系列微机保护

主要功能如下所述：

保护功能：三段式定时限过电流保护；反时限过电

流保护；过流、零序前后加速保护；过负荷、欠负荷保护；三相一次自动重合闸；过流、零序充电保护；负序过电流保护；三段式零序过电流保护；不平衡电压、电流保护；过压、欠压保护；零序过电压保护；过频、欠频保护；过热保护；降压启动；启动超时保护；非电量保护；CT、PT 断线告警；频率异常监视；10 套保护定值，故障录波。

监控功能：14 路遥信；跳闸、合闸、遥分、遥合、预告警装置故障、动作信号出口各 1 路；6 路自定义出口；电压、电流、功率、功率因数、相位及频率等模拟量的遥测；三相电压、三相保护电流 0～13 次谐波分析；有功、无功电能量计量功能。

通信功能：支持电力行业标准 DL/T 667－1999(IEC60870－5－103 标准)的通信规约；可选配有两个 RS485 接口、两个以太网口。

②型号：NTS－721

应用场合：110 kV 及以下电压等级，用于监视母线电压运行工况，并能够提供单组 PT 并列(仅小母线电压并列)与双组 PT 并列(一组为小母线电压并列，一组为计量电压并列)功能。在该项目方案设计中主要装置在 PT 柜上作为母线电压监控保护。

主要功能如下所述：

保护功能：母线过压、欠压；接地保护；4 路二次电压线并列或切换；PT 断线告警；频率异常监视。

监控功能：14 路遥信；6 路自定义出口；当选用第 2 路并列板时选配为 2RO，开入为 5 路。两段母线电压及零序电压的遥测；有功电度计量功能；两段母线三相电压 0～13 次谐波分析；128 个保护事件、128 个告警事件、128 个遥信事件、128 个装置操作记录统计等。

通信功能：支持电力行业标准 DL/T667－1999(IEC60870－5－103 标准)的通信规约；可选配有两个 RS485 接口、两个以太网口。

③型号：NTS－742

应用场合：3～10 kV 电压等级的大中型异步电动机(或电抗器，提供主保护(差动保护)及后备保护功能。电动机差动保护与后备保护集成在一台保护装置上。

主要功能如下所述：

保护功能：差动速断保护；比率差动；三段式定时限过电流保护；反时限过电流保护；过负荷、欠负荷保护；负序过电流保护；三段式零序过电流保护；无方向、零序闭锁；零序方向保护，过压保护、欠压保护；零序过电压保护；过热保护；降压启动；启动超时保护；非电量保护；CT、PT 断线告警；频率异常监视；10 套保护定值，故障录波。

监控功能：14 路遥信；跳闸、合闸、遥分、遥合、预告警装置故障、动作信号出口各 1 路；6 路自定义出口；电压、电流、功率、功率因数、相位及频率等模拟量的遥测；三相电压、三相保护电流 0～13 次谐波分析；有功、无功电能量计量功能；128 个保护事件、128 个告警事件、128 个遥信事件、128 个装置操作记录统计等。

通信功能：支持电力行业标准 DL/T667－1999(IEC60870－5－103 标准)的通信规约；可选配有两个 RS485 接口、两个以太网口。

④型号：NTS－751

应用场合：110 kV 及以下电压等级需要电源自投的场合，提供进线及母联柜保护功能。在该项目方案设计中主要装置在母联柜上作为备自投及母联保护。

主要功能如下所述：

保护功能：三段式定时限过电流保护；过流、零序后加速保护；充电保护；过负荷保护；三段式零序过电流保护；进线、母联或桥开关备自投；二段式二进线进线联切保护；变压器冷热备用、厂用变备投；CT、PT断线告警；频率异常监视；10套保护定值，故障录波。

监控功能：14路遥信；跳闸、合闸、遥分、遥合、预告警装置故障、动作信号出口各1路；6路自定义出口；电压、电流、功率、功率因数、相位及频率等模拟量的遥测；三相电压、三相保护电流0～13次谐波分析；有功、无功电能量计量功能；128个保护事件、128个告警事件、128个遥信事件、128个装置操作记录统计等。

通信功能：支持电力行业标准DL/T667－1999(IEC60870－5－103标准)的通信规约；可选配有两个RS485接口、两个以太网口。

⑤型号：NTS－771

应用场合：110kV及以下电压等级变压器后备保护。

主要功能如下所述：

保护功能：一段式定时限过电流保护；二段三时限过电流保护(可选择经方向和复合电压闭锁)；过流加速保护；三相一次重合闸，不检无压、不检同期；充电保护；过负荷保护；二段二时限零序电流保护(可选择方向和零序电压闭锁)；零序过电压保护；二段二时限零序过电压保护(零流闭锁)；非电量保护；CT、PT断线告警；频率异常监视；10套保护定值，故障录波。

监控功能：14路遥信；跳闸、合闸、遥分、遥合、预告总、装置故障、动作信号出口各1路；6路自定义出口；电压、电流、功率、功率因数、相位及频率等模拟量的遥测；三相电压、三相保护电流0～13次谐波分析；有功、无功电能量计量功能；128个保护事件、128个告警事件、128个遥信事件、128个装置操作记录统计等。

通信功能：支持电力行业标准DL/T667－1999(IEC60870－5－103标准)的通信规约；可选配有两个RS485接口、两个以太网口。

⑥型号：NTS－773

应用场合：110 kV及以下电压等级的双圈、三圈变压器，满足四侧差动的要求。

主要功能如下所述：

保护功能：每侧各一段定时限过电流保护；差动速断保护；比率差动(CT断线、二次谐波闭锁)；差流越限告警；非电量保护；CT断线告警；10套保护定值，故障录波。

监控功能：14路遥信；跳闸、合闸、遥分、遥合、预告警装置故障、动作信号出口各1路；6路自定义出口；128个保护事件、128个告警事件、128个遥信事件、128个装置操作记录统计等。

通信功能：支持电力行业标准DL/T667－1999(IEC60870－5－103标准)的通信规约；可选配有两个RS485接口、两个以太网口。

⑦型号：NTS－777

应用场合：110 kV及以下电压等级的双圈、三圈变压器，满足四侧差动的要求。

主要功能如下所述：

保护功能：4路本体保护；非电量保护；10套保护定值。

监控功能：14路遥信；6路自定义出口；128个保护事件、128个告警事件、128个遥信事件、128个装置操作记录统计等。

通信功能：支持电力行业标准 DL/T667—1999(IEC60870—5—103 标准)的通信规约；可选配有两个 RS485 接口、两个以太网口。

(2) 多功能仪表：针对该项目供电设计方案特点，高压重要回路及低压进线回路建议装置多功能仪表进线监控。推荐多功能仪表型号：NTS—242，产品外观如图 10－3 所示。

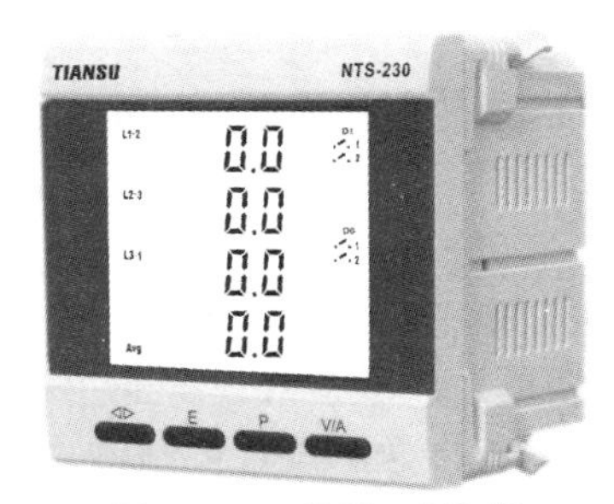

图 10－3　NTS—242 多功能仪表

主要功能：全面的三相电量测量显示；实时监测三相系统的电压、电流 2—31 次谐波分量，并计算多种电能质量参数；最多支持 6 路开关量输入，4 路继电器输出及 2 路模拟量输出模块；多项实时测量数据的最大、最小值(带时标)及各种需量峰值；定时自动抄表功能，累计各单相、三相双向分时有功、无功电度，自动记录本月累计电能；分时计费，最多 8 个时段双向有功，无功，视在电能，尖、峰、谷、平四种费率；标配一路 RS485 通信接口，MODBUS—RTU 通信协议；8 级越限检测功能；32 个事件记录，32 个变位记录；大屏幕液晶显示；外形尺寸：96 mm×96 mm×97 mm(宽×高×深)，开孔尺寸：91 mm×91 mm×83 mm(宽×高×深)。

三、低压配电系统

1. 配电系统及线路　低压配电系统采用放射式与树干式相结合的配电方式，个别部分采用链接方式配电。冷水机组、大型医疗设备(X 光机、CT 机、MIR 机、DSA 机、ECT 机)、中心供应室、净化机房、电梯、自动扶梯及屋面消防设备分别由变电所低压屏放射式供电。

消防用电设备、应急照明及特殊要求的医疗用电设备均采用两路供电。一路电源由正常母线配出，另一路电源由应急母线配出，即一、二级负荷均为双路供电末端自投。

根据 GB50333—2013《医院洁净手术部建筑技术规范》第 8.3.1 条规定，洁净手术部的供电应采用双路电源，直接从本建筑物的 10/0.4 kV 的变电所供给，末端采用 ATS(自动转换开关)自动切换。ATS 一般切换时间在 1 s 内，满足规范要求。对恢复供电时间＜0.5 s的重要手术室，配置 UPS 不间断电源(UPS 转换时间≤4 ms)来满足要求。

考虑到该工程综合楼面积较大，医院内有大量患者的特殊性，除医院的公共部分(包括急救室、手术室及走道等)照明采用双电源供电末端自动切换外，对医院的一般照明(包括一般病房、诊室等)采用两条密集型插接式母线槽供电，在每层的电井内设层照明总箱。层照明配电总箱内装设手动双投开关。两条母线槽互为备用，单号楼层电源引自 1 号母线槽，双号楼层电源引自 2 号母线槽，每条母线均可承担综合楼的全部照明用电负荷。当任一楼层照明线路出现故障或检修时，电气专业维修人员只要合上楼层照明总箱手动转换开关，即可保证故障层或检修层的一般照明用电。

根据 IEC 标准，按人们对某些外界环境影响条件及人的能力，将人分为 5 类(BA1～BA5)。医院的患者属于 BA3 类人员，医院属人员疏散缓慢的场所，公共部分的照明均按应急照明系统(消防负荷)设计，即按一级负荷中的重要负荷设计。由于采用柴油发电机作为第三电源(应急电源),而柴油发电机的起动时间<15 s,为避免火灾时因电源突然中断而导致人员伤亡,在公共部分除设计火灾疏散标志照明外,还设计了自带蓄电池的应急灯,使照度不小于正常照度的50%,供电时间≥90 min。考虑医院属于人员密集场所,火灾时电线电缆所产生的有毒气体对人的身体有害,甚至会威胁生命,设计时所有电线、电缆均采用低烟无卤耐火或阻燃电线、电缆穿钢管或封闭式金属桥架在楼板或吊顶内敷设。

2. 医用放射线设备的配电系统　医用放射线设备是医院的重要设备。该工程中放射科配备的医用放射线设备包括X光机、ECT机、NMR－CT机、DSA机、CT机等。JGJ16－2008《民用建筑电气设计规范》第9.7.2条规定,根据医用放射线设备的不同特点,将医疗设备的工作制进行划分。根据GB51039－2014《综合医院建筑设计规范》,放射科配备的医用放射线设备的主机电源均采用双路供电。系统电源由变电所低压屏放射式供电,直接送至设备控制室。医用放射线设备的工作原理不同,但对电源的电压要求很高。在各设备厂家的技术要求中,应对电源内阻提出要求。设备对电源电压的要求越高,电源内阻越小。在施工图设计阶段,根据医院方提供的设备容量,参考国内同等规模的医院放射科设备按规范要求选择导线截面,即医用放射线设备的配电线路导线截面要同时满足设备的内阻及压降要求,以保证设备的电源电压。内阻及压降受3方面因素的影响,即变压器阻抗、变压器至设备的配线长度、配线截面。

根据JGJ16－2008《民用建筑电气设计规范》,为保障医用放射线设备安全、运行可靠,引入NMR－CT机室的所有电气管线均穿阻燃塑料管,引入的管线采用专用滤波器进行滤波。

3. 低压配电系统主要监控仪表

(1) 针对该项目供电设计方案特点,推荐低压配电系统主要监控仪表型号:NTS－230系列多功能仪表。该系列仪表采用嵌入式安装的方式装置在低压配电柜上,对各低压回路进行监测。产品外观如图10-4所示。

下面针对NTS－230系列多功能仪表应用场合和主要功能作详细介绍。

①型号:NTS－231

应用回路:只测电压的回路。

主要功能:三相电压、频率的测量;最多支持6路开关量输入,4路继电器输出及2路模拟量输出模块;标配一路RS485通信接口,MODBUS－RTU通信协议;8级越限检测;32个事件与变位记录;外形尺寸:宽96×高96×深97(mm);开孔尺寸:宽91×高91×深83(mm)。

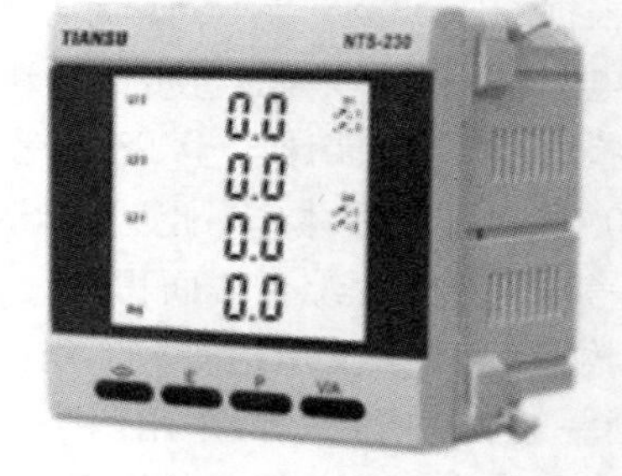

图10-4　NTS－230系列多功能仪表

②型号:NTS－232

应用回路:测电电流的回路。

主要功能:三相电流的测量;最多支持6路开关量输入,4路继电器输出及2路模拟量输出模块;标配一路RS485通信接口,MODBUS－RTU通信协议;8级越限检测;32个事件与变位记录;外形尺寸:宽96×高96×深97(mm);开孔尺寸:宽91×高91×深83(mm)。

③型号:NTS－233

应用回路：测电压、电流的回路。

主要功能：三相电压、电流的测量；最多支持6路开关量输入，4路继电器输出及2路模拟量输出模块；标配一路RS485通信接口，MODBUS—RTU通信协议；8级越限检测；32个事件与变位记录；外形尺寸：宽96×高96×深97(mm)；开孔尺寸：宽91×高91×深83(mm)。

④型号：NTS—234

应用回路：电容回路。

主要功能：三相电压、电流，频率，有功/无功功率及功率因数的测量；最多支持6路开关量输入，4路继电器输出及2路模拟量输出模块；标配一路RS485通信接口，MODBUS—RTU通信协议；8级越限检测；32个事件与变位记录；外形尺寸：宽96×高96×深97(mm)；开孔尺寸：宽91×高91×深83(mm)。

⑤型号：NTS—235

应用回路：一般回路。

主要功能：三相电压、频率的测量；最多支持6路开关量输入，4路继电器输出及2路模拟量输出模块；标配一路RS485通信接口，MODBUS—RTU通信协议；8级越限检测；32个事件与变位记录；外形尺寸：宽96×高96×深97(mm)；开孔尺寸：宽91×高91×深83(mm)。

⑥型号：NTS—236

应用回路：重要回路。

主要功能：全面的三相电量测量显示；具备制造计量器具许可证，有功电度精度：0.50%，无功电度精度：2%；定时自动抄表功能；电流需量与功率需量统计；三相电压、频率的测量；最多支持6路开关量输入，4路继电器输出及2路模拟量输出模块；标配一路RS485通信接口，MODBUS—RTU通信协议；8级越限检测；32个事件与变位记录；外形尺寸：宽96×高96×深97(mm)；开孔尺寸：宽91×高91×深83(mm)。

(2)在分户计量的回路中，还可以采用单相或者三相导轨式电能表对对应回路进行监测，推荐型号：NTS—220GS系列单相导轨式电能表和NTS—240GS系列三相导轨式电能表。产品外观如图10-5、10-6所示。

图10-5　NTS—220GS系列单相导轨式电能表

图10-6　NTS—240GS系列三相导轨式电能表

下面针对这两款表计功能作详细介绍：

NTS－220GS 系列单相导轨式电能表主要功能包括：单相电压、电流，频率，有功/无功功率、功率因数及总有功电度的测量；分时电度，有 2 套时区，每套时区最多可设置4 个时区；有 2 套日时段表，每套日时段表最多可设置 4 个日时段表，支持尖、峰、谷、平四种费率；定时自动抄表功能，1－28 号可设；具有预付费功能，余额不足时自动跳闸；以及节假日保电，免费电度，赊欠功能；16 条越限事件记录(时标)；16 条系统事件记录(带时标)；10 条预付费充值记录；12 个月电度记录，掉电查阅；1 路有功电度脉冲输出；标配一路 RS485 通信接口，MODBUS－RTU 通信协议；1 路 38 k 调制红外通信，MODBUS－RTU 通信协议；高清晰段式 LCD 显示；35 mm 标准导轨安装；外形尺寸：宽 77×高 90×深 74(mm)。(不同型号具备不同功能，此处仅列举该系列表计包含的功能，可依据实际项目需求进行选配)。

NTS－240GS 系列三相导轨式电能表电流规格有 5(6)A/5(60)A 两种规格，其中 5(6)A为二次表接入，可选择带外控继电器。主要功能包括：全面的三相电量测量显示；具有预付费功能，余额不足时自动跳闸；以及节假日保电，免费电度，赊欠功能；可设置节假日特殊费率以及周休日特殊费率等功能；有 2 套时区、时段、费率等参数，可应对实际应用中可能出现的参数修改，保证在运行仪表统一切换参数；实时监测三相系统的电压、电流 2～31 次谐波分量，并计算多种电能质量参数；有功率需量、需量峰值、上月/本月正向分时有功需量最值，支持固定区间式或滑差式；定时自动抄表功能，累计各单相、三相双向分时有功、无功电度，自动记录本月累计电能；分时电度，有 2 套时区，每套时区最多可设置 4 个时区；有 2 套日时段表，每套日时段表最多可设置 4 个日时段表，每个日时段表最多 8 个时段双向有功、无功、视在电能，尖、峰、谷、平四种费率；8 级越限检测功能；32 个带时标的越限事件记录，掉电不易失；可连续记录 64 个带时标的 SOE 事件；还可记录 10 条带时标的编程记录、校时记录、历史充值记录、历史掉电记录、历史复位记录、历史分闸记录、历史合闸记录等；最值记录各实时测量的最大值和最小值，时段极值带时标统计；1 路脉冲输出信号，包含有功电能脉冲输出和无功电能脉冲输出，用于电能表精度检测，或者供采集器采集电能脉冲；1 路开关量输入，可反馈分/合闸状态；内置继电器，通断能力最大可达 60 A，可以直接控制用户的用电状态；可选配 1 路继电器输出，可选择用于遥控输出、告警输出或跳闸输出；标配一路 RS485 通信接口，MODBUS－RTU 通信协议；1 路 38 k 调制红外通信，MODBUS－RTU 通信协议；高清晰段式 LCD 显示；35 mm 标准导轨安装；外形尺寸：宽 145×高 90×深 74.5(mm)。(不同型号具备不同功能，此处仅列举该系列表计包含的功能，可依据实际项目需求进行选配)。

4. 手术部、ICU、血透等场所的配电系统　根据《医院洁净手术部建筑技术规范》，4 层洁净手术部的用电由变电所采用双电源直接供给，末端切换。在 4 层设手术部总配电箱，每个手术室单独设配电箱，电源由 4 层手术部总配电箱配出。

每个手术室配电箱设置在洁净走廊，即每个手术室的外侧墙内。洁净手术室的负荷 4 个Ⅰ级和 1 个Ⅱ级手术室为 15 kW，其余手术室为 10 kW。根据医院布局及规模，考虑部分手术室内需要设置高低温冷柜等三相设备，手术室的电源进线采用三相进线。与病人接触的电源部分，采用单相供电。为洁净手术部设置的洁净空调机房设备用电也从变电所采用双电源直接供给，末端切换。

根据《医院洁净手术部建筑技术规范》第 8.3.4 条规定，心脏外科手术室必须设置隔离变压器的功能性接地系统。根据 JGJ16—2008《民用建筑电气设计规范》第 12.8.6 条第 1 款规定，在 2 类场所内用于维持生命、外科手术和其他位于患者区域（在离手术台 1.5 m 的水平范围，高度为 2.5 m 的垂直范围）内的医用电气设备和系统的供电回路，均采用局部 IT（隔离）电源，辅以局部等电位联结，防止心脏手术及检查中的微电击，这样可以最大限度地保证病人的安全。

ICU、血透等场所也采用局部 IT 系统。目前医院病人接触的用电设备均为单相设备，通过隔离变压器配出的 IT 系统均为单相。手术室或 ICU 配电系统图如图 10－7 所示。

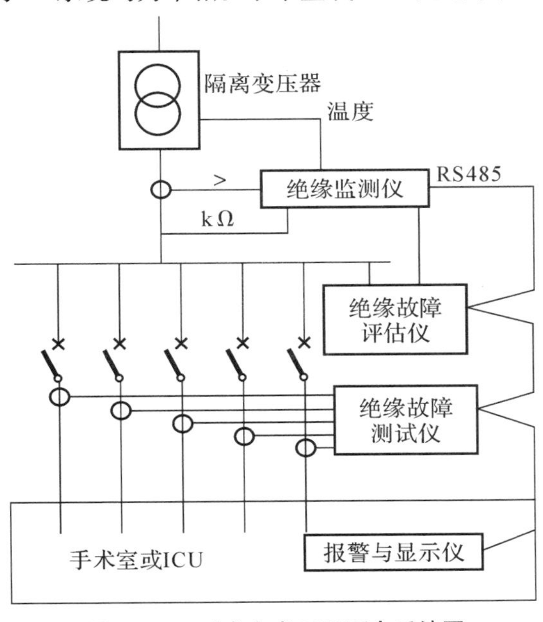

图 10－7　手术室或 ICU 配电系统图

四、电气接地及电气安全保护

电气安全保护是指防止电流经由人体任何部位，通过限制可能流经人体的电流，使之小于电击电流。在故障情况下，若触及外露可导电部分，可能引起流经人体的电流大于电击电流时，能在规定的时间内自动断开电源；若发生短路或过负载，过热或电弧引起可燃物燃烧或使人遭受灼伤时，能在规定的时间内自动断开电源。医疗电气设备防电击措施有局部等电位连接、特低电压供电、1∶1 隔离变压器供电、过电流保护、剩余电流保护断路器（一般场所的移动式设备均采用剩余电流断路器保护，采用局部 IT 系统的设备除外）、共用接地系统等。

该工程 10 kV 高压系统为中性点不接地系统，低压配电系统的接地形式为 TN－S 系统，局部为 IT 系统（如手术室、ICU 加护病房等），建筑物内的电气装置做等电位连接（总等电位连接 MEB 及局部等电位连接 LEB）。电气装置内的 PE 保护线与接地干线、各种金属管路及建筑物结构等互相连接。在强弱电井内分别敷设一条 40 mm×4 mm 镀锌扁钢作接地干线，与强电井内母线槽的金属外壳连接。在各层强弱电井、相关各室内设局部等电位连接端子箱，将室内高度在 2.5 m 以下的配电箱 PE 母排、电气装置的金属外壳及其他金属管道、金属窗框、病床的金属框架等均进行等电位连接。一般医疗用电系统供电回路装有剩余电流保护器(RCD)。手术室等场所用电采取防微电击措施。在手术室、ICU加护病房、层流病房等设专用配电箱(内设隔离变压器及绝缘监察装置)。固定式或手握式医疗电气设备(急救和手术用电设备等除外),高度在2.5 m以下的设备装设剩余电流保护器。由于该工程施工图设计完成于2005年10月,根据旧版JGJ/T 16—1992《民用建筑电气设计规范》第14.3.2条规定,漏电电流保护装置的动作电流宜按下列数值选择:手握式用电设备为15 mA,医疗电气设备为6 mA。根据我国国情,只有少数进口剩余电流保护装置的动作电流可以整定到6 mA,有些维持生命的电气医疗设备一旦断电也将危及患者。在该工程设计中,对所有需要将剩余电流保护装置的动作电流整定到6 mA的医疗电气设备均采用局部IT系统供电。新版JGJ 16—2008《民用建筑电气设计规范》第7.7.10条明确规定,用于电子信息设备、医疗电气设备的剩余电流保护器应采用电磁式。

五、照明设计

综合医院建筑不仅包括病房、门诊楼、医技楼等医疗用房,而且也包括各种医疗服务设施,如中心供应室、真空吸引室、手术室专用气体站房等。医院的照明设计不但要满足各种医疗技术的要求,还要考虑到医疗用房的特殊性。光源的选择对患者起着重要的心理治疗作用,对于医护人员观察患者的病情、正确诊断治疗也有很大的帮助。

GB 50034—2013《建筑照明设计标准》对医院的照度标准值、统一眩光值(UGR)、显色指数均有设计标准。照明光源应选择光效高、显色性好的光源,还要满足规范中规定的功率密度限值,即进行节能设计。为提高功率因数,减少频闪及眩光,克服噪声对患者的影响,该工程主要场所(如诊室、病房、急诊观察室等),采用高显色格栅荧光灯(T5管)配电子镇流器,使功率因数 $\cos\varphi \geqslant 0.9$;根据功能的需要,对特殊场所的照明(如测听室的照明)可采用白炽灯,以减少荧光灯配电感镇流器产生的噪音影响;眼科暗室采用可连续调光的白炽灯;手术室采用专用无影灯;手术部清洁走廊、检验中心的细菌培养等处,均采用清洁灯具吸顶安装;血库、污物室、污染等处设置紫外线杀菌灯;核废液处理、柴油发电机房等采用防爆灯具。

第四节　医疗建筑变配电所管理制度(摘录)

一、值班制度

1. 用电单位35 kV及以上电压等级的变配电站应安排专人全天值班。每班值班人员不少于2人,且应明确其中一人为值长(当班负责人)。

2. 用电单位10 kV电压等级的变配电站、设备容量在630 kVA及以上者,应安排专人值班。值班方式可根据变配电站的规模、负荷性质及重要程度确定:

(1) 带有一二类负荷的变配电站、双路及以上电源供电的变配电站,应有专人全天值班。每班值班人员不少于2人,且应明确其中一人为值长(当班负责人)。

(2) 负荷为三类的变配电站，可根据具体情况安排值班，值班人员不少于 2 人，但在没有倒闸操作等任务时，可以兼做用电设备维修工作。

3. 用电单位设备容在 500 kVA 及以下、单路电源供电且无一二类负荷的变配电站，允许单人值班。条件允许时，可进行简单的高压设备操作，但不能进行临时性电气测量，及挂接、拆除临时接地线等工作。

4. 实现自动监控的变配电站，运行值班可在主控室进行。需要进行 10 kV 及以上设备和低压主开关、母联开关的倒闸操作、电气测量、挂、拆临时接地线等工作时，必须由两人进行，一人操作、一人监护；低压供电的用户，配电设备可不设专人值班，但应随时保持有专业人员负责运行工作。

二、交接班制度

（一）交接班的一般规定

1. 变配电站应按规定的值班方式进行值班和按规定的时间进行交接班。如接班人员未按时到达，交班人员应坚持工作直至接班人员到达。未办理交接班手续，交班人员不得离开工作岗位。

2. 交接班工作必须做到交接两清，交班人员应按规定详细介绍，接班人员应认真听取。

3. 在处理事故或进行倒闸操作时不得进行交接班，交接班过程中发生事故时，应停止交接班，并由交班人员处理，接班人员协助进行处理。处理事故、倒闸操作完毕或告一段落后，方可进行交接班。

4. 接班人员对设备进行检查确认无问题后，交接双方在值班记录上签字，交接班方可结束。

（二）变配电站运行值班交班工作内容

1. 设备运行方式，设备变更和异常情况处理经过。

2. 设备的修试、扩建和改进工作的进展情况。

3. 巡视发现的缺陷、处理情况以及本值自行完成的维护工作。

4. 许可的工作票、已执行的操作票，地线使用组数、位置及备用地线的数量。

5. 继电保护、自动装置、远动装置、微机、监控系统的运行及变动情况。

6. 规程制度、上级指示的执行情况。

7. 设备清扫、环境卫生、消防设施及其他。

8. 通讯设备、工具、钥匙的使用和变动。

（三）变配电站运行值班接班工作内容

1. 检查模拟图板、核对系统运行方式、设备位置，对上次值班操作过的设备进行质量检查。

2. 检查设备缺陷，特别是新发现的缺陷，是否有进一步扩展的趋势。

3. 试验有关信号、远动及自动装置、电容补偿装置以及继电保护、微机、监控系统的运行及变更情况。

4. 了解设备的修试情况，重点检查修试工作质量和设备上的安全措施布置情况。

5. 审查各种记录、技术资料及安全用具、消防用具、维修工具、备品备件钥匙、设备环境卫生等。

三、巡视检查制度

（一）巡视检查的一般规定

1. 变配电站应根据本所的具体情况，制定各类设备巡视周期、巡视时间及巡视要求。值班人员应按规定对设备进行巡视检查。

2. 变配电站设备巡视检查周期如下：

（1）有人值班的变配电站，每班巡视一次，无人值班的变配电站，至少每周巡视一次。

（2）处在污秽环境的变配电站，对室外电气设备的巡视周期，应根据污源性质、污秽影响程度及天气情况来确定。

（3）变配电站设备特殊巡视周期，视具体情况确定。

（4）用电单位在有特殊用电的情况下，可根据上级要求安排特殊巡视。

3. 巡视高压设备时，注意保持安全距离，禁止移开或越过遮栏，禁止触摸高压电气设备，不得在其上面进行工作。雷雨天气巡视室外高压电气设备的绝缘部分，不得靠近避雷器和避雷针，距避雷器和避雷针应大于 5 m 以上。

4. 寻找高压设备接地故障点时，应穿绝缘靴，运行人员对故障点的安全距离：室内大于 4 m，室外大于 8 m。手接触设备外壳和架构时应戴绝缘手套。

5. 巡视人员在巡视开始和终了时，均应告知本值人员，终了时应说明巡视结果，并做好记录。

6. 巡视中发现设备缺陷，应报值长研究消除，对威胁设备安全运行的情况，并可能引起严重后果的，应向有关领导汇报，并做好记录。

7. 用电单位的电气技术负责人应定期对变配电站的设备进行巡视检查。

（二）根据下列具体情况应安排特别巡视检查

1. 设备过负荷或负荷有显著增加。

2. 新设备、长期停运或维修后投入运行的设备。

3. 运行中的可疑现象和严重缺陷。

4. 根据领导指示或要求，加强值班时。

5. 重大节日及重大政治活动时。

6. 遇有风、雷、雨、雾、雪、雹等异常天气时。

7. 设备发生重大事故，经处理恢复送电后，对事故范围内的设备。

（三）巡视检查一般内容

1. 注油设备的油面应在标准范围内，充油管的油面应在监视线内，注油设备外表应清洁无渗油现象。

2. 导线应无松股、断股、过紧、过松等异常，接头、刀闸、插头应有示温蜡片，并无发热现象。

3. 瓷质部分应清洁，无破损、裂纹、打火、放电、闪络和严重电晕等异常现象。

4. 配电盘、二次线、仪表、继电保护、遥控、自动装置和音响信号，运行指示正常。试验时应动作正确，直流系统绝缘应良好。

（四）特别巡视检查重点内容

1. 严寒季节，重点检查充油设备有无油面过低、导线过紧、接头熔雪、瓷瓶结冰现象，检查保温取暖装置是否正常。

2. 高温季节，重点检查充油设备有无油面过高、导线过松，通风降温设备是否正常。

3. 刮风季节，检查站院设备附近有无易刮起的杂物，检查导线摆度是否有过大或断股等异常现象。

4. 雷雨季节，检查瓷质部分有无放电痕迹、裂纹、避雷器的放电记录器有无动作，房屋有无漏雨，基础有无斜下沉，沟眼水漏是否畅通，排水设备是否良好。

5. 冬季检查门窗是否严密，有无防止小动物进入室内的措施，春季检查架构上有无鸟巢。

6. 高峰负荷期间检查各路负荷是否超过最小载流元件的允许值，检查最小载流元件有无发热现象，必要时应用测温装置进行测试。

7. 大雾、霜冻、雨、雪期间检查瓷质部分有无严重打火、放电、电晕等现象，污秽设备地区应加强巡视。

8. 具体设备的巡视检查内容，见本规程有关条款。

对实现自动化监控的变配电站，应根据具体设备条件安排巡视检查。

四、设备验收制度

1. 凡新建、扩建、改建、大小修及预防性试验后的一二次系统设备，必须经过验收合格，手续完备，方能投入系统运行。

2. 新建、扩建、改建、大小修及预防性试验的设备验收，均应按现行国家标准、行业标准进行。

3. 设备的安装或检修，在施工过程中，需要中间验收时，变配电站负责人应指定专人配合进行，其隐蔽部分，应做好记录；中间验收项目，应由变配电站负责人与施工检修单位共同商定。

4. 大小修、预防性试验、继电保护、仪表校验后，应由有关修、试人员将情况记入记录本中，并注明是否可以投入运行，无疑后方可办理完工手续。

五、设备缺陷管理制度

1. 运行中的变(配)电设备发生异常，虽能继续使用，但影响安全运行，均称为设备缺陷。

设备缺陷可分为三大类：

(1) 危急缺陷：缺陷的严重程度已使设备不能继续安全运行，随时可能导致发生事故或危及人身安全，必须尽快消除或采取必要的安全技术措施进行临时处理。

(2) 严重缺陷：对人身和设备有严重威胁，不及时处理有可能造成事故者。

(3) 一般缺陷：对运行虽有影响但尚能坚持运行者。

2. 有关人员发现设备缺陷后，无论消除与否均应由值班人员作好记录，并向有关领导汇报。严重缺陷应及时消除或采取措施，防止造成事故，并上报主管部门。需其他部门处理时，应及时上报，并督促尽快处理，对一般缺陷可列入计划进行处理。

3. 有关领导应定期检查设备缺陷消除情况，对未消除者应尽快处理。

六、运行维护工作制度

变配电站值班人员除正常工作外，应根据季节性工作特点、环境特点及本所设备情况，制定维护工作项目和周期工作日程表。

变配电站的运行维护工作项目包括：

1. 控制盘清扫、带电测温、交直流熔丝检查、设备标志修改、更新电缆沟孔洞堵塞等。

2. 备品备件、消耗材料定期检查试验。

3. 安全用具、仪表、防护用具和急救医药箱的定期试验、检查。

4. 按要求设置各种消防器具，值班人员应定期组织学习使用方法，并定期演习检查。

5. 锅炉、煤气设施、乙炔、氢气、SF6（六氟化硫）气体、起重运输机械和一般工具的定期检查试验。

6. 易燃、易爆物品、贮油罐、有毒物品、酸碱性物品的存放保管检查。

7. 给、排水系统，采暖、降温通风系统及库房的检查。

七、运行分析制度

变配电站应建立运行分析制度，运行分析工作主要是对变电设备运行工作状态进行分析，摸索规律，找出薄弱环节，有针对性地制定防止事故措施。

运行分析分为综合分析和专题分析，综合分析为定期对本所安全运行、经济运行、运行管理等进行分析，找出影响安全的因素及可能存在的问题，提出解决措施；专题分析不定期进行，针对具体问题，进行专门分析。

八、设备预防性试验制度

电力设备绝缘的交接和预防性试验是检查、鉴定设备的健康状况，防止设备在运行中发生损坏的重要措施。

各项试验标准，是电力设备绝缘监督工作的基本要求，也是电力设备全过程管理工作的重要组成部分。在设备的验收、维护、检修工作中必须坚持以预防为主，积极地对设备进行维护，并按相关规程规定进行电气设备预防性试验。使其能长期安全、经济运行。

试验后必须对试验结果进行全面的、历史的综合分析和比较，既要对照历次试验结果，也要对照同类设备或不同组别的试验结果，根据变化规律和趋势，经全面分析后做出判断。

电气设备预防性试验项目及周期长短，应根据设备的具体情况，加以选择，需要新投、有缺陷设备的周期应缩短；绝缘稳定设备的周期可适当延长。交接试验后一年未投入运行的设备在投运前要求重做的项目，应按照有关规程特设“投运前”周期内容重做。

九、培训管理制度

（一）一般规定

1. 坚持规程学习、现场培训、岗位练兵等在岗学习制度，是变电运行的重点工作之一，是保证安全运行的基础工作。变电站要结合实际，采取多种形式，开展有针对性的培训工作。

2. 运行人员因工作调动或其他原因离岗3个月以上者，必须经过培训并履行考试和审批手续，方可上岗正式担任值班工作。

3. 变电站值长正（主）副值值班员等有权进行调度联系的人员，应经过相关调度机构的培训，并考试合格，方可上岗正式担任值班工作。

4. 变电站应根据上级规定的培训制度和年度培训计划要求，按期完成培训计划，由站长或技术负责人负责监督培训计划的落实。

（二）培训标准

1. 熟练掌握设备运行情况

（1）掌握设备结构、原理、性能、技术参数和设备布置情况，以及设备的运行、维护、倒闸操作方法和注意事项。

（2）掌握一二次设备的接线和相应的运行方式。

（3）能审核设备检修、试验、检测记录，并能根据设备运行情况和巡视结果，分析设备健康状况，掌握设备缺陷和运行薄弱环节。

2. 能正确执行规程制度

（1）掌握调度、运行、安全规程和运行管理制度的有关规定，以及检修、试验、继电保护规程的有关内容，正确执行各种规程制度。

（2）熟练掌握本站现场运行规程。遇有扩建工程或设备变更时，能及时修改和补充变电站现场运行规程，保证倒闸操作、事故处理正确。

（3）熟练掌握倒闸操作技术。

（4）能正确执行操作程序，迅速、正确地完成各项倒闸操作任务。

（5）掌握各种设备的操作要领和一二次设备相应的操作程序，熟知每一项操作的目的。

（6）掌握变压器并列条件及系统并列条件和操作方法。

（7）能熟练正确地进行事故处理。

（8）发生事故和异常时能根据仪表、信号指示、继电保护和设备异常状况，正确判断故障范围，并能做到迅速、正确地处理事故。

（9）遇到运行方式改变时发生故障，能够迅速、正确地处理事故。

（三）定期培训制度

1. 规程学习

（1）根据本单位实际可安排安全规程、调度规程、运行规程、现场运行规程的学习。

（2）每季末进行一次考试，总结学习效果。

2. 定期培训项目

（1）每季进行一次反事故演习。

（2）技术问答：每月每人至少一题。

（四）新人员培训

1. 新人员首先应进行岗前培训并取得上岗资格证书。

2. 经培训并考试合格后方可担任正式值班员。

3. 考核办法

（1）学习期间应定期进行测验，以检查学习效果。

(2) 分阶段进行全面考试,检验学习成绩。

(五) 培训资料管理

1. 各项培训工作均应及时填写好专用培训记录。全部培训记录和考试成绩,均应存入个人培训档案。不断总结培训工作经验,提高运行人员的技术素质和运行管理水平。

2. 建立培训档案并做好培训档案的管理工作。

十、场地环境管理制度

1. 室内外环境整洁,场地平整,搞好绿化,设备区不应存放与运行无关的闲散器材和私人物品,禁止无关人员进入场地。

2. 保持设备整洁,构架、基础无严重腐蚀,房屋不漏雨,高压室、主控制室无孔洞,安全网门完整、正常关闭加锁。

3. 电缆盖板齐全,沟内干净,有整洁的巡视道路。

4. 主控制室、高压配电室严禁遗留食物及储放粮食,并应有防止小动物进入的安全措施。

5. 各种图表悬挂整齐,资料装订成册,有专柜存放。

6. 室内外的运行设备,应做到标志齐全、清楚、正确,设备上不准粘贴与运行无关的标志。

7. 室内外照明充足,维护设施完好。

8. 所内严禁饲养家禽家畜。

9. 配电室内严禁烟火,对明火作业严加管理。

第五节　变配电系统应急管理预案(案例)

事故类型 1:两路进线电源电压显示为零(线路 TV 无电)

现象:检查后发现失压保护动作光字牌亮,两路低压总进线掉闸,进线隔离柜前显电器信号灯无指示、中央信号屏、高压柜、低压进线柜高、低压相应电压表均无指示,设备无故障。

判断:外部供电线路停电。

查找原因:认真检查受电设备,确认本站受电设备无故障。

处理:

(1) 停止报警音响,记录时间、现场事故信息(包括微机保护及自动装置动作情况和光字牌亮灯情况)、直观现象(包括弧光、烟雾、火苗的)。

(2) 恢复各类光字牌、警示灯等信号至正常位置。

(3) 自备发电机停电 30 s 内自动启动,ATS 开关自动切换至自备电源侧带重要负荷运行,密切注意 ATS 柜的电流和电压,不要超过自备发电机的额定允许值,若要出现过载情况,再根据情况限负荷,保证重要负荷的安全运行。如发电机负荷在允许情况下可派人去各分配电室,断开非发电机侧各出线开关,合联络开关,将次重要负荷恢复送电尽量扩大供电范围。随时观察发电机负荷情况。

(4) 向供电部门和主管部门报告。简要说明事故单位、地址、姓名、事故范围及性质。同时按规定答复有关部门询问。

上报处理情况：将现场应急处理的过程、结果和现状，上报供电公司调度、责任检查员和本单位领导。

监控重要负荷：增建对重要负荷的电流、开关温度等监测和记录次数，确保重要负荷不因为应急供电设备限制而发生二次供电中断现象。

事故后期分析：组织有关专业专家、技术人员和相关生产厂家等分析判断事故成因，提出今后防范措施。

事故类型2：单路电源进线开关掉闸，进线电源电压显示为“0”（线路TV无电）

现象：检查后发现失压保护动作光字牌亮，单路低压总进线掉闸，进线隔离柜前显电器信号灯无指示、中央信号屏、高压柜、低压进线柜高、低压相应电压表均无指示，设备无故障。

判断：外部供电线路停电。

查找原因：认真检查受电设备，确认本站受电设备无故障。

处理：

(1) 停止报警音响，记录时间、现场事故信息（包括微机保护及自动装置动作情况和光字牌亮灯情况）、直观现象（包括弧光、烟雾、火苗的）。

(2) 恢复各类光字牌、警示灯等信号至正常位置。

(3) 查失电低压总进线开关，确在断开位置，检查母线开关、受总开关位置，保护装置动作情况，检查该段母线一次设备，确定外电源故障，非本站问题后，拉开母线开关、受总开关，合母线联络开关、母线开关，合失电低压总进线开关，用另一路电源带全院负荷。

(4) 自备发电机30 s内自动启动，ATS开关自动切换至自备电源侧带重要负荷运行，密切注意ATS柜的电流和电压，不要超过自备发电机的额定允许值，若要出现过载情况，根据情况限负荷，保证重要负荷的安全运行。情况稳定之后检查高低压主进出线开关位置，保护装置动作情况，做详细记录，确认本站无其他问题后，通知重要科室负责人恢复送电时间。查失电低压总进线确在断开位置。正常送电后ATS开关自动切换至市电电源侧，发电机组自动减速停机。

上报处理情况：将现场应急处理的过程、结果和现状，上报供电公司调度、责任检察员和本单位领导。

监控重要负荷：增加对重要负荷的电流、开关温度等监测和记录次数，确保重要负荷不因为应急供电设备限制而发生二次供电中断现象。

事故后期分析：组织有关专业专家、技术人员和相关生产厂家等分析判断事故成因，提出今后防范措施。

事故类型3：站内故障，10 kV开关或受总保护动作掉闸及变压器故障

现象：检查后发现电源开关或馈出开关的保护已经动作，变压器总开关掉闸，中央信号屏应有相应光字牌指示、微机保护应有显示内容，柜前显电器信号灯有指示及电压表指示正常，表明站内设备有故障。

判断：因本站事故，造成电源开关或馈出开关动作。

查找原因：认真检查受电设备，确认为本站设备故障。

处理：

(1) 停止报警音响，记录时间、现场事故信息（包括微机保护及自动装置动作情况和光字牌亮灯情况）、直观现象（包括弧光、烟雾、火苗的）。

(2) 恢复各类光字牌、警示灯等信号至正常位置。

(3) 如过流继电保护动作：由于其保护全部线路设备所以应对低压总进线开关上级至母线开关下级所有设备进行检查。

(4) 如速断继电保护动作：由于其主要保护进端设备所以应重点对变压器高压侧至母线开关下级设备进行检查。

(5) 变压器超温跳闸保护动作：主要对变压器及通风冷却设备进行重点检查。

(6) 零序保护动作：对相应变压器一次侧、高压电缆、母线支架等设备进行重点检查。

(7) 查低压总进线开关，确在断开位置，将低压总进线开关摇至检修位置。检查母线开关、受总开关位置，确认自身原因故障后，根据保护动作情况判断故障范围，隔离故障点、采用低压联络方式尽可能扩大供电范围，密切注意另一路低压总进线电流指示防止过流造成全站停电。检查相应一次设备，尽快排除故障。

(8) 自备发电机自动启动，ATS 开关自动切换，母线通电，自备发电机带重要负荷运行，密切注意 ATS 柜的电流和电压，不要超过应急发电机的额定允许值，若要出现过载情况，再根据情况限负荷，保证重要负荷的安全运行。将故障低压总进线开关摇至检修位置。检查母线开关、受总开关位置。

(9) 操作恢复送电：确认已将事故点隔离后，根据事故情况，按照调度运行规程，填写倒闸操作票，通知各相关科室负责人送电时间，恢复对重要负荷及正常设备的电力供应。

上报处理情况：将现场应急处理的过程、结果和现状，上报供电公司调度、责任检察员和本单位领导。

监控重要负荷：增加对重要负荷的电流、开关温度等监测和记录次数。

事故后期分析：组织有关专业专家、技术人员和相关生产厂家等分析判断事故成因，提出今后防范措施。

事故类型 4：变压器侧低压故障

现象：低压总进线开关掉闸，进线柜电压表均有电压指示。（自备发电机自动启动运行再次掉闸）

判断：因本站事故，造成电源开关或馈出开关动作。

查找原因：认真检查受电设备，确认为本站设备故障。

处理：

(1) 记录时间、现场事故信息（包括开关保护及自动装置动作情况）、直观现象（包括弧光、烟雾、火苗的）。

(2) 检查变压器低压侧、母线有无异常、（自备发电机组保护开关）、变压器低压侧低压各出线开关位置。拉开母线所有出线开关、将低压总进线开关复位按钮复位，试合低压总进线开关。ATS 自动切换至市电侧、逐路送出出线开关查找故障点，屏蔽此故障点

(如低压出线开关有处于跳闸位置的不允许合此闸)观察变压器电流是否为正常值。检查出线低压电缆有无接地短路故障。

(3) 两路均有电压则不允许联络联络开关,防止事故扩大。将自备发电机组处于待命状态。如为母线故障,应及时去各分配电室,合联络开关,送出各重要负荷出线开关。保证重要负荷用电。根据情况尽量扩大供电范围。

(4) 操作恢复送电:确认已将事故点隔离开后消除后,根据事故情况,按照调度运行规程,填写倒闸操作票,通知各相关科室负责人送电时间,恢复对重要负荷及正常设备的电力供应。

上报处理情况:将现场应急处理的过程、结果和现状,上报供电公司调度、责任检察员和本单位领导。

监控重要负荷:增加对重要负荷的电流、开关温度等监测和记录次数。

事故后期分析:组织有关专业专家、技术人员和相关生产厂家等分析判断事故成因,提出今后防范措施。

事故类型 5:低压出线开关掉闸

低压出线开关掉闸,未查明原因不许合闸。

局部故障处理方法:当出现局部线路或设备故障,故障点不能隔离无法迅速恢复正常供电,造成监护室及手术室等重要科室局部停电,应迅速派人至现场从最近电源处拉接临时接线轴,尽可能恢复重要设备供电,以保证重症病人的生命安全。如负荷过大,临时接线轴容量无法满足需求,应派人迅速至发电机室将小型汽油发电机推至事故现场发电。随时观察发电机运行情况,并尽快排除故障点恢复正常供电。

附录一

《医院信息系统基本功能规范》

第一章　总　则

第一条　为加强卫生信息化工作的规范管理，进一步加快卫生信息化基础设施建设，保证医院信息系统的质量，减少不必要的重复研制和浪费，保护用户利益，推动和指导医院信息化建设，特制定本《医院信息系统基本功能规范》。

第二条　制定本规范的目的是为卫生部信息化工作领导小组评审医院信息系统提供一个基本依据，亦是现阶段医院信息系统必须达到的基本要求。

第三条　本规范同时为各级医院进行信息化建设的指导性文件，用于评价各级医院信息化建设程度的基本标准。

第四条　医院信息系统的定义：医院信息系统是指利用计算机软硬件技术、网络通讯技术等现代化手段，对医院及其所属各部门对人流、物流、财流进行综合管理，对在医疗活动各阶段中产生的数据进行采集、存贮、处理、提取、传输、汇总、加工生成各种信息，从而为医院的整体运行提供全面的、自动化的管理及各种服务的信息系统。医院信息系统是现代化医院建设中不可缺少的基础设施与支撑环境。

第五条　实用性是评价医院信息系统的主要标准。它应该符合现行医院体系结构、管理模式和运作程序，能满足医院一定时期内对信息的需求。它是现代医院管理工作中不可缺少的重要组成部分，并能对提高医疗服务质量、工作效率、管理水平，为医院带来一定的经济效益和社会效益产生积极的作用。

第六条　医院信息系统不是简单地模拟现行手工管理方法，而是根据医院管理模式采用科学化、信息化、规范化、标准化理论设计建立的。在建设医院信息系统前，医院必须首先规范自身的管理制度及运行模式。医院信息系统建立的过程，应是医院自身规范管理模式和管理流程，提高工作效率，不断完善机制的过程。

第七条　医院信息系统是一个综合性的信息系统，功能涉及国家有关部委制定的法律、法规。包括医疗、教育、科研、财务、会计、审计、统计、病案、人事、药品、保险、物资、设备……因此，评价医院信息系统首先必须保证与我国现行的有关法律、法规、规章制度相一致，并能满足各级医疗机构和各级卫生行政部门对信息的要求。

第八条　医院信息系统建设的组织与实施：建立医院信息系统是医院现代化建设的基础。因此，在系统建设中，必须有相应的组织落实与保证，其中院长重视并亲自领导是系统建设的关键，重视培养自己的技术骨干队伍，调动各级、各类医护人员使用信息的积极性是系统实施的先决条件。建立医院信息系统，必须根据各级、各类医院的具体要求，充分作好需求分析，制定出系统建设的总体技术方案，有计划、有步骤、分期分批实施，最终实现医院信息系统建设的总体目标。

第九条　医院在信息系统建设时，应根据自身需求及系统性能/价格比，保证合理的资金投入，这是保证系统建设成功的必要条件。

第十条　医院信息分类：医院信息应该以病人医疗信息为核心，采集、整理、传输、汇总、分析与之相关的财务、管理、统计、决策等信息。医院信息总体可分为临床信息与管理信息两大类。

第十一条　医院信息系统运行基本要求：操作系统、数据库、网络系统的选择要求安全、稳定、可靠，开发单位应提供该方面的保证，并提供技术培训、技术支持与技术服务。

- 系统须设置初始化及各级权限管理。
- 系统应根据需要可随时调整设置各种单据、报表等的打印输出格式。
- 系统须保证“7 天 24 小时”安全运行，并有冗余备份。
- 系统具有友好的用户界面，必须设置为鼠标或键盘均可单独操作的方式，以便提高操作速度，减少两者互换带来的不便。
- 要求系统数据处理必须准确无误，否则为不合格产品。

第十二条　医院信息系统开发应提供以下技术文档：

1. 总体设计报告
2. 需求分析说明书
3. 概要设计说明书
4. 详细设计说明书
5. 数据字典
6. 数据结构与流程
7. 测试报告
8. 操作使用说明书
9. 系统维护手册

第十三条　系统运行的维护与管理：系统在运行过程中，必须建立日志管理、各项管理制度及各种操作规程。系统维护应包括工作参数修改、数据字典维护、用户权限控制、操作口令或密码设置和修改、数据安全性操作、数据备份和恢复、故障排除等。

医院方必须考虑整个系统每年维护费用的投入。

第十四条　本规范所指医院信息系统是在网络环境下运行的系统，因此各模块之间要实现数据共享，互联互通，清晰体现内在逻辑联系，并且数据之间必须相互关联，相互制约。

第十五条　医院自身的目标、任务和性质决定了医院信息系统是各类信息系统中最复杂的系统之一。本《医院信息系统基本功能规范》根据数据流量、流向及处理过程，将整个医院信息系统划分为以下五部分：

1. 临床诊疗部分
2. 药品管理部分
3. 经济管理部分
4. 综合管理与统计分析部分
5. 外部接口部分

第十六条　各部分功能综述如下：

一、临床诊疗部分

临床诊疗部分主要以病人信息为核心，将整个病人诊疗过程作为主线，医院中所有科室将沿此主线展开工作。随着病人在医院中每一步诊疗活动的进行产生并处理与病人诊疗有关的各种诊疗数据与信息。整个诊疗活动主要由各种与诊疗有关的工作站来完成，并将这部分临床信息进行整理、处理、汇总、统计、分析等。此部分包括：门诊医生工作站、住院医生工作站、护士工作站、临床检验系统、输血管理系统、医学影像系统、手术室麻醉系统等。（见第 3 至第 9 章）

二、药品管理部分

药品管理部分主要包括药品的管理与临床使用。在医院中药品从入库到出库直到病人的使用，是一个比较复杂的流程，它贯穿于病人的整个诊疗活动中。这部分主要处理的是与药品有关的所有数据与信息。共分为两部分，一部分是基本部分，包括：药库、药房及发药管理；另一部分是临床部分，包括：合理用药的各种审核及用药咨询与服务。（见第 10 章）

三、经济管理部分

经济管理部分属于医院信息系统中的最基本部分，它与医院中所有发生费用的部门有关，处理的是整个医院中各有关部门产生的费用数据，并将这些数据整理、汇总、传输到各自的相关部门，供各级部门分析、使用并为医院的财务与经济收支情况服务。包括：门急诊挂号，门急诊划价收费，住院病人入、出、转，住院收费、物资、设备，财务与经济核算等。（见第 11 至第 17 章）

四、综合管理与统计分析部分

综合管理与统计分析部分主要包括病案的统计分析、管理，并将医院中的所有数据汇总、分析、综合处理供领导决策使用，包括：病案管理、医疗统计、院长综合查询与分析、病人咨询服务。（见第 18 至第 21 章）

五、外部接口部分

随着社会的发展及各项改革的进行，医院信息系统已不是一个独立存在的系统，它必须考虑与社会上相关系统互联问题。因此，这部分提供了医院信息系统与医疗保险系统、社区医疗系统、远程医疗咨询系统等接口。（见第 22 至第 24 章）

第十七条　系统中各部分的详细功能规范，详见各章中的要求。各章中的功能要求属基本功能，允许系统在此基础上增加功能。

第二章　数据、数据库、数据字典编码标准化

第一条　医院信息系统是为采集、加工、存储、检索、传递病人医疗信息及相关的管理信息而建立的人机系统。数据的管理是医院信息系统成功的关键。数据必须准确、可信、可用、完整、规范及安全可靠。

第二条　医院数据库是以病人医疗数据为主，并包括相关的各种经济数据以及各类行政管理、物资管理等数据的完整集合。数据库应包含医院全部资源的信息，便于快速查询，数据共享。

数据库管理系统的选择应依据医院数据量的大小，医院的经济实力以及考虑到医院今后的发展来确定。

第三条　数据库的设计和使用必须确保数据的准确性、可靠性、完整性、安全性及保密性。在网络环境下，需要使用多种技术手段保护中心数据库的安全。数据的安全性、保密性应符合国家的有关规定：

1.《中华人民共和国计算机信息系统安全保护条例》。

2.《中华人民共和国保密法》。

3.《中国计算机安全法规标准》。

在国家没有制定电子文档合法性相关法律之前，医院必须保留纸张文档作为法律依据。

第四条　医院信息系统数据技术规范要求：

1. 数据输入：提供数据输入准确、快速、完整性的操作手段，实现应用系统在数据源发生地一次性输入数据技术。

2. 数据共享：必须提供系统数据共享功能。

3. 数据通信：必须具备通过网络自动通信交换数据的功能，避免通过介质（软盘、磁带、光盘……）

交换数据。

4. 数据备份:具备数据备份功能,包括自动定时数据备份,程序操作备份和手工操作备份。为防止不可预见的事故及灾害,数据必须异地备份。

5. 数据恢复:具备数据恢复功能,包括程序操作数据恢复和手工操作数据恢复。

6. 数据字典编码标准:数据字典包括国家标准数据字典、行业标准数据字典、地方标准数据字典和用户数据字典。为确保数据规范,信息分类编码应符合我国法律、法规、规章及有关规定,对已有的国标、行业标准及部标的数据字典,应采用相应的有关标准,不得自定义。使用允许用户扩充的标准,应严格按照该标准的编码原则扩充。在标准出台后应立即改用标准编码,如果技术限制导致已经使用的系统不能更换字典,必须建立自定义字典与标准编码字典的对照表,并开发相应的检索和数据转换程序。

第五条　医院信息系统保密安全防范措施。

1. 系统必须有严格的权限设置功能。为方便用户,此设置应尽可能灵活。

考虑与人事管理系统的接口,人事信息发生变化时应及时提醒系统管理员验证、更改用户权限设置。用户操作界面根据用户权限设置功能按钮(菜单)。

2. 数据安全:系统应具备保证数据安全的功能。重要数据,系统只能提供有痕迹的更正功能,预防利用计算机犯罪。

3. 重要数据资料要遵守国家有关保密制度的规定。从数据输入、处理、存储、输出严格审查和管理,不允许通过医院信息系统非法扩散。

4. 重要保密数据,要对数据进行加密处理后再存入机内,对存贮磁性介质或其他介质的文件和数据,系统必须提供相关的保护措施。

5. 能够接触、修改关键数据的岗位、操作区须设置监控、门禁等设备,记录操作人、操作情况。

6. 能够接触、修改关键数据的操作终端可实施行为管理措施,对操作过程实施监控、记录。

第三章　门诊医生工作站分系统功能规范

第一条　《门诊医生工作站分系统》是协助门诊医生完成日常医疗工作的计算机应用程序。其主要任务是处理门诊记录、诊断、处方、检查、检验、治疗处置、手术和卫生材料等信息。

第二条　《门诊医生工作站分系统》必须符合国家、地方有关法律、法规、规章制度的要求:

1.《中华人民共和国执业医师法》。

2.《医疗机构管理条例》。

3.《医疗机构诊疗科目名录》。

4.《医疗机构基本标准》。

5.《城镇职工基本医疗保险用药范围管理暂行办法》。

6.《城镇职工基本医疗保险—定点医疗机构管理暂行办法》。

第三条　《门诊医生工作站分系统》基本功能:

1. 自动获取或提供如下信息:

(1) 病人基本信息:就诊卡号、病案号、姓名、性别、年龄、医保费用类别等。

(2) 诊疗相关信息:病史资料、主诉、现病史、既往史等。

(3) 医生信息:科室、姓名、职称、诊疗时间等。

(4) 费用信息:项目名称、规格、价格、医保费用类别、数量等。

(5) 合理用药信息:常规用法及剂量、费用、功能及适应证、不良反应及禁忌证等。

2. 支持医生处理门诊记录、检查、检验、诊断、处方、治疗处置、卫生材料、手术、收入院等诊疗活动。

3. 提供处方的自动监测和咨询功能:药品剂量、药品相互作用、配伍禁忌、适应证等。

4. 提供医院、科室、医生常用临床项目字典,医嘱模板及相应编辑功能。

5. 自动审核录入医嘱的完整性，记录医生姓名及时间，一经确认不得更改，同时提供医嘱作废功能。

6. 所有医嘱均提供备注功能，医师可以输入相关注意事项。

7. 支持医生查询相关资料：历次就诊信息、检验检查结果，并提供比较功能。

8. 自动核算就诊费用，支持医保费用管理。

9. 提供打印功能，如处方、检查检验申请单等，打印结果由相关医师签字生效。

10. 提供医生权限管理，如部门、等级、功能等。

11. 自动向有关部门传送检查、检验、诊断、处方、治疗处置、手术、收住院等诊疗信息，以及相关的费用信息，保证医嘱指令顺利执行。

第四条 《门诊医生工作站分系统》运行要求：

1. 门诊医生工作站分系统不能代替医生作出决策，也不应该限制医生的决策行为。

2. 在门诊医生工作站产生的各种医嘱信息是门诊药房、检验检查、门诊收费等系统的基本数据来源，在联网运行中，要求数据准确可靠，速度快，保密性强，系统要求具有软、硬件应急方案，发生故障时，应急方案的启动时间应少于5～10分钟。

第四章 住院医生工作站分系统功能规范

第一条 《住院医生工作站分系统》是协助医生完成病房日常医疗工作的计算机应用程序。其主要任务是处理诊断、处方、检查、检验、治疗处置、手术、护理、卫生材料以及会诊、转科、出院等信息。

第二条 《住院医生工作站分系统》必须符合国家、地方有关法律、法规、规章制度的要求：同门诊医生工作站。

第三条 《住院医生工作站分系统》基本功能：

1. 自动获取或提供如下信息：

(1) 医生主管范围内病人基本信息：姓名、性别、年龄、住院病历号、病区、床号、入院诊断、病情状态、护理等级、费用情况等。

(2) 诊疗相关信息：病史资料、主诉、现病史、诊疗史、体格检查等。

(3) 医生信息：科室、姓名、职称、诊疗时间等。

(4) 费用信息：项目名称、规格、价格、医保费用类别、数量等。

(5) 合理用药信息：常规用法及剂量、费用、功能及适应证、不良反应及禁忌证等。

2. 支持医生处理医嘱：检查、检验、处方、治疗处置、卫生材料、手术、护理、会诊、转科、出院等。

检验医嘱须注明检体，检查医嘱须注明检查部位。

3. 提供医院、科室、医生常用临床项目字典，医嘱组套、模板及相应编辑功能。

4. 提供处方的自动监测和咨询功能：药品剂量、药品相互作用、配伍禁忌、适应证等。

5. 提供长期和临时医嘱处理功能，包括医嘱的开立、停止和作废。

6. 支持医生查询相关资料：历次门诊、住院信息，检验检查结果，并提供比较功能。提供医嘱执行情况、病床使用情况、处方、患者费用明细等查询。

7. 支持医生按照国际疾病分类标准下达诊断（入院、出院、术前、术后、转入、转出等）；支持疾病编码、拼音、汉字等多重检索。

8. 自动审核录入医嘱的完整性，提供对所有医嘱进行审核确认功能，根据确认后的医嘱自动定时产生用药信息和医嘱执行单，记录医生姓名及时间，一经确认不得更改。

9. 所有医嘱均提供备注功能，医师可以输入相关注意事项。

10. 支持所有医嘱和申请单打印功能，符合有关医疗文件的格式要求，必须提供医生、操作员签字栏，打印结果由处方医师签字生效。

11. 提供医生权限管理，如部门、等级、功能等。

12. 自动核算各项费用，支持医保费用管理。

13. 自动向有关部门传送检查、检验、诊断、处方、治疗处置、手术、转科、出院等诊疗信息，以及相关的费用信息，保证医嘱指令顺利执行。

第四条 《住院医生工作站分系统》运行要求：

1. 住院医生工作站分系统不能代替医生做出决策，也不应该限制医生的决策行为。

2. 所有医嘱须经护士核对后方可传送到药房、检查检验、手术等相关科室的系统中生效执行。

3. 抢救等紧急情况口头医嘱事后须及时审核补录入，并记录授权医生姓名或代号及操作员姓名或代号。

4. 在住院医生工作站产生的各种医嘱信息是住院药房、检验检查、门诊收费等系统的基本数据来源，在联网运行中，要求数据准确可靠，速度快，保密性强。

第五章 护士工作站分系统功能规范

第一条 《护士工作站分系统》是协助病房护士对住院患者完成日常的护理工作的计算机应用程序。其主要任务是协助护士核对并处理医生下达的长期和临时医嘱，对医嘱执行情况进行管理。同时协助护士完成护理及病区床位管理等日常工作。

第二条 《护士工作站分系统》必须符合国家、地方有关法律、法规、规章制度的要求。

1.《中华人民共和国护士管理办法》

2. 其他相关法律、法规。

第三条 《护士工作站分系统》基本功能：

1. 床位管理

(1) 病区床位使用情况一览表(显示床号、病历号、姓名、性别、年龄、诊断、病情、护理等级、陪护、饮食情况)。

(2) 病区一次性卫生材料消耗量查询，卫生材料申请单打印。

2. 医嘱处理

(1) 医嘱录入。

(2) 审核医嘱(新开立、停止、作费)，查询、打印病区医嘱审核处理情况。

(3) 记录病人生命体征及相关项目。

(4) 打印长期及临时医嘱单(具备续打功能)，重整长期医嘱。

(5) 打印、查询病区对药单(领药单)，支持对药单分类维护。

(6) 打印、查询病区长期、临时医嘱治疗单(口服、注射、输液、辅助治疗等)，支持治疗单分类维护。打印、查询输液记录卡及瓶签。

(7) 长期及临时医嘱执行确认。

(8) 填写药品皮试结果。

(9) 打印检查化验申请单。

(10) 打印病案首页。

(11) 医嘱记录查询。

3. 护理管理 护理记录；护理计划；护理评价单；护士排班；护理质量控制。

4. 费用管理

(1) 护士站收费(一次性材料、治疗费等)，具备模板功能。

(2) 停止及作废医嘱退费申请。

(3) 病区(病人)退费情况一览表。

(4) 住院费用清单(含每日费用清单)查询打印。

(5) 查询病区欠费病人清单,打印催缴通知单。

第四条 《护士工作站分系统》运行要求:

1. 护士工作站的各种信息应来自入院登记、医生工作站和住院收费等多个分系统,同时提供直接录入。护士工作站产生的信息应反馈到医生工作站、药房、住院收费、检验检查等分系统。

2. 医嘱经过护士审核后,方可生效,记入医嘱单,并将有关的医嘱信息传输到相应的执行部门。未经护士审核的医嘱,医生可以直接取消,不记入医嘱单。

3. 系统应提示需要续打医嘱单的病人清单,并提醒续打长期或临时医嘱单的页数。系统应提供指定页码的补印功能,保证患者的长期、临时医嘱单的完整性。打印的长期、临时医嘱单必须由医生签署全名方可生效。

4. 护士站各种单据打印,应提供单个病人或按病区打印等多种选择。

5. 护士站收费时,应提示目前已收的费用,避免重复收费。

6. 护士站打印病人检查化验申请单时,应提醒目前已打印的申请单,避免重复。

7. 护士填写的药品皮试结果必须在长期、临时医嘱单上反映出来。

护士的每一项操作,一旦确认,不允许修改,系统记录的操作时间以服务器为准。

8. 网络运行:数据和信息准确可靠,速度快。

第六章 临床检验分系统功能规范

第一条 《临床检验分系统》是协助检验科完成日常检验工作的计算机应用程序。其主要任务是协助检验师对检验申请单及标本进行预处理,检验数据的自动采集或直接录入,检验数据处理、检验报告的审核,检验报告的查询、打印等。系统应包括检验仪器、检验项目维护等功能。实验室信息系统可减轻检验人员的工作强度,提高工作效率,并使检验信息存储和管理更加简捷、完善。

第二条 《临床检验分系统》必须符合国家、地方有关法律、法规、规章制度的要求。

第三条 《临床检验分系统》基本功能:

1. 预约管理

(1) 预约处理:预约时间,打印预约单(准备、注意事项)。

(2) 预约浏览:查询预约情况。

2. 检验单信息

(1) 患者基本信息:科室、姓名、性别、年龄、病例号、病区、入院诊断、送检日期等。

(2) 检验相关信息:种类、项目、检体、结果、日期。

3. 登录功能

(1) 患者基本信息。

(2) 检验相关信息:种类、项目、检体、结果、日期。

(3) 医生相关信息:申请医生姓名、科室;检验科医生姓名,检验师姓名,一经确认,不得更改。

4. 提示查对

(1) 采取标本时:科别、床号、姓名、项目、检体。

(2) 收集标本时:科别、姓名、性别、标本数量和质量。

(3) 检验时:查对试剂和项目。

(4) 检验后:查对目的和结果。

(5) 发报告时:查对科别、化验单完整。

5. 检验业务执行

(1) 镜检业务。

(2) 仪检业务。
(3) 结果录入。
(4) 检验单生成、核准、打印。
6. 报告处理功能
(1) 生成检验结果报告。
(2) 向临床反馈信息。
(3) 既往检验结果查询，提供比较功能。
7. 检验管理功能
(1) 检验仪器录入。
(2) 检验类型录入。
(3) 镜检标准提示。
(4) 正常值范围提示。
8. 检验质量控制功能
(1) 定期调试制度。
(2) 发现问题及时调整。
9. 统计功能
(1) 工作量：检验报告数量、时间。
(2) 特殊疾病及时提示、规范统计功能。
(3) 费用提示。
(4) 打印功能。
第四条 《临床检验分系统》运行要求：
1. 输入数据和信息：提供多种输入格式和内容，提高录入速度。
2. 权限控制功能：录入者及审核者具有不同权限控制。审核者对医嘱进行审核、校对后才能提供执行，并对审核后医嘱的正确性承担责任。对未经审核的医嘱可提供修改和删除的功能。
3. 由病历号/处方号自动生成检验单号，并保证由检验单号查询唯一检验结果。
4. 仪检仪器能够提供自动数据采集的接口，镜检仪器能够提供手工录入的接口，并对二者提供相关的核准操作手续。
5. 每次检查的检验单号必须与患者在院资料相对应。
6. 每次检验的数据都要经过严格核准后方可生效。
7. 检验数据具备图形显示功能。
8. 查询和修改：提供多种格式的单项和多项查询显示，对未存档数据可提供修改。
9. 网络运行：提供数据和信息快速准确可靠。

第七章 输血管理分系统功能规范

第一条 《输血管理分系统》是对医院的特殊资源——血液进行管理的计算机程序。包括血液的入库、储存、供应以及输血科(血库)等方面的管理。其主要目的是，为医院有关工作人员提供准确、方便的工作手段和环境，以便保质、保量的满足医院各部门对血液的需求，保证病人用血安全。
第二条 《输血管理分系统》必须符合国家、地方有关法律、法规、规章制度的要求：
1.《中华人民共和国献血法》。
2. 卫生部《医疗机构临床用血管理办法》。
3. 卫生部《临床输血技术规范》。
4.《血站管理办法》(中心血库)。

5.《血站基本标准》(中心血库)。

第三条 《输血管理分系统》基本功能:

1. 入库管理:录入血液制品入库信息,包括:储血号、品名(如:全血、成分血等)、血型、来源、采血日期、采血单位、献血者、包装、数量等。

2. 配血管理:自动获得临床输血申请单并完成配血信息处理,并提供备血信息提示。

3. 发血管理:根据临床输血申请单和配血信息进行核实,按照《临床输血技术规范》打印输血记录单,完成发血操作。

4. 报废管理:提供报废血液制品名称、数量、经手人、审批人、报废原因、报废日期等信息。

5. 自备血管理:自备血入库、发血、查询,打印袋签等。

6. 有效期管理:根据《临床输血技术规范》第五章第二十二条的规定提供有效期报警,并有库存量提示。

7. 费用管理:完成入库、血化验(定血型、RhO检验、配血型等)、发血等过程中的费用记录,并与住院处联机自动计费。

8. 查询与统计:入、出库情况查询、科室用血情况查询;费用情况查询;科室工作量统计与查询等。打印日报、月报、年报及上级所需报表等。

第四条 《输血管理分系统》运行要求:

1. 能够实时读取其他分系统的相关数据。

2. 运行速度快,显示信息直观,操作方便。

第八章 医学影像分系统功能规范

第一条 《医学影像分系统》是处理各种医学影像信息的采集、存储、报告、输出、管理、查询的计算机应用程序。

第二条 《医学影像分系统》必须符合国家、地方有关法律、法规、规章制度的要求:

1. 符合DICOM 3.0国际标准。

2. 符合国际疾病分类标准。

第三条 《医学影像分系统》基本功能:

影像处理部分:

1. 数据接收功能:接收、获取影像设备的DICOM 3.0和非DICOM 3.0格式的影像数据,支持非DICOM影像设备的影像转化为DICOM3.0标准的数据。

2. 图像处理功能:自定义显示图像的相关信息,如姓名、年龄、设备型号等参数。提供缩放、移动、镜像、反相、旋转、滤波、锐化、伪彩、播放、窗宽窗位调节等功能。

3. 测量功能:提供ROI值、长度、角度、面积等数据的测量以及标注、注释功能。

4. 保存功能:支持JPG、BMP、TIFF等多种格式存储,以及转化成DICOM 3.0格式功能。

5. 管理功能:支持设备间影像的传递,提供同时调阅病人不同时期、不同影像设备的影像及报告功能。支持DICOM 3.0的打印输出,支持海量数据存储、迁移管理。

6. 远程医疗功能:支持影像数据的远程发送和接收。

7. 系统参数设置功能:支持用户自定义窗宽窗位值、显示文字的大小、放大镜的放大比例等参数。

报告管理部分:

1. 预约登记功能。

2. 分诊功能:病人基本信息、检查设备、检查部位、检查方法、划价收费。

3. 诊断报告功能:生成检查报告,支持二级医生审核。支持典型病例管理。

4. 模板功能:用户可以方便灵活地定义模板,提高报告生成速度。

5. 查询功能：支持姓名、影像号等多种形式的组合查询。

6. 统计功能：可以统计用户工作量、门诊量、胶片量以及费用信息。

第四条 《医学影像分系统》运行要求：

1. 共享医院信息系统中患者信息。

2. 网络运行：数据和信息准确可靠，速度快。

3. 安全管理：设置访问权限，保证数据的安全性。

4. 建立可靠的存储体系及备份方案，实现病人信息的长期保存。

5. 报告系统支持国内外通用医学术语集。

第九章 手术、麻醉管理分系统功能规范

第一条 《手术、麻醉管理分系统》是指专用于住院病人手术与麻醉的申请、审批、安排以及术后有关信息的记录和跟踪等功能的计算机应用程序。医院手术、麻醉的安排是一个复杂的过程，合理、有效、安全的手术、麻醉管理能有效保证医院手术的正常进行。

第二条 《手术、麻醉管理分系统》必须符合国家、地方有关法律、法规、规章制度的要求：

1.《麻醉药品管理办法》。

2. 其他相关法律、法规。

第三条 《手术、麻醉管理分系统》基本功能：

1. 手术前

(1) 手术、麻醉申请与审批：根据有关规定完成手术、麻醉的申请和审批信息。

(2) 提供患者基本信息：姓名、性别、年龄、住院病例号、病区、床号、入院诊断、病情状态、护理等级、费用情况等。

(3) 术前准备完毕信息：各项检查完成；诊断明确；符合手术指征；手术同意书已签好；麻醉签字单已签好。

(4) 术前讨论和术前总结信息：书面记录。

(5) 记录按规定标准安排手术者和第一助手。

(6) 麻醉科会诊记录：术前一天进行并填好，麻醉前签字。

(7) 记录确认麻醉方案：术前科内讨论确定。

(8) 记录手术前用药：麻醉科医生会诊决定。

(9) 记录手术医嘱。

(10) 记录手术通知单：术前一日上午送交麻醉科；急诊手术随时送交。

(11) 术前护理工作落实信息。

(12) 病人方面准备信息。

(13) 手术器械准备记录：手术器械、麻醉器械、药品准备等。

2. 手术

(1) 提供患者基本信息：姓名、性别、年龄、住院病例号、病区、床号、入院诊断、病情状态、护理等级等。

(2) 提供手术相关信息：手术编号、日期、时间、手术室及手术台；手术分类、规模、部位、切口类型等。

(3) 提供医生信息：手术医生和助手姓名、科室、职称；麻醉师姓名、职称。

(4) 提供护士信息：洗手护士、巡回护士，器械师姓名。

(5) 提供麻醉信息：麻醉方法、用药名称、剂量、给药途径。

(6) 核查手术名称及配血报告、术前用药、药敏试验结果。

(7) 核查无菌包内灭菌指示剂，以及手术器械是否齐全，并予记录。

(8) 以上信息术前录入，术后进行修改；急诊手术术后及时录入，并记入医生及操作员姓名、代号。

(9) 核对纱垫、纱布、缝针器械数目。

(10) 填写麻醉记录单。

(11) 记录麻醉器械数量。

3. 手术后

(1) 提供手术情况：手术记录、麻醉记录。

(2) 提供患者情况：血压、脉搏、呼吸等。

(3) 随访信息：一般手术随访一天，全麻及重患者随访三天，随访结果记录，有关并发症记录。

(4) 提供全部打印功能。

(5) 提供汇总功能。

(6) 提供费用信息。

第四条 《手术、麻醉管理分系统》运行要求：

1. 手术、麻醉的实施事关病人健康，必须保证相关信息在录入及传输过程中的真实性，并在手术即将实施前仔细核实。

2. 系统应设操作权限：手术及麻醉的申请和审批必须由不同权限的医师进行操作，必须保证操作的合法性及安全性，不允许越权操作。手术前后登记的有关信息一经确认，不得更改。

3. 特殊情况手术、麻醉的安排手续要快捷、简单，让手术能尽快进行。

4. 疾病诊断及其编码库、手术名称及其编码库应符合国家标准疾病分类编码和国家的有关要求。

5. 手术及手术相关物品的批价必须遵守国家的有关规定。

6. 与其他子系统的数据接口：能将与其他子系统相关的信息以合适的数据格式传入或传出。

7. 在急症手术、抢救手术以及其他特殊情况的手术导致手术相关资料在手术前无法及时录入时，必须在手术后尽快补录。

第十章 药品管理分系统功能规范

第一条 《药品管理分系统》是用于协助整个医院完成对药品管理的计算机应用程序，其主要任务是对药库、制剂、门诊药房、住院药房、药品价格、药品会计核算等信息的管理以及辅助临床合理用药，包括处方或医嘱的合理用药审查、药物信息咨询、用药咨询等。

第二条 《药品管理分系统》必须符合国家、地方的有关法律、法规、规章制度的要求：

1. 财政部、卫生部下发的《医院财务制度》中第二十六条药品管理。

2. 国家对医院药品管理的法律、法规。

3. 国家和地方物价部门的关于物价管理的有关规定。

4. 国家医疗保险部门有关药品使用的规定。

第三条 《药品管理分系统》基本功能

1. 药品库房管理功能：

(1) 录入或自动获取药品名称、规格、批号、价格、生产厂家、供货商、包装单位、发药单位等药品信息以及医疗保险信息中的医疗保险类别和处方药标志等。

(2) 具有自动生成采购计划及采购单功能。

(3) 提供药品入库、出库、调价、调拨、盘点、报损丢失、退药等功能。

(4) 提供特殊药品入库、出库管理功能(如：赠送、实验药品等)。

(5) 提供药品库存的日结、月结、年结功能，并能校对账目及库存的平衡关系。

(6) 可随时生成各种药品的入库明细、出库明细、盘点明细、调价明细、调拨明细、报损明细、退药明细以及上面各项的汇总数据。

(7) 可追踪各个药品的明细流水账，可随时查验任一品种的库存变化入、出、存明细信息。

(8) 自动接收科室领药单功能。

(9) 提供药品的核算功能，可统计分析各药房的消耗、库存。

(10) 可自动调整各种单据的输出内容和格式，并有操作员签字栏。

(11) 提供药品字典库维护功能(如品种、价格、单位、计量、特殊标志等)，支持一药多名操作，判断识别，实现统一规范药品名称。

(12) 提供药品的有效期管理、可自动报警和统计过期药品的品种数和金额，并有库存量提示功能。

(13) 对毒麻药品、精神药品的种类、贵重药品、院内制剂、进口药品、自费药等均有特定的判断识别处理。

(14) 支持药品批次管理。

(15) 支持药品的多级管理。

2. 门诊药房管理功能：

(1) 可自动获取药品名称、规格、批号、价格、生产厂家、药品来源、药品剂型、药品属性、药品类别、医保编码、领药人、开方医生和门诊患者等药品基本信息。

(2) 提供对门诊患者的处方执行划价功能。

(3) 提供对门诊收费的药品明细执行发药核对确认，消减库存的功能，并统计日处方量和各类别的处方量。

(4) 可实现为住院患者划价、记账和按医嘱执行发药。

(5) 为门诊收费设置包装数、低限报警值、控制药品以及药品别名等功能。

(6) 门诊收费的药品金额和药房的发药金额执行对账。

(7) 可自动生成药品进药计划申请单，并发往药库。

(8) 提供对药库发到本药房的药品的出库单进行入库确认。

(9) 提供本药房药品的调拨、盘点、报损、调换和退药功能。

(10) 具有药房药品的日结、月结和年结算功能，并自动比较会计账及实物账的平衡关系。

(11) 可随时查询某日和任意时间段的入库药品消耗，以及任意某一药品的入、出、存明细账。

(12) 药品有效期管理及毒麻药品等的管理同药品库房管理中的第 12、13 条。

(13) 支持多个门诊药房管理。

(14) 同药品库房管理第 14 条。

(15) 支持二级审核发药。

3. 住院药房管理功能：

(1) 可自动获取药品名称、规格、批号、价格、生产厂家、药品来源、药品剂型、属性、类别和住院患者等药品基本信息。

(2) 具有分别按患者的临时医嘱和长期医嘱执行确认上帐功能，并自动生成针剂、片剂、输液、毒麻和其他等类型的摆药单和统领单，同时追踪各药品的库存及患者的押金等，打印中草药处方单，并实现对特殊医嘱、隔日医嘱等的处理。

(3) 提供科室、病房基数药管理与核算统计分析功能。

(4) 提供查询和打印药品的出库明细功能。

(5) 本药房管理中的库存管理同门诊药房管理中的第 7、8、9、10 条。

(6) 药品有效期管理及毒麻药品等的管理同药品库房管理中的第 12、13 条。

(7) 支持多个住院药房管理。

(8) 同药品库房管理第 14 条。

4. 药品会计核算及药品价格管理功能：

(1) 药品从采购到发放给病人有进价、零售价以及设置扣率和加成率参数，这二种价格应由专人负责，根据物价部门的现行调价文件实现全院统一调价，提供自动调价确认和手动调价确认两种方式。

(2) 要记录调价的明细、时间及调价原因，并记录调价的盈亏等信息，传送到药品会计和财务会计。

(3) 提供药品会计账目、药品库管账目及与财务系统的接口，实现数据共享。按会计制度规定，提供自动报账和手工报账核算功能。

(4) 药品会计账务处理须实现计算进出药品库房和药房处方等的销售额与药品的收款额核对，做到账物相符，并统计全院库房和药房的合计库存金额、消耗金额以及购入成本等信息，计算出各月的实际综合加成率。

(5) 药品会计统计分析报表应实现对月、季、年进行准确可靠的统计，为“定额管理、加速周转、保证供应”提供依据。

(6) 提供医院各科室药品消耗统计核算功能。

(7) 打印功能：对药品会计处理需要的账簿、报表按统一规定的格式和内容进行打印和输出。

5. 制剂管理基本功能：

(1) 制剂库房管理，包括原辅料、包装材料的入库、出库、盘点、领用、报废、消耗、销售等的管理。

(2) 制剂的半成品、成品管理，包括半成品、成品的入库、出库、销售、报废、盘点等的管理。

(3) 制剂的财务账目及报表分析，包括月收支报表、月发出成品统计表、原辅料出入库明细表、原辅料、卫生材料及包装材料月消耗统计表、部门领用清单等。

(4) 提供制剂的，成本核算，并能自动生成记账凭证。

(5) 提供各种单据和报表的打印功能，如入出库单等。

(6) 提供各种质控信息管理功能：包括原辅料入库质量检查、制剂产品(外用，内服)卫生学检验、成品检验等。

(7) 提供计划、采购、应付款和付款的管理。

(8) 提供各种标准定额的管理：包括工时定额、产量定额、水电气的消耗定额等。

(9) 提供制剂生产过程、生产工序的管理。

6. 合理用药咨询功能：

(1) 提供处方或医嘱潜在的不合理用药审查和警告功能：

①药物过敏史审查：审查处方或医嘱中是否有病人曾经过敏的药物或同类药物。

②药物相互作用审查：审查处方或医嘱中两种或两种以上药物的配伍禁忌。

③药物剂量提示：对处方或医嘱中的药物进行剂量分析，给出标准剂量范围，提示低于或超过有效剂量的情况。

④禁忌证提示：提示处方或医嘱中的药物对各种病症的禁忌。

⑤适应证提示：提示处方或医嘱中的药物是否符合适应证。

⑥重复用药提示：对处方或医嘱中可能存在的同物异名药物或不同药物中可能含有的相同成分进行审查。

(2) 药物信息查询功能：用药指南；最新不良反应信息，单一药品对其他药品的相互作用信息，正确用药信息等。

(3) 简要用药提示功能：提供药品最主要的用法、用量和其他注意事项。

第四条 《药品管理分系统》运行要求：

1. 应保证药品数据和相应的财务数据在全院各有关科室发生时相互保持一致，准确无误。

2. 运行速度：药品划价/门诊收费/门诊药房发药三处窗口体现协调快速、准确运行、减少病人等待时间，这是评价该功能的重要标志。

3. 按规定时间及时提供降价以及销售药品的信息。

4. 按政府规定的价格或差价率及时调整药品价格信息。

5. 所有领药发药单据必须核对签字。

第十一章　门急诊挂号分系统功能规范

第一条 《门急诊挂号分系统》是用于医院门急诊挂号处工作的计算机应用程序，包括预约挂号、窗口挂号、处理号表、统计和门诊病历处理等基本功能。门急诊挂号系统是直接为门急诊病人服务的，建立病人标识码，减少病人排队时间，提高挂号工作效率和服务质量是其主要目标。

第二条 《门急诊挂号分系统》必须符合国家、地方有关法律、法规、规章制度的要求。

第三条 《门急诊挂号分系统》基本功能

1. 初始化功能：包括建立医院工作环境参数、诊别、时间、科室名称及代号、号别、号类字典、专家名单、合同单位和医疗保障机构等名称。

2. 号表处理功能：号表建立、录入、修改和查询等功能。

3. 挂号处理功能：

(1) 支持医保、公费、自费等多种身份的病人挂号。

(2) 支持现金、刷卡等多种收费方式。

(3) 支持窗口挂号、预约挂号、电话挂号、自动挂号功能。挂号员根据病人请求快速选择诊别、科室、号别、医生，生成挂号信息，打印挂号单，并产生就诊病人基本信息等功能。

4. 退号处理功能：能完成病人退号，并正确处理病人看病日期、午别、诊别、类别、号别以及应退费用和相关统计等。

5. 查询功能：能完成预约号、退号、病人、科室、医师的挂号状况、医师出诊时间、科室挂号现状等查询。

6. 门诊病案管理功能：

(1) 门诊病案申请功能：根据门诊病人信息，申请提取病案。

(2) 反映提供病案信息功能。

(3) 回收、注销病案功能。

7. 门急诊挂号收费核算功能：能即时完成会计科目、收费项目和科室核算等。

8. 门急诊病人统计功能：能实现提供按科室、门诊工作量统计的功能。

9. 系统维护功能：能实现病人基本信息、挂号费用等维护。

第四条 《门急诊挂号分系统》运行要求

1. 系统响应速度能够满足门诊挂号要求。

2. 系统应设置使用权限，操作员授权等功能，增加系统安全性。

第十二章　门急诊划价收费分系统功能规范

第一条 《门急诊划价收费分系统》是用于处理医院门急诊划价和收费的计算机应用程序，包括门急诊划价、收费、退费、打印报销凭证、结账、统计等功能。医院门诊划价、收费系统是直接为门急诊病人服务的，减少病人排队时间，提高划价、收费工作的效率和服务质量，减轻工作强度，优化执行财务监督制度的流程是该系统的主要目标。

第二条 《门急诊划价收费分系统》必须符合国家、地方有关法律、法规、规章制度的要求：

1. 财政部、卫生部颁布的《医院会计制度》和有关财务制度。

2. 使用国家或地方行政部门制定的编码字典。

3. 严格执行国家或地方行政部门制定的收费标准。

4. 严格按照票据管理制度使用和保管收费票据。

第三条 《门急诊划价收费分系统》基本功能：

1. 初始化功能：包括医院科室代码字典、医生名表、收费科目字典、药品名称、规格、收费类别、病人交费类别等有关字典。

2. 划价功能：支持划价收费一体化或分别处理功能，推荐有条件的医院使用划价收费一体化方案，可以方便患者。

3. 收费处理功能

(1) 支持从网络系统中自动获取或直接录入患者收费信息：包括患者姓名、病历号、结算类别、医疗类别、临床诊断、医生编码，开处方科室名称、药品/诊疗项目名称、数量等收费有关信息，系统自动划价，输入所收费用，系统自动找零，支持手工收费和医保患者通过读卡收费。

(2) 处理退款功能：必须按现行会计制度和有关规定严格管理退款过程，程序必须使用冲账方式退款，保留操作全过程的记录，大型医院应使用执行科室确认监督机制强化管理。严格发票号管理，建立完善的登记制度，建议同时使用发票号和机器生成号管理发票。

4. 门急诊收费报销凭证打印功能：必须按财政和卫生行政部门规定格式打印报销凭证，要求打印并保留存根，计算机生成的凭证序号必须连续，不得出现重号。

5. 结算功能

(1) 日结功能：必须完成日收费科目汇总，科目明细汇总，科室核算统计汇总。

(2) 月结处理功能：必须完成全院月收费科目汇总，科室核算统计汇总。

(3) 全院门诊收费月、季、年报表处理功能。

6. 统计查询功能

(1) 患者费用查询。

(2) 收费员工作量统计。

(3) 病人基本信息维护。

(4) 收款员发票查询。

(5) 作废发票查询。

7. 报表打印输出功能

(1) 打印日汇总表：按收费贷方科目汇总和合计，以便收费员结账。

(2) 打印日收费明细表：按收费借方和贷方科目打印，以便会计进行日记账。

(3) 打印日收费存根：按收费凭证内容打印，以便会计存档。

(4) 打印日科室核算表：包括一级科室和检查治疗科室工作量统计。

(5) 打印全院月收入汇总表：包括医疗门诊收入和药品门诊收入统计汇总。

(6) 打印全院月科室核算表：包括一级科室和检查治疗科室工作量统计汇总。

(7) 打印合同医疗单位月费用统计汇总表：按治疗费用和药品费用科目进行统计汇总。

(8) 打印全院门诊月、季、年收费核算分析报表。

(9) 门诊发票重打。

第四条 《门急诊划价收费分系统》运行要求：

1. 要求系统响应速度满足门急诊划价收费要求。

2. 系统收费录入与结算、统计结果必须一致。

3. 费用录入提交成功后方可打印发票。

4. 门急诊划价收系统可靠性要求很高，大型医院要求建设软硬件冗余和备份系统，一般要求故障恢复时间在5～10分钟之内。

5. 严格发票号管理，建立完善的登记制度，建议同时使用发票号和机器生成号管理发票。

6. 退款操作：退款必须严格核对原始票据和存根，由主管人员签字或在有条件的医院执行收费退费分开制度。

7. 建立严格的发票存根抽查制度，强化财务监督管理。

8. 建立门诊后台核对交款报表制度。

第十三章　住院病人入、出、转管理分系统功能规范

第一条　《住院病人入、出、转管理分系统》是用于医院住院患者登记管理的计算机应用程序，包括入院登记、床位管理、住院预交金管理、住院病历管理等功能。方便患者办理住院手续，严格住院预交金管理制度，支持医保患者就医，促进医院合理使用床位，提高床位周转率是该系统的主要任务。

第二条　《住院病人入、出、转管理分系统》必须符合国家、地方有关法律、法规、规章制度的要求：

1. 财政部、卫生部颁布的《医院会计制度》和有关财务制度。

2. 国家医疗保险部门的有关规定。

3. 严格执行预交金管理制度。

4. 病案首页及填写必须符合卫生部和有关部门规定的格式。

5. 执行物价部门规定的床位收费标准。

第三条　《住院病人入、出、转管理分系统》基本功能：

1. 入院管理

(1) 预约入院登记。

(2) 建病案首页。

(3) 病案首页录入。

(4) 打印病案首页。

(5) 支持医保患者按医保规定程序办理入院登记。

2. 预交金管理

(1) 交纳预交金管理，打印预交金收据凭证。

(2) 预交金日结并打印清单。

(3) 按照不同方式统计预交金并打印清单。

(4) 按照不同方式查询预交金并打印清单。

3. 住院病历管理功能

(1) 为首次住院病人建立住院病历。

(2) 病历号维护功能。

(3) 检索病历号。

4. 出院管理

(1) 出院登记。

(2) 出院召回。

(3) 出入院统计。

5. 查询统计

(1) 空床查询、统计：对各部门的空床信息进行查询统计，打印清单。

(2) 病人查询：查询患者的住院信息、打印清单。

6. 床位管理功能

(1) 具有增加、删除、定义床位属性功能。

(2) 处理病人选床、转床、转科功能。

(3) 打印床位日报表。

第四条　《住院病人入、出、转管理分系统》运行要求：

(1) 病人基本信息按卫生部统一规范的病案首页项目录入。

(2) 支持医保患者就医。

第十四章　住院收费分系统功能规范

第一条　《住院收费分系统》是用于住院病人费用管理的计算机应用程序，包括住院病人结算、费用录入、打印收费细目和发票、住院预交金管理、欠款管理等功能。住院收费管理系统的设计应能够及时准确地为患者和临床医护人员提供费用信息，及时准确地为患者办理出院手续，支持医院经济核算、提供信息共享和减轻工作人员的劳动强度。

第二条　《住院收费分系统》必须符合国家、地方有关法律、法规、规章制度的要求

1. 财政部、卫生部颁布的《医院会计制度》和有关财务制度。

2. 国家医疗保险部门的有关规定。

3. 物价部门规定的药品和诊疗项目收费标准。

第三条　《住院收费分系统》基本功能：

1. 病人费用管理

(1) 读取医嘱并计算费用。

(2) 病人费用录入：具有单项费用录入和全项费用录入功能选择，可以从检查、诊察、治疗、药房、病房费用发生处录入或集中费用单据由收费处录入。

(3) 病人结账：具备病人住院期间的结算和出院总结算，以及病人出院后再召回病人功能。

(4) 住院病人预交金使用最低限额警告功能。

(5) 病人费用查询：提供病人/家属查询自己的各种费用使用情况。

(6) 病人欠费和退费管理功能。

2. 划价收费功能：包括对药品和诊疗项目自动划价收费。

3. 住院财务管理

(1) 日结账：包括当日病人预交金、入院病人预交费、在院病人各项费用、出院病人结账和退款等统计汇总。

(2) 旬、月、季、年结帐：包括住院病人预交金、出院病人结帐等账务处理。

(3) 住院财务分析：应具有住院收费财务管理的月、季、年度和不同年、季、月度的收费经济分析评价功能。

4. 住院收费科室工作量统计

(1) 月科室工作量统计：完成月科室、病房、药房、检查治疗科室工作量统计和费用汇总工作。

(2) 年科室工作量统计：完成年度全院、科室、病房、药房、检查治疗科室工作量统计、费用汇总功能。

5. 查询统计功能：包括药品、诊疗项目(名称、用量、使用者名称、单价等相关信息)查询、科室收入统计、患者住院信息查询、病人查询、结算查询和住院发票查询。

6. 打印输出功能

(1) 打印各种统计查询内容。

(2) 打印病人报销凭证和住院费用清单：凭证格式必须符合财政和卫生行政部门的统一要求或承认的凭证格式和报销收费科目，符合会计制度的规定，住院费用清单需要满足有关部门的要求。

(3) 打印日结账汇总表。

(4) 打印日结账明细表。

(5) 打印月、旬结账报表。

(6) 打印科室核算月统计报表。

(7) 打印病人预交金清单。

(8) 打印病人欠款清单。

(9) 打印月、季、年收费统计报表。

第四条 《住院收费分系统》运行要求

1. 收费录入:无论从何处、何种方式录入病人费用,应保留录入者痕迹。费用修改必须有原始单据为依据,以补充原始单位录入进行更正。

2. 安全管理:处理数据应准确无误、保密性强。

3. 满足医疗保险对收费和打印票据的要求。

4. 打印住院预交金收据、汇总单。

5. 严格住院费的日期管理,预交金、结账单、退款单日期不得改动。

6. 严格退款管理,必须核对预交金、结账单、退款单,方可办理退款。

7. 严格发票管理,建立严格的领取和交还发票管理制度,建立机器核对制度。

8. 严格交款管理,财物处需要使用计算机复核交款单。

9. 支持财务处定期复核在院病人预交金。

第十五章 物资管理分系统功能规范

第一条 《物资管理分系统》是指用于医院后勤物资管理的计算机应用程序,包括各种低值易耗品、办公用品、被服衣物等非固定资产物品的管理,主要以库存管理的形式进行管理,也包括为医院进行科室成本核算和管理决策提供基础数据的功能。

第二条 《物资管理分系统》必须符合国家、地方有关法律、法规、规章制度的要求:

1. 财政部、卫生部颁布的《医院会计制度》和《医院财务制度》。

2. 卫生部和地方行政部门规定的物资编码字典。

3. 国家和地方物价部门规定的物价标准。

第三条 《物资管理分系统》基本功能:

1. 采购计划单自动获取或录入、采购计划单编辑查询功能。

2. 专购品请购单自动获取或录入、专购品请购单编辑查询功能。

3. 入库单自动获取或录入、入库单编辑查询功能。

4. 出库单自动获取或录入、出库单编辑查询功能。

5. 调拨单自动获取或录入、调拨单编辑查询功能。

6. 库存量查询打印功能。

7. 移库功能。

8. 库存管理舍入误差处理功能。

9. 库存分类汇总打印功能。

10. 科室领用汇总打印功能。

11. 出入库情况汇总打印功能。

12. 采购结算统计打印功能。

13. 物资管理月报、年报报表打印功能。

14. 物资管理字典维护功能。

15. 系统初始化管理功能。

16. 用户权限管理功能。

第四条 《物资管理分系统》运行要求:

1. 录入单据确认后,禁止直接修改内容,应使用冲账方式修改,并保留全部操作痕迹。

2. 系统实际运行后，需要手工账和机器并行运行一段时间，经核对账目准确无误后，方可停止手工账管理。必须定期打印账目和签字，并按照国家有关规定妥善保存。

3. 必须执行国家和地方行政部门规定的物价政策。

第十六章　设备管理分系统功能规范

第一条 《设备管理分系统》是指用于医院设备管理的计算机应用程序，包括医院大型设备库存管理、设备折旧管理、设备使用和维护管理等功能。医院其他固定资产管理系统可参照本规范。

第二条 《设备管理分系统》必须符合国家、地方有关法律、法规、规章制度的要求：

1. 财政部、卫生部颁布的《医院会计制度》和《医院财务制度》。
2. 卫生部《医疗机构仪器设备管理办法》。
3. 卫生部《大型医用设备配置与应用管理暂行办法》。
4. 卫生部《卫生事业单位固定资产管理办法》。
5. 卫生部和国家有关部门规定的设备编码字典。

第三条 《设备管理分系统》基本功能：

1. 主设备购增录入、编辑、查询功能。
2. 主设备增值情况录入、编辑、查询功能。
3. 附件购置录入、编辑、查询功能。
4. 设备入库批量处理功能。
5. 分期付款情况录入、编辑、查询功能。
6. 进口设备购入有关资料录入、编辑、查询功能。
7. 设备出库单录入、编辑、查询功能。
8. 设备调配单录入、编辑、查询功能。
9. 设备消减管理功能。
10. 设备增值管理功能。
11. 附件耗用管理功能。
12. 库存盘亏处理功能。
13. 设备维修情况记录和维修费用管理功能。
14. 设备完好情况和使用情况登记管理功能。
15. 设备入出总账检索查询和打印功能。
16. 固定资产明细账检索查询和打印功能。
17. 设备折旧汇总统计打印功能。
18. 设备购置分类检索查询、统计、汇总打印功能。
19. 设备附件购置分类检索查询、统计、汇总打印功能。
20. 卫生部、地方卫生行政部门统一报表汇总打印功能。
21. 设备管理字典维护功能。
22. 系统初始化管理功能。
23. 用户权限管理功能。

第四条 《设备管理分系统》运行要求：

1. 录入单据确认后，禁止直接修改内容，应使用冲账方式修改，并保留全部操作痕迹。

2. 系统实际运行后，需要手工账和机器并行运行一段时间，经核对账目准确无误后，方可停止手工账管理。必须定期打印账目和签字，并按照国家有关规定妥善保存。

第十七章　财务管理分系统与经济核算管理分系统功能规范

第一条　《财务管理分系统》功能规范参见财政部和卫生部的有关规定。

《经济核算管理分系统》是用于医院经济核算和科室核算的计算机应用程序，包括医院收支情况汇总、科室收支情况汇总、医院和科室成本核算等功能。经济核算是强化医院经济管理的重要手段，可促进医院增收节支，达到"优质、高效、低耗"的管理目标。

第二条　《经济核算管理分系统》必须符合国家、地方有关法律、法规、规章制度的要求：

1.《医院会计制度》和《医院财务制度》。

2.《中华人民共和国统计法》。

3. 国家各级行政机关制定的有关法律、规定。

第三条　《经济核算管理分系统》基本功能：

1. 与财务管理系统接口，直接读取有关信息。

2. 与医院信息系统接口，直接读取有关信息。

3. 门诊收入、支出统计汇总。

4. 住院收入、支出统计汇总。

5. 药品进、销、差价统计汇总。

6. 物资消耗和库存统计汇总。

7. 固定资产统计和折旧计算。

8. 房屋面积统计汇总。

9. 各科室和病房工作量统计汇总。

10. 临床工作人员工作量统计。

11. 管理部门和后勤保障部门收支和工作量统计。

12. 支持多种算法进行医院成本摊分。

13. 全院综合分析统计核算。

14. 各科室、病房、各部门核算和分配。

15. 提供各项统计汇总信息查询、显示、打印功能。

第四条　《经济核算管理分系统》运行要求：

1. 尽量通过直接读取原始数据统计汇总，原始数据的准确度和详细程度是经济核算的基础，对于质量不十分理想的原始数据可以使用统计学技术处理。

2. 摊分要根据不同医院的实际情况使用多种不同算法，结果一般仅供医院领导决策和奖金分配参考，因为不同的摊分算法可能得出截然不同的结果。

3. 分类字典首先需要支持国家统一标准，也可以同时使用内部分类方法。

4. 汇总的大量数据可以进一步使用统计或数据仓库等数据处理技术进行分析。

第十八章　病案管理分系统功能规范

第一条　《病案管理分系统》是医院用于病案管理的计算机应用程序。该系统主要指对病案首页和相关内容及病案室(科)工作进行管理的系统。病案是医院医、教、研的重要数据源，向医务工作者提供方便灵活的检索方式和准确可靠的统计结果、减少病案管理人员的工作量是系统的主要任务。它的管理范畴包括，病案首页管理；姓名索引管理；病案的借阅；病案的追踪；病案质量控制和病人随诊管理。

第二条　《病案管理分系统》必须符合国家、地方有关法律、法规、规章制度的要求

1. 卫生部制定的病案首页标准和病案填写标准。

2. 国际疾病分类标准。

第三条 《病案管理分系统》基本功能

1. 病案首页管理所包含的基本内容:病人基本信息、住院信息、诊断信息、手术信息、过敏信息、患者费用、治疗结果、院内感染和病案质量等。

(1) 必须有灵活多样的检索方式,包括首页内容的查询、病案号查询、未归档病案的查询。对病案号查询要支持病人姓名的模糊查询。

(2) 对检索结果要有多种形式的显示或输出形式,包括病案首页、病人姓名索引卡片、疾病索引卡片、手术索引卡片、入院病人登记簿、出院病人登记簿、死亡病人登记簿、传染病登记簿和肿瘤登记簿。

(3) 依据标准的疾病分类、手术分类代码处理一病多名问题。

(4) 具有基本的统计功能,包括疾病的统计分析、科室统计、医生(主治医师、住院医师、手术师、麻醉师)统计、病人情况分析(如职业、来源地)和单病种分析等。

2. 病案的借阅 病案的借阅是病案管理的重要组成部分,基本功能包括:借阅登记、预约登记、出库处理、在借查询、打印应还者名单和借阅情况分析。

3. 病案的追踪

(1) 出库登记,包括门诊出库登记、住院出库登记、科研出库登记。

(2) 能够处理门诊、住院病案分开的情况。

4. 病案质量控制

(1) 打印错误修改通知单。

(2) 质量分析。

(3) 打印按医生、科室的统计报表。

5. 病人随诊管理

(1) 随诊病人设定。

(2) 随诊信件管理。

(3) 打印随诊卡片。

(4) 问卷管理,包括打印、回收确定、存档。

第四条 《病案管理分系统》运行要求

1. 病人的基本情况(病人主索引)是全院的基本数据,必须在全院范围内共享,同时该分系统也要能够读取其他分系统的数据,例如:住院处分系统的出院病人数据。

2. 数据录入要灵活方便、提供多种必要的提示信息。

3. 权限设置:对非使用人员加以限制。

4. 输入后的数据不得修改,任何操作都应留有痕迹。

第十九章 医疗统计分系统功能规范

第一条 《医疗统计分系统》是用于医院医疗统计分析工作的计算机应用程序。该分系统的主要功能是对医院发展情况、资源利用、医疗护理质量、医技科室工作效率、全院社会效益和经济效益等方面的数据进行收集、储存、统计分析并提供准确、可靠的统计数据,为医院和各级卫生管理部门提供所需要的各种报表。

第二条 《医疗统计分系统》必须符合国家、地方有关法律、法规、规章制度的要求:

1.《中华人民共和国统计法》。

2. 卫生部颁布的《全国卫生统计工作管理办法》。

第三条 《医疗统计分系统》基本功能:

1. 数据收集应包括:门诊病人统计数据(包括社区服务活动);急诊医疗统计数据;住院病人统计数

据；医技科室工作量统计数据。

2. 提供门诊、急诊统计报表：门、急诊日报表、月报表、季报表、半年报表和年报表。

3. 病房统计报表：病房日报表、月报表、季报表、半年报表和年报表。

4. 门诊挂号统计。

5. 病人分类统计报表。

6. 对卫生主管部门的报表：

(1) 医院医疗工作月报表。

(2) 医院住院病人疾病分类报表。

(3) 损伤和中毒小计的外部原因分类表。

(4) 卫生行政主管部门规定的其他法定报表。

7. 统计综合分析：

(1) 门诊工作情况。

(2) 病房(病区)工作情况(含病房床位周转情况)。

(3) 出院病人分病种统计。

(4) 手术与麻醉情况。

(5) 医技科室工作量统计。

(6) 医院工作指标。

(7) 医院的社会、经济效益统计。

第四条 《医疗统计分系统》运行要求：

1. 数据输入：既能从网络工作站输入数据亦能人工收集数据集中输入。

2. 数据处理：一次性输入数据、自动生成日报、月报、季报、半年报、年报以及各类统计分析报表。

3. 查询显示数据：查询显示多种组合的数据信息。

4. 修改更正数据：对未存档数据允许修改。

5. 输出打印：输出打印统计分析多种图形、报表内容和格式。

第二十章 综合查询与分析分系统功能规范

第一条 《综合查询与分析分系统》是指为医院领导掌握医院运行状况而提供数据查询、分析的计算机应用程序。该分系统从医院信息系统中加工处理出有关医院管理的医、教、研和人、财、物分析决策信息，以便为院长及各级管理者决策提供依据。

第二条 《综合查询与分析分系统》必须符合国家、地方有关法律、法规、规章制度的要求。

第三条 《综合查询与分析分系统》基本功能：

1. 临床医疗统计分析信息。

2. 医院财务管理分析、统计、收支执行情况和科室核算分配信息。

3. 医院药品进出库额管理，药品会计核算和统计分析。

4. 重要仪器设备使用效率和完好率信息。

5. 后勤保障物资供应情况和经济核算。

6. 医务、护理管理质量和分析信息。

7. 教学、科研管理有关决策分析信息。

8. 人事管理：各级各类卫生技术人员和其他技术人员总额、比例、分布、特点、使用情况。

9. 科室设置、重点学科、医疗水平有关决策信息。

10. 学术交流、国际交往有关信息。

11. 门诊挂号统计、收费分项结算、科室核算信息及门诊月报。

12. 住院收费分项核算、各科月核算、患者费用查询、病人分类统计信息。

13. 医院社会及经济效益年报信息。

14. 医技情况报表、医院工作指标、医保费用统计信息。

第四条 《综合查询与分析分系统》运行要求：

1. 采用计算机多媒体技术：以图像、图形、图表数据和语音综合形式表达信息。

2. 采用触摸或鼠标操作，由使用者随意选择决策信息，运行速度快，展示信息直观，提供信息可靠、准确。

3. 设置使用权限，保障信息安全。

4. 能够支持数据的远程查询。

第二十一章 病人咨询服务分系统功能规范

第一条 《病人咨询服务分系统》是为病人提供咨询服务的计算机应用程序。以电话、互联网、触摸屏等方式为患者提供就医指导和多方面咨询服务，展示医院医疗水平和医德医风，充分体现"以病人为中心"的服务宗旨是该系统的主要任务。

第二条 《病人咨询服务分系统》必须遵循国家和卫生部现行的有关规定，提供的互联网服务必须符合卫生部《互联网医疗信息服务管理办法》。

第三条 《病人咨询服务分系统》基本功能：

1. 医院简介：介绍医院历史、组织机构、医院级别、医疗水平、诊疗科目、诊断设备与技术、医疗科别、人员组成、特色门诊、医院布局等。

2. 名医介绍：主要专家特长、照片和出诊时间。

3. 就诊指南：医生出诊时间，提供检查、检验、划价、收费、取药、导医等信息。

4. 收费查询：提供各项收费标准，查询患者的缴费信息。

5. 药理信息：药品种类和价格以及药品的主要功效，简要的用药提示。

6. 检查项目：主要检查项目简介、检查须知、检查地点、出结果时间。

7. 检验项目：主要检验项目简介，检验须知、检验地点、出结果时间、正常值范围。

8. 保险费用咨询：患者能够根据自己的密码查询有关医保数据。

9. 保健知识查询。

10. 地理位置图。

第四条 《病人咨询服务分系统》运行要求：

1. 为病人提供的信息要及时可靠。

2. 能够实时读取其他分系统的数据。

3. 运行速度快，显示信息直观，操作方便。

4. 加强互联网接入系统的安全管理。

第二十二章 医疗保险接口功能规范

第一条 《医疗保险接口功能规范》是用于协助整个医院，按照国家医疗保险政策对医疗保险病人进行各种费用结算处理的计算机应用程序，其主要任务是完成医院信息系统与上级医保部门进行信息交换的功能，包括下载、上传、处理医保病人在医院中发生的各种与医疗保险有关的费用，并做到及时结算。

第二条 《医疗保险接口功能规范》必须符合国家、地方的有关法律、法规、规章制度的要求。

1. 必须符合国务院下发的有关医疗保险的各项政策及法规。

2. 必须符合劳动社会保障部下发的有关医疗保险的政策及法规。

3. 必须符合地方政府下发的有关医疗保险的政策及法规。

4.《公费医疗管理办法》。

第三条 《医疗保险接口功能规范》基本功能：

1. 下载内容及处理：实时或定时地从上级医保部门下载更新的药品目录、诊疗目录、服务设施目录、黑名单、各种政策参数、政策审核函数、医疗保险结算表、医疗保险拒付明细、对账单等，并根据政策要求对药品目录、诊疗目录、服务设施目录、黑名单进行维护。

2. 上传内容及处理：实时或定时向上级医保部门上传。

(1) 门诊挂号信息、门诊处方详细信息、门诊诊疗详细信息、门诊个人账户、支付明细等信息。

(2) 住院医嘱、住院首页信息、住院个人账户支付明细、基金支付明细、现金支付明细等信息。

(3) 退费信息：包括本次退费信息，原费用信息、退费金额等信息。

(4) 结算汇总信息：按医疗保险政策规定的分类标准进行分类汇总。

3. 医疗保险病人费用处理：

(1) 根据下载的政策参数、政策审核函数对医保病人进行身份确认，医保待遇资格判断。

(2) 对医疗费用进行费用划分，个人账户支付、基金支付、现金支付确认，扣减个人账户，打印结算单据。

(3) 按医疗保险指定格式完成对上述信息的上传。

(4) 在医院信息系统中保存各医疗保险病人划分并支付后的费用明细清单和结算汇总清单。

4. 医疗保险接口系统维护：

(1) 对下载的药品目录与医院信息系统中的药品字典的对照维护。

(2) 对下载的诊疗目录与医院信息系统各有关项目的对照维护。

(3) 对下载的医疗服务设施与医院信息系统中各有关项目的对照维护。

(4) 对医疗保险费用汇总类别与医院信息系统中费用汇总类别的对照维护。

(5) 对疾病分类代码的对照维护。

第四条 《医疗保险接口功能规范》运行要求

1. 应保证上传数据与医院信息系统中保留的数据的一致性。

2. 运行速度，要求系统在处理每一个门诊医疗保险病人时不得超过 35 秒。

3. 按医疗保险部门的要求及时下载更新数据。

4. 及时与医疗保险部门对账并结算。

第二十三章 社区卫生服务接口功能规范

第一条 《社区卫生服务接口功能规范》是协助医院与下级社区卫生服务单位进行信息交换的计算机应用程序。其主要任务是跟踪病人，提高出院后服务质量，为社区病人转上级医院提供快速、方便的服务，以及为各种医疗统计分析提供基础数据。

第二条 《社区卫生服务接口功能规范》必须符合国家、地方的有关法律、法规、规章制度的要求，必须符合卫生部下发的与社区医疗管理的有关政策、法规。

第三条 《社区卫生服务接口功能规范》基本功能：

1. 接收社区中病人基本情况、健康档案、病案、疾病情况、家庭遗传病史，过敏药物等信息。

2. 接收社区中病人就诊时的门诊登记，住院病历和治疗记录等信息。

3. 接收社区中各种疾病的分布情况、流行周期、人口结构和死亡情况等与流行病学等有关的信息。

4. 提供病人在医院中完成诊疗后回到社区继续就诊、康复、用药等基本信息。

第四条 《社区卫生服务接口功能规范》运行要求：

1. 要求提供的各种信息及时、准确无误。

2. 要求通讯线路畅通，支持多种通讯方式。

第二十四章　远程医疗咨询系统接口功能规范

第一条　《远程医疗咨询系统接口功能规范》是指医院信息系统与远程医疗咨询系统本地端的接口程序。其主要任务是保证远程医疗咨询系统所需的信息能及时、迅速地从医院信息系统中直接产生并读取，最大限度地避免信息的二次录入，使对方医院能够调阅到原始的没有因各种处理带来误差的真实数据与信息。

第二条　《远程医疗咨询系统接口功能规范》必须符合国家、地方的有关法律、法规、规章制度的要求：

1. 必须符合卫生部《关于加强远程医疗会诊管理的通知》。

2. 有关医学影像部分的内容必须符合国际标准 DICOM 3.0。

第三条　《远程医疗咨询系统接口功能规范》基本功能：

1. 提供会诊咨询时，医院信息系统应能向远程医疗咨询系统实时提供病人的基本信息，医嘱和检验、检查治疗报告单，医学影像资料等诊疗相关信息。

2. 接受会诊咨询时，医院信息系统接收远程医疗咨询系统传送的会诊病人所需的基本信息、各种诊疗信息。

3. 医院信息系统能将接收并贮存对方会诊病人的各种诊疗信息，还原并满足临床诊断所需的精度要求。

4. 动态查询、立即响应远程会诊病人所需的请求，并及时整理准备发送的信息。

5. 对会诊的结果数据能够接收、整理和归档，并提供医院内部系统的医生工作站调用和作为病案资料保存的功能。

第四条　《远程医疗咨询系统接口功能规范》运行要求：

1. 远程医疗咨询系统接口须保证传输中保存的资料的安全性、可靠性。

2. 远程医疗咨询系统接口必须做到及时准确的信息交换、满足临床诊断的要求。

附录二
《电子信息系统机房设计规范》GB 50174—2008

Code for Design of Electronic Information System Room

1 总则

1.0.1 为规范电子信息系统机房设计，确保电子信息系统设备安全、稳定、可靠地运行，做到技术先进、经济合理、安全适中、节能环保，制定本规范。

1.0.2 本规范适用于新建、改建和扩建建筑物中的电子信息系统机房设计。

1.0.3 电子信息系统机房的设计应遵循近期建设规模与远期发展规划协调一致的原则。

1.0.4 电子信息系统机房设计除应符合本规范外，尚应符合国家现行有关标准和规范的规定。

2 术语

2.0.1 电子信息系统 electronic information system

由计算机、通信设备、处理设备、控制设备及其相关的配套设施构成，按照一定的应用目的和规则，对信息进行采集、加工、存储、传输、检索等处理的人机系统。

2.0.2 电子信息系统机房 electronic information system room

主要为电子信息设备提供运行环境的场所，可以是一幢建筑物或者建筑物的一部分，包括主机房、辅助区、支持区和行政管理区等。

2.0.3 主机房 computer room

主要用于电子信息处理、存储、交换和传输设备的安装和运行的建筑空间。包括服务器机房、网络机房、存储机房等功能区域。

2.0.4 辅助区 auxiliary room

用于电子信息设备和软件的安装、调试、维护、运行监控和管理的场所，包括进线间、测试机房、监控中心、备件库、打印室、维修室等区域。

2.0.5 支持区 support area

支持并保障完成信息处理过程和必要的技术作业的场所，包括变配电室、柴油发电机房、UPS 室、电池室、空调机房、动力站房、消防设施用房、消防和安防控制室等。

2.0.6 行政管理区 administrative area

用于日常行政管理及客户对托管设备进行管理的场所，包括工作人员办公室、门厅、值班室、盥洗室、更衣间和用户工作室等。

2.0.7 场地设施 infrastructure

电子信息系统机房内，为电子信息系统提供运行保障的设施。

2.0.8 电磁干扰(EMI) electromagnetic interference

经辐射或传导的电磁能量对设备或信号传输造成的不良影响。

2.0.9 电磁屏蔽 electromagnetic shielding

用导电材料减少交变电磁场向指定区域的穿透。

2.0.10 电磁屏蔽室 electromagnetic shielding enclosure

专门用语衰减或隔离来自内部或外部电场、磁场能量的建筑空间体。

2.0.11 截止波导通风窗 cut-off waveguide vent

截止波导与通风口结合为一体的装置，该装置既允许空气流通，又能够衰减一定频率范围内的电磁波。

2.0.12 可拆卸式电磁屏蔽室 modular electromagnetic shielding enclosure

按照设计要求，由预先加工成型的屏蔽壳体模块板、结构件、屏蔽部件等，经过施工现场装配，组建成具有可拆卸结构的电磁屏蔽室。

2.0.13 焊接式电磁屏蔽室 welded electromagnetic shielding enclosure

主体结构采用现场焊接方式建造的具有固定结构的电磁屏蔽室。

2.0.14 冗余 redundancy

冗余是重复配置系统的一些部件或全部部件，当系统发生故障时，冗余配置的部件介入并承担故障部件的工作，由此减少系统的故障时间。

2.0.15 N—基本需求 base requirement

系统满足基本需求，没有冗余。

2.0.16 N+X 冗余 N+X redundancy

系统满足基本需求外，增加了 X 个单元、X 个模块、X 个路径或 X 个系统。任何 X 个单元、模块或路径的故障或维护不会导致系统运行中断。(X=1～N)

2.0.17 容错 fault tolerant

容错系统是具有两套或两套以上相同配置的系统，在同一时刻，至少有两套系统在工作。按容错系统配置的场地设备，至少能经受住一次严重的突发设备故障或人为操作失误事件而不影响系统的运行。

2.0.18 列头柜 array Cabinet

为成行排列的机柜提供网络布线或电源配线管理或传输服务的设备，一般位于一列机柜的端头。

2.0.19 实时智能管理系统 real—time intelligent patch cord management system

采用计算机技术及电子配线设备对机房布线中的接插软线进行实时管理的系统。

2.0.20 信息点(TO) telecommunications outlet

各类电缆或光缆终接的信息插座模块。

2.0.21 集合点(CP)consolidation point

配线设备与工作区信息点之间缆线路由中的连接点。

2.0.22 水平配线设备(HD) horizontal distributor

终接水平电缆、水平光缆和其他布线字系统缆线的配线设备。

2.0.23 CP 链路 cp link

配线设备与 CP 之间，包括各端的连接器件在内的永久性的链路。

2.0.24 永久链路 permanent link

信息点与配线设备之间的传输线路。它不包括工作区敛线和连接配线设备的设备缆线、跳线；但可以包括一个 CP 链路。

2.0.25 静态条件 static state condition

主机房的空调系统处于正常运行状态，电子信息设备未安装，室内没有人员的情况。

2.0.26 停机条件 stop condition

主机房的空调系统和不间断供电电源系统处于正常运行状态，电子信息设备处于不工作的情况。

2.0.27 静电泄放 electrostatic leakage

带电体上的静电电荷通过带电体内部或其表面等途径，部分或全部消失的现象。

2.0.28 体积电阻 volume resistance

在材料相对的两个表面上放置的两个电极间所加直流电压与流过两个电极间的稳态电流之商。

2.0.29 保护性接地 protective earthing

以保护人身和设备安全为目的的接地。

2.0.30 功能性接地 functional earthing

用于保证设备(系统)正常运行，正确地实现设备(系统)功能的接地。

2.0.31 接地线 earthing conductor

从接地端子或接地汇集排至接地极的连接导体。

2.0.32 等电位连接带 bonding bar

将等电位连接网格、设备的金属外科、金属管道、金属线槽、建筑物金属结构等连接其上形成等电位连接的金属带。

2.0.33 等电位连接导体 bonding conductor

将分开的诸导电性物体连接到接地汇集排、等电位连接带或等电位连接网格的导体。

3 机房分级标准

3.1 机房分级

3.1.1 电子信息系统机房应划分为 A、B、C 三级。设计时应根据机房的使用性质、管理要求及其在经济和社会中的重要性确定所属级别。

3.1.2 符合下列情况之一的电子信息系统机房应为 A 级

(1) 电子信息系统运行中断将造成重大的经济损失。

(2) 电子信息系统运行中断将造成公共场所秩序严重混乱。

3.1.3 符合下列情况之一的电子信息系统机房应为 B 级。

(1) 电子信息系统运行中断将造成较大的经济损失。

(2) 电子信息系统运行中断将造成公共场所秩序混乱。

3.1.4 不属于 A 级或 B 级的电子信息系统机房为 C 级。

3.1.5 在异地建立的备份机房，设计时应与原有机房等级相同。

3.1.6 同一个机房内的不同部分可以根据实际需求，按照不同的标准进行设计。

3.2 性能要求

3.2.1 A 级电子信息系统机房内的场地设施应按容错系统配置，在电子信息系统运行期间，场地设施不应因操作失误、设备故障、外电源中断、维护和检修而导致电子信息系统运行中断。

3.2.2 B 级电子信息系统机房内的场地设施应按冗余要求配置，在系统运行期间，场地设施在冗余能力范围内，不应因设备故障而导致电子信息系统运行中断。

3.2.3 C 级电子信息系统机房内的场地设施应按基本需求配置，在场地设施正常运行情况下，应保证电子信息系统运行不中断。

4 机房位置及设备布置

4.1 电子信息系统机房位置选择

4.1.1 电子信息系统机房位置选择应符合下列要求：

(1) 电力供给应稳定可靠，交通通信应便捷，自然环境应清洁。

(2) 应远离产生粉尘、油烟、有害气体以及生产或贮存具有腐蚀性、易燃、易爆物品的场所。

(3) 远离水灾火灾隐患区域。

(4) 远离强振源和强噪声源。

(5) 避开强电磁场干扰。

4.1.2 对于多层或高层建筑物内的电子信息系统机房，在确定主机房的位置时，应对设备运输、管线敷设、雷电感应和结构荷载等问题进行综合考虑和经济比较；采用机房专用空调的主机房，应具备安装室外机的建筑条件。

4.2 电子信息系统机房组成

4.2.1 电子信息系统机房的组成应根据系统运行特点及设备具体要求确定，一般宜由主机房、辅助区、支持区和行政管理区等功能区组成。

4.2.2 主机房的使用面积应根据电子信息设备的数量、外形尺寸和布置方式确定，并预留今后业务发展需要的使用面积。在电子信息设备外形尺寸不完全掌握的情况下，主机房的使用面积可按下列方法确定：

(1) 当电子信息设备已确定规格时，可按下式计算：

$$A = K\sum S \tag{4.2.3-1}$$

式中：A—— 电子信息系统主机房使用面积(m^2)；

K——系数，取值为5～7；

S——电子设备的投影面积(m^2)。

(2) 当电子信息设备尚未确定规格时，可按下式计算：

$$A = KN \tag{4.2.3-2}$$

K——单台设备占用面积，可取3.5～5.5(m^2/台)；

N——计算机主机房内所有设备的总台数。

4.2.3 辅助区的面积宜为主机房面积的0.2～1倍。

4.2.4 用户工作室可按每人3.5～4 m^2 计算。硬件及软件人员办公室等有人长期工作的房间，可按每人5～7 m^2 计算。

4.3 设备布置

4.3.1 电子信息系统机房的设备布置应满足机房管理、人员操作和安全、设备和物料运输、设备散热、安装和维护的要求。

4.3.2 产生尘埃及废物的设备应远离对尘埃敏感的设备，并宜布置在有隔断的单独区域内。

4.3.3 当机柜或机架上的设备为前进风/后出风方式冷却时，机柜和机架的布置宜采用面对面和背对背的方式。

4.3.4 主机房内和设备间的距离应符合下列规定：

(1) 用语搬运设备的通道净宽不应小于1.5 m。

(2) 面对面布置的机柜或机架正面之间的距离不应小于1.2 m。

(3) 背对背布置的机柜或机架背面之间的距离不应小于1 m。

(4) 当需要在机柜侧面维修测试时，机柜与机柜、机柜与墙之间的距离不应小于1.2 m。

(5) 成行排列的机柜，其长度超过6 m时，两端应设有出口通道；当两个出口通道之间的距离超过15 m时，在两个出口通道之间还应增加出口通道；出口通道的宽度不应小于1 m，局部可为0.8 m。

5 环境要求

5.1 温度、相对湿度及空气含尘浓度

5.1.1 主机房和辅助区内的温度、相对湿度应满足电子信息设备的使用要求；无特殊要求时，应根据电子信息系统机房的等级，按照附录A的要求执行。

5.1.2 A级和B级主机房的含尘浓度，在静态条件下测试，每升空气中大于或等于0.5 μm的尘粒数应少于18 000粒。

5.2 噪声、电磁干扰、振动及静电

5.2.1 有人值守的主机房和辅助区，在电子信息设备停机时，在主操作员位置测量的噪声值应小于65 dB(A)。

5.2.2 主机房内无线电干扰场强，在频率为0.15～1 000 MHz时，主机房和辅助区内的无线电干扰场强不应大于126 dB。

5.2.3 主机房和辅助区内磁场干扰环境场强不应大于800 A/m。

5.2.4 在电子信息设备停机条件下，主机房地板表面垂直及水平向的振动加速度值，不应大于500 mm/s^2。

5.2.5 主机房和辅助区的绝缘体的静电电位不应大于1 kV。

6 建筑与结构

6.1 一般规定

6.1.1 建筑和结构设计应根据电子信息系统机房的等级，按照附录A的要求执行。

6.1.2 建筑平面和空间布局应具有灵活性。并应满足电子信息系统机房的工艺要求。

6.1.3 主机房净高应根据机柜高度及通风要求确定，且不宜小于2.6 m。

6.1.4 变形缝不应穿过主机房。

6.1.5 主机房和辅助区不应布置在用水区域的垂直下方，不应与振动和电磁干扰源为邻。围护结构的材料应满足保温、隔热、防火、防潮、少产尘等要求。

6.1.6 设有技术夹层、技术夹道的电子信息系统机房，建筑设计应满足风管和管线安装和维护要求。当管线需穿越楼层时，宜设置技术竖井。

6.1.7 改建和扩建的电子信息系统机房应根据荷载要求采取加固措施，并应符合现行国家标准《混凝土结构加固设计规范》GB 50376的有关规定。

6.2 人流、物流及出入口

6.2.1 主机房宜设置单独出入口，当与其他功能用房共用出入口时，应避免人流、物流的交叉。

6.2.2 有人操作区域和无人操作区域宜分开布置。

6.2.3 电子信息系统机房内通道的宽度及门的尺寸应满足设备和材料运输要求，建筑的入口至主机房应设通道，通道净宽不应小于1.5 m。

6.2.4 电子信息系统机房宜设门厅、休息室、值班室和更衣间，更衣间使用面积应按最大班人数的每人1～3 m^2 计算。

6.3 防火和疏散

6.3.1 电子信息系统机房的建筑防火设计，除应符合本规范外，尚应符合现行国家标准《建筑设计防火规范》(GB 50016) 的有关规定。

6.3.2 电子信息系统机房的耐火等级不应低于二级。

6.3.3 当A级或B级电子信息系统机房位于其他建筑物内时，在主机房和其他部位之间应设置耐火极限不低于2 h的隔墙，隔墙上的门应采用甲级防火门。

6.3.4 面积大于100 m^2 的主机房，安全出口应不少于两个，且应分散布置。面积不大于100 m^2 的主机房，可设置一个安全出口，并可通过其他相邻房间的门进行疏散。门应向疏散方向开启，且应自动关闭，并应保证在任何情况下都能从机房内开启。走廊、楼梯间应畅通，并应有明显的疏散指示标志。

6.3.5 主机房的顶棚、壁板(包括夹芯材料)和隔断应为不燃烧体，且不得采用有机复合材料。

6.4 室内装修

6.4.1 室内装修设计选用材料的燃烧性能除符合本规范的规定外，尚应符合现行国家标准《建筑内部装修设计防火规范》GB 50222的有关规定。

6.4.2 主机房内的装修，应选用气密性好、不起尘、易清洁，符合环保要求、在温、湿度变化作用下变形小、具有表面静电耗散性能的材料。不得使用强吸湿性材料及未经表面改性处理的高分子绝缘材料作为面层。

6.4.3 主机房内墙壁和顶棚应满足使用功能要求，表面应平整、光滑、不起尘、避免眩光、并应减少凹凸面。

6.4.4 主机房地面设计应满足使用功能要求：当铺设防静电地板时，活动地板的高度应根据电缆布线和空调送风要求确定，并应符合下列规定。

(1) 活动地板下空间只作为电缆布线使用时，地板高度不宜小于 250 mm。活动地板下的地面和四壁装饰，可采用水泥砂浆抹灰。地面材料应平整、耐磨。

(2) 如既作为电缆布线，又作为空调静压箱时，地板高度不宜小于 400 mm。

活动地板下的地面和四壁装饰应采用不起尘、不易积灰、易于清洁的材料。楼板或地面应采取保温防潮措施，地面垫层宜配筋，维护结构宜采取防结露措施。

6.4.5 技术夹层的墙壁和顶棚表面应平整、光滑。当采用轻质构造顶棚做技术夹层时，宜设置检修通道或检修口。

6.4.6 A 级 B 级电子信息系统机房的主机房不宜设置外窗。当主机房设有外窗时，应采用双层固定窗，并应有良好的气密性，不间断电源系统的电池室设有外窗时，应避免阳光直射。

6.4.7 当主机房内设有用水设备时，应采取防止水漫溢和渗漏措施。

6.4.8 门窗、墙壁、顶棚、地(楼)面的构造和施工缝隙，均应采取密闭措施。

7 空气调节

7.1 一般规定

7.1.1 主机房和辅助区中的空气调节系统应根据电子信息系统机房的等级，按照附录 A 的要求执行。

7.1.2 与其他功能用房共建于同一建筑内的电子信息系统机房，宜设置独立的空调系统。

7.1.3 主机房与其他房间的空调参数不同时，宜分别设置空调系统。

7.1.4 电子信息系统机房的空调设计，除应符合本规范外，尚应符合现行国家标准《采暖通风与空气调节设计规范》(GB 50019) 和《建筑设计防火规范》GB 50016 的有关规定。

7.2 负荷计算

7.2.1 电子信息设备和其他设备的散热量应按产品的技术数据进行计算。

7.2.2 机房空调系统夏季的冷负荷应包括下列内容：

(1) 机房内设备的散热。

(2) 建筑围护结构的传热。

(3) 通过外窗进入的太阳辐射热。

(4) 人体散热。

(5) 照明装置散热。

(6) 新风负荷。

(7) 伴随各种散湿过程产生的潜热。

7.2.3 空调系统湿负荷应包括下列内容：

(1) 人体散湿。

(2) 新风负荷。

7.3 气流组织

7.3.1 主机房空调系统的气流组织形式，应根据电子信息设备本身的冷却方式、设备布置方式、布置密度、设备散热量以及室内风速、防尘、噪声等要求，结合建筑条件综合确定。当电子信息设备对气流组织形式未提出要求时，主机房气流组织形式、风口及送回风温差选用(表 7.3.1)。

表 7.3.1　主机房气流组织、风口及送回风温差

气流组织	下送上回	上送上回(或侧回)	侧送侧回
送风口	1. 带可调多叶阀的格栅风口 2. 条形风口(带有条形风口的活动地板) 3. 孔板	1. 散流器 2. 带扩散板风口 3. 孔板 4. 百叶风口 5. 格栅风口	1. 百叶风口 2. 格栅风口
回风口	1. 格栅风口 2. 百叶风口 3. 网板风口 4. 其他风口		
送风温差	4～6 ℃送风温度应高于室内空气露点温度	4～6 ℃	6～8 ℃

7.3.2 对机柜高度大于 1.8 m,设备热密度大、设备发热量大或热负荷大的主机房,宜采用活动地板下送风、上回风方式。

7.3.4 在有人操作的机房内,送风气流不宜直对工作人员。

7.4 系统设计

7.4.1 要求有空调的房间宜集中布置,室内温、湿度要求相近的房间,宜相邻布置。

7.4.2 主机房采暖散热器的设置应根据电子信息系统机房的等级,按照附录 A 的要求执行。如设置采暖散热器,应设有漏水检测报警装置,并应在管道入口处装切断阀,漏水时应自动切断给水。且宜装温度调节装置。

7.4.3 电子信息系统机房的风管及管道的保温、消声材料和黏结剂,应选用非燃烧材料或难燃 B1 级材料。冷表面需做隔气、保温处理。

7.4.4 采用活动地板下送风时,活动地板下的空间应考虑线槽及消防管线等所占用的空间。

7.4.5 风管不宜穿过防火墙和变形缝。如必须穿过时,应在穿过防火墙处设防火阀;穿过变形缝处,应在两侧设防火阀。防火阀应既可手动又能自动。

7.4.6 空调系统噪音超过本规范 5.2.1 条的规定时,应采取降噪措施。

7.4.7 主机房宜维持正压。主机房与其他房间、走廊间的压差不宜小于 5 Pa,与室外静压差不宜小于 10 Pa。

7.4.8 空调系统的新风量应取下列两项中的最大值:

(1) 按工作人员计算,每人 40 m^3/h。

(2) 维持室内正压所需风量。

7.4.9 主机房内空调系统用循环机组宜设初或中效两级过滤器。新风系统或全空气系统应设初、中效空气过滤器。也可设置亚高效过滤器。末级过滤装置宜设在正压端。

7.4.10 设有新风系统的主机房,在保证室内外一定压差的情况下,送排风应保持平衡。

7.4.11 打印室等易对空气造成二次污染的房间,对空调系统应采取防止污染物随气流进入其他房间的措施。

7.4.12 分体式空调机的室内机组可安装在靠近主机房的专用空调机房内,也可安扎在主机房内。

7.4.13 空调设计应根据当地气候条件,选择采用下列节能措施:

(1) 大型机房空调系统宜采用冷水机组空调系统。

(2) 北方地区采用水冷冷水机组的机房,冬季可利用室外冷却塔作为冷源,并应通过热交换器对空调冷冻水进行降温。

(3) 空调系统可采用电制冷与自然冷却相结合的方式。

7.5 设备选择

7.5.1 空调和制冷设备的选用应符合运行可靠、经济适用、节能和环保的要求。

7.5.2 空调系统和设备应根据电子信息系统机房的等级、机房的建筑条件、设备的发热量等进行选择，并按本规范附录A的要求执行。

7.5.3 空调系统无备份设备时，单台空调制冷设备的制冷能力应留有15%～20%的余量。

7.5.4 选用机房专用空调机时，空调机宜带有通信接口，通信协议应满足机房监控系统的要求，显示屏宜为汉字显示。

7.5.5 空调设备的空气过滤器和加湿器应便于清洗和更换，设备安装应留有相应的维修空间。

8 电气技术

8.1 供配电

8.1.1 电子信息系统机房用电负荷等级及供电要求应根据机房的等级，按照现行国家标准《供配电系统设计规范》(GB 50052)及本规范附录A的规定执行。

8.1.2 电子信息设备供电电源质量应根据电子信息系统机房的等级，按照本规范附录A的要求执行。

8.1.3 供配电系统应为电子信息系统的可扩展性预留备用容量。

8.1.4 户外供电线路不宜采用架空方式敷设。当户外供电线路采用具有金属外护套电缆时，在电缆进出建筑物处应将金属外护套接地。

8.1.5 电子信息系统机房应由专用配电变压器或专用回路供电，变压器宜采用干式变压器。

8.1.6 电子信息系统机房内的低压配电系统不应采用TN—C系统。电子信息设备的配电应按设备要求确定。

8.1.7 电子信息设备应由不间断电源系统供电。不间断电源系统应有自动和手动旁路装置。确定不间断电源系统的基本容量时应留有余量，不间断电源系统的基本容量可按下式计算：

$$E \geqslant 1.2P \quad (8.1.7-1)$$

式中：E——不间断电源系统的基本容量(不包含备份不间断电源系统设备)(kW/kVA)

P——电子信息设备的计算负荷(kW/kVA)。

8.1.8 用于电子信息系统机房内的动力设备与电子信息设备的不间断电源系统应由不同的回路配电。

8.1.9 电子信息设备的配电应采用专用配电箱(柜)，专用配电箱(柜)应靠近用电设备安装。

8.1.10 电子信息设备专用配电箱(柜)宜配备浪涌保护器(SPD)电源监控和报警装置，并提供远程通信接口。当输出端中性线与PE线之间的电位差不能满足设备使用要求时，宜配备隔离变压器。

8.1.11 电子信息设备的电源连接点应与其他设备的电源连接点严格区别，并应有明显标识。

8.1.12 A级电子信息系统机房应配置后备柴油发电机系统，当市电发生故障时，后备能够柴油发电机能承担全部负荷的需要。

8.1.13 后备柴油发电机的容量应包括UPS的基本容量、空调和制冷设备的基本容量、应急照明及关系到生命安全等需要的负荷容量。

8.1.14 并列运行的发电机，应具备自动和手动并网功能。

8.1.15 柴油发电机周围应设置检修用照明和维修电源，电源宜由不间断电源系统供电。

8.1.16 市电与柴油发电机的切换应采用具有旁路功能的自动转换开关。自动转换开关检修时，不应影响电源的切换。

8.1.17 敷设在隐蔽通风空间的低压配电线路应采用阻燃铜芯电缆，电缆应沿线槽、桥架或局部穿管敷设；当电缆线槽与通信线槽并列或交叉敷设时，配电电缆线槽应敷设在通信线槽的下方。活动地板下作为空调静压箱时，电缆线槽(桥架)的布置不应阻断气流通路。

8.1.18 配电线路的中性线截面积不应小于相线截面积；单相负荷应均匀地分配在三相线路上。

8.2 照明

8.2.1 主机房和辅助区一般照明的照度标准值宜符合表 8.2.1 的规定，照度标准值的参考平面为 0.75 m 水平面。

表 8.2.1 主机房和辅助区一般照明照度标准值

房间名称		照明标准值(lx)	统一眩目值 UGR	一般显色指数 Ra
主机房	服务设备区	500	22	80
	网络设备区	500	22	
	存储设备区	500	22	
辅助区	进线间	300	25	
	监控中心	500	19	
	测试区	500	19	
	打印室	500	19	
	备件库	300	22	

8.2.2 支持区和行政管理区的照度标准值按照现行国家标准《建筑照明设计标准》(GB 50034) 的有关规定执行。

8.2.3 主机房内的主要照明光源应采用高效节能荧光灯，荧光灯镇流器的谐波限值应符合国家标准《电磁兼容限值谐波电流发射限值》(GB 17625.1)的有关规定，灯具应采用分区、分组的控制措施。

8.2.4 辅助区宜采用下列措施减少作业面上的光幕反射和反射眩光：

(1) 视觉作业不宜处在照明光源与眼睛形成的镜面反射角上。

(2) 宜采用发光表面积大、亮度低、光扩散性能好的灯具。

(3) 视觉作业环境内应采用低光泽的表面材料。

8.2.5 工作区域内一般照明的照明均匀度不应小于 0.7，非工作区域内的一般照明照度值不宜低于工作区域内一般照明照度值的 1/3。

8.2.6 主机房和辅助区内应设置备用照明，备用照明的照度值不应低于一般照明照度值 10%；有人值守的房间，备用照明的照度值不应低于一般照明照度值的 50%；备用照明可为一般照明的一部分。

8.2.7 电子信息系统机房应设置通道疏散照明及疏散指示标志灯，主机房通道疏散照明的照度值疏散照明的照度值不低于 5 lx。其他区域通道疏散照明的照度值不应低于 5 lx。

8.2.8 电子信息系统机房内不应采用 0 类灯具，当采用 I 类灯具时，灯具的供电线路应有保护线，保护线应与金属灯具外壳做电气连接。

8.2.9 电子信息系统机房内的照明线路宜穿钢管暗敷或在吊顶内穿钢管明敷。

8.2.10 技术夹层内应设照明，采用单独支路或专用配电箱(柜)供电。

8.3 静电防护

8.3.1 主机房和辅助区的地板或地面应有静电泄放措施和接地构造，防静电地板或地面的表面电阻或体积电阻应为 $2.5\times10^{4}\sim1.0\times10^{9}\ \Omega$。且应具有防火、环保、耐污耐磨性能。

8.3.2 主机房和辅助区中不使用防静电地板的房间，可敷设防静电地面，其静电性能应长期稳定，且不易起尘。

8.3.3 主机房内的工作台面材料宜采用静电耗散材料，其静电性能指标应符合 8.3.1 的规定。

8.3.4 电子信息系统机房内所有设备可导电金属外壳、各类金属管道、金属线槽、建筑物金属结构等必须进行等电位连接并接地。

8.3.5 静电接地的连接线应有足够的机械强度和化学稳定性，宜采用焊接或压接，当采用导电胶与接地导体粘接时，其接触面积不宜小于 20 cm^2。

8.4 接地

8.4.1 电子信息系统机房的防雷和接地设计，应满足人身安全及电子信息系统正常运行的要求。设计除应符合本规范外，尚应符合现行国家标准《建筑物防雷设计规范》GB 50057 和《建筑物电子信息系统防雷技术规范》GB 50343 的有关规定。

8.4.2 保护性接地和功能性接地宜共用一组接地装置，其接地电阻按其中最小值确定。

8.4.3 对功能性接地有特殊要求需单独设置接地线的电子信息设备，接地线及与其他接地线绝缘；接地线与接地线宜同路径敷设。

8.4.4 电子信息系统机房内的电子信息设备应进行等电位连接，并应根据电子信息设备易受干扰的频率及电子信息系统机房的等级和规模，确定等电位连接方式，可采用 S 型、M 型或 SM 混合型。

8.4.5 采用 M 型或 SM 型等电位连接方式时，主机房应设置等电位连接网格，网格四周应设置等电位连接带，并应通过等电位连接导体将等电位连接带就近与接地汇流排、各类金属管道、金属线槽、建筑物金属结构等进行连接。每台电子信息设备(机柜)应采用两根不同长度的等电位连接导体就近与等电位连接网格连接。

8.4.6 等电位连接网格应采用截面积不小于 25 mm^2 的铜带或裸铜线，并应在防静电活动地板下构成边长为 0.6～3 m 的矩形网格。

8.4.7 等电位连接带、接地线和等电位连接导体的材料和最小截面积应符合表 8.4.7 的要求。

表 8.4.7　等电位连接带、接地线和等电位连接导体的材料和最小截面积

名称	材料	截面积(mm^2)
等电位连接带	铜	50
利用建筑内的钢筋做接地线	铁	50
单独设置的接地线	铜	25
等电位连接导体 (从等电位连接带至接地汇集排或至其他等电位连接带；各接地汇集排之间)	铜	16
等电位连接导体 (从机房内各金属装置至等电位连接带或接地汇集排；从机柜至等电位连接网格)	铜	6

9 电磁屏蔽

9.1 一般规定

9.1.1 对涉及国家秘密或企业对商业信息有保密要求的电子信息系统机房，应设置电磁屏蔽室，电磁屏蔽室或采取其他电磁泄漏防护措施，电磁屏蔽室的性能指标应依据国家相关标准执行。

9.1.2 对于环境要求达不到本规范 5.2.2 和 5.2.3 条规定要求的电子信息系统机房，应采取有效的电磁屏蔽措施。

9.1.3 电磁屏蔽室的结构形式和相关的屏蔽件应根据电磁屏蔽室的性能指标和规模选定。

9.1.4 设有电磁屏蔽室的电子信息系统机房，建筑结构应满足屏蔽结构对荷载的要求。

9.1.5 电磁屏蔽室与建筑(结构)墙之间宜预留维修通道或检修口。

9.1.6 电磁屏蔽室的接地宜采用共用接地装置和单独接地线的形式。

9.2 结构形式

9.2.1 用于保密目的的电磁屏蔽室，其结构形式分为可拆卸式和焊接式。焊接式又可分为自撑式和直贴式。

9.2.2 建筑面积小于 50 m^2，日后需搬迁的电磁屏蔽室，结构形式宜采用可拆卸式。

9.2.3 电场屏蔽衰减指标要求大于 120 dB、建筑面积大于 50 m^2 的屏蔽室，结构形式宜采用自撑式。

9.2.4 电场屏蔽衰减指标要求大于 60 dB 的屏蔽室，结构宜采用直贴式，屏蔽材料可选择镀锌钢板，钢板的厚度根据屏蔽性能指标确定。

9.2.5 电场屏蔽衰减指标要求大于 25 dB 的屏蔽室，结构宜采用直贴式，屏蔽材料可选择金属丝网，金属丝网的数目应根据被屏蔽信号的波长确定。

9.3 屏蔽件

9.3.1 屏蔽门、滤波器波导管、截止波导通风窗等屏蔽件，起性能不应低于电磁屏蔽室的性能要求，安装位置应便于检修。

9.3.2 屏蔽门可分为旋转式和移动式。一般情况下，宜采用旋转式屏蔽门。当场地受到限制时，可采用移动式屏蔽门。

9.3.3 所有进入电磁屏蔽室的电源线应通过电源滤波器进行处理。电源滤波器的规格、供电方式和数量应根据电磁屏蔽室内设备的用点情况确定。

9.3.4 所有进入电磁屏蔽室的信号线电缆应通过信号滤波器或进行其他屏蔽处理。

9.3.5 进出电磁屏蔽室的网络线宜采用光缆或屏蔽网线，光缆不应带有金属加强芯。

9.3.6 截止波导通风窗内的波导管宜采用等边六角型，通风窗的截面积应根据室内换气次数进行计算。

9.3.7 非金属材料穿过屏蔽曾时应采用波导管，波导管的截面尺寸和长度应满足电磁屏蔽的性能要求。

10 机房布线

10.0.1 主机房、辅助区、支持区和行政管理区应根据功能要求划分成若干工作区，工作区内信息点的数量应根据机房登记和用户需求进行配置。

10.0.2 承担信息业务的传输介质应采用光缆或六类及以上等级的对绞电缆，传输介质各组成部分的等级应保持一致，并应采用冗余配置。

10.0.3 当主机房内的机柜或机架成行排列或按功能区域划分时，宜在主配线架和机柜之间培植配线列头柜。

10.0.4 A 级电子信息系统及房宜采用电子配线设备对布线系统进行实时智能管理。

10.0.5 电子信息系统机房存在下列情况之一时，应采用屏蔽布线系统、光缆布线系统或采取其他相应的防护措施：

(1) 环境要求未达到本规范第 5.2.2 和 5.2.3 条的要求时；

(2) 网络安全保密要求时；

(3) 安装场地不能满足非兵比布线系统与其他系统管线或设备的间距要求时。

10.0.6 敷设在隐蔽通风空间的缆线应根据电子信息系统机房的等级，按本规范附录 A 的要求执行。

10.0.7 机房布线系统与公用电信业务网络互联时，应根据电子信息系统机房的等级，在保证网络出口安全的前途下，确定接口配线设备的端口数量和缆线的敷设路由。

10.0.8 缆线采用线槽或桥架敷设时，线槽或桥架的高度不宜大于 150 mm，线槽或桥架的安装位置应与建筑装饰、电气、空调、消防等专业协调一致。

10.0.9 电子信息系统机房的网络布线系统设计，除应符合本规范外，尚应符合现行国家标准《综合布线系统工程设计规范》GB 50311 的规定。

11 机房监控与安全防范

11.1 一般规定

11.1.1 电子信息系统机房应设置环境监控和设备监控系统及安全防范系统，各系统的设计应根据机房的等级，按照国家现行标准《安全防范工程技术规范 GB 50348》和《智能建筑设计标准》GB/T 50314 以及本规范附录 A 的要求执行。

11.1.2 环境和设备监控系统宜采用集散或分布式网络结构，系统应易于扩展和维护，并应具备显示、记录、控制、报警、分析和提示功能。

11.1.3 环境和设备监控系统、安全防范系统可设置在同一个监控中心内，各系统供电电源应可靠，宜采用独立不间断电源系统电源供电，当采用集中不间断电源系统供电时，应单独回路配电。

11.2 环境和设备监控系统

11.2.1 环境和设备监控系统宜符合下列要求：

(1) 监测和控制主机房和辅助区的空气质量，应确保环境满足电子信息设备的运行要求。

(2) 主机房和辅助区内有可能发生水患的部位应设置漏水检测和报警装置；强制排水设备的运行状态应纳入监控系统；进入主机房的水管应分别加装电动和手动阀门。

11.2.2 机房专用空调、柴油发电机、不间断电源系统等设备自身应配带监控系统，监控的主要参数宜纳入设备监控系统，通信协议应满足设备监控系统的要求。

11.2.3 A 级和 B 级电子信息系统机房宜采用 kVM 切换系统对主机进行集中控制和管理。

11.3 安全防范系统

11.3.1 安全防范系统宜由视频安防监控系统、入侵报警系统和出入口控制系统组成，各系统之间应具备联动控制功能。

11.3.2 紧急情况时，出入口控制系统应能受相关系统的联动控制而自动释放电子锁。

11.3.3 室外安装的安全防范系统设备应采取有防雷电保护措施，电源线、信号线应屏蔽电缆，避雷装置和电缆屏蔽曾应接地，且接地电阻不应大于 10 Ω。

12 给水排水

12.1 一般规定

12.1.1 给水排水系统应根据电子信息系统机房的等级，按照附录 A 的标准执行。

12.1.2 电子信息系统机房内安装有自动喷水灭火系统、空调机和加湿器的房间，地面应设置挡水和排水设施。

12.2 管道敷设

12.2.1 电子信息系统机房内的给水排水管道应采取的防渗漏和防结露措施。

12.2.2 穿越主机房的给水排水管道应暗敷或采取防漏保护的套管。管道穿过主机房墙壁和楼板处应设置套管，管道与套管之间应采取密封措施。

12.2.3 主机房和辅助区设有地漏时，应采用洁净室专用地漏或自闭式地漏，地漏下应加设水封装置，并应采取防止水封损坏和反溢措施。

12.2.4 电子信息机房内的给排水管道及其保温材料均应采用难燃材料。

13 消防

13.1 一般规定

13.1.1 电子信息系统机房应根据机房的等级设置相应的灭火系统，并按照现行国家规范《建筑设计防火规范》(GB 50016)、《高层民用建筑设计防火规范》(GB 50045)和《气体灭火系统设计规范》GB 50370，以及本规范附录 A 的要求执行。

13.1.2 A 级电子信息系统机房的主机房应设置洁净气体灭火系统。

13.1.3 B 级电子信息系统机房的主机房以及 A 级和 B 级机房中的变配电、不间断电源系统和电池室宜设置洁净气体灭火系统，也可设置高压细水雾灭火系统。

13.1.4 C 级电子信息系统机房以及本规范第 13.1.2 和 13.1.3 条中规定区域以外的其他区域，可设置高压细水雾灭火系统或自动喷水灭火系统。自动喷水灭火系统宜采用预作用系统。

13.1.5 电子信息系统机房应设置火灾自动报警系统,并应符合现行国家标准《火灾自动报警系统设计规范》GB 50116 的有关规定。

13.2 消防设施

13.2.1 采用管网式洁净气体灭火系统或高压细水雾灭火系统的主机房,应同时设置两组独立的火灾灭火探测器,且火灾探测器应与灭火系统联动。

13.2.2 灭火系统控制器应在灭火设备动作之前,联动控制关闭机房内的风门、风阀,停止空调机、排风机,切断非消防电源。

13.2.3 机房内应设置警笛,机房门口上方应设置灭火显示灯,灭火系统的控制箱(柜)应设置在机房外便于操作的地方,且应有保护装置防止误操作。

13.2.4 气体灭火系统的灭火剂及设施应采用经消防检测部门检测合格的产品。各种气体灭火系统的设计及安装应满足相应的国家标准。

13.2.5 自动喷水灭火系统的喷水强度、作用面积等设计参数应按照现行国家标准《自动喷水灭火系统设计规范》(GB 50084) 的有关规定执行。

13.2.6 电子信息系统机房的自动喷水灭火系统,应设置单独的报警阀组。

13.2.7 电子信息系统机房内,手提灭火器的设置应符合现行国家标准《建筑灭火器配置设计规范》(GB50140)的有关规定,灭火级剂不应对电子信息设备造成污渍损害。

13.3 安全措施

13.3.1 凡设置洁净气体灭火系统的主机房,应配置专用空气呼吸器或氧气呼吸器。

13.3.2 电子信息系统机房应有防鼠害和防虫害措施。

附录A 各级电子信息系统机房技术要求

项目	技术要求			备注
	A级	B级	C级	
机房位置选择				
距离停车场	不宜小于 20 m	不宜小于 10 m	—	
距离铁路或高速公路的距离	不宜小于 800 m	不宜小于 100 m	—	不包括各场所各自身使用的机房
距离飞机场	不宜小于 8 000 m	不宜小于 1 600 m		不包括各场所各自身使用的机房
距离化学工厂中的危险区域/垃圾填埋场	不宜小于 400 m			不包括化学工厂所各自身使用的机房
距离军火库	不应小于 1 600 m		不宜小于 1 600 m	不包括军火库所各自身使用的机房
距离核电站的危险区域	不宜小于 1600 m		不宜小于 1 600 m	不包括核电站所各自身使用的机房
有可能发生洪水的地区	不应设置机房		不宜设置机房	—
地震断层附近或有滑坡危险区域			不宜设置机房	—
高犯罪率的地区	不应设置机房	不宜设置机房	—	—
环境要求				
主机房温度(开机时)	(23±1) ℃		18～28 ℃	不得结露
主机房相对湿度(开机时)	40%～55%		35%～75%	
主机房温度(停机时)	5～35 ℃			
主机房相对湿度(停机时)	40%～70%		20%～80%	
主机房和辅助区温度变化率(开/停机时)	<5 ℃/h		<10 ℃/h	
辅助区温度/相对湿度(开机时)	18～28 ℃、35%～75%			
辅助区温度/相对湿度(停机时)	5～35 ℃、20%～80%			
不间断电源系统电池室温度	15～25 ℃			
建筑与结构				
抗震设防分类	不应低于乙类	不应低于丙类	不宜低于甲类	—
主机房活荷载标准值(KN/m²)	8～10 组合值系数 $\psi_c=0.9$ 频遇值系数 $\psi_f=0.9$ 准永久值系数 $\psi_q=0.8$			根据机柜的摆放密度确定荷载值
主机房吊挂荷载(KN/m²)	1.2			
不间断电源系统室活荷载标准值(KN/m²)	8～10			
电池室活荷载标准值(KN/m²)	16			
监控中心活荷载标准值(KN/m²)	6			
钢瓶间活荷载标准值(KN/m²)	8			

续表

项　目	技术要求			备　注
	A级	B级	C级	
电磁屏蔽室活荷载标准值(KN/m^2)	8～10			
主机房外墙设采光窗	不宜			
防静电活动地板的高度	不宜小于400 mm			作为空调静压箱时
防静电活动地板的高度	不宜小于250 mm			仅作为电缆布线使用时
屋面的防水等级	Ⅰ	Ⅰ	Ⅱ	—
空气调节				
主机房和辅助区设置空气调节系统	应		可	
不间断电源系统电池室设置空调降温系统	宜		可	
主机房保持正压	应		可	
冷冻机组、冷冻和冷却水泵	N+X冗余(X=1～N)	N+1冗余	N	
机房专用空调	N+X冗余(X=1～N)主机房中每个区域冗余X台	N+1冗余主机房中每个区域冗余一台	N	
主机房设置采暖散热器	不应	不宜	允许但不建议	
电气技术				
供电电源	两个电源供电两个电源不应同时受到损坏		两回线路供电	
变压器	M(1+1)冗余(M=1、2、3…)		N	用电容量较大时，设置专用电力变压器供电
后备柴油发电机系统	N或(N+X)冗余(X=1～N)	N供电电源不能满足需求时	不间断电源系统的供电时间满足信息存储要求时，可不设置柴油发电机	
后备柴油发电机的基本容量	应包括不间断电源系统的基本容量、空调和制冷设备的基本容量、应急照明和消防等涉及生命安全的负荷容量			
柴油发电机燃料存储量	72 h	24 h		
不间断电源系统配置	2N或M(N+1)冗余(M=2、3、4…)	N+X冗余(X=1～N)	N	
不间断电源系统电池备用时间	15 min柴油发电机作为后备电源时	根据实际需要确定		
空调系统配电	双路电源(其中至少一路为应急电源)，末端切换。采用放射式配电系统	双路电源，末端切换。采用放射式配电系统	采用放射式配电系统	

项目	技术要求			备注
	A级	B级	C级	
电子信息设备供电电源质量要求				
稳态电压偏移范围(%)	±3		±5	
稳态频率偏移范围(Hz)	±0.5			电池逆变工作方式
输入电压波形失真度(%)	≤5			电子信息设备正常工作时
零地电压(V)	<2			应满足设备使用要求
允许断电持续时间(ms)	0～4	0～10		
不间断电源系统输入端THDI含量(%)	<15			3～39次谐波
机房布线				
承担信息业务的传输介质	光缆或六类及以上对绞电缆采用1+1冗余	光缆或六类及以上对绞电缆采用3+1冗余		
主机房信息点配置	不少于12个信息点，其中冗余信息点为总信息点的1/2	不少于8个信息点，其中冗余信息点为总信息点的1/4	不少于6个信息点	表中所列为一个工作区的信息点
支持区信息点配置	不少于4个信息点	不少于2个信息点	表中所列为一个工作区的信息点	
采用实时只能管理系统	宜	可		
线缆标识系统	应在线缆两端打上标签			配电电缆宜采用线缆标识系统
通信缆线防火等级	应采用CMP级电缆，OFNP或OF-CP光缆	宜采用CMP级电缆，OFNP或OF-CP光缆		也可采用同级的其他电缆或光缆
公用电信配线网落接口	2个以上	2个	1个	
环境和设备监控系统				
空气质量	含尘浓度			离线定期检测
空气质量	温度、相对湿度、压差		温度、相对湿度	
漏水检测报警	装设漏水感应器			
强制排水设备	设备的运行状态			
集中空调和新风系统、动力系统	设备运行状态、滤网压差			
机房专用空调	状态参数：开关、制冷、加热、加湿、除湿 报警参数 温度、相对湿度、传感器故障、压缩机压力、加湿器水位、风量			在线检测或通过数据接口将参数接入机房环境和设备监控系统中
供配电系统(电能质量)	开关状态、电流、电压、有功功率、功率因数、谐波含量		根据需要选择	
不间断电源系统	输入和输出功率、电压、频率、电流、功率因数、负荷率；电池输入电压、电流、容量；同步/不同步状态、不间断电源系统/旁路供电状态、市电故障、不间断电源系统故障		根据需要选择	

续表

项　目	技术要求			备　注
	A级	B级	C级	
电池	监控每一个蓄电池的电压、阻抗和故障	监控每一组蓄电池的电压、阻抗和故障		在线检测或通过数据接口将参数接入机房环境和设备监控系统中
柴油发电机系统	油箱(罐)油位、柴油机转速、输出功率、频率、电压、功率因数			
主机集中控制和管理	采用kVM切换系统			
安全防范系统				
发电机房、变配电室、不间断电源系统室、动力站室	出入控制(识读设备采用读卡器)、视频监视	入侵探测器	机械锁	
紧急出口	推杆锁、视频监视监控中心连锁报警		推杆锁	
监控中心	出入控制(识读设备采用读卡器)、视频监视		机械锁	
安防设备间	出入控制(识读设备采用读卡器)、视频监视	入侵探测器	机械锁	
主机房出入口	出入控制(识读设备采用读卡器)或人体生物特征识别、视频监视	出入控制(识读设备采用读卡器)、视频监视	机械锁、入侵探测器	
主机房内	视频监视			
建筑物周围和停车场	视频监视			适用于独立建筑的机房
给水排水				
给水排水于主机房无关的排水管道穿越主机房	不应		不宜	
设置排水系统	应			用于冷凝水排水、空调加湿器排水、消防喷洒排水、管道漏水
消防				
主机房设置洁净气体灭火系统	应	宜		采用洁净灭火剂
变配电、不间断电源系统和电池室设置洁净气体灭火系统	宜	宜		
主机房设置高压细水雾灭火系统		可	可	
变配电、不间断电源系统和电池室设置高压细水雾灭火系统	可	可	可	
主机房、变配电、不间断电源系统和电池设置自动喷水灭火系统			可	采用预作用系统
采用吸气式烟雾探测火灾报警系统	宜			作为早期报警

参考资料

[1] JGJ 16—2008. 民用建筑电气设计规范
[2] GB 50052—2009. 供配电系统设计规范
[3] GB 51039—2014. 综合医院建筑设计规范
[4] JGJ 312—2013. 医疗建筑电气设计规范
[5] GB 50333—2013. 医院洁净手术部建筑技术规范
[6] 建标 106—2008. 中医医院建设标准
[7] 建标 110—2008. 综合医院建设标准
[8] GB 50849—2014. 传染病医院建筑设计规范
[9] WS 434—2013. 医院电力系统运行管理
[10] GB 19212. 16—2005. 电力变压器、电源装置和类似产品的安全第 16 部分:医疗场所供电用隔离变压器的特殊要求
[11] GB 16895. 24—2005/IEC 60364—7—710:2002. 建筑物电气装置第 7—710 部分:特殊装置或场所的要求医疗场所
[12] YY 0505—2012/IEC 60601—1—2:2004. 医用电气设备第 1—2 部分:安全通用要求并列标准:电磁兼容要求和试验
[13] RFJ 005—2011. 人民防空医疗救护工程设计标准
[14] GB 50053—1994. 10 kV 及以下变电所设计规范
[15] GB 50054—2011. 低压配电设计规范
[16] GB/T 6451—2008. 三相油浸式电力变压器技术参数和要求
[17] GB/T 10228—2008. 干式电力变压器技术参数和要求
[18] GB 50016—2014. 建筑防火设计规范
[19] GB 50057—2010. 建筑防雷设计规范
[20] GB 50343—2012. 建筑物电子信息系统防雷技术规范
[21] GB 50034—2013. 建筑照明设计标准
[22] GB/T 50786—2012. 建筑电气制图标准
[23] YD/T 5040—2005. 通信电源设备安装工程设计规范
[24] DBJ/T 11—626—2007. 建筑物供配电系统谐波抑制设计规程
[25] GB/T 16895. 15—2002/IEC 60364—5—523:1999. 建筑物电器设置第五部分:电气设备选择和安装第 523 节:布线载流量
[26] GB 50116—2013. 火灾自动报警系统设计规范
[27] GB 50411—2007. 建筑节能工程施工质量验收规范
[28] GB 14048. 2—2008/IEC 60947—2:2006. 低压开关和控制设备:断路器
[29] GB/T 16935. 1—2008/IEC 60664—1:2007. 低压系统内设备的绝缘配合第 1 部分:原理、要求和试验
[30] ANSI/IEEEC 57. 110—2008. 施加非正弦负载电流时液体填充和干性电源及配电变压器性能确定的推荐实施规程

[31] 国家建筑标准图 04DX101—1. 建筑电气常用数据
[32] GB 50376—2006. 混凝土结构加固设计规范
[33] GB 50222—95(2001 修订版). 建筑内部装修设计防火规范
[34] GB 50736—2012. 民用建筑供暖通风与空气调节设计规范
[35] GB 50311—2007. 综合布线系统工程设计规范
[36] GB 50348—2004. 安全防范工程技术规范
[37] GB 17625.1—2012/IEC 61000—3—2:2009. 电磁兼容限值谐波电流发射限值(设备每相输入电流≤16A)
[38] GB/T 50314—2015. 智能建筑设计标准
[39] GB 50084—2001(2005 修订版). 自动喷水灭火系统设计规范
[40] GB 50140—2005. 建筑灭火器配置设计规范
[41] GB 50058—2014. 爆炸危险环境电力装置设计规范
[42]《电气安全工作规程》
[43]《医院消毒技术规范》
[44]《全国民用建筑工程设计技术措施》
[45] 王维强,王安生,余厚军. 安装大型医疗影像设备电源问题讨论. 医疗设备信息,2006,21:(1)
[46] 殷宏,廖家儒. 医用核磁共振影像设备配套工程的设计原则(一). 医疗设备信息,2006,21:(1)
[47] 胡玉民,于丽娟,梁秀艳,等. PET—CT 中心的回旋加速器安装基本要求. 医疗设备信息,2006,21:(7)
[48] 李立晓. 医用直线加速器机房的电气设计. 智能建筑电气技术精选,2006,(4)
[49] 钟景华. 医疗电子设备接地问题探讨. 智能建筑电气技术,2006,(5)
[50] 杨志荣. 节能与能效管理. 北京:中国电力出版社,2009
[51] 王明伟. 医院节能降耗的意义和应采取的对策措施. 中国卫生资源,2009,12:(3)
[52] 曹玉婷. 对电气节能技术的思考. 山西建筑,2007,03:(7)
[53] 张诚. 谈谈民用建筑配电系统的节能设计. 福建建设科技,2011,6:(1)
[54] 魏国民,姜群. 关于建筑电气节能设计的几个问题. 黑龙江科技信息,2011,(23)
[55] 吴晓勇. 民用建筑电气节能设计浅析. 城市建设理论研究,2012,(4)
[56] 刘昌明. 建筑供配电线路的节能设计. 四川建筑科学研究,2011,37:(1)
[57] 龚莹. 医院建筑电气设计中的节能问题. 建筑电气,2010,(12)
[58] 欧阳东. 医院建筑的电气节能设计探讨. 中国医院,2006,10:(10)
[59] 周小强,王昆鹏. 人民防空医疗救护工程的电气设计. 医院建筑电气设计要点丛书(28)
[60] 王磊,戴德慈. 大型医疗设备电气设计要点. 医院建筑电气设计要点丛书(43)
[61] 翁玉史. 医院中低压配电系统谐波抑制. 医院建筑电气设计要点丛书(61)
[62] 胡蓠华. 荧光镇流器的选择. 医院建筑电气设计要点丛书(80)